도시재생의 도시디자인

프로세스와 실현수법

가토 겐 저　　김기수 · 김영훈 역

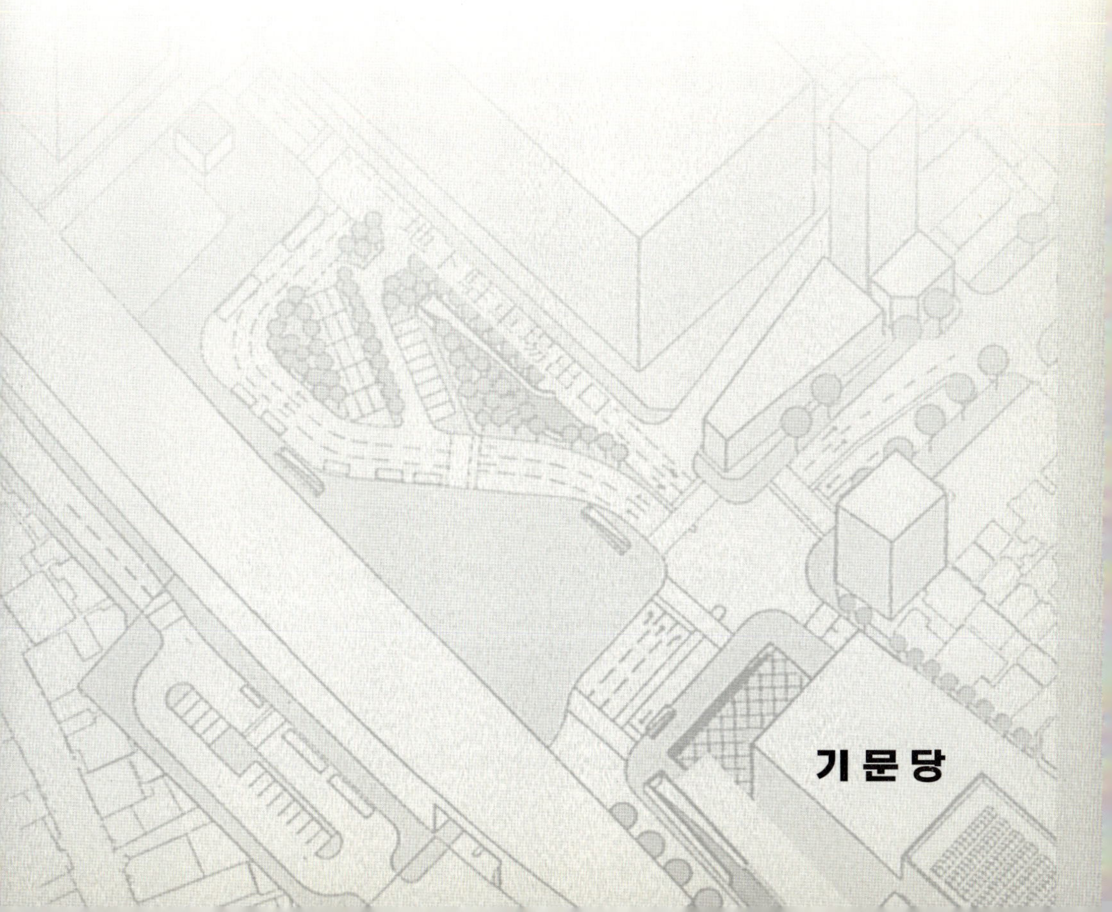

기 문 당

서 문

최근 일본에서는 도시개발에 관련된 여러 기관이나 디자이너에게 “경관형성”이란 용어를 바탕으로 도로 및 광장, 공원 포장이나 식재, 조명기구 혹은 건축물, 공작물의 의장 등 주로 도시공간의 표층을 아름답고 매력적으로 꾸미고자 하는 시도가 활발하게 진행되고 있다. 그러나 한편으로는 도시공간의 골격을 형성하고 있는 도로나 광장, 공원, 하천 등 도시기반시설의 배치, 규모, 형상 또는 이에 접한 건축물과 기반시설이 만들어내는 도시공간에서 활동하는 사람들의 심리적인 반응에 의미를 두고 적절하게 계획 · 구성하고, 설계하고자 하는 시도는 아직 충분하지 못한 상황에 있다.

도시공간은 그것이 가진 기능이나 규모, 형상, 또한 그에 접한 건물의 용도 및 형태 등에 따라서 질이 규정되며, 그 결과 공간의 사회 · 경제적인 의미나 도시공간에서 전개되는 활동, 인간이 받는 감정이 달라지게 된다. 따라서 도시개발에 있어서 도시공간을 적절하게 구성해가는 것은 도시나 지구의 활성화 창출, 도시 활력 함양 측면에서 경관형성, 즉 도시공간의 표층만 아름답게 꾸며 가는 것보다 효과적이고 강력하게 작용하는 요소가 된다.

이와 같은 이유에서 도시개발에 있어 경관형성과 더불어 공간구성에 적극적으로 임하는 태도가 요구되는 것이다. 그리고 이에 대응하기 위해서는 도시개발의 구상, 계획개발에서부터 여러 시설의 설계, 공사감리에 이르는 각 단계에서 공간구성 및 경관형성의 양방향으로 정확하게 구성할 필요가 있다.

일본의 현재 도시개발 상황을 비추어 볼 때, 이에 관계된 대응, 특히 공간구성에 관계된 대응이 적절하게 이루어지고 있는 것은 앞에서 언급한 바와 같이 결코 많지 않다. 이것은 첫 번째로는 도시개발에 있어서 이들의 대응기법과 그 전개과정이 체계화되어야 하며, 관계자 사이에 공유되고 있지 않은 점이며, 두 번째로는 만들어내고자 하는 공간을 실현해가기 위한 제도나 수법을 충분히 이해하고 활용하고 있지 않다는 점이 원인이라 할 수 있다.

한편, 일본에서는 많은 도시에서 중심시가지의 재생, 활성화가 매우 중요한 문제가 되고 있다. 이것은 인구나 상업 · 서비스 기능의 집적, 행정 · 문화 기능의 입지 등, 다양한 측면에서 중심시가지의 공동화가 진행되어 그 결과 중심시가지가 도시로서의 다양한 사회적 요청에 응하지 않게 되는 실태에 놓여 있으며, 이러한 현상에 대한 위기의식이 부족하다는 것이 여론임에도 불구하고 사람들 모두 공통으로 그러한 성향을 가지게 되었다는 사실이 배경이 되고 있다. 이것은 교외지역에 있어서 간선도로정비와 그 편리성이나 상대적으로 저렴한 지가에 착안한 연결선을 따라 형성되므로 대규모 상업시설의 입지 등으로 대표되는 바와 같이 고도성장기 이후 오늘날에 이르기까지 거리조성에 관련된 투자가 공론에 상관없이 주로 교외지역에 집중되고 있는 점, 또한 그에 따른 불합리, 피해가 서서히 현실화되기 시작한 것이 시발점이라 할 수 있다.

인구나 산업의 도시집중현상이 도시형성에 견인차 역할을 했던 힘을 상대적으로 약하게 만들고 있는 오늘날의 기술적 진보를 배경으로 기능이나 합리 혹은 효율을 이념으로 하여 거리조성을 진행해왔던 소위 문명론적인 거리조성에서부터 놀이와 여유, 아름다움과 변화함, 즉 도시공간의 질을 중시하는 이른바 문화론적 거리조성이 지향되고 있는 시대를 맞이하여 중심시가지의 재생은, 시대의 변화 · 요청에 대응할 수 있는 새로운 패러다임에서 그 해결의 실마리를 찾아낼 필요가 있다.

이에 따라 본 서의 목적은 도시재생, 주로 중심시가지의 재생 · 활성화를 겨냥한 도시 내 일정지구의 개발정비를 진행하는 도시개발프로젝트를 대상으로 하면서도 다양한 도시개발사업에 적극 참여하는 부문에 대해서 배려하고, 이에 관계된 사람들이 공유해야 하는 도시디자인 전개체계를 분명히 함과 동시에 도시디자인에 관련된 대응기법과 실현을 위한 방향을 제시하고자 하는 것이다. 이 경우 본 서에서 자세히 설명하고 있는데, 도시개발프로젝트란 토지구획정리사업을 비롯하여 도시계획법에서 말하는 시가지개발사업을 기간사업 수법으로 진행시키는 프로젝트를 말하며, 또한 도시디자인이란 상기의 공간구성과 경관형성 모두를 포함한 개념이라 할 수 있다.

제1장의 '도시재생에 있어서의 도시디자인'은, 도시에 사는 사람들의 의식이나 라이프스타일의 변화 등 다양한 측면에서 사회변화를 다루고, 이들을 고도성장기에서부터 오늘날까지 이어지고 있는 도시개발 실태와 비교함으로써 도시재생을 위해 도시개발에서 앞으로 요구되는 방향을 고찰하고, 그 안에서 도시디자인과 관련된 대응의 중요성을 지적하고 있다. 또 일본에서 도시디자인에 임하는 최근의 상황을 개괄적으로 살펴보고, 본 서를 정리하는 시점에서 문제의식을 분명히 하고자 했다.

제2장에서는 '도시개발프로젝트의 계획프로세스'라는 과제를 근간으로 도시디자인의 전개체계를 분명히 하기 위한 준비로서 도시개발프로젝트 구상, 계획조성 체계에 대해 고찰하고 있다.

일본에서는 다수의 도시개발프로젝트에 있어서 도시디자인에 관련된 대응이 적절한 시기에 정확하게 이루어지고 있지 않다. 이것은 우선 첫 번째로 도시디자인을 위한 대응 시기를 결정하는 도시개발프로젝트의 구상, 계획조성 체계가 관련 사업주체나 관계기관 사이에서 충실하게 공통분모로서 작용하고 있지 않다는 것이 원인이다. 그리고 이와 같은 상황은 도시개발프로젝트의 사업목적이 프로젝트에 따라 다른 점, 그리고 실현에 있어서 여러 사업이 조합되어 있다는 점이 일반적이다. 따라서 그 체계는 프로젝트나 사업주체에 따라 다른 경우가 많다는 것이 원인이 된다. 이와 같은 이유에서 본 장에서는 우선 다수의 도시개발프로젝트에서 얻은 구상, 계획조성체계를 밝힘으로써 처음으로 토지구획정비사업에 대한 경우 등, 기존 체계에 대해서 고찰하고 있다. 더불어, 필자가 지금까지 진행해왔던 도시개발프로젝트 중 4가지 프로젝트를 사례로 들어 각각의 사업에 대한 구상, 계획조성의 단계적인 전개과정을 정리하여 양자를 근거로 하여 도시개발프로젝트에 대한 구상, 계획조성 프로세스를 밝히고자 했다.

제3장에서는 '도시디자인의 실제'로 4가지 사례의 프로젝트 각각에 있어서 도시디자인과 관련된 대응을 제2장에서 분명하게 밝힌 도시개발프로젝트 프로세스에 입각하여 체계적으로 소개 · 정리하고 있다. 도시개발프로젝트에 있어서 도시디자인의 대응 범위와 그 실제 상황을 나타내고자 한 것이다.

그리고 제4장에서 '도시디자인의 전개체계'로 앞 장까지의 고찰에 이어 우선 본서가 목적으로 한 도시개발프로젝트에서 도시디자인의 전개체계를 제시하고, 다음으로 제5장에서 '도시디자인의 기법과 실현을 위한 방향'은 또 이에 입각하여 프로젝트 구상, 계획조성 각 단계에서 대응해야 하는 도시디자인의 내용이나 기법, 또한 각 대응을 실현해가기 위한 방향을 분명히 하고 있다.

마지막으로 결론 부분으로서 제6장은 일본에서 도시디자인에 보다 더 충실하기 위해서 노력해야 할 바람직한 대응이라고 생각되는 방향을 분명히 제시하고 있다.

도시개발에 있어서 도시디자인에 적극적으로 대응해가는 것에 대한 필요성이 높아질 것은 자명하다. 본 서가 도시디자인을 지향하고 혹은 이미 대응하고 있는 사람, 또는 거리조성에 관심이 있는 사람들에게 도시디자인이란 무엇인가, 그리고 그 중요성을 이해함과 동시에 도시디자인에 실제로 임할 때 참고가 되었으면 하는 바람이다.

역자서문

도시재생의 도시디자인 프로세스와 실현수법

사회가 성숙해지고 도시가 발전함에 따라 산업화사회에서 개발의 대상으로만 여겨졌던 도시에 대한 시각이 변화하고 있으며, 도시가 가지고 있는 다양한 잠재력을 활용한 도시재생의 필요성이 증대됨에 따라 개발보다는 디자인적 대상으로서 도시에 대한 관심이 고조되고 있다.

이러한 시대적 흐름과 함께 도시경관과 공공디자인적 이름으로 도시디자인(Urban Design)에 대한 관심과 기대가 증대되고, 다양한 시도가 진행되고 있다. 그러나 이러한 변화에서 도시디자인의 역할이나 본질과는 별개로 다소 표면과 내용의 불일치가 발생하는 것을 경험한 바 있으며, 이의 극복에 대한 명쾌한 방안도 없이 도시디자인에 대한 혼란스러움이 머릿속에 남아 있던 시기에 일본을 방문하게 되었고 오사카의 한 서점에서 필자들은 이 책을 처음 만나게 되었고, 상기의 문제에 대한 답을 찾고자 본 서의 번역을 하게 되었다.

이 책은 저자의 주장처럼, 도시공간의 표층을 아름답고 매력적으로 꾸미고자 하는 시도가 도시공간의 골격을 형성하는 도시기반시설과 이에 접한 건축물 등이 함께 만들어내는 도시공간과 정합성을 갖는 것이 필요하다는 문제의식에서 출발하였으며, 이를 실현하기 위한 도시재생의 도시디자인 프로세스와 실현수법을 제시하고 있다. 저자인 '가토 겐' 선생님은 일본에서 도시디자인의 여명기였던 1960년대부터 이 분야에 관심을 갖고, 단게겐조 연구실과 (주)일본도시종합연구소에서 다양한 국내외 도시개발 프로제트에 참여할 수 있는 기회를 통해 도시디자인에 대해서 연구하고 또한 실천해 왔다. 이 책은 이러한 과정에서 저자가 얻은 생각을 문제의식으로 도시디자인 전개체계를 정립하고, 각 단계에서 도시디자인의 대응기법과 실현수법에 대하여 설명하고 있다.

특히, 이 책은 도시에 사는 사람들의 의식이나 라이프스타일의 변화에 따른 사회와 도시개발 패러다임의 변화에서 출발하여 도시디자인 전개체계의 정립, 도시개발 프로젝트에서 도시디자인의 대응범위와 실례, 도시디자인의 실현을 위한 구체적인 내용과 기법과 향후 도시디자인에 대한 바람직한 대응방향 등 도시디자인의 모든 분야를 망라하고 있다. 따라서 이 책은 도시재생과 도시디자인 분야에 관심이 있는 학생과 실무에 참여하고 있는 전문가 및 공무원들에게 좋은 참고서가 되리라 믿으며, 특히 도시공간과 일체화된 도시디자인의 중요성에 공감대를 갖고 있는 모든 이에게 도움이 되는 책이라 믿는다.

변화의 중심에 선 우리나라의 도시개발과정에서, 도시디자인의 필요성과 바람직한 이해와 실현의 중요성에서 출발한 번역이었고, 번역과정에서 많은 것을 배운 것에 만족하면서도 역서로까지 출판하기에는 다소 아쉬움이 남고, 시작과 발전의 기회로 삼고자 출간하게 되었다.

끝으로 이 책의 출판을 쾌히 수락해 주신 기문당 강해작 사장님께 감사드리며, 편집자 여러분께도 감사드립니다. 그리고 바쁜 일정 속에서도 인내심을 갖고 번역작업을 끝까지 수행한 역자 분들에게도 고마움을 전합니다.

2009. 8

역자 일동

Contents

Chapter **1**

도시재생을 위한 도시디자인

도시개발프로젝트의 사업 목적은 도시개발이 진행되는 지역이나 사회, 시대의 요청을 받아들여 다양화하며, 그 결과 도시개발프로젝트를 통해 만들어지는 도시공간 또한 그러한 요구를 반영하고 있다.

최근, 일본에서는 도시개발프로젝트 수행에 있어서 도시공간을 매력적으로 꾸미고 싶다는 의식이 도시개발에 관련된 사람들 사이에서 계속 증가하여 앞으로도 관심은 더욱 높아질 것이다. 이는 도시개발을 둘러싼 사회 · 경제상황의 변화, 이러한 측면에 가치를 인정하는 사람들의 의식변화가 배경이 되고 있다.

이러한 이유에서 본 장에서는 우선 일본에 있어서의 도시개발을 둘러싼 현 상황을 관측하고, 이를 바탕으로 도시개발이 앞으로 나아가야 할 방향을 전망하고자 한다. 그리고 매력적인 도시공간을 만들어나감과 동시에 도시디자인이 담당할 역할이나 도시디자인의 현재와 미래의 대응 방향에 대해서도 저자의 인식을 분명히 밝혀 본 서의 문제의식과 논의의 대상 범위를 분명히 하고자 한다.

1 | 1

사회변화와 도시재생

1 도시개발을 둘러싼 현 상황

앞으로 도시개발이 나아가야 할 방향을 정하기 위해서는 우선 맨 처음 도시개발을 둘러싼 주요 사회 · 경제 환경의 현 상황이나 앞으로의 변화를 인식해 둘 필요가 있다. 이 경우 도시개발이란 넓게는 도시나 지역과 관련된 계획을 포함하기도 하며, 본 서가 주제로 삼고 있는 도시개발프로젝트에 관련된 계획이나 설계를 염두에 두고 있다.

1) 인구의 안정화

우선, 인구의 안정화를 들 수 있다. 여기에는 두 가지 측면이 있다. 첫 번째는 일본 전체의 인구가 21세기 초부터 감소추세를 보일 것이라고 예측되고 있다는 사실이며, 또 하나는 사회이동의 안정화이다.

일본 전체 인구의 증가율 감소, 인구의 안정화에 대해서는 주지한 바와 같이 여성의 사회진출이나 젊은 세대의 낮은 출산율 등을 배경으로 이미 현실화되고 있으며, 또한 사회 전체의 성숙과 함께 이러한 경향은 앞으로도 계속될 것이라고 한다. 이미 모든 선진국에서는 총인구 감소가 일본에 앞서 진행되고 있으며, 이와 같은 상황을 보더라도 일본의 총인구가 감소추세를 보이는 것은 필연적이라는 생각이 거듭될 수밖에 없는 것이다.

인구의 사회이동은 전후, 주로 고도성장기에 있어서 대도시권 등으로의 인구집중이 계속된 시기에는 국가나 지방공공단체, 경제계 등의 커다란 관심사로, 국토계획을 비롯하여 다양한 계획에 있어서 과밀이던 과소던 간에 모두 중요한 계획과제였다. 그러나 그에 대한 안정화 경향은 얼마나 현저했는지 예를 들면, 각 행정구역 간의 사회이동은 1970년대에는 그 총수가 약

420만 명이었던 것이 1980년대에 들어서자 대략 반 정도, 그 후에는 절반 이하 수준으로 떨어지고 있다.

이렇게 보면 21세기에는 대다수의 도시에서 인구증가를 기대할 수 없게 되고, 도시개발은 우선 기존의 집적인구의 정주, 안정된 관계형성이나 교류인구의 유치 등, 지금까지와는 다른 전략을 세워 추진하는 것이 중요한 과제가 될 것으로 판단된다. 도시개발이 앞으로 나아가야 할 길을 정하기 위해서는 이 점을 충분히 인식해 둘 필요가 있다.

2) 여유 지향

전후에 두드러진 경제성장, 이에 동반한 생활의 안정화 등을 배경으로 주지한 바와 같이 사람들 사이에서는 최근, '물질의 풍요' 보다도 '마음의 풍요'에 대한 욕구가 강해지고 있다. 버블이 붕괴된 지 이미 오래되었지만, 사람들의 소비풍조는 아직까지 현저하게 나타나며, 일본의 대표적인 기업 경영자들 사이에는 경제가 활성화되더라도 개인 소비는 되돌아가지 않을 것이라는 예측이 나오고 있다. 한편, '마음의 풍요'를 요구하는 가치 의식은 다양한 측면에서 진행되고 있으며, 효율과 경제성을 중시한 기능주의적 혹은 합리주의적인 사고방식에서 여유와 즐거운 마음을 중시하는 비생산적인 사고방식이 사회 전반에 걸쳐 지배적인 성향으로 바뀌고 있다.

3) 충동적 소비

풍요로움을 추구하는 의식과 더불어 판매망의 다양화 등에 따른 소비문화가 성장하여 사람들 사이에는 개인적 기호나 목적에 부합되는 물품에 대한 소비가 일반화되어 소위 '충동적 소비'와 '사치'가 정착되고 있다. 즉 버블 시대의 반동으로 유통업계에서는 싸게 파는 것이 일정한 효과를 올리고 있지만, 버블 시대의 경험은 반대로 사람들에게 사치의 즐거움을 각인시켜 최근의 경기침체 상황에도 불구하고 '충동적 소비'와 '사치'가 사람들의 마음을 지배하고 있다.[주1] 이것은 합리주의적인 사고방식에서 여유와 즐거움을 중시하는 비생산적, 비합리적인 사고방식이 지배적이 되어 가고 있다는 하나의 증거라고 할 수 있다.

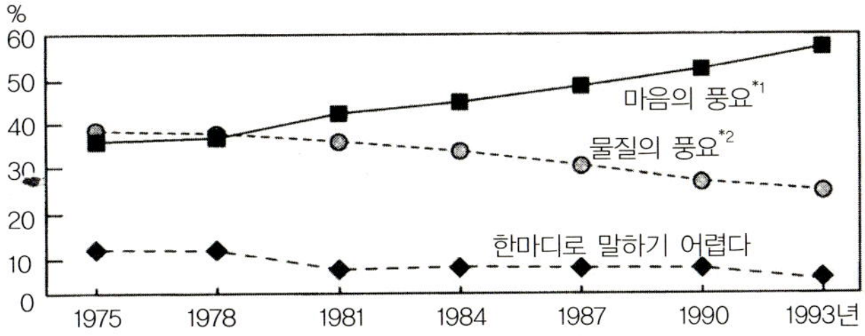

*1 물질적으로 어느 정도 윤택해졌기 때문에 앞으로는 마음의 풍요나 여유 있는 생활을 하는 것에 중점을 두고 싶다.
*2 아직까지는 물질적인 면에서 생활을 윤택하게 하는 것에 중점을 두고 싶다.

그림 1.1 | '물질의 풍요' 보다는 '마음의 풍요'를 바라는 국민의식
(출전 : 총리부 내각 총리대신 관방 홍보실 「여론조사 보고서 1994년 5월 조사, 국민생활에 관한 여론조사」, 대장성, 1994년) 홍보

4) 시간활용

노동시간 단축과 주5일제의 정착은 사람들에게 여가를 즐기는 방법이나 휴일의 가치와 의미를 이해시켜 적극적인 계획과 목표를 가진 여가활용 패턴을 정착시키고 있다. 또한 자유시간의 증가는 생활시간의 야간화로도 연결되어 사람들은 스스로 생활의 폭을 넓혀 가고 있는데, 이러한 변화들을 수용해야 하는 도시개발은 휴일이나 야간에도 적극적으로 대처하지 않을 수 없는 상황에 놓이게 되었다(표 1.1).

더불어 '마음의 풍요'를 지향하는 성향과 그 맥락을 같이 하여 물질에 대한 소비보다도 풍요로움에 즐겁게 시간을 소비하고자 하는 욕구가 높아져 그것에 대응하여 가치 있는 시간활용을 가능하게 하는 도시공간을 만들어내고자 하는 것이다.

표 1.1 | 상업시설의 영업 장시간화 (자료 : 상업 통계표)

	백화점, 슈퍼 합계			9시간 미만 영업			9시간 이상 영업		
	1985	1988	1991	1985	1988	1991	1985	1988	1991
백화점 합계 증가율(%)	438	433 −1	455 5	339	223 −34	134 −40	99	210 112	321 53
종합 슈퍼 증가율(%)	1,389	1,478 6	1,549 5	414	249 −40	74 −70	974	1,229 26	1,475 20
기타 종합 슈퍼 증가율(%)	245	373 52	375 1	73	122 67	95 −22	172	251 46	280 12
전문 슈퍼 증가율(%)	5,873	6,379 9	7,130 12	1,056	822 −22	363 −56	4,815	5,573 16	6,766 21
기타 슈퍼 증가율	59,643	53,834 −10	67,473 25	7,248	5,791 −20	6,365 10	51,927	47,630 −8	60,628 27

5) 자분주의, 자분사회

가치관의 다양화가 언급된 지 오래되었지만 사회는 대중사회에서 분중사회로, 최근에는 스스로를 행동이나 사고의 원점으로 자신을 중요시하는 "자분주의" 사회, 즉 자분사회로 급속도로 변화하고 있다. 자분주의란 개인주의나 이기주의와 같이 자신의 주장을 강하게 드러낸다거나, 자신의 상대나 상황을 우선시하는 것이 아니라 혼자 있는 것에 진정한 가치를 부여하고 거기에서 즐거움을 찾으며, 또한 좋아하는 사람만이 함께 있는 것과 안정감과 쾌적함을 요구하는 한편, 자기개발, 자기실현에도 살아가는 보람과 가치를 인정하는 사고방식이다. 그리고 이와 같은 사고방식을 가진 사람들의 증가에 대응하여(그림 1.2), 도시공간에 있어서 대중공간에 대해 자신의 혹은 즐거움을 공통으로 하는 소집단의 다양한 문화, 즉 서브 컬처에 대응하는 공간이나 안심하고 즐길 수 있는 공간, 쾌적한 공간에 대한 욕구가 심화되어 가고 있다.

6) 가족상의 다양화

고학력화 등을 배경으로 여성의 사회진출이나 "자분주의"와 같은 라이프스타일은 혼자 살아가는 것에 대한 가치와 즐거움을 여성에게 어필하여 여성의 결혼연령을 끌어올리고 있다. 그 결과 당연히 남성의 결혼연령도 높아져 결혼 적령기의 남녀 미혼비율은 급속히 높아졌으며, 또한 독거세대, 즉 단독세대의 증가를 초래하고 있다(그림 1.3, 4).

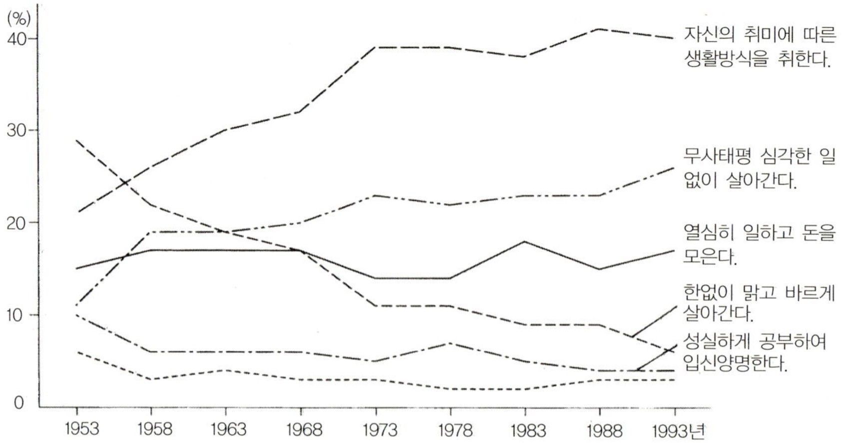

그림 1.2 | 자신을 중시하는 "자분주의" 사회로의 변화
(출전 : (재)여가개발센터, 「레저 백서 '96」, 문영사, 1996년)

"자분주의"와 같은 라이프스타일과 여성의 사회진출은 결혼 후 자녀를 갖지 않는 가정이 늘어남으로써 고령화 사회의 진행과 고령부부만으로 이루어진 세대의 증가로도 연결되어 대가족, 핵가족이 주류였던 가족상이 변화하고 있다. 그리고 이와 같은 가족상의 변화는 경제적으로 풍요로운, 소위 독신 귀족이나 맞벌이 부부만으로 이루어진 가족을 훨씬 많이 만들어내는 한편, 일이나 유희, 취미생활이나 교양쌓기에 시간을 할애하는 형태의 가족이

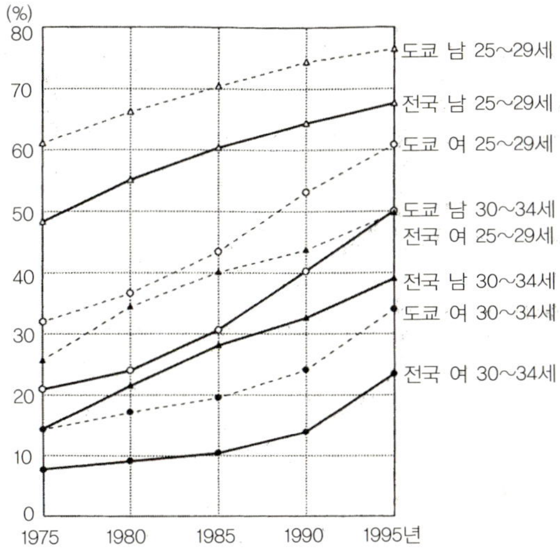

그림 1.3 | 결혼 적령기 남녀 미혼비율의 추이 (자료 : 국세조사)

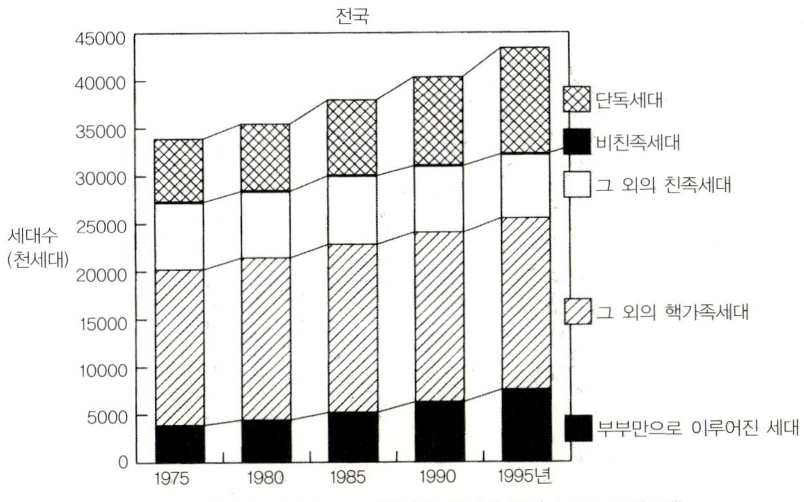

그림 1.4 | 단독세대와 부부만으로 이루어진 세대의 증가 (자료 : 국세조사)

공통적으로 보이는 라이프스타일을 유지해야만 하며, 편의점이나 외식산업 등의 서비스를 공동으로 판매하는 상업시설과 도시락 테이크아웃 스토어 숍, 하우스 클리닝 등 새로운 타입의 서비스업 성장을 촉진하고 있다.

이렇듯 다양한 사회변화에 따라 사람들의 생활폭이 확대되고 있을 뿐만 아니라, 그 생활의 질을 높이고자 하는 욕구가 강해졌으며, 또한 생활의 만족감이 점점 다양화되고 있다. 그 결과 앞으로 도래할 시대에는 도시개발에 있어서 이와 같은 변화나 사람들의 새로운 욕구에 정확하게 대응해가는 것에 대한 필요성이 점차 높아지는 것이 필연적이라 할 수 있다.

2 고도성장기부터 오늘날로 이어지는 도시개발

도시개발을 둘러싼 현재의 상황이 이와 같이 받아들여지는 가운데 고도성장기 이후의 도시개발은 어떠한 양상을 보였는가. 이것은 한마디로 말하면 많은 도시에서 다양한 측면으로 투자가 교외부로 집중되는 한편 그에 대처하는 적절한 방향이 중심시가지에 있어서 충분하게 취해지지 않았기 때문에 중심시가지를 공동화시키는 결과를 낳았으며, 그 매력을 저감시켰다는 평가이다. 구체적으로는 다음과 같다.

1) 야간인구의 도심 이탈

고도성장기에는 인구가 대도시권이나 도심부로 집중하여 주택지 공급과 건설이 그 당시의 커다란 정책과제이자 행정과제였으므로 대다수의 도시에서는 주택지 개발이 진행되었다.

주택지 개발은 교외의 구릉지나 임지, 논밭을 중심으로 진행되었으며 그 결과 대다수의 도시에서 인구집적이 교외부로 확대되었으며, 도심부에서는 주택 이외의 기능 집중으로 주택이 도태되어 인구의 도넛화가 진행되었다. 즉 야간인구집적 측면에서의 도심의 공동화이며, 최근에는 '도심 거주'를 표방하여 도심부로의 야간인구를 다시 불러 모으는 방향이 다양하게 모색되고 있다. 그러나 보다 적극적이고 복합적인 대응을 하지 않는 한 현 상황이나 앞으로의 상황을 예측해 볼 때 현저한 효과는 기대하기 어려울 듯하다.

2) 상업집적 측면에서 도심의 공동화

고도성장기는 일본의 모터리제이션(motorization : 자동차 대중화)의 시기와도 부합하여 기성시가지, 주로 도심부에 있어서 교통혼잡 해소를 목적으로 대다수의 도시에서 교외부에 바이패스나 고가도로가 건설되었다. 이들 도로의 건설은 그 도로변에 상업시설의 입지를 유발했으며, 이에 대처할 확실한 방향이 대다수의 도시에서 강구되지 않았던 점도 원인이 되어 도심지에 있어 상업집적이 상대적으로 혹은 괴멸적으로 약화되었다.

더욱이 인구집적의 외연화(外延化)에 동반된 생활용품 상점 등 생활편리형 상업시설의 교외 입지가 도심부에 타격을 주어 도심부의 상업집적은 점점 더 약화되었다. 즉 상업집적측면에서 도심의 공동화이다. 이와 같은 상황은 대다수의 도시에서 현격한 양상을 보이고 있음에도 불구하고 적절한 대처를 하고 있지 않거나 혹은 관심조차도 없이 방치되었다. 이러한 상황이 현실을 직시할 수 있는 시야를 가리게 되었으며, 오늘날에 이르러 도시의 재생을 위하여 대규모 소매점포법(大店法)에서 대규모 소매점포입지법(大店立地法)으로의 개정과 중심시가지 활성화법(중심시가지에 있어서 시가지정비개선 및 상업 등 활성화의 일체적 추진에 관한 법률)의 시행, 도시계획법의 개정이 이루어졌으며 대다수의 도시에서 중심시가지 활성화 기본계획 구축, TMO(Town Management Organization, 거리조성기관)의 설립이 진행되고 있다.

3) 문화시설 등 공익시설측면에서 도심의 공동화

고도성장기에는 각종 문화시설의 건설러시 시기이기도 했다. 문화시설의 건설은 주민에게 있어서 쉽게 수용되었으며, 대다수의 경우 환영을 받았던 시책이기도 했으며, 그만큼 지사나 지자체장 등 행정기관에 있어서 업적이나 시책을 어필하는데 효과적이고 적당한 사업이었다.

일본에서는 당시 토지취득이 쉽지 않았기 때문에 이와 같은 '공공건물'의 건설은 어떠한 시설이든지 우선 토지 없이는 시작할 수 없었으며, 또한 건설 러시였던 점도 감안할 때 대다수의 경우, 토지수용이 쉬운 교외부 구릉지나 전답이 건설장소로 이용되었다. 그 결과, 버스조차도 자주 다니지 않는 불편한 장소에 호화로운 문화시설이 홀연히 건설되는 일이 비일비재했으며, 반대로 도심부에 문화시설이 건설되는 것은 지극히 한정되어 있었다. 즉 문

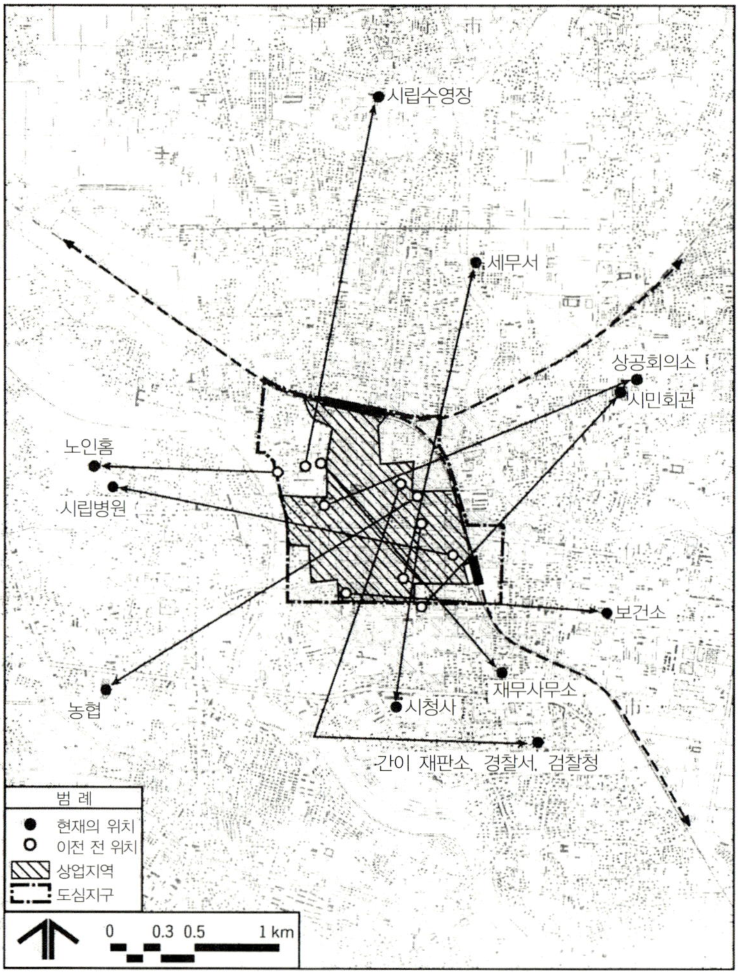

그림 1.5 | 군마현 : 시에 대한 공익시설의 교외이전 상황

화환경측면에 있어서 도심의 공동화인 셈이다.

공익시설의 교외입지는 문화시설에 그치는 것이 아니라 시청이나 구청, 국가 각 기관 등의 행정시설, 고등학교 등의 교육시설 또는 보건소나 시립병원 등의 보건의료시설 등 본래 중심시가지 내에 입지하여 시민이 요구하는 편리성에 호응해야 하는 시설의 교외입지도 대다수의 도시에서 진행되고 있다(그림 1.5).

이와 같이 고도성장기에 있어서 교외로의 투자 집중현상과 도심부에 대한 정확한 대응책 결여가 맞물려 여러 측면에서 도심의 매력이 상대적으로 낮아지게 되었다. 더욱이 오늘날 대규모 상업자본에 의한 상업시설의 교외 입지는 전과 다름없이 지속되고 있으며, 또한 행정에 있어서도 공익시설의 교외로의 이전 혹은 신설의 움직임이 일부에서 진행되고 있는 실정이다.

앞에서 언급한 바와 같이, 다양한 사회 · 경제 환경의 변화를 토대로 사람들의 생활의 폭이 확대되고, 생활의 질 향상에 대한 욕구가 높아지면서 삶의 만족도 다양화되고 있고 문화나 교양, 취미와 오락 또는 소비나 서비스 측면에서 다양하고 복합적인 매력을 갖춘 환경이나 장소가 도 및 시 안에 요구되게 되었다. 그러나 이러한 욕구를 만족시키는 환경이나 장소가 도심 및 기존의 시가지에 없었다는 것이 대다수의 도시가 공통적으로 갖고 있는 오늘날의 문제이다. 본래, 중심지나 시가지야말로 그러한 복합적인 매력을 갖추고 있어야 하는데도 불구하고 말이다.

3 도시개발의 앞으로의 방향

도시개발이 앞으로 나아가야 할 방향은 우선 도심이나 중심시가지에 주목해야 하고, 그 공동화현상을 해결하기 위해 다양한 기능의 입지를 진행함과 동시에 새로운 도시개발시행시 각종 기능의 복합적인 입지나 매력 부여를 지향해 가는 것이 필요하다는 것을 알았다. 즉 도시의 재생, 특히 중심시가지의 재생이 가장 급선무인 것이다.

지금까지 투자가 교외부에 집중되어 왔지만 중심시가지는 교외부에 형성된 시가지에 비해서 상당히 장기간에 걸친 축적의 결과로 근대건물이나 유적이 있는 공간이라서 유구한 역사가 풍기는 매력을 찾아낼 수 있다. 또한, 교외의 바이패스 연장선상 등에 세워진 쇼핑센터나 구릉지에 건설된 문화시설 등에 비해서 중심지 근처에 다양한 시설이 입지해 있다.

한편, 새로운 도시개발에 있어서 1986년에 신주택시가지개발법이 개정되어 특정 업무시설의 도입이 가능해졌고 최근에는 중심시가지활성화법이 시행되어 주택이나 생산 · 유통시설 등의 단일 기능에 편향되지 않고 복합 기능 개발을 지향하고, 한편으로는 종전에 있던 시가지를 정비 · 개선하여 매력적인 공간을 구성해가는 것에 대한 중요성이 강하게 인식되기 시작하고 있다.

그리고 이러한 중심시가지와 새롭게 개발되는 시가지의 매력을 강화시켜

가는 것이야말로 앞으로 도래할 시대에 인구가 안정화되어 인구증가를 원하지 않는 대다수의 도시에 있어서 혹은 기존에 인구감소를 경험한 도시에 있어서도 사람들의 라이프스타일 변화에 부합할 수 있는 젊은층을 비롯한 광범위하게 거주자를 그 지역에 정착시키고, 관광객이나 비즈니스 피플 등의 교류 인구증대를 도모하여 궁극적으로는 도시의 성장을 촉진하는 중요한 전략이 되는 것은 필연적인 일이다. 또한, 공장 유치나 취업 기회의 증대 등, 지금까지의 도시 발전 전략과는 다른 21세기형 도시 발전 전략이다.

따라서 도심부를 비롯하여 시가지의 매력을 증대시키기 위해서는 다음과 같은 대응이 필요하다.

1) 다양한 기능의 집합

우선, 라이프스타일의 변화나 생활의 질적 향상에 대한 욕구 향상에 대응해 가면서 다양한 기능을 집합시켜야 한다. 그것은 소비의 공간, 음식 · 오락의 공간, 교양 · 취미의 공간 및 문화공간을 충실히 하는 것이다. 더불어 중심시가지에 있어서 거주의 공간을 회복하는 것이 중요하다.

대다수의 도시에 있어서 도심공동화에 따른 고도로 이용되고 있지 않은 토지 및 공한지가 되어버린 토지를 찾아내어 그러한 토지를 효과적으로 활용하고 다양한 시설의 건설을 진행함과 동시에 교외부에 확산되어 있는 야간인구를 불러 모으기 위한 주택건설을 진행하는 것이다.

특히 도심의 주택건설은 단독세대나 부부만으로 이루어진 세대 등이 요구하는 도심 거주 수요에 부응할 수 있고, 소비의 공간이나 음식 · 오락의 공간에 대한 수요의 발생 및 유도와도 서로 잘 맞으며, 야간 시간대의 활성화를 창출하게 된다. 이러한 다양한 시설이 거주지역 주변에 들어서면 관공서나 은행 등에서 용무를 마친 후, 연극이나 음악회 등을 마친 후, 또한 미술관에서 회화 등을 감상하고 난 후에 음식이나 쇼핑을 즐기는 등 '여흥'을 만끽할 수 있게 한다.

다양한 기능의 복합화는 새로운 도시개발에 있어서 기존의 중심시가지 재정비에 대한 수준은 요구되지 못하겠지만 다양한 아이디어로 최대한 높은 수준을 획득하는 것이 중요하다(그림 1.6).

2) 주변 문화의 형수(享受)

문화는 생활의 양식이나 내용이며 매우 내면적이고 정신적인 것이지만 사람들에게 즐거움을 주고, 감동시키는 것이다. 또한 사람들은 다양한 정서적인 압박감으로부터 해방을 원하며, 경제적 여유에도 의지하며 압박으로부터 정신을 해방하고 축적된 에너지를 발산하고자 한다. 그러한 해방이나 발산 그 자체도 문화의 한 형태라고 할 수 있으며, 그러한 행위를 위한 장소가 번화가나 레스토랑, 파티나 동호회, 노래방 등의 시설이며, 공원이나 경기장, 극장이나 미술관이다.

도시에는 각각의 도시 고유의 생활양식이나 내용, 의식주 등에 관련된 생활 문화로 대표되는 '친근한 문화'가 있다. 이러한 문화가 도시에 다양하게 갖추어져 있다면, 그 도시에 사는 사람들의 생활은 윤택해질 것이며 외부에 대해서는 다양한 문화를 전파하게 된다. 그 내용이 풍부하고 고유한 것이라면 주민은 그것을 자랑스럽게 생각하고 자신의 도시에 애착과 자신감을 가지게 된다. 그리고 외부에 대해서는 그 도시의 아이덴티티를 명확히 하여

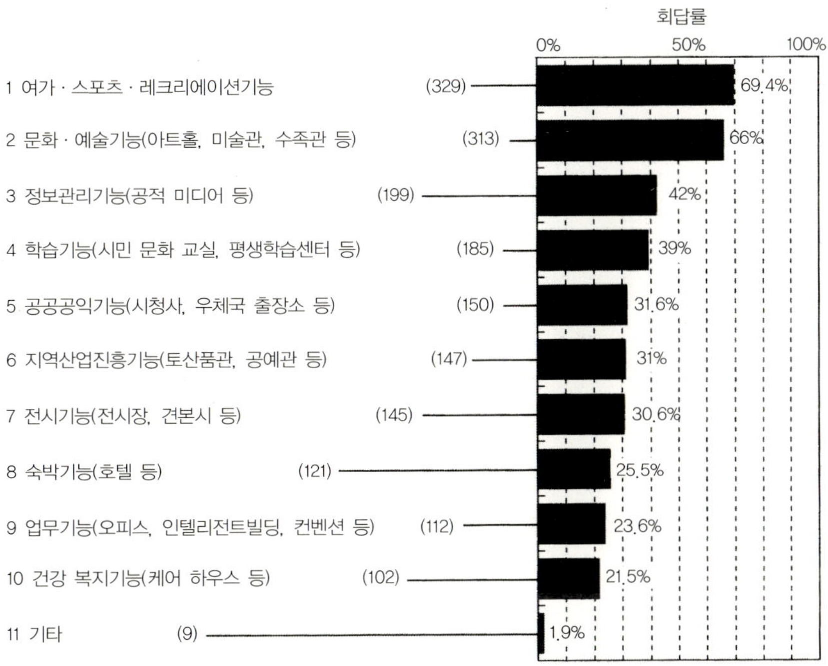

주 : 자료는 1991년 1월에 전국 자치단체를 대상으로 상업기능 및 지역활성화에 대한 인식을 조사한 것

그림 1.6 | 상업기능과의 복합화가 바람직한 시설
(출전 : 국토청 대도시권 정비국, 「상업 기능에 의한 지역조성 전략」, 대장성 인쇄국, 1992년)

문화교류를 만들어내는 계기가 된다.[주2)]

또한, 여가를 즐기는 일이나 소비하는 일이 생활 목표 가운데 큰 부분을 차지하게 되기 시작한 현대사회나 그러한 경향이 점차적으로 확산되어 앞으로의 시대에 있어서 문화창조와 병행하여 문화를 어떻게 소비할 것인가, 바꾸어 말하자면 문화를 어떻게 즐길 것인가가 중요시될 것이며, 그것을 즐기는 방법을 찾는 시대가 될 것이다.[주2)] 문화를 소비하는 일, 혹은 문화를 즐기는 일, 그리고 그러한 다양한 행위가 가능한 공간이야말로 도시이며 그런 이유로 도시는 다양한 문화를 갖출 필요가 있고 그것을 만들어내기 위해 번화가나 복잡한 공간도 포함하여 다양한 시설이나 공간이 도시에 갖추어져 있을 필요가 있다.

도시문화에 대해서 생각해보면 문화적 축적이 있는 도시야말로 시대적으로 영속성을 지닐 수 있다는 것을 알 수 있다. 산업이나 기술은 20년에서 30년 사이, 최신의 정보 · 통신 관련 기술은 5년이 채 되지 않는 사이에 진부해지기 마련이지만 문화는 300년에서 500년 때로는 5000년 이상 오랫동안 지속적으로 존재한다.[주3)] 그러한 문화를 가진 로마나 베네치아, 교토, 가나자와 같은 도시는 세계적으로 무수히 많으며 일본도 그러한 도시들은 매력적인 도시임과 동시에 강한 존재감을 사람들에게 어필하고 있다. 그리고 시간적으로 영속성을 지닌 이들 도시에는 역사성이 풍부하고 시간의 중첩성이 풍부한 매력적인 시설이나 공간을 여러 곳에서 찾아볼 수 있다.

3) 매력적인 도시공간의 구성

앞으로 도래할 시대의 요청에 부응해가기 위해서는 도시에 있어서 다양한 기능이 집합되어 있는 것, 신변 문화를 향수할 수 있는 것, 그리고 매력적인 공간을 갖추고 있는 것이 중요하다는 것을 알 수 있다. 또한, 매력적인 도시공간을 만들어내기 위해서 최근에는 상점가의 보도를 컬러로 포장하거나 디자인되어 있는 가로등의 설치 또는 낡은 벤치나 모뉴멘트의 배치 등, 도시공간의 표층을 아름답게 꾸미는 일에 주안점을 두고 있지만, 그것만으로는 충분하지 않으며, 그 기초가 되는 도시공간 자체를 다양한 활동이나 활기를 유발할 수 있는 매력적인 것으로 만드는 것이 무엇보다 중요하다.

도시공간 자체를 매력적으로 만드는 것은 도로나 광장 등의 기반시설 및 그것을 둘러싼 건축물 등이 가진 공간을 구성해가는 힘이나 작용을 많은 사람들이 모이고 다양한 활동이 이루어지는 것과 연관성을 가져가는 것이다. 이 경우에 지금까지 기능적으로 이해하기 쉽고 단순했던 공간보다도 복잡하기는 하지만 변화가 풍부하고 흥미로운 공간을 창출하는 것이 중요하며 그러한 공간이 많은 사람들을 모아 다양한 활동을 유발하고 다양한 기능의 입지를 촉진하게 된다. 이러한 의미에서 도시공간의 구성은 도시의 활력을 양성하는 것과도 연관성이 있다고 할 수 있다. 따라서 도시공간의 표층의 미화보다도 본질적인 대응이며 도시개발을 진행하는데 있어서 중요한 전략이 된다.

그리고 도시공간을 구성해 가는데 있어서 도시에 사는 사람들이나 도시를 찾는 사람들의 행동이나 도시공간에 대한 심리적 · 정신적인 작용과 반응을 읽어내고 그에 따라 정확하게 대응할 수 있는 공간을 만들어내는 것이 중요하며 계획자나 설계자, 즉 '개발자'의 관점보다도 생활자, 즉 '사용자' 입장에 서서 공간을 만들어가는 것이 기본이 된다.

계획자나 설계자는 '개발자'로서 스스로의 선행적인 아이디어나 개인적인 호기심의 발로로 공간을 구축하는 경향이 있으며 때로는 오랜 기간에 걸쳐 자신이 시도해왔던 공간조성 수법이나 사고방식을 그 공간의 사회적, 역사적 혹은 자연적인 맥락과는 무관하게 대응해가는 경향이 있다. 그러나 도시에 관련된 계획입안이나 설계는 개인 및 기업 또는 특정인들 등 좁은 범위의 한정적인 의지나 사고방식에 따라서 진행되는 것이 아니라, 민간에서 공공, 개인에서 대중에 이르기까지 다수의 사람들의 관계 속에서 만들어지는 것이다. 따라서 공공성이 지극히 높아 계획자나 설계자는 스스로의 가치관이나 기호를 강하게 전면에 내세워서 계획하거나 설계하는 것은 허용되지 않는다. 거기에는 '사용자'의 생각을 참작하여 관계자 간의 합의를 형성해가는 것을 기본으로 하고 또한 현실적인 계획입안이나 설계에 임할 때는 '사용자'에게 스스로를 돌아보고 생각을 모아 논의하여 검토를 진행해 갈 필요가 있다.

이러한 '사용자' 입장에 서서 도시공간의 구성이나 설계를 진행하기 위해 계획자나 설계자는 도시공간을 '사용자'와의 관계에 있어서 정확하게 관찰하고, 해석하는 힘을 기를 필요가 있다. 그러기 위해서는 사회에 대한 유연한 감수성과 호기심을 가지는 것이 기본적으로 필요하며, 훌륭한 시대감각을 갖추고 있는 것도 요구된다. 그리고 도시공간에 부합되는 마음가짐과 그 결과 배가 되는 경험이 만들어내는 공간을 생각해내고 그리게 함으로써 구성해가는 시점에서 기초가 되고 근거가 되는 원점이 되며, 더불어 계획이나 설계에 있어서 필요한 적절한 균형감각이나 종합적인 판단력을 배가시키는 기초가 된다.

주

1) 堤清二, '불황의 사회학③, 상호의존형의 오래된 유통 체질, 인간 · 문화 중시의 상품 추구를' 「아사히신문 석간」, 1994년 1월 6일
2) 梅棹忠夫 · 문화수도 연구위원회, '문화수도 연구', 「NIRA 연구보고서」 No.910003, 종합연구개발기구, 1992.
3) 伊藤滋 · 泉信也 대담, 「아사히신문 석간」, 1996년 1월 17일

1 | 2

도시재생을 위한 도시디자인

1 도시개발에 있어서의 도시디자인

지금까지의 도시개발에 있어서 다음 3가지가 중요했다.

① 거리에 다양한 시설이 입지하여 높은 선택성을 보이는 점, 즉 '여흥'을 누릴 수 있는 점.

② 생활 문화를 비롯하여 다양한 '신변 문화'가 있고, 지적 활동이나 생활에 감동과 즐거움을 보이는 점.

③ 사용자 측면에서 재미와 변화가 풍부하고 또한 친근함이 살아 있는 '특색 있는 도시공간'이 있는 점.

다양한 도시개발 방식에 이들 3가지 사항이 갖추어져 있다면 도시에는 복합적인 매력이 양성되고, 사람들의 생활양식이나 내용은 확실하게 윤택해지게 된다. 이것이 자신이 거주하는 지역에 '애착'과 '자부심' 혹은 '자신감'을 가지게 하는 원점이 되며, 거기에서 태어나고, 생활하고 있는 사람들이 그 지역을 '우리 고장', '고향'이라고 생각하게 하는 커다란 힘으로 작용하게 된다.

한편, '여흥', '신변 문화', '특색 있는 도시공간'은 하나의 도시나 프로젝트 지구의 인구, 종사자의 규모나 토지이용체계, 교통 발생 및 집중량 또한 이들에 대응하는 토지이용계획이나 기반시설의 계획을 주안점으로 하는 계획 입안에 따르기 보다는 그 상위 개념으로서 거기에 사는 사람들이나 이용하는 사람들의 신변 생활이나 일상 활동에 보다 잘 어울리는 공간조성, 이들 시설의 도시공간 속에서 안정성이나 형태적인 설치법 등, 도시공간에 대한 보다 상세한 계획에 의해서 창출되는 것이다. 이것은 도시기본계획[주1)]이나 토지이용계획, 교통계획 등과는 달리 아름다운 도시공간 개발, 즉 도시공간계획이나 설계에 관련된 과제와 테마인 것이다. 그리고 복합적인 매력을 갖춘 도시개발이 요구되고 있는 오늘날 이러한 도시의 공간적인 구성이나 각 부분의 계획 및 설계, 즉 도시디자인이 도시개발에 있어서 보다 한층 더 중요해지기 시작했다.

2 도시디자인의 현재와 미래

도시개발에 있어서 도시디자인의 역할은 크다. 일본에 있어서 도시디자인의 현실은 그 필요성을 받아들여 보편화시켜 가고 있으며 더불어 다수의 이해와 호응이 필요한 상황이다. 그 상황과 과제는 무엇보다 다양하지만 주요한 측면에 있어서 현재의 상황은 다음과 같이 받아들일 수 있다.

1) 경관형성과 공간구성

최근 일본에서는 거리조성이나 도시개발프로젝트에 자치단체를 비롯한 많은 관련 주체들이 "경관형성"이란 말을 바탕으로 도로나 광장, 공원 포장이나 식재, 조명기구 혹은 건물 벽면의 의장이나 공작물의 색채 등, 주로 도시공간의 표층을 아름답고 매력적으로 꾸미고자 하는 움직임이 활발하게 이루어지고 있는 실정이다. 그러나 한편으로는 도시공간의 기초가 되는 도로나 광장, 공원, 하천 등, 기반시설의 배치나 규모, 형상 또는 이들에 접해 있는 건물 등의 형태적인 구조나 그 용도와의 상호 관계가 만들어내는 도시공간의 기능이나 형태 또한 거기에서 영위되는 인간의 활동이나 심리에 대한 대응 등, 도시공간 그 자체를 적절하게 계획, 구성하고 설계하고자 하는 움직임은 아직 충분하게 이루어지고 있지 않다.

도시 안에는 도로에 면한 건물, 광장을 둘러싼 건축물, 하천, 구릉, 녹지 등과 같이 일정 공간을 구분하는 구축물이나 지형, 지물이 있으며, 이것들로 인해 공간이 생겨남과 동시에 공간의 기능이나 형태, 스케일(규모), 텍스처(결, 무늬) 등을 가지며 그에 따라서 그 질이 규정된다. 그리고 도시공간에서 이들 특성의 차이는 그 공간의 사회적 · 경제적 의미나 거기에서 전개되는 활동을 다르게 만든다.

"도시공간의 구성"을 본 서에서는 '이와 같이 규정된 공간을 그 공간이 갖추어야 할 사회·경제적인 의미나 거기에서 전개되는 활동, 또한 심리적·심미적 욕구 등에 대응하여 그 기능, 형태, 스케일 등을 적절하게 구성하여 3차원적으로 디자인하는 것'이라고 정의하고 있지만, 이와 같은 개념을 바탕으로 도시공간에 매력을 부여하고 어메니티(amenity)를 향상시키는 것은 경관형성에서 진일보하여 공간구성에 이르기까지 시야나 문제의식을 넓혀 대응하는 것에 강력하게 관련되어 있다는 것을 알 수 있다. 즉 도시공간의 구성은 도시공간에 대한 일종의 설계, 디자인 행위이며, 그것은 거리의 활기 창출이나 도시의 활성화, 더불어 도시 활력의 함양 등의 측면에서 경관형성에 비해 보다 효과적이고 보다 강력하게 작용하게 된다.

일본에서는 도시의 매력 부여에 있어서 경관형성과 관련된 대응이 주류를 이루고 있으며, 도시디자인이란 곧 경관형성이라는 식의 획일적인 수용법이나 혼란도 발생하고 있다. 그러나 도시공간의 구성은 도시공간을 조형해 가는데 있어서 보다 본질적인 설계 행위이며, 또한 나중에 언급하겠지만 도시디자인은 본래 공간구성도 포함한 개념이어야 하기 때문에 본 서에서 도시디자인은 경관형성과 공간구성 두 가지 모두를 포함한 개념이기도 하다. 이와 같은 사고방식은 구미의 경우와 마찬가지이다. 그리고 오늘날 경관형성측면에 있어서 적극적인 대응이 이루어지고 있는 한편 공간구성측면에 대해서는 실적도 적어서 공간구성에 관련된 대응을 보다 적극적으로 전개할 필요가 있다는 것을 지적할 수 있다. 이것이 일본에 있어서 도시디자인의 현 상황이며 과제이다.

2) 도시디자인 전개의 체계화

경관형성이 일본의 도시디자인에 있어서 주류를 이루고 있는 것은 그 전개 장소가 기존의 시가지나 새로운 도시개발지구에 대한 경우라도 이미 그 위치나 형상 등이 결정되어 있는 기반시설 등을 대상으로 하여 포장을 아름답게 꾸미는 것에 불과하다거나 연도변 건물의 의장에 대해서 상호 관계성을 가지고 있는 등, 도시공간의 표층 경관을 설계하는 경우가 많기 때문이기도 하다. 게다가 그 배경에는 공간 자체를 구성해 가는 경우에 필연적으로 양산되는 다양한 권리관계나 경제적·사회적인 관심사에 관련된 조정에까지 이르지 않고 자신들 선에서 건물건설주체에 대한 요청 등의 범위에서 일정한 성과를 올리는 경우도 있다. 그 결과 새로운 도시개발프로젝트나 기존 시가지의 개조와 같은 상황에 있어서 도로나 공원, 공장 등의 도시 기반 시설을 대상으로 한 도시공간의 구성에 대한 적극적인 대응이 이루어지지 않고 또한 대응하고자 해도 그 단계가 이미 지나 버렸기 때문에 바람직한 방향으로 공간을 구성하기에는 이미 시기를 놓쳐 버린 경우가 많다. 즉 도시디자인에 있어서 우선 도시공간의 구성을 생각하고 그런 다음에 경관형성에 임하는 것이 바람직한 경우가 많음에도 불구하고 이러한 단계적인 전개가 적절하게 이루어지고 있지 않는 경우가 많다는 것이다.

이와 같은 상황은 도시디자인 전개과정에서 당연히 체계화되어 있어야 할 부분이 체계화되어 있지 않으며, 관련 정보가 관계자 사이에 공유되지 않고, 또한 공유할 수 있는 체계가 구축되어 있지 않기 때문이다. 그리고 이러한 체계화는 새로운 도시개발프로젝트나 기존 시가지의 면적인 개조와 같은 경우의 도시디자인 전개에 있어서 공간구성의 기회가 많고, 또한 그 필요성이 지극히 높기 때문에 특히 중요하다고 할 수 있다.

도시디자인 전개과정이 체계화되어 있지 않은 점이 일본에 있어서 현재 도시디자인에 보이는 두 번째 상황이며 과제이다.

3) 도시디자인의 기법과 실현을 위한 방안

일본의 도시디자인에 나타나는 세 번째 상황 및 과제는 도시디자인에 관련된 기법과 그 실현을 위한 방안이 도시개발에 대응하는 다수의 주체와 계획자들 사이에서 공통되고 있지 않다는 점이다. 이것은 특히 공간구성측면에서 보다 현저하다.

경관형성과 공간구성 모두 관련된 기법으로는 랜드마크, 아이스탑, 비스타, 스카이라인, 절곡, 동자주, 착시효과, 요각(reentrant angle), … 등을 들 수 있다. 이것들은 유럽이나 미국의 바로크적 도시공간이나 일본의 전통적인 도시공간에 관련된 연구나 분석[주2)] 또는 그들 성과에 따른 현재의 도시공간에 대한 전개에 의해 도시디자인에 관련된 사람들 사이에서 일정 수준에 이르는 공통적인 디자인 요소, 디자인 기술로 이루어져 있다. 그러나 이들 기법은 도시공간이나 실체, 즉 물리적 환경을 직접적인 설계 대상으로 하여 도시공간에 상징적 · 심미적인 의미나 질서를 부여하고자 했던, 즉 도시공간의 의장에 관련된 조형적인 기법이다. 따라서 앞에서 언급한 바와 같이 도시개발을 둘러싼 상황이 다양화되고 있는 현대 도시나 앞으로 도래할 시대에 있어서 도시공간이 갖추어야 할 사회 · 경제적인 의미나 가치, 또한 거기에서 전개되는 활동에 대응해가기 위해서는 두말할 것도 없이 이들 기법만으로는 충분하지 않다.

즉 이들 요청에 호응하기 위해서는 위와 같은 의장, 조형적인 기법과 더불어 다양한 새로운 기법이 필요하게 될 것이라는 것이다. 그러나 그 기법은 아직 충분히 개발되었다고 말하기는 어려우며, 또한 무엇보다도 도시개발에 임하는 관계자 사이에서 공통적으로 인식되고 있지도 않다. 이와 같은 상황은 특히 도시공간의 구성에 관련된 대응에 있어서 현저한데, 이것은 다음과 같은 여러 가지 이유가 배경이 되고 있다.

① 공간구성을 위한 대응이 도시개발에 관련된 구상, 계획입안의 초기 단계에 있어서 필요하며, 또한 다양한 가능성을 갖추고 있음에도 불구하고 이들에 대해서 도시개발에 관계하는 다양한 사업주체나 계획자 사이에서 충분히 인식되고 있지 않다는 점.

② 경관형성에 비해 공간구성에 관련된 대응 내용이나 기법이 개개의 프로젝트에 있어서 다르며, 또한 만들어내는 공간을 실현해가는 수법이 프로젝트의 사업화에 관련된 제도나 도입하는 수법에 따라 다른 점.

③ 도시공간을 구성해가는 경우, 프로젝트지구에 대한 다양한 권리자를 비롯하여 경제적인 이해득실에 직접 관련된 관계자, 해당 프로젝트를 추진하는 사업주체 등 각각의 권리와 이해, 의혹 등을 조정하는 경우가 많다. 이것을 조정하기 위해서는 사업비 부담이나 권리이동 등에 관련된 제도와 수법을 구사하는 것이 필수이지만, 그러기 위해서는 많은 에너지가 필요하게 되어 그 번잡함이나 곤란함 때문에 사업주체나 계획자가 소극적이 되어 버린다는 점.

④ 또한 이것이 원인이며 결과이기도 하지만 사업주체나 계획자에게 있어서 제도와 수법의 적절한 활용에 의한 도시디자인의 효용에 대한 이해나 경험이 부족하다는 점. 따라서 도시공간을 구성해가기 위해서는 이들 제도나 수법을 이해하고 정확히 활용해가는 것에 관심이 별로 없다는 점.

이상과 같이 일본에 있어서 도시디자인의 전개를 보다 높게 정착시키기 위해서는 도시디자인에 관련된 기술이나 그 실현 방향에 관계하는 사람들 사이에서 널리 공통적으로 인식될 필요가 있다.

주

1) 土井幸平, 「'도시 기본계획' 실천에 있어서 계획 이론 및 방법의 전개」, 학위논문, 1993.
2) 伊藤鄭爾 · 川上秀光 · 磯崎新 외, '특집 도시디자인', 「건축 문화」 No.181, 1961년 11월호, 창국사
3) 伊藤鄭爾 · 磯崎新 · 土田旭 외, '특집 일본의 도시공간', 「건축 문화」 No.206, 1963년 12월호, 창국사

1 | 3

도시디자인의 영역

1 본 서의 목적

일본에 있어서 도시개발을 둘러싼 다양한 사회변화와 사람들의 생활의 폭 확대, 또한 그에 따른 도시디자인이 맡은 역할이 중요하다는 것을 지적하였고, 더불어 일본의 도시디자인 현상을 개괄적으로 살펴보는 가운데 그 과제를 분명히 밝히고자 한다.

저자는 지금까지 30여 년간, 미국과 유럽, 그리고 일본의 대다수 도시개발에 관련된 다양한 프로젝트계획과 조사, 연구를 통하여 도시계획, 도시디자인 실무에 관여해 왔다. 그런 가운데 일본의 도시디자인에 관련된 대응이 지금까지 좋은 결실을 보여 보다 매력적인 도시공간이 많이 출현하기를 바라며 최근에는 거리조성의 사업주체나 계획자가 공유할 수 있는 도시디자인 기술 및 그 실현을 위한 방향을 강구할 필요를 느꼈으며, 그것이야말로 의미 있는 일이 아닐까 생각하게 되었다. 그리고 저자의 실무 경험을 바탕으로 이들을 체계적으로 확립시키는 것이 하나의 시도에 불과할지라도 일본의 도시디자인 전개를 위해 다른 대안은 없을 것이라고 생각해 왔다. 이 또한 도시디자인의 진행방법을 체계적으로 또한 폭넓게 논의한 연구나 서적이 지금까지 없었다는 것이 이유이기도 하다. 이것이 바로 본 서를 쓰게 된 동기이며 문제의식이다.

한편, 일본의 대다수 도시에 있어서 중심시가지의 활성화 진전에 대한 필요성이 높아지고 있으며 그에 따라 중심시가지를 재생해가는 도시디자인이 맡은 역할은 크다고 할 수 있다.

이와 같은 이유에서 본 서는 타이틀을 '도시재생의 도시디자인 프로세스와 실현 수법'으로 정했으며 본 서의 목적은 거리조성에 관련된 다수의 사람들이 공유할 수 있는 도시디자인 기법과 그 실현을 위한 방향을 최대한 체계적으로 확립시키는 것이다.

이 경우 대상 영역을 주로 도시개발프로젝트로서 한정하고 있는데 내용은 도시개발프로젝트에 한정된 것이 아닌 소규모적인 것도 포함하여 폭넓게 거리조성에 관련된 다른 프로젝트에도 응용할 수 있는 것이며, 또한 응용되기를 기대하고 있다.

2 용어와 도시디자인의 영역

본 서의 주제는 도시개발프로젝트에 있어서 도시디자인의 기법과 그 실현을 위한 방안이며, 본 서에서 이용한 주요한 용어는 각각 다음과 같은 의미와 내용으로 사용된 것이다. 그에 따라 본 서가 대상으로 하는 영역과 문제의식이 보다 선명해질 것이다.

1) 도시개발프로젝트

도시계획법에서 말하는 시가지개발사업과 도시시설정비사업, 또한 특정가구나 종합설계제도 등을 활용하여 이루어진 프로젝트 및 이들 조합에 의해 진행되는 프로젝트를 말한다. 구체적으로는 도시계획법에 명시되어 있는 토지구획정리사업, 시가지재개발사업, 신주택시가지개발사업 등을 기간사업으로서 진행되는 시가지개발정비에 관련된 프로젝트이며, 또한 동법에 언급된 도로나 공원, 공장 등의 도시시설정비와 특정가구 및 종합설계제도 등에 의한 건물의 건설 등을 통해 이루어진 프로젝트 또는 이들을 조합시켜 진행되는 시가지개발정비를 위한 프로젝트이다.

본 서에서는 앞에서 언급한 바와 같이 앞으로 도시의 매력을 높여가기 위해서는 다양한 기능의 입지나 신변 문화의 존재, 매력적인 도시공간의 구성이 중요한 요소라는 측면에서 볼 때도 분명히 나타나며, 위의 여러 사업과 일체적으로 건설될 건축물의 건설사업도 도시개발프로젝트를 구성하는 중요한 사업 중 하나로서 여기에 포함되어 있다.

최근 전국의 지방자치단체나 도시기반정비공단 등에 있어서 활기차게 진행되고 있는 철도사업용지(현재는 국철 청산사업단을 거쳐 일본 철도 건설공단이 계승하고 있는 경우가 많다)나 폐공장부지 및 그 주변을 포함하여 진행되고 있는 시가지개발사업과 재편정비사업 또는 교외부에서 진행되고 있는 신시가지개발사업, 그리고 특정 구역이나 종합설계제도를 활용하여 진행되고 있는 집합주택이나 상업, 업무 빌딩 등의 건설사업이 여기에서 대상으로 하는 구체적인 프로젝트가 된다.

이러한 프로젝트는 시가지개발사업이 기간사업이 되고 있는 경우에 있어서 수십 헥타르에서 수백 헥타르에 이르는 면적의 구역에서 진행되며, 도시시설의 정비나 건물의 건설사업을 주체로 하는 경우는 수십 헥타르 혹은 그 이하의 부지 영역에서 진행되는 경우가 많다. 본 서에서도 이 정도 면적 규모의 지구에 있어서 도시개발프로젝트를 대상으로 하고 있다.

2) 도시디자인, 도시설계, 어반 디자인

도시디자인의 용어에 대해서 주류를 이루는 개념은 있지만 이것에 관련된 다양한 주체나 기능에 따라 다양하게 이용되고 있다. 예를 들면, 「도시계획 용어 사전」(도시계획 용어 연구회 편, 1994년, 행정 발행)에서는 어반 디자인을 '주택지의 어메니티, 이미지 향상, 다른 주택지와의 차별화, 지역의 아이덴티티 확립 등을 위해 건물의 사인, 도로구조 등을 배려하여 아름다운 거리를 형성하는 등 매력 있는 도시공간 창출을 도모하는 것'이라 정의하고 있다. 이것은 도시디자인을 경관형성으로 받아들인 것이며, 도시디자인이 지금까지 커버해왔던 범위 또는 도시디자인에 요구되는 현실적 요청에 비추어볼 때 지극히 일방적이며 불충분하다고 하지 않을 수 없다.

이에 대해서 「여러 외국의 도시계획 · 도시개발」(건설성 도시국 도시정책과, 건설성 도시국 도시계획과 감수, 도시개발제도 비교 연구회 편집, 1997년, 행정 발행)에서는 '미국에 있어서 어반 디자인은 「도시의 물리적인 환경을 정책의 다양한 도구를 이용하여 영향을 주어 보다 많은 사람들이 받아들일 수 있는 방향으로 바꾸어가는 행위」라고 정의하고 있으며, 여기에는 도시의 물리적인 환경을 디자인할 수 있으며, 그것의 정책 툴을 구사함으로써 달성할 수 있다는 두 가지 가정이 있다'고 주장하고 있다.

한편, 본 서에서는 도시디자인을 공간구성과 경관형성 모두를 포함한 개념으로 다루었다. 그러나 이 두 가지 대응만으로는 도시공간의 실체, 즉 물리적인 환경을 설계해 간다는 수준에 머물러 있다. 앞에서 언급한 바와 같이 도시개발을 둘러싼 현재의 다양한 요청에 따라 특색이 있으며 매력적인 존재로서 도시공간을 현실적으로 만들어내기 위해서는 다양한 제도와 수법을 구사하고 관계하는 권리자나 사업주체 등과의 조정과 실제로 시설설계에 관련된 다양한 전문디자이너의 디자인 그 자체에 대해서도 조정을 진행해야 한다는 것이 도시디자인의 개념에 포함되어 있을 필요가 있다. 따라서 도시디자인이란 경관형성, 공간구성 및 창출하고자 하는 도시공간을 실현해가기 위한 수법과 조정을 포함한 개념이라고 하는 것이 적절하다.

3) 도시설계가, 도시 디자이너, 어반 디자이너

도시디자인을 위와 같은 개념으로 한다면 도시설계가란 도시디자인을 직능으로 하는 디자이너가 되게 된다.

한편, 도시설계가에 가까운 직능으로서 도시계획가와 건축가의 직능이 있는데, 도시설계의 직능은 이들 두 가지 직능 사이 중간에 위치하는 것이다. 이 점에 대해서 조나단 바넷(Jonathan Barnett)은 그의 저서[주1)]에서 다음과 같이 이야기하고 있다.

'도시계획가는 토지이용을 자원 배분의 문제로서 생각하는 경향이 있으며, 토지의 3차원적 특성과 장래에 그곳에 건설하게 될지도 모르는 건물의 성격에 대해서 충분한 지식을 갖지 않고 구획의 목적으로 토지구획 분할을 해버린다.

그 결과, 대부분의 구획 법규나 공식, 토지이용계획에 의해 형태에만 집중하여 상상력이 결여된 건물을 만들어내게 된다. 만약 3차원 디자인을 이해하는 사람이 관계되었다면 토지이용계획도 분명히 개선되게 될 것이다.

한편, 훌륭한 건축가는 자신이 디자인하고 있는 건물에 대해서 주변환경과의 관계에 최선의 노력을 하겠지만, 그들이 설계를 맡은 부지 밖에서 어떤 일이 일어나든지 그들에게는 그것을 컨트롤할 능력이 없다. 단순히 건물만이 아니라 도시를 디자인하는 사람이 필요한 것이다.

도시디자인 업무를 적극적으로 하고 싶다고 표명하는 기술자, 건축가, 도시 계획가가 점점 더 많아져 가고 있다. 그러나 안타깝게도 도시디자인이라는 일은 그리 말하는 것처럼 단순한 일은 아니다. 지금까지도 경제적, 정치적, 그리고 사회적인 가능성이 고려되어 있지 않은 도시디자인은 거의 없었다.

이것은 도시를 디자인하는 사람이 그 필요성에 대해서 이해하기 쉽고 지극히 시사하는 바가 큰 사고방식이다. 즉 도시설계란 3차원 디자인으로서 공간구성과 경관형성에 대응하고 건축가의 영역을 넘어 다른 건물의 부지도 포함하여 관계하는 대상을 넓게 조정하면서 도시를 디자인하는 사람이라는 의미이다. 마치 앞서 언급한 개념의 도시디자인에 대응하는 것을 직능으로 하는 디자이너라고 해도 될 것이다.

4) 도시개발에 관련된 구상, 계획입안

일반적으로 도시개발프로젝트에 있어서 상기의 조나단 바넷이 말한 도시계획가의 경우와 같이 해당 도시개발에 관련된 구상의 정책이나 계획입안, 설계작업은 도시디자인에 관련된 대응과 동시 병행적으로 이루어져야만 한다. 또한 구상의 정책이나 계획입안, 설계작업은 본래 도시디자인에 관련된 대응을 포함한 것이어야 한다. 그러나 일본에 있어서 지금까지의 경우와 같은 사고방식에 따라 진행된 구상, 계획입안이나 설계작업은 적으며 도시디자인에 관련된 대응 상황이 절대 높지 않고 시도조차 되고 있지 않은 경우도 많다.

본 서는 도시디자인에 관련된 대응방식을 분명히 하는 것을 목표로 하고 있기 때문에 도시개발프로젝트의 구상, 계획입안, 설계에 관련된 일련의 작업 가운데 도시디자인에 관련된 대응을 선별하여 거기에 초점을 맞추어 이야기를 진행해가고자 한다. 따라서 이들 이외의 일반적인 구상, 계획입안, 설계작업을 본 서에서는 도시개발에 관련된 구상, 계획입안이라 칭하고자 하며, 필요에 따라 단순히 '일반적인 구상, 계획입안'이라 부르기로 하겠다.

도시개발프로젝트에 대한 도시 기능의 도입계획, 그것에 입각한 지리적인 배치방식 등을 계획하는 토지이용계획, 그것을 유지하기 위한 도로나 공원, 광장 등의 기반시설과 각종 공급처리시설 등의 정비에 관련된 구상, 계획입안, 설계 등이 '일반적인 구상, 계획입안'이다.

주

1) Jonathan Barnett (1982), 倉田直道 · 倉田洋子 역, 「An Introduction to Urban Design」, 『새로운 도시 디자인』, 集文社

참고문헌

- 건설성 도시국 도시계획과 감수, 『도시경관을 생각한다』, 大成출판사, 1988.
- Donald J Olsen(1986), 和田亘 역, 『예술작품으로서의 도시, 런던, 파리, 빈』, 藝立출판, 1992.
- 加藤源, 「나고야에 있어서 앞으로의 도시디자인 전개를 위해 –일본적 도시디자인을 바라며」, 『도시계획』, No. 175, (사)일본도시계획학회, 1992.
- 加藤源, 「토지구획정리사업에 있어서의 매력 있는 도시 조성」, 『신도시』 1990년 2월호, (재)도시계획협회
- 鳴海那碩편, 『도시환경 디자인–13인이 말하는 이론과 실천』, 學藝출판사, 1995.

Chapter 2

도시개발프로젝트의 계획프로세스

일본에 있어서 도시디자인에 대한 대응은 최근 다방면에서 활발하게 이루어지고 있는데 그 수준이 결코 만족할 수 있는 것은 아니다. 그리고 기본적인 과제로서 대다수 도시개발프로젝트의 도시디자인에 관련된 다양한 대응이 프로젝트의 구상, 계획입안 혹은 설계단계에 대응하여 필요한 시기에 필요한 대상에 대해서 적절하게 이루어지지 않고 있다. 즉 구상, 계획입안과 도시디자인에 관련된 대응과 상호 연관성을 가지고 이루어지지 않는 상황을 들 수 있다.

이와 같은 상황은 앞 장에서 설명한 바와 같이, 우선 첫 번째로는 매력적인 도시공간을 조성하고자 하는 의욕이 모든 단계와 기회, 그리고 모든 주체에 있어서 충분하다고 한다면 반드시 그렇지는 않을 것이라는 것을 원인으로 보고 있다. 다음으로는 도시디자인에 관련된 대응을 체계적으로 확립한 도시개발프로젝트의 구상, 도시개발의 체계 자체가 프로젝트를 진행하는 주체와 관계기관, 계획자 사이에서 공통적으로 이루어지고 있지 않는 것도 배경이 되고 있다. 본 서의 목적은 도시개발프로젝트에 있어서 도시디자인의 기법과 실현을 위한 방안을 정리하는 것이다. 따라서 도시개발프로젝트에 있어서 도시디자인의 전개체계를 분명히 하는 것도 그 가운데 중요한 테마이다. 그리고 그 테마에 부응하기 위해서는 위와 같은 상황에서 우선 그 전제가 되는 도시개발프로젝트에 있어서 구상, 계획입안 체계를 분명히 해두는 것이 필요하다.

따라서 본 장에서는 우선 도시개발프로젝트의 구상, 계획입안 체계에 대해 생각해보고자 한다. 그러기 위해 우선 그 체계화의 방향을 고찰하고 다음으로 토지구획정리사업에 관련된 경우에 대해서 음미함과 동시에 필자가 지금까지 관계한 도시개발 프로젝트 사례를 이들에 공통적으로 적용된 체계를 찾아내어 그것을 기존의 체계도 고려하면서 통합화하여 도시개발프로젝트에 있어서 구상, 계획입안 체계를 정리하고자 했다.

2 | 1

구상, 계획체계의 현 상황

1 체계 미확립의 배경과 체계화의 방향

도시개발프로젝트의 구상, 계획입안 체계가 프로젝트를 추진하는 다양한 주체나 관계기관, 계획자 사이에서 공통적으로 공유되고 있지 않은 배경에는 다음과 같은 상황이 있다.

① 도시개발프로젝트는 기성 시가지의 재편 정리에서 신시가지개발, 기반시설정비에서 주택공급, 주택지 개발에서 업무용지 개발과 같이 그 위치나 사업목적, 토지이용이 다양하며 또한 그 규모나 사업주체, 사업수법도 다양하다. 따라서 구상, 계획입안 체계는 각각의 프로젝트마다 궁극적인 개념은 똑같지만 그 검토대상이나 심도 등이 다른 경우가 많다.

② 도시개발프로젝트는 하나의 기간적인 프로젝트를 중심으로 그것에 관계된 다른 복수의 사업이 조합된다거나 혹은 개별 사업이 각각 복수로 동시 병행적으로 수행되는 경우가 많다. 그 결과 프로젝트를 구성하는 각각의 사업에 있어서 사업주체나 관계하는 기관의 사고방식, 각 사업의 상황 등에 대응하여 구성, 계획입안이 전개되는 경향이 있다.

③ 프로젝트를 추진하는 주체가 많기 때문에 구상, 계획입안 단계 혹은 다음 여러 시설의 설계단계에 이르러서도 이들 기관 상호간의 조정사항이 많다. 그렇기 때문에 조정이 충분하게 이루어지지 않는 경우에는 다음 단계로 옮겨가는 것이 곤란해진다거나 하나의 사업만을 선행해버리는 등 구상, 계획입안의 보조를 맞추는 것이 쉽지는 않다.

④ 나중에 언급하겠지만, 건축설계에 관련된 경우는 다양한 시설에 공통적으로 적용되는 계획, 설계체계가 확립되어 있지만 도시개발프로젝트는 건축설계에 비해 역사가 짧고 또한 경험 축적이 적기 때문에 검토

해야 할 사항이나 그 폭이 해마다 확대되고 또한 그에 발맞추어 오늘날에도 계획기술이 분화를 거듭하여 심화되고 있다.

⑤ 도시개발프로젝트를 추진하는 많은 주체 가운데 도시기반정비공단 등의 일부 조직을 제외하고 공공단체나 조합 등은 도시개발프로젝트를 경험할 기회는 그다지 많지 않다. 따라서 한정된 공공단체를 제외하고는 담당하는 직원의 경험 부족은 부정할 수 없기 때문에 적절한 체계에 따른 구상이나 계획입안이 이루어지지 않는 경우가 많다.

⑥ 이들 주체의 구상, 계획입안을 지원하는 도시계획 컨설턴트 등 계획자의 구상, 계획력이나 조정력이 부족한 경우도 많으며 그 결과 구상, 계획입안이 적절한 체계에 따르지 않고 진행되어 버리는 경우도 많다.

도시개발프로젝트의 구상, 계획입안 체계가 확립되지 않는 현 상황과 그 배경은 위와 같다. 따라서 여기에서 분명히 하고자 하는 체계는 이와 같은 다양한 상황이나 배경을 포섭하고, 또한 도시개발프로젝트에 있어서 도시디자인 전개체계를 분명히 하고자 하는 목적에도 부합하기 위해 다음과 같은 조건을 갖출 필요가 있다고 할 수 있다.

① 다양한 사업목적이나 토지이용, 사업규모 등의 도시개발프로젝트에 대응할 수 있음과 동시에 복수의 사업이 조합되어 수행되는 프로젝트에도 적용할 수 있는 체계일 것.

② 프로젝트를 추진하는 주체나 관계하는 기관 사이에서 쉽게 공유될 수 있는 체계일 것.

③ 상기 2가지 조건을 충족하면서 최대한 많은 사업과 사업주체, 관계기관을 포섭할 수 있는 간결하고 명쾌한 체계일 것.

④ 도시디자인을 전개해 가는데 있어서 그 체계와도 충분히 정합될 수 있는 체계일 것.

그것을 바탕으로 이들 여러 가지 조건에 대응할 수 있는, 즉 최대한 많은 도시개발프로젝트를 포섭할 수 있는 구상, 계획입안의 골격적인 체계에 대해서 고찰하고자 한다.

2 기존의 체계-토지구획정비사업에 대한 경우

도시개발프로젝트에 관련된 구상, 계획입안 체계가 앞에서 언급한 바와 같은 상황에 있는 만큼 그 프로세스 각 단계의 명칭 또한 다양하다. 예를 들면, 구상단계에 대해서 기본구상, 개발정비구상, 종합개발구상…, 또한 계획단계에 대해서는 기본계획, 개발정비계획, 종합계획과 설계단계에서는 실시계획, 사업계획 등이다. 그리고 각각의 프로젝트마다 그것을 구성하는 사업마다 의미를 부여하여 호칭을 정하여 구상, 계획입안이 진행되며 그 내용이나 심도, 정밀도도 제각각 차이가 있다.

구상, 계획 검토 내용의 단계적인 전개에 대해서도 마찬가지의 심도 검토가 다른 단계로 이루어진다거나 하는 경우도 있다. 이것은 구상, 계획입안 단계에 관계없이 각 시설의 설계를 진행하는 단계에 있어서 마찬가지이다.

한편, 건축설계에 대해서는 기본계획, 기본설계, 실시설계, 공사감리로 그 과정이 명쾌하게 구분되고 또한 각각의 단계에 대한 계획, 설계내용이 명확해지고 있다. 이 구분은 건축물 자체의 설계에 국한되는 것이 아니라 구조, 전기설비, 급배수위생설비, 공조환기설비 등 각각의 분야에도 대응하는 것 외에 건물의 종류에 따라서 각각의 단계에 대한 표준적인 계획, 설계내용까지 나타내고 있다.[주1] 또한 이것이 건설성으로부터의 지시에 따르고 있는 것만으로도 전국적인 범위에서 공, 민에 관계없이 건물 건설주체와 설계자 사이에 공통적으로 공유하는 요소가 되고 있다.

이에 대해서 도시개발프로젝트의 구상, 계획입안이 위와 같은 상황이기 때문에 이것을 보편화, 체계화하는 것은 쉽지 않지만 우선 그것에 대해서 본격적으로 논하기에 앞서 토지구획정리사업에 관련된 체계에 대해서 음미하고자 한다.

요컨대 토지구획정리사업에 관련된 구상, 계획입안의 체계는 조사, 계획입안의 조사 요망이 건설성으로부터의 지시[주2]에 나타나 있음과 동시에, 동사업이 일본에 있어서 도시개발프로젝트를 추진해가는데 가장 대표적인 사업이기 때문에 자치단체를 비롯하여 많은 기관과 계획자 사이의 이해도가 비교적 높다.

토지구획정리사업조사에 대한 조사, 계획입안 체계는 그 조사 요망(1977년 건설성 지시)에 입각하여 그림 2.1에 나타낸 바와 같이 수립되어 있다.

이 모식도에 나타낸 주요한 내용은 다음과 같다. 또한, 조사 요망에는 조사C에 대해서도 함께 나타내고 있는데 조사C는 조사A, B에 병행하여 이루어지며, 그 내용은 사업의 필요성 PR, 모형 · 패널 제작, 조합 설립 준비 등으로 구상, 계획입안의 흐름에 대해서 방계에 걸쳐 있는 것이기 때문에 그 부분에 대해서도 할애하고자 한다.

① 조사A가 기본구상입안, 조사B가 기본계획입안으로 이루어져 있는데 조사A에서는 조사 지구의 설정, 광역적 조건 조사, 현지답사, 시가지 환경 평가, 정비 과제 설정과 전제조건 정리, 계획 테마 설정, 기본구상 작성, 실현 방안 검토가 주요한 검토 사항이 된다.

② 조사B에서는 기본계획안과 함께 사업계획안을 정리하고, 그것에 기인하여 도시계획 결정이 이루어지며 또한 관공서의 사업인가를 거쳐 사업계획이 확정된다. 조사 요망에 있는 이 단계의 검토 사항은 시행 지구의 설정, 1/500현황 측량, 구획정리설계, 정비효과의 음미, 기본계획 작성, 사업계획조사이다.

③ 도시계획 및 사업계획의 결정은 해당 토지구획정리사업이 제도에 근거한 자리매김을 할 수 있는 법정 도시계획이 되는 것이며, 그런 의미에서 여기까지의 단계가 구상, 계획입안에 있어서 하나의 중요한 대목이 되는 것이다.

④ 그 후에는 사업 실시를 위해 기반시설의 설계가 이루어지며 실시계획이 책정되고 그것을 근간으로 각각에 대해서 사업이 실시되는데 그 과정에서 환지설계가 진행된다.

⑤ 상기의 환지설계에 대해서 토지 권리자와 협의한 후 임시환지가 정해지고, 사용 수익 개시가 인정된 지구부터 순차적으로 건축이 건설되기 시작한다. 아울러 보류지가 배치되고, 이것이 취득되는 경우에는 보류지 취득자의 형편에 맞추어 건물건설이 개시되게 된다.

⑥ 고향의 이미지 창출 모델 토지구획정비사업이나 지역 이미지 조성 종합지원사업 등 기반시설의 완성 수준 향상과 일부 건축물의 건설 등 프로젝트지구 각 부의 매력을 높이기 위한 사업에 대한 계획입안이나 설계가 사업인가 후에 진행된다. 그리고 이들에 관련된 사업이 기반시설이나 건축물 건설에 맞추어 진행된다.

⑦ 각 기반시설의 설계와 사업은 임시환지가 정해진 지구에 맞추고 프로

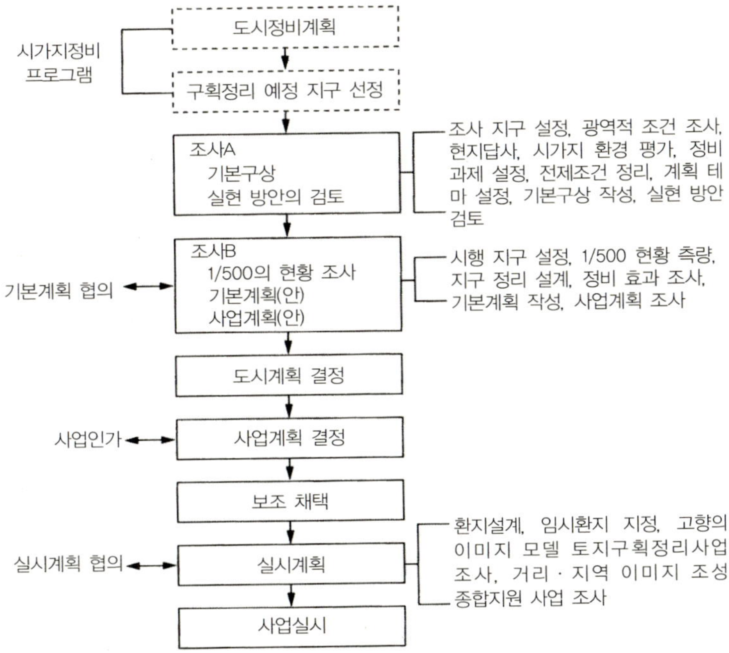

그림 2.1 | 토지구획정리사업 조사 요망에 나타난 조사, 계획입안 체계
(출전 : 「토지구획정리6법」, 1995년도판, 건설성 도시국 토지구획정리과 감수)

젝트 전체의 사업실시 스케줄이나 국가로부터의 보조금 교부도 포함한 사업비 수당 등에 맞추어 순차적으로 진행되는 것이 일반적이다. 그 결과 사업실시단계에 있어서 토지구획정리사업이 완료되기까지 기반시설의 설계와 사업이 동시 병행적으로 진행되게 된다.

주

1) 「1979년 건설성 고시 제1206호 및 건설성 주지발 제148호의 건설성 주택국장 지시에 의한 건축사사무소의 사업보수지침」에 설계 각 단계에서의 업무내용과 보수기준이 상세히 나와 있으며, 건축건설에 관련된 다양한 작업과 보수는 건설주체, 건축설계사무소 모두 전국적으로 이 지침에 따르고 있다.
2) 건설성 도시 국구획정리과 감수 · 토지구획정리법제연구회 편집, 『토지구획정리6법 1995년판』, (주)교우세이

사례 프로젝트에 대한 구상, 계획입안 실태

다음으로 도시개발프로젝트의 구상, 계획입안 체계를 구체적인 프로젝트에 대한 프로세스에 입각하여 생각해보고자 한다. 그러기 위해 저자가 지금까지 관계했던 도시개발프로젝트 가운데 다음 4개 지구의 프로젝트를 들어보고자 한다.

① 오비히로역 주변지구
② 하나마끼역 주변지구
③ 마루카메 역전광장 주변지구
④ 아사히가와시 도시거점지구

이들을 예로 드는 이유는 다음과 같다.

- 4지구 가운데 ②, ③의 프로젝트는 이미 완성, ①의 프로젝트는 1999년 현재 대략 4/5가 완성(사업비가 원인), ④의 프로젝트에 대해서는 앞에서 언급한 토지구획정리사업에 대한 체계는 실시계획단계에 있다. 따라서 도시개발프로젝트의 구상, 계획입안 체계를 고찰하는데 있어서 다양한 단계에 대해서 충분한 재료를 얻을 수 있다.
- 4지구 모두 복수의 사업조합에 의한 프로젝트이며 다양한 사업의 조합에 의한 프로젝트의 구상, 계획입안 체계를 분명히 하기에 적당하다.
- 도입된 사업이 여러 곳에 영향을 미치고 있기 때문에 사업수법면에서뿐만 아니라 사업주체에 대해서도 다양한 조합에 따른 경우를 경험할 수 있다.
- 프로젝트지구의 면적도 수십 헥타르부터 수백 헥타르까지 다양하다.

저자는 이들 지구의 도시개발프로젝트 모두에 대해서도 구상입안이 개시된 단계에서부터 사업실시, 완성에 이르기까지 계획자, 도시계획자, 그리고 코디네이터로서 프로젝트에 참여하고 있다.

1 사례 프로젝트의 개요

이들 4가지 사례 프로젝트에 대한 계획, 사업내용, 특색은 다음과 같으며 그 개요 등을 일람할 수 있도록 정리한 것이 표 2.1이다. 또한, 프로젝트지구의 위치 및 지구 각각의 토지이용, 기반시설의 계획 등을 나타낸 것이 그림 2.2~5이다.

1) 오비히로(帶広)역 주변지구

프로젝트지구는 JR 네무로본선(根室本線) 오비히로역 주변지구에서 역 북측으로 펼쳐진 중심시가지 일부를 포함한 지구이다. 오비히로 시가지는 고도성장기에 주변 지역으로부터 많은 인구유입을 수용하여 네무로본선 남측

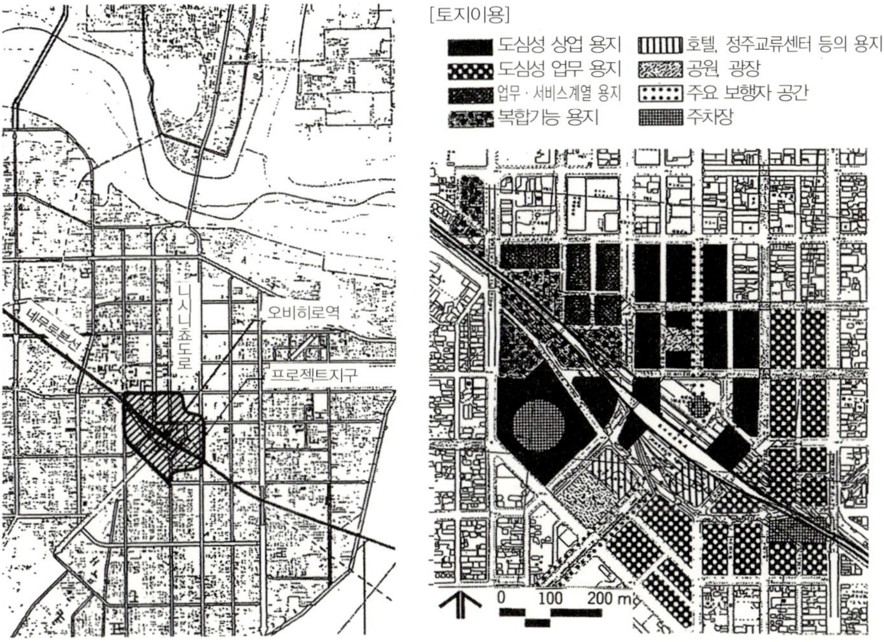

그림 2.2 | 오비히로역 주변지구의 위치와 정비계획도 (토지이용, 기반시설계획 등)

으로 계속적으로 발전했다. 그 결과 동서로 횡단하고 있는 네무로본선이 시가지를 남북으로 분단하는 상황을 만들어내고 있었다.

이와 같은 이유에서 네무로본선을 오비히로역을 중심으로 하여 그 전후 구간을 고가화하고, 남북 시가지의 일체화를 진행함과 동시에 역 주변지구의 시가지정비를 진행하여, 중심시가지의 활성화를 도모하는 일이 1980년대 초부터 구상되었다.

계획의 주요한 내용은 그림 2.2에 나타낸 바와 같이 철도의 고가화 및 그것에 맞춘 지구 내의 도로나 역 광장의 정비, 국철(당시)이 소유한 철도 야

표 2.1 | 사례 프로젝트지구의 계획, 사업 개요

	오비히로(帶広驛) 주변지구	하나마키(花巻) 주변지구	마루카메(丸龜) 역전광장 주변지구	아사히가와(旭川)시 도시거점지구
사업 배경, 목표	• 철도(네무로본선)에 의한 중심시가지 분단 상황의 해소 • 철도 남측 지구에 대한 도심 기능의 입지 유도 • 중심시가지의 활성화	• 철도(도호쿠본선(東北本線)) 서측으로 확대되고 있는 시가지와 동측에 위치한 중심시가지와의 용이한 연락 확보 • 역 동측 지구의 지반 침하 상황 해소 • 구 국철 용지 고도이용	• 철도(요산선(豫讚線))의 고가화에 맞춘 역 주변지구의 활성화, 시의 이미지 조성 • 국철 청산사업단 용지의 고도이용 • 철도에 의한 시가지 분단 상황의 해소	• 아사히가와(旭川)역(하코다테본선(函館本線) 남측으로 펼쳐진 국철 청산사업단 용지, JR야드의 고도이용 • 도심 기능의 입지 유도 • 철도, 강(츄베츠가와(忠別川))에 의한 시가지 분단 상황의 해소
주요 사업 내용	• 철도의 연속입체교차화(오비히로역을 중심으로 전후 구간, 약 6.2km) • 철도 남북 횡단도로 등 중심시가지내 주요 도로 정비 • 역주변지구의 면적 시가지정비 • 공익적 핵심 시설(정주교류센터, 다목적광장) 건설 • 상징도로의 정비 • 역전광장 지하주차장의 정비	• 철도 동서 연락도로 및 역에 이르는 주요 도로의 정비 • 역 양측 지구의 면적 시가지정비 • 공익적 핵심 시설(정주교류센터, 다목적광장)의 정비 • 지구 내 상업지권자에 의한 새로운 상점가(레인보우 타운)의 형성 • 지구에 인접한 지역의 전선 지중화	• 철도의 연속 입체 교차화(마루카메)역을 중심으로 전후 구간, 약 2.8km) • 철도횡단도로, 역전광장의 정비 • 역주변지구의 면적 시가지정비 • 공익시설(미술관, 도서관) 건설	• 철도의 입체교차화(아사히가와(旭川)역을 중심으로 전후 구간, 약 4.2km) • 철도, 하천을 횡단하는 도로정비 • 역 남측 지구를 중심으로 역 주변지구의 면적 시가지정비 • 공익적 시설의 건설사업 • 국립 합동 청사의 건설사업
사업 구역의 면적	• 정주 거점 긴급정비사업구역 : 30ha • 토지구획정리사업구역 : 18.5ha	• 정주 거점 긴급정비사업구역 : 15ha • 토지구획정리사업 지역 : 10.7ha	• 역전광장, 공익시설 건설 가구, 재개발사업 지구를 포함한 약 3.0ha	• 토지구획정비사업구역 : 약 86.2ha
구상, 설계기간	• '83년~현재	• '84년~'90년	• '87년~'90년	• '91년~현재

표 2.1 | 사례 프로젝트지구의 계획, 사업 개요 (계속)

	오비히로 주변지구	하나마키 주변지구	마루카메 역전광장 주변지구	아사히가와시 도시거점지구
주요 사업의 사업 기간 (예정도 포함)	• 토지구획정리사업 : '92~ '02 • 연속 입체교차 사업 : '91~'97 • 정주교류센터 건설사업 : '93~'95 • 다목적광장 건설사업 : '01~'02 • 상징도로정비사업 : '97~'99 • 역전광장 지하주차장 정비사업 : '97~'99	• 토지구획정리사업 : '90~'94 • 정주교류센터 건설사업 : '90~'92 • 신상점가 건설사업 : '91~'93 • 지역 전선 지중화 사업 : '93~'94	• 철도 연속 입체 교차 사업 : '81~'90 • 역전광장 지하주차장 건설사업 : '88~ '89 • 역전광장 정비사업 : '90~'91 • 미술관 · 도서관 건설 사업 : '90~'91 • 민간 시가지개발사업 (미정)	• 토지구획정리사업 : '97~'11 • 한도액 철도고가화 사업 : '98~'08 • 공익적 시설(평생학습센터, 종합보건복지센터) 건설사업 : '00~ • 국립 합동 청사 건설사업 : '00~'02
주요 사업의 사업 주체, 사업 수법	• 오비히로시 : 토지구획정리사업, 정주교류센터 건설사업, 다목적광장 건설사업, 정주 거점 프롬나드 정비사업 • 홋카이도(北海道) : 철도 연속 입체 교차 사업, 상징도로정비사업	• 하나마키시 : 토지구획정리사업, 정주교류센터 건설사업, 다목적광장 건설사업, 정주 거점 프로나드 정비사업 • 이와테현(岩手縣) : 지방도 하나마키 카즈카선(和賀線) 전선 지중화 사업	• 마루카메시 : 역전광장 정비사업, 역전광장 지하주차장 정비사업, 미술관 · 도서관 건설사업 • 가가와현 : 철도 연속 입체 교차 사업, 도로정비사업(철도횡단도로) • 민간 : 시가지재개발사업	• 히가시가와시 : 토지구획정리사업, 거리 · 지역 조성 종합지원사업, 공익시설 건설사업 • 홋카이도 : 철도 한도액 입체 교차 사업, 도로정비사업(철도횡단도로 등의 2 노선화) • 국립 : 시빅 · 코어 지구 정비사업(합동청사 건설사업), 하천 개수 사업

드 등의 고도이용과 그에 따른 중심시가지에 어울리는 상업, 업무 기능 등의 지구에 대한 유도이다.

주요한 사업은 철도 연속 입체 교차사업[주1](약 6.2km)과 역 주변지구의 토지구획정리사업(면적 약 18.5ha)이며, 전자를 홋카이도가 후자를 오비히로시가 담당했다. 또한 홋카이도는 오비히로시를 대표하는 역 북측의 상점가를 관통하는 도로인 니시니쵸도로(西2条通) 긴급정비사업, 오비히로시는 공익시설인 정주거점긴급정비사업(2000년부터는 마을만들기 종합지원사업)을 활용하여 정주교류센터(도카치 플라자) 및 다목적광장을 철도 남과 북이 각각 정비하게 되었다. 또한, 토지구획정리사업구역 내의 관련 도로에 대해서는 고향의 이미지 조성 모델 토지구획정리사업에 의해 일반적인 수준 이상의 경관 정비에 관련된 사업이 진행되고 있다.

고가화계획과 면적인 시가지정비에 대한 본격적인 검토는 1983년부터 개시되었으며, 저자는 그 해부터 프로젝트에 참가하여 앞선 토지구획정리사업의 조사 요망인 기본구상, 기본계획의 책정과 도시디자인, 철도의 연속 입체 교차 사업과 토지구획정리사업의 조정 등에 관여했다. 현재는 도로, 역전광장과 공원설계, 공사감리에 대해서 코디네이터로서 지구 전체 사업의 진행에 관여하고 있다.

지금까지 토지구획정리사업에 대해서는 철도 남측 지구와 북측 대부분이 완료되었으며, 철도 선로의 고가시설로 교체는 1996년 가을에 이루어졌다. 그 후로는 철도 북측의 토지구획정리사업 미 시공 지구에 대한 사업이 진행되었다. 1996년도에는 지금까지 완료된 사업에 대해서 (사)일본도시계획학회의 계획 설계상을 수상했다.

2) 하나마키(花卷)역 주변지구

프로젝트지구는 도호쿠본선(東北本線) 하나마키역을 중심으로 하는 철도 양측의 시가지 남동측으로 펼쳐진 중심시가지 북단을 포함한 지구이다. 하나마키시 시가지에 있어서 고도성장기에 토지구획정리사업이 철도 서측의 5개 지구에 있어서 계속적으로 실시되어 인구 등의 집적이 진행되었다. 그 결과, 이들 지구와 철도 동측의 중심시가지 등을 연결하는 도로의 혼잡이 가중되어 도로 교통에 지장을 초래했다. 또한 그와 더불어 신칸선 신 하나마키역(프로젝트지구에서 동쪽으로 약 5km, 하나마키역과는 가마이시선으로 연결되어 있다) 개업에 동반하여 하나마키역을 이용하는 관광객이 격감하여 역 주변 상점가 등이 쇠퇴하게 되었다.

이와 같은 이유에서 철도를 횡단하는 도로를 새롭게 부설하는 계획이 1980년 무렵부터 모색되었으며, 또한 국철(당시)이 시에 매각 의향을 가지고 있던 역 인접 화물 야드 용지의 고도이용과 그에 따른 역 주변지구의 활성화 등을 겨냥하여 1984년부터 지구의 개발정비에 대한 검토가 개시되었다.

계획 내용은 그림 2.3에 나타낸 바와 같이 역 북측에 있어서 철도 아래에서 철도와 입체 교차하는 도로를 정비하여 이것과 동측의 역전광장을 연결하는 도로를 새롭게 정비함으로써 철도 동서 시가지 간의 연락을 쉽게 하고 그와 더불어 동측 입구 역전광장을 확충하고 개수했으며, 시가 매입한 동측 입구 역전광장 남측의 국철 용지 등을 이용하고 다목적광장과 정주교류센터(나한 플라자)를 건설하고 그것을 통하여 역 주변지구를 활성화시키고자 했었던 것이다.

주요한 사업은 지구 전체에 걸친 시(市)시행에 의한 토지구획정리사업(약 10.7ha) 및 정주거점긴급정비사업에 의한 정주교류센터, 다목적광장의 정비

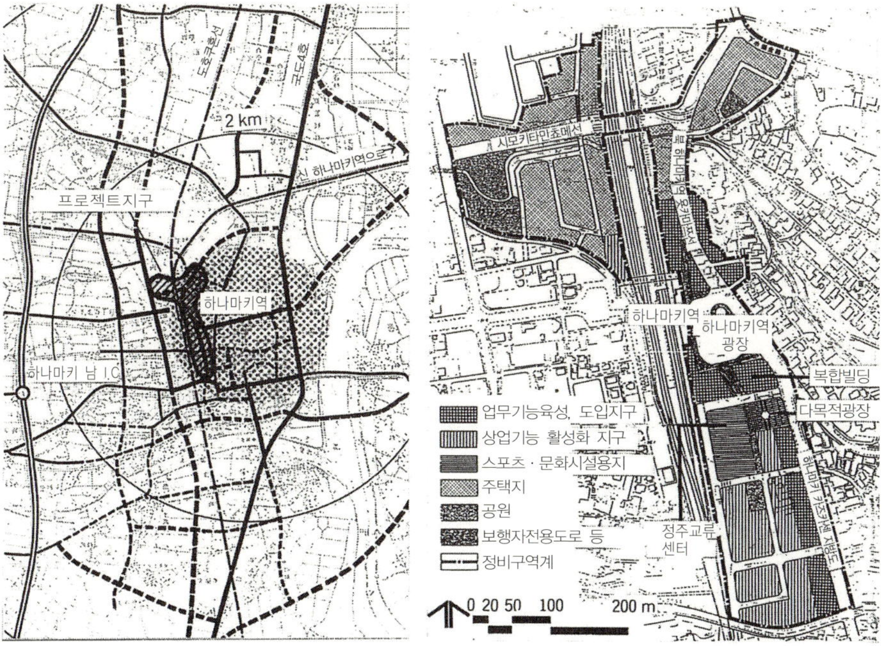

그림 2.3 | 하나마키역 주변지구의 위치와 정비계획도 (토지이용, 기반시설계획 등)

사업, 이와테현(岩手縣)에 의한 지구 내 간선도로(동측 입구) 역전광장에서 중심시가지가 위치하는 남쪽으로 향하는 지방도 하나마키 카즈카선(和賀線)의 전선 지중화 및 수경사업 등이다. 지구 내 남측에서 중앙의 보행자 공간을 따라 노선 상점가 형성을 진행하였고(그림 C · 7), 지구 전체에 대해서는 고향마을 이미지 조성 모델의 토지구획정리사업에 의해 일반적인 수준보다 높은 수준으로 기반시설 정비를 진행했다.

지구에 관련된 이러한 사업들은 1995년에 완료되었지만, 저자는 1984년 본격적인 계획입안 단계부터 참가하여 조사, 계획입안, 도시디자인을 진행, 1994년에는 (사)일본도시계획학회 계획 설계상을 하나마키 시장과 함께 수상했다.

3) 마루카메(丸龜) 역전광장 주변지구

프로젝트지구는 요산선(豫讚線) 마루카메 역전광장 및 그 주변지구로 마루카메시의 중심시가지에 위치하고 있다. 지구정비에 관련된 사업 가운데 요산선 마루카메역을 중심으로 하는 구간의 철도 연속 입체 교차 사업(약 2.8km)은 세토(瀨戶)대교의 공용개시(1988년)에 맞추어 1990년까지 모두가

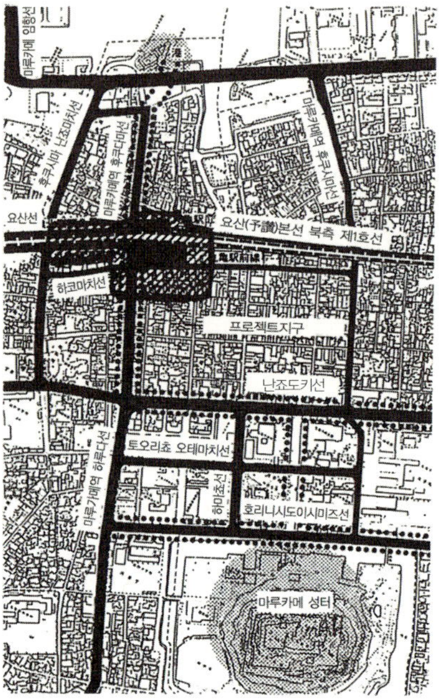

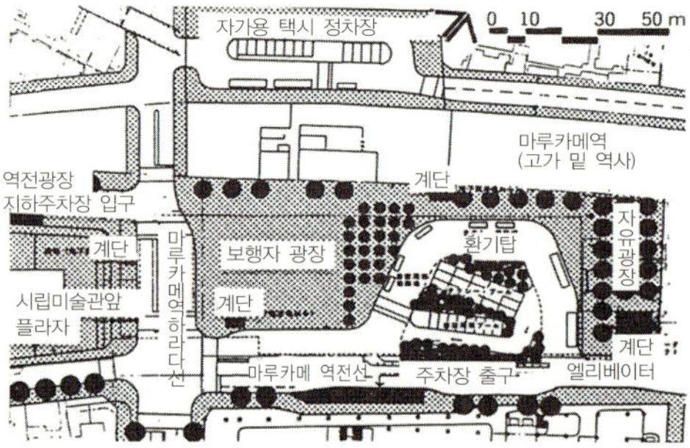

그림 2.4 | 마루카메역 주변지구의 위치와 정비계획도 (기반시설계획)

완료되었다. 지구정비에 대해서는 연속 입체 교차 사업에 동반하여 발생된 토지를 이용하여 역전광장을 확충 정비함과 동시에 시기를 같이하여 국철의 민영화에 동반한 국철 청산사업단 소유지가 된 토지의 고도이용을 도모하고자 한 것이었다. 그리고 그 일환으로서 역전광장 서측에 인접하는 국철 청산사업단 소유지를 시가 매입하여 미술관(마루카메 이노쿠마겐이치로우(丸龜市 猪熊弦一郎) 현대미술관)과 도서관으로 이루어진 복합시설을 건설하는 것이 결정되어 그것에 맞추어 역전광장을 미술관 전면의 광장으로서도 기능하도록 정비함과 동시에 주변지구를 시의 얼굴이 되는 지구로서 도시디자인을 적극적으로 진행하게 되었다.

계획 내용은 그림 2.4에 나타낸 바와 같이 역전광장과 인접 시가지의 정비 계획 및 그에 관련된 도시디자인이다. 사업은 토지구획정비사업은 도입되지 않고 철도 연속 입체 교차 사업 외에 도로정비사업으로서 철도를 남북으로 횡단하는 역전광장 서측의 도로(마루카메)역 하라다선(原田線))정비 및 남북의 역전광장 정비사업, 역전광장 남측 인접 가구에 대한 시가지 재개발사업, 미술관 건설사업 등 각각의 사업을 조합시킨 형태였다.

저자에게는 미술관 설계 담당 건축가로부터 1988년 역전광장 및 주변지구의 정비계획 책정 및 도시디자인에 대한 협력 요청이 있었으며, 그것을 근간으로 시로부터 계획입안, 도시디자인에 대한 위탁이 있었다. 그 후 1991년에 사업이 완료될 때까지 공사감리 코디네이터도 포함하여 사업에 참여했다. 또한 해당 프로젝트는 93년에 건설성으로부터 "수공예 향토상", 94년에는 건설성 시코쿠(四國)지방 건설국으로부터 "역사와 문화를 아우르는 만남의 광장상"을 수상했다.

4) 아사히가와(旭川)시 도시거점지구

프로젝트지구는 하코다테본선(函館本線) 소야본선(宗谷本線), 세키호쿠본선(石北本線)의 기종점인 아사히가와(旭川)역을 중심으로 그 북측의 철도를 따라 발달한 지구를 포함하면서 주로 철도 남측으로 펼쳐진 지구이다. 철도 남측에는 3개 철도 노선의 기종점이기 때문에 광대한 철도 야드 및 차량 공장이 위치하며 인접한 남측으로는 이시카리가와의 지류인 츄베츠가와(忠別川)가 동에서 서로 흐르며, 그것이 역 북측으로 펼쳐진 중심시가지 남쪽으로의 확대를 저해하고 있었다. 시에 있어서 야드나 공장 용지의 고도이용 및 철도, 강을 횡단하는 도로의 정비가 여러 해에 걸친 현안으로 이들에 관련된 계획입안도 여러 해에 걸쳐서 모색되고 있었다. 이와 같은 상황 속에서 국철의 민영화와 함께 공장 용지가 국철 청산사업단 소유지가 되었으며, 그것을 하나의 계기로 삼아 1991년부터 역 남측 지구를 아사히가와시의 새로운 도시거점지구로서 정비할 수 있도록 본격적인 조사, 계획입안이 개시되었다.

계획의 주요한 내용은 그림 2.5에 나타낸 바와 같이 아사히가와역을 중심으로 그 전후 구간에 있어서 철도를 고가화(약 3.5km)함과 동시에 철도, 하천을 횡단하는 도로를 정비하고 더불어 철도 야드를 아사히가와역부터 북쪽 방향으로 약 6km에 위치하는 아사히가와역에 인접하는 국철 청산사업단 용지로 이설하여 그 부지를 공장 용지였던 국철 청산사업단 소유지를 함께 고도로 이용하여 국립 합동 청사와 시의 공익시설, 민간의 상업 · 업무시설 등의 입지를 도모하고자 한 것이다. 또한 츄베츠가와와 같은 하천부지의 환경, 수경 정비와 함께 발달된 지구공원(약 6ha)을 정비하는 것으로 이루어졌다.

사업 내용은 홋카이도가 담당한 한도액 입체 교차 사업[주2)]에 따른 철도의 고가화사업 및 철도, 츄베츠가와를 횡단하는 간선도로(에이류교도로(永隆橋通及) 및 오오유키도로(大雪通))의 정비, 시에 의한 토지구획정리사업, 철도,

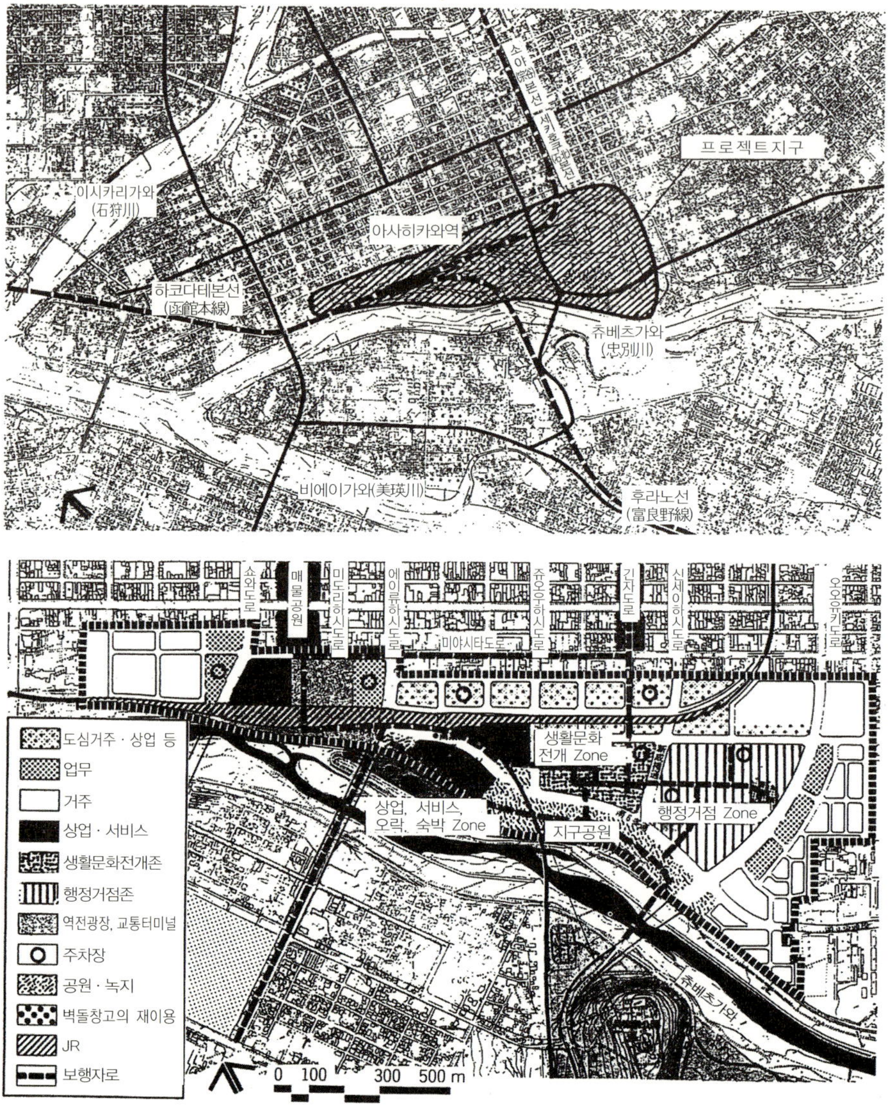

그림 2.5 | 아사히가와시 도시거점지구의 위치와 정비계획도 (토지이용, 기반시설계획)

츄베츠가와를 횡단하는 쇼와도로(昭和通)의 정비, 신도시거점정비사업(2000년부터는 마을만들기 종합지원사업)에 의한 공익시설의 건설사업, 국가에 의한 합동청사건설사업 등이다.

1996년에는 토지구획정리사업과 한도액 입체 교차 사업에 관련된 도시계획 결정과 토지구획정리사업에 대한 사업인가가 이루어졌다. 그리고 현재는 이들 사업과 관련된 도로와 교량설계, 공사, 하천부지의 환경정비 등에 대해서 설계 · 공사가 진행되고 있다. 또한 조기에 건물건설이 진행되는 구역에 대해서는 각 건물과 랜드스케이프 디자인에 관련된 기본계획과 가구의 공간구성에 대한 계획 · 설계가 진행되고 있다.

저자는 지구의 계획입안이 본격화된 1991년 이래, 지구 전체의 마스트 플랜 입안부터 참여하여 그 후 오늘날까지 지구 전체의 계획입안과 공간구성, 계획, 설계 진행에 맞추어 다른 전문 분야(랜드스케이프 디자인, 교량설계, 건축설계, 도시관리운영계획 등)의 코디네이터 역할을 담당하고 있다.

2 사례 프로젝트에 대한 구상, 계획입안 실태

도시개발프로젝트는 일반적으로 구상, 계획입안에서 완성에 이르기까지 장기간을 요하는 것이다. 사례 프로젝트에 대해서도 앞의 표 2.1에 나타낸 바와 같이 모든 지구에 있어서 다수의 계획대상에 대해서 다양한 각도에서 복수의 조사와 계획입안 작업, 또한 사업화에 대한 협의가 진행되고 있으며 구상 및 계획입안에 오랜 시간을 요하고 있다. 사업이 착수된 후에도 지구 내 개개의 기반시설과 건축물에 대해서 설계작업이 진행되어 개별적으로 공사가 진행되기 때문에 이에도 오래 시간이 걸린다.

도시개발프로젝트를 수행하는데 있어서 기간사업이더라도 그 사업에 대한 것만을 검토하고 작업에 따라 구상, 계획입안, 설계가 수행되는 것이 아니라 각각의 단계에 있어서 관련된 복수의 사업에 대한 검토가 다양한 계획과제를 분담하고 그 성과를 각 단계, 각 연도마다 상호 조정, 집성하면서 계획이 심화되어가는 것이 통례이다.

다양한 도시개발프로젝트를 포섭할 수 있는 구상, 계획입안 체계를 분명히 하기 위해서는 우선 사례 프로젝트에 대한 구상, 계획입안 실태를 횡단적으로 살펴 실제 상황에서 공통적으로 이루어진 조사나 구상, 계획입안과 그 단계적인 전개과정을 인지하고 있을 필요가 있다. 이와 같은 이유에서 다음으로 사례 프로젝트에 대한 구상, 계획입안 과정을 살펴보고자 한다.

1) 중요한 과정인 도시계획 결정, 사업인가

프로젝트의 실시, 즉 사업화는 표 2.1에 나타낸 바와 같이 복수의 제도에 근간한 사업에 따라 수행되고 있으며, 어떤 지구라도 기간이 되는 사업이 있으며, 그것을 중심으로 관련 사업이 실시되고 있다. 오비히로, 아사히가와는 토지구획정리사업과 철도의 고가화사업이 기간사업이며, 하나마키는 토지구획정리사업이 또한 마루카메는 철도의 고가화사업과 역전광장 정비사업이 기간사업이다.

이 기간사업에 대한 구상, 계획입안의 진보에 맞추어 관련한 그 외의 사업에 대해서 조사, 계획이 진행된다. 또한 기간사업에 착수하는 단계에 있어서 관련된 주요한 사업을 포함하여 도시계획 결정과 국가에 의한 사업계획 인가 등의 수속을 밟아 그에 따라 계획 내용의 골격이 정해짐과 동시에 계획이 법제도에 기인하여 공적으로 담보되는 단계에 이른다.

도시계획 결정 대상은 예를 들면 토지구획정리사업이 기간사업인 경우는 그 구역과 구역 내의 도로나 역전광장 및 필요에 따라 그와 관련된 지구 외의 간선도로 등이다. 철도의 고가화사업이 기간사업인 경우에는 그 구간이나 철도의 위치 및 폭 등이 도시 고속철도로서 도시계획 결정의 대상이 된다. 또한 공원이나 보행자 전용도로도 도시시설이며, 도시계획 결정의 대상이 되지만 그것에 대해서는 토지구획정리사업에 대한 경우, 지구의 토지이용과 토지 소유가 대략 파악된 후에 그 위치와 형상 등을 결정하는 것이 바람직한 경우가 많기 때문에 다음 단계에서 결정하는 경우도 많다. 시가지재개발사업이나 가로정비사업에 의한 경우 이러한 제약은 없다.

사업계획에 대해서는 이들 사업에 대한 총사업비, 국비 및 지방비, 또한 보류지를 취득하는 토지구획정리사업에 대해서 보류지 처분금도 포함하여 사업에 관련된 비용부담의 틀이 확정된다.

도시계획 결정과 사업인가에 따라 도시개발프로젝트의 계획 및 사업의 골격이 결정된다는 것이며 도시개발프로젝트의 구상, 계획입안은 우선 이들에 초점을 맞추어 기간사업과 관련된 주요한 사업에 관련된 구상, 계획입안 작업이 진행되게 된다.

이 단계를 거친 후에는 사업지구 내의 주요 도로와 광장, 철도시설 등 프로젝트를 구성하는 중요한 시설에 대한 구체적인 계획, 토지구획정리사업에 대한 경우는 환지계획에 대해서 작업이 개시된다. 따라서 도시개발프로젝트의 구상, 계획입안 과정은 우선 도시계획 결정과 사업인가를 구분하여 크게 전후 두 가지 단계로 구분하는 것이 적절하다.

2) 구상단계를 매듭짓는 사업수법, 주체에 대한 합의

이와 같이 도시개발프로젝트의 구상, 계획입안은 우선 기간이 되는 사업의 도시계획 결정과 사업인가라는 중요한 단계를 맞이하여 다양한 검토와 작업이 이루어지고 있는데, 그 초기 단계에 있어서 우선 해당 프로젝트의 수행에 강한 의욕이 있는 기관이 단독으로 혹은 그에 관계된 기관이 공동으로 지구 전체의 개발정비방식에 대해서 기간적인 '구상'을 정리할 수 있다.

지구개발정비에 강한 의욕이 있는 기관으로 대부분의 경우는 프로젝트를 추진하고자 하는 자치단체이며 프로젝트를 수행하는데 있어서 기간사업에 대해서 조사를 담당하게 된다. 또한 관계기관과는 기간사업의 수행에 관련하여 예를 들면 프로젝트지구 내의 기반시설 모두에 대해서 사업주체 혹은 관리 주체가 되는 것이 상정된 기관과 사업비 부담이나 토지소유에 관련된 권리의 이동 등 경제적인 이해관계를 발생시키는 것이 상정되는 기관 등이며, 대부분의 경우는 각 행정단위별 행정구역이나 국가이고 철도의 고가화 사업이 포함되는 경우는 JR 등의 철도사업자이다. 그리고 이 초기단계에 대한 기본적인 사항정리란 앞에서 언급한 바와 같이 구상의 골격을 명확히 하는 것임과 동시에 구상의 구체화에 관련된 관계자 각자의 역할 분담, 즉 프로젝트를 구성하는 다양한 사업의 사업주체나 비용 부담 관계에서 협의, 합의하는 것이다.

이 단계에서는 복수의 조사와 검토가 다른 주체에 의해 병행하여 진행되는 경우도 있지만, 이것은 지구 전체를 개발정비의 기본적인 방식을 결정하는데 있어서 검토를 필요로 하는 사항을 분담하여 계획입안과 사업 추진에 협력하는 것, 또한 스스로가 바라는 계획을 분명히 하는 것 혹은 단순히 조사 기간을 단축하고자 하는 것 등이 일반적인 배경이다. 오비히로의 경우는 오비히로시가 토지구획정리사업을 전망하여 프로젝트지구 및 그 주변의 토지이용계획을 검토했다. 이에 비해 홋카이도는 철도의 연속 입체 교차 사업이 정부 관할 시를 제외하고 행정단위별 행정구역이 사업주체가 되는 것이 제도상으로 정해져 있기 때문에 동 사업에 관련된 계획 및 그에 관련된 지구 및 그 주변의 교통계획을 검토했다. 그리고 각각의 계획입안을 위한 협의의 장에 상호간의 시 및 도, JR 홋카이도 등이 참여하여 구상의 골격과 관계하는 사업주체에 대한 합의가 이루어졌다.

이와 같이 도시계획 결정과 사업인가에 이르는 단계 가운데 초기 단계에 있어서 구상의 골격과 각 사업의 사업주체를 비롯하여 사업화 구조에 대해서 관계기관이 합의할 수 있는 기본적인 안을 종합적으로 정리한 것을 목표로 하여 그 측면에 대해서 하나의 안을 검수하면 그 단계의 조사가 완료된다. 따라서 이러한 초기 단계에 있어서 사업화의 구조나 역할 분담에 대해 관계기관이 합의하는 것에 주안점을 두고 계획 각 부의 방식을 보다 심도있게 하기 위한 계획입안은 이와 같은 합의가 이루어진 후의 단계가 된다.

여기에 도시계획 결정과 사업인가에 이르는 단계를 '구상' 입안 단계와 '계획' 입안 단계 두 가지로 구분하는 절차가 있다. 즉 도시계획 결정과 사업인가에 이르는 단계도 전후 두 가지 단계로 나누어 받아들일 수 있다는 것이다.

3) 각부에 대한 계획입안

이 '구상' 입안 단계를 거쳐 '계획' 단계에 있어서는 위에 합의된 기본적인 구상안을 틀로 하여 각부에 대해서 보다 구체적인 '계획' 입안이 이루어져 보다 심화된 계획안이 정리된다. 그리고 이 단계에서 이루어진 '계획' 입안은 대부분의 경우 이전 단계에서 합의된 각 사업의 사업주체에 의해 수행하게 된다. 이 점도 전단계의 '구상' 입안 단계와 다른 현격한 차이이다.

이 단계에서 각 사업주체에 의한 '계획' 입안은 그 대다수가 도시계획 결정과 사업인가에 초점을 맞추어 각각에 정밀도가 상승하고 상호간에 조정을 도모하게 된다. 이와 같은 이유에서 이 단계는 이전 단계와 같이 지구 전체를 대상으로 하는 것이 아니라 계획 각부 혹은 주요한 도시시설에 대해서 기본적인 계획을 각각의 주체가 책정하는 단계로 받아들이는 것이 적절하다. 여기에도 이전 단계와 명확하게 구분되는 차이가 있다.

사례 프로젝트에 있어서 표 2.1에 나타낸 주요 사업의 사업주체인 시 혹은 현(도)이 각각의 사업에 대해서 '계획' 입안을 담당하고 있다.

4) 개별 시설의 설계와 공사

도시계획 결정과 사업인가 후에는 도시계획 결정과 인가된 사업내용에 입각하여 도로와 광장, 철도 등 각 기반시설의 '설계'가 진행된다. 또한 토지구획정리사업에 대한 경우는 사업의 기본이 되는 환지계획과 관련된 작업, 고향마을 이미지 조성 모델 토지구획정리사업에 관련된 작업이 진행되게 된다.

이 단계에 이르기까지의 단계에 있어서 대부분의 경우 프로젝트의 수행에 강한 의향을 가진 자치단체 등에 의해서 프로젝트지구 내에 스스로가 건설하는 건물에 대한 구상이 병행하여 정리되며, 이에 입각하여 건물에 대한 기본설계와 실시설계가 진행되게 된다. 오비히로와 하나마키에서는 각각 지구 내에 건설된 정주교류센터(오비히로에서는 '도카치 플라자', 하나마키에서는 '하난 플라자')의 설계가 진행되었으며, 또한 마루카메에서는 시립미술관과 도서관, 아사히가와에서는 시립 종합보건복지센터 및 국립합동청사에 대해서 설계작업이 진행되었다. 프로젝트지구 내의 건설에 관련된 설계작업은 자치단체에 의한 건물뿐만 아니라 하나마키에서 민간에 의한 호텔, 마루카메에서는 조합에 의한 재개발 빌딩, 아사히가와에서는 국가에 의한 합동청사 등 민간과 기관에 의한 건물에 대해서도 진행되고 있다.

도시계획 결정과 사업인가 후에는 기간사업을 기본으로 프로젝트 전체에 걸친 사업 스케줄이 세워지고 이에 맞추어 각 시설의 공사 착수시기를 전망하고 수년간 각각에 대해서 기본설계, 실시설계가 이루어지며 공사에 착수해가는 것이 일반적이다.

따라서 이 단계에 대한 설계작업은 선행하여 설계가 완료된 다른 시설의 공사시기와 겹치게 된다. 다만, 공사단계에 있어서 사업 각각의 사업주체와 구상, 계획입안에 관계하는 계획자, 또한 각 기반시설과 건물설계에 관련된 설계자의 업무는 '공사감리'가 되며, 재료나 공법의 최종적인 결정, 각 공사 간의 조정 등 계획, 설계단계와는 크게 다른 작업이 된다. 따라서 도시계획 결정과 사업인가 후의 단계는 프로젝트를 구성하는 개개의 사업과 시설마다 '설계' 단계와 '공사감리' 단계로 구분하는 것이 적절하다. 프로젝트지구 전체의 사업과 시설을 대상으로 하여 단계적으로 구분하는 것은 실태에 적합하지 않다.

3 구상, 계획입안 단계의 구분

사례 지구에서 볼 수 있는 도시개발프로젝트의 구상, 계획입안 실태와 그 단계적 전개 구분 방식에서부터 이전의 토지구획정리사업에 이르기까지 도시개발프로젝트의 구상, 계획입안 과정의 프로세스는 다음과 같은 단계로 구분하는 것이 적절하다. 이것을 그림으로 나타낸 것이 그림 2.6이다.

<단계 Ⅰ>

계획, 구상입안의 가장 초기 단계로 도시개발프로젝트의 추진에 강한 의욕을 가지는 기관과 프로젝트에 관련된 기관 등에 의해서 구상의 골격과 각 사업의 사업주체를 비롯하여 사업화 구조에 대해서 합의할 수 있는 기본적, 종합적인 구상안이 정리될 때까지의 단계이다.

앞에서 토지구획정리사업에 대한 체계와 기준 또는 양자의 대응에 비추어 동 사업에 대한 기본구상 단계에 대한 작업과도 대략 일치한다. 따라서 이 단계는 '기본구상단계'로 하는 것이 적절하다.

<단계 Ⅱ>

다음 단계로서 기본적, 종합적인 구상안에 기초한 각 부의 계획을 그 사업화를 담당하는 기관이 중심이 되어 개별적으로 심도있게 도시계획 결정과 사업인가를 위해 각각에 대해서 보다 구체적인 계획을 할 수 있는 단계이다.

이 단계의 작업 후에는 구상, 계획입안의 중요한 절차가 되는 도시계획 결정과 사업인가가 이루어지게 된다. 따라서 이 단계는 이들을 위해 프로젝트를 구성하는 각 사업과 관련하여 도시계획 결정과 사업인가에 충분한 기본적인 계획안을 정리하는 것에 주안점을 두게 된다. 이러한 의미에서 이 단계의 작업 또한 앞선 토지구획정리사업에 대한 경우의 기본계획입안 단계의 작업에 부합하고 있다. 따라서 이 단계는 '기본계획단계'로 하는 것이 적절하다.

<단계 Ⅲ>

도시계획 결정과 사업인가가 이루어진 후의 단계로 이것에 입각하여 각 기반시설에 대해서 설계가 진행되며 토지구획정리사업의 경우는 환지에 관련된 설계가 이루어지게 된다. 또한 이 단계에서는 병행하여 프로젝트지구 내에 건설되는 주요한 건물에 대해서도 기본계획과 조기에 건설된 것에 대해서는 설계가 진행된다.

앞선 토지구획정리사업의 실시계획 단계의 작업과 부합하고 있지만, 상기와 같이 이 단계의 주요한 작업내용은 각 기반시설에 대한 설계나 환지, 조기에 건설된 건물에 대한 설계작업으로서 '설계단계'라 하는 것이 적절하다.

또한, 이 단계의 설계작업은 각 시설에 대해서 기본적인 설계안과 건설비,

그 부담방식을 확정하는 단계와 기본적인 설계안에 따라 공사를 진행하기 위해 필요로 하는 각종 설계도서를 정리하는 단계의 두 가지 단계로 구분하여 진행되는 것이 일반적이다. 이와 같은 이유에서 이 단계는 '기본설계단계'와 '실시설계단계'로 구분하여 받아들이는 것이 적절하다.

<**단계** Ⅳ>

설계단계 후의 공사단계이다. 이 단계의 사업주체나 계획자, 설계자의 업무는 전 단계에서 정리된 설계에 따라 공사가 이루어지도록 공사를 감리하는 것이다. 이 공사감리에 대해서는 앞에서 언급한 바와 같이(본장 2.1), 건물건설에 대한 경우는 명확하게 구분되어 한 가지 단계가 주어지지만, 도시개발프로젝트에 대한 경우는 앞선 토지구획정리사업의 조사 요망에 있어서와 같이 하나의 과정으로서 자리잡지 못하고 있다.

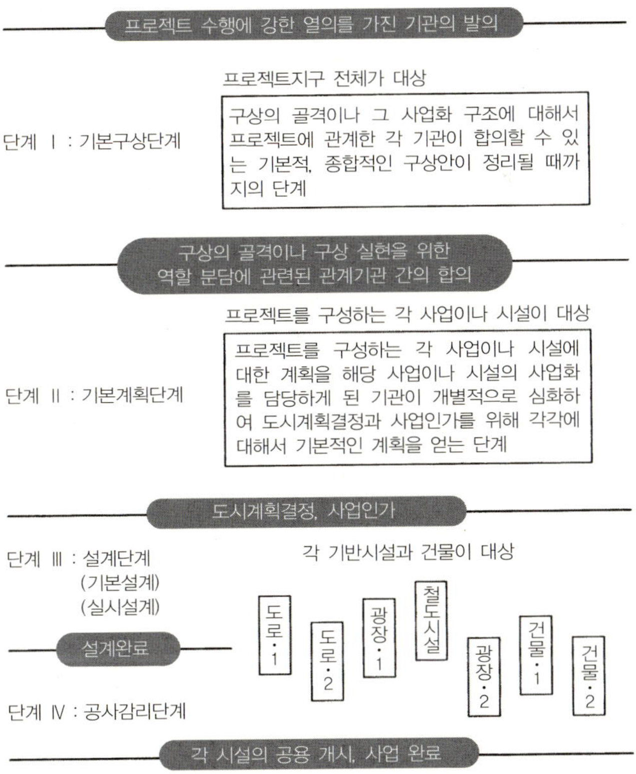

그림 2.6 | 도시개발 프로젝트의 구상, 계획입안 단계 구분

도시개발프로젝트의 경우 공사감리와 관련된 업무는 사업주체측의 업무로 되어 있기 때문이며, 사례 프로젝트에 있어서 앞에서 언급한 바와 같이 구상, 계획입안에 관계한 계획자와 각 기반시설의 설계에 관련된 설계자가 각 시설의 공사감리를 실시하고 있다. 이와 같은 이유에서 본 서에서는 이 단계를 '공사감리단계'라고 했다.

앞에서 설명한 바와 같이 이전 단계에 해당하는 설계단계를 완료한 시설부터 순차적으로 공사에 착수하게 되기 때문에 시설마다 상기의 단계 Ⅲ와의 구분은 명확하며 프로젝트를 전체적으로 볼 때도 양자는 동시 병행적으로 혹은 겹쳐서 진행하게 된다. 이러한 점이 상기의 단계 Ⅰ에서 단계 Ⅱ까지 크게 다른 점이며 그 결과 이 단계는 프로젝트 전체적으로 볼 때 모든 시설의 공사가 완료될 때까지 연속되게 된다.

주

1) 복수의 간선도로와 철도의 입체교차화를 실시하여 다수의 건널목을 일제히 제거함으로써 건널목 사고의 해소, 도로교통의 원활화, 시가지의 일체적 발전을 도모하는 사업. 사업실시와 더불어 토지구획정리사업 등에 의해 시가지정비를 일체적으로 진행하는 경우가 많으며, 국가에 있어서 이것을 권장하고 있다.

2) 철도고가화에 관련된 사업수법 중 하나로서 철도를 횡단하고 있는 도시계획도로를 고가화, 지하화를 불문하고 입체교차하게 함으로써 가상설계를 실시하여 이것에 필요한 비용과 평면으로 정비하는 경우에 필요한 비용의 차액을 한도액으로 하여 이것을 철도고가화사업에 필요한 비용의 일부로 충당하여 철도고가화를 진행하는 사업. 일반적으로 연속 입체교차 사업의 국고보조 채택기준에 만족하지 않는 구간의 철도고가화사업에 이용된다.

2 | 3

도시개발프로젝트의 계획 프로세스

다음의 4가지 사례 프로젝트에 대한 구상, 계획입안 실태를 상기의 단계 구분에 입각하여 생각해보고 그것을 통해 일반화, 보편화할 수 있는 대응을 도시개발프로젝트에 관한 계획 프로세스로서 단계별로 정리했다. 각 단계별로 사례 프로젝트에 관한 대응 상황을 정리한 것이 표 2.2~2.5이다.

1 기본구상단계

1) 구상 책정 기간

이 단계가 진행되는 기간은 표 2.2에 나타낸 바와 같이 프로젝트지구에 따라서 차이가 있으며 길게는 6년, 짧게는 2년이 걸린다. 가장 짧은 2년은 마루카메 역전광장 주변지구이다. 이 지구에서 기간이 짧게 걸렸던 배경은 세토대교 건설에 맞추어 1981년부터 진행되고 있던 철도 연속 입체 교차 사업이 지구의 도시개발프로젝트에 선행하여 1990년에 완성되었던 점과 지구의 면적이 작은 점(약 3.0ha), 그리고 관련사업의 주체 대부분이 시였던 점 등을 들 수 있다.

마루카메의 경우는 예외적인 경우이지만 프로젝트지구 면적의 크기나 사업에 관계하는 주체의 많고 적음, 또한 각각의 가치관의 차이가 큰 점 등에 의해 이 단계의 계획기간은 다르며, 대략 5년 정도가 기준이 된다. 이 단계에 관계된 중요한 과제는 지구의 개발정비에 관련된 구상의 골격을 정리하는 것을 비롯하여 개발정비에 관련된 관계 주체 간의 가치관이나 사업화를 위한 역할 분담, 그에 따른 비용 부담 조정 등 사업수행에 관련된 합의를 형성하는 것인데 후자에 대해서 시간을 필요로 하는 것이 일반적이라 할 수 있다.

상기와 같은 구상입안과 관계기관의 조정에 병행하여 관계 지권자를 비롯하여 시민 등에게 구상을 분명하게 밝히고 추진하는 것이 일반적이다. 프로젝트에 대해서 지권자나 시민의 합의를 얻을 수 없는 경우나 프로젝트 추진에 있어서 중심적인 역할을 해야 하는 자치단체의 대응이 적극적이지 않은 경우 이 기간은 더욱 장기간에 걸쳐지게 된다. 필자가 관련된 다른 도시개발 프로젝트 중에도 이와 같은 경우가 몇 가지 있었다. 따라서 5년 정도는 이와 같은 사태에 협조하지 않는 실질적으로 가장 중요한 기간이라고 할 수 있다.

2) 구상 책정과 책정 주체

대부분의 경우 시 단독 혹은 국가의 보조에 의해 주변지구를 포함하여 지구 전체에 관련된 구상입안이 진행된다. 구체적으로는 토지이용 기본구상조사, 종합도시교통시설정비계획조사(이상 오비히로), 시가지정비계획조사, 정주거점긴급정비사업예비조사(이상 하나마키), 개발정비계획조사, 도시거점종합정비사업정비계획조사(이상 아사히가와) 등으로 대부분의 경우, 주로 시가 조사주체가 되어 실시되며 지구개발정비에 관련된 기본적인 방식이 종합적으로 정리되고, 해당 프로젝트의 수행을 위해 필요한 사업주체나 역할분담에 대해서 관계기관 간의 합의가 이루어지고 있다.

마루카메 역전광장 주변지구를 제외한 모든 지구에 있어서 토지구획정리사업조사 A가 상기의 여러 조사에 병행하여 실시되고 있는데, 이들은 지구개발정비를 토지구획정리사업을 기간사업으로서 실현해가기 위해 앞선 토지구획사업조사 요망에 근거하여 실시된 것이다.

이들 이외에 연속 입체 교차 사업을 도입하는 지구에 있어서 이것에 관련된 조사(국가에 의한 보조조사)가 별도의 단계로 이루어지며 동 사업에 대한 필요성, 효과, 구체적인 정비방식이 검토되고 있다. 이 외에도 표 2.2에 나타낸 바와 같은 특정 사항 목표를 위한 조사도 진행되고 있다(도시개발프로젝트지구에 대한 기능 도입의 방향성을 결정하기 위한 테마 존의 구체화조사(아사히가와), 도시개발프로젝트지구에 인접한 지구에 대한 개발정비효과 유도를 목적으로 하는 상점가활성화모델사업조사, 인접지구에 대한 토지구획(마루카메) 등), 그리고 이들 조사는 상기 지구 전체의 개발정비에 관련된 종합적인 조사와 연계하여 진행되며 그 성과는 지구 전체의 개발정비에 관련된 기본적인 방식을 정리하는데 활용되고 있다.

표 2.2 | 사례 프로젝트의 기본구상단계에 대한 구상입안의 실태

	오비히로 주변지구	하나마키 주변지구	마루카메 역전광장 주변지구	아사히가와시 도시거점지구
구상기간 *연도표시	'83(하기 ①, ②조사착수시기)~'88(하기 ⑤조사실시시기)	'84(하기 ①조사착수시기)~'87(하기 ③조사실시시기)	'86(하기 ①조사준비단계)~'87(하기 ①조사실시시기)	'91(하기 ①조사실시시기)~'93(하기 ②조사최종연도)
주요조사와 조사주체 *( )안의 단(單)은 조사주체 단독비에 의한 조사, 보(補)는 국가에 의한 국고보조 조사를 나타내며/뒤는 조사주체를 나타낸다.	①오비히로역 주변지구 토지이용기본구상책정조사(2개년, 단/시) ②오비히로권 종합도시교통시설정비계획조사(2개년, 보/도, 시, 오비히로권 광역도시계획협의회) ③오비히로역 주변지구 토지구획정리사업조사 A(오비히로역 주변지구 정비계획구체화 방향조사, 보/시) ④네무로본선 연속입체교차사업조사(보/도, 시) ⑤오비히시 정주거점 긴급정비계획책정조사(보/시)	①하나마키역 주변지구 시가지정비계획조사(2개년, 단/시) ②하나마키시 중심시가지 정주거점 긴급정비사업 예비조사(단/시) ③하나마키역 주변지구 정주거점구획정리추진조사(토지구획정리사업조사 A, 단/시)	①마루카메시 도시기본계획의 재점검 및 중심시가지활성화 구상에 관한 조사(단/시) ②마루카메 중앙상점가 활성화 사업조사(보/시)	①아사히가와역 주변개발계획조사(단/시) ②아사히가와역 주변지구 도시거점 종합정비사업 정비계획책정계획조사(2개년, 보/시) ③아사히가와역 주변지구 토지구획 정리사업조사A (보/시) ④아사히가와역 주변지구개발 테마존 구체화조사(단/시)
검토 체제 *특별한 조직이 설치된 것만을 가리킨다.	• 학식경험자, 시의 관계부국으로 이루어진 위원회(상기 ①조사) • 학식경험자, 국가, 도로, 관계기관, 시관계부국으로 이루어진 위원회(상기 ②, ④, ⑤조사)	• 학식경험자, 시의 관계부국으로 이루어진 위원회(상기 ①, ②조사) • 학식경험자, 국가, 현, 시, 국철청산사업단, JR로 이루어진 위원회(상기 ③조사)	• 학식경험자, 국가, 현, 시의 관계부국으로 이루어진 위원회(상기 ①조사)	• 학식경험자, 국가, 시 관계부국으로 이루어진 연구회(상기 ①조사) • 학식경험자, 국가, 도, 시, 국철청산사업단, JR로 이루어진 위원회(상기 ②조사)
주요한 검토사항	• 지구정비방침, 기본적인 개념 • 도입기능, 토지이용계획 • 도로계획(망구성, 개략적인 폭) • 보행자로, 보행자 공간의 네트워크, 공원·광장의 규모, 배치계획 • 철도 연속입체 교차사업계획(고가구간, 선형, 역기능 등) • 주요 공익시설의 정비구상 • 사업화를 위한 주체, 수법에 관련된 기본적 틀	• 지구정비방침, 기본적 개념 • 도입기능, 토지용계획 • 도로계획(망구성, 개략적인 폭) • 보행자로, 보행자 공간의 네트워트, 공원·광장의 규모, 배치계획 • 대략적인 구성 방식 • 주요 공익시설의 정비구상 • 사업화를 위한 주체, 수법에 관련된 기본적인 틀	• 중심시가지의 토지이용구상 • 중심시가지의 도로망 체계의 재검토 • 공원·녹지·관광거점의 정비계획 • 역전광장 및 인접지구의 정비구상	• 지구정비방침, 기본적인 개념 • 도입기능, 토지이용계획 • 도로계획(망구성, 개략적인 폭), 보행자로, 보행자 공간의 네트워크 • 공원·광장의 규모, 배치계획 • 철도고가화계획(선형, 역사 등) • 고차도시 기반시설의 도입계획 • 지구 전체에 걸친 공간구성 • 사업화계획(사업수법, 사업 프로그램 등)
검토 스케일	• 1 : 5,000~1 : 2,500	• 1 : 2,500~1 : 1,000	• 1 : 2,500~1 : 1,000	• 1 : 5,000~1 : 2,500

3) 구상입안 체제

구상입안은 표에 나타낸 바와 같이 모든 학식 경험자, 국가, 지자체, 관계 기관, 시의 관계 부국으로 이루어진 위원회가 설치되며 이것이 주요한 검토의 장이 된다.

이 경우 국가나 지자체로부터 프로젝트를 실시해 가는데 있어서 기간사업을 담당하는 부서나 도시시설, 용도지역 등 법정 도시계획을 담당하는 부서 등이 참여하고, 관계기관으로서는 사례 프로젝트의 경우, 철도역을 중심으로 한 지구이면서 철도의 고가사업이 기간사업이 되고 있기 때문에 JR 및 국철청산사업단에서 참여를 한다.

국가 관계 부서의 참여는 지방분권화의 흐름에 역행하는 것이며 해당 프로젝트에 대한 우선적인 사업비 보조와 연결되는 등의 오해를 초래한다는 것을 이유로 최근에는 지극히 한정적으로 실시되고 있는 실정이다.

4) 주요 검토 사항

주요한 검토 사항으로는 표 2.2에 나타낸 바와 같이 거의 공통적이며 다음과 같이 정리할 수 있다.

① 지구의 입지와 지구의 정비 방침

광역이나 해당 행정구역에 대한 지구의 입지를 다양한 시점에서 고찰, 검토하여 지구의 개발정비 방침과 기본적인 방식을 분명히 하고 있다. 토지구획정리사업조사 A에 대한 경우와 마찬가지이다.

② 기능 도입, 토지이용 구상

지구에 도입하는 기능이 가능한 경우 그 양적인 프레임을 분명히 함과 동시에 이것에 대응하여 토지이용 구획과 배치방식을 현지 실정에 맞추어 검토하고 있다.

③ 기반시설의 정비 구상

도로, 철도, 하천, 수로, 공원, 광장, 녹지 등의 기반시설 정비에 대해서 기본적인 방식을 다양한 각도에서 현지 실정에 맞추어 분명히 하고 있다.

④ 택지조성 방식

토지이용 구상과 기반시설의 정비 구상, 우수 배수 방식에 대응하여 대부분의 조성 방식을 정리하고 있다.

⑤ 주요 공익시설 배치 구상

지구의 개발정비를 주도하는 자치단체 등에 있어서 건설 의향을 가지고 혹은 지구에 건설하는 것이 바람직한 공익시설에 대해서 그 기능, 규모나 배치방식을 분명히 하고 있다.

⑥ 구체화 방향

지구의 개발정비를 구체화해가기 위한 사업주체, 사업 수법, 사업 스케줄 등에 대해서 기본적인 틀을 분명히 하고 있다.

5) 검토 스케일

주요한 검토 스케일은 거의 공통적으로 1 : 5,000~1 : 2,500이다. 이 검토 스케일은 프로젝트지구의 면적 규모에 따라서 달라지지만 면적이 작은 하나마키, 마루카메에서는 1 : 1,000이 이용되고 있다.

2 기본계획단계

기본계획단계는 앞에서 설명한 바와 같이 전 단계에 있어서 관계기관 등에서 합의된 지구의 개발정비에 대한 기본적인 방식, 구상을 수용하여 개개의 사업과 기반시설정비를 담당하게 된 기관이 각각이 관련된 계획을 보다 구체적으로 검토하여 그 성과를 집대성하고 이 단계의 목표인 각 사업과 도시시설에 대한 도시계획 결정과 사업인가에 관련된 단계이다. 4가지 프로젝트에 대한 이 단계의 계획입안 실태를 표로 정리한 것이 표 2.3이며 그 내용은 다음과 같이 정리된다.

1) 계획기간

계획기간은 가장 긴 것이 3년(오비히로, 아사히가와), 그 외에는 2년(하나마키), 1년(마루카메)이며 기본구상에 비해서 기간이 짧은 것이 공통적이다. 이것은 이 단계의 계획입안이 주로 실체적인(하드한) 계획입안 단계에 들어서 전 단계에 비해 사업화구조나 비용 부담 등 관계기관 조정, 합의를 필요로 하는 사항이 적다는 것에 그 이유가 있다.

2) 계획 책정과 책정 주체

오비히로, 마루카메, 아사히가와에 있어서 각각의 프로젝트 추진 주체가 되는 시에 의해서 토지구획정리사업조사 B가 실시되며 기반시설에 대한 계획과 사업계획이 검토되고 있다. 또한, 철도고가화사업에 대해서는 오비히로에 있어 철도 연속 입체 교차 사업에 대해 제도상 사업주체가 된 도(道)에 의해, 아사히가와에 있어서 한도액 입체 교차 사업에 대해서 도와 시에 의해 각각 주로 고가구조물이나 역사의 개략적인 설계나 그에 따른 사업비 산정에 대해서 검토가 이루어지고 있다. 마루카메에 있어서 여기에서 대상으로 하고 있는 프로젝트에 앞서 연속 입체 교차 사업에 관련된 계획입안이 오비히로나 아사히가와와 마찬가지로 현에 의해 이루어지고 있다.

위와 같은 기간사업 이외에 모든 지구에 있어서 조기에 건설되는 건축물에 대해서 각각의 건설주체가 그 기능과 규모, 건설 시기 등 기본적인 틀을 정리하고 있다(오비히로 : 정주거점시설정비계획 구체화 조사, 하나마키 : 정주교류센터 기본구상 조사, 마루카메 : 미술관 · 도서관 건설 구상 조사, 아사히가와 : 시가 건설하는 종합보건복지센터 및 평생학습센터, 또한 국가가 건설하는 합동청사에 대한 구상 정리).

또한, 이 단계에 있어서 주요한 부지나 구역을 대상으로 하여 건물의 배치 및 형상, 부지나 구역 내의 사람이나 자동차의 동선 등 건물설계에 대해서 대충의 검토가 이루어진다. 이것은 기반시설의 계획이나 토지이용계획 등에 의해서 결정되는 건물의 부지나 구역이 건물건설에 있어서 부적합하지 않은지 혹은 매력적인 도시공간을 구성해 가는데 있어서 적절한지 여부 등을 음미하기 위한 작업이다. 이와 같은 작업이 이 단계에서 이루어지는 것은 드문 일이지만 그 경우에는 기반시설의 계획과 건물 계획이 괴리되고, 도시공간을 매력적으로 구성해가는 것에 대한 관심이 낮아지게 된다.

따라서 도시디자인의 전개를 위해서는 옳고 그름을 명확히 하는 것이 바람직한 작업이다.

주요한 기반시설에 대해서 예를 들면, 도로에 대해서는 평면 선형이나 종단 선형, 횡단면구성 등 공원에 대해서 그 기능이나 규모, 배치, 형상 등 각각 정비의 기본적인 방식이 토지구획정리사업조사 B 안에서 혹은 이들 기반시설에 관련된 개별 조사를 통해서 분명해진다. 그리고 이들 기본적인 틀은 이 단계를 매듭짓는 도시계획 결정과 사업인가에 있어서 그 내용과 사업비

표 2.3 | 사례 프로젝트의 기본계획 단계에 대한 계획입안 실태

	오비히로 주변지구	하나마키 주변지구	마루카메 역전광장 주변지구	아사히가와시 도시거점지구
계획기간 *연도표시	'89(하기 ①, ②조사실시시기)~'91(하기 ⑤조사실시시기)	'88(하기 ①조사실시시기)~'89(하기 ②조사실시시기)	'88(하기 ①, ②조사실시단계)	'94(하기 ①조사착수시기)~'96(하기 모든 조사의 완료시기)
주요조사와 조사주체 *( )안의 단(單)은 조사주체 단독비에 의한 조사, 보(補)는 국가에 의한 국고보조 조사를 나타내며,/뒤는 조사주체를 나타낸다.	①오비히로역 정주거점시설 정비계획 구체화 조사(단/시) ②오비히로역 주변지구 토지구획정리사업조사 B(보/시) ③오비히시 정주거점 프롬나드 기본설계조사(보/시) ④오비히로역 주변 토지구획정리사업 이미지 조성계획책정조사(보/시) ⑤오비히시 연속입체교차사업 개략설계(보/도)	①하나마키역 주변지구 시가지 정주거점 긴급정비사업 정비계획 책정조사(보/시) ②하나마키역 주변지구 토지구획정리사업조사B(보/시) ③정주교류센터 기본구상조사(단/시)	①마루카메 역전광장 및 인접지구 도시계획·도시설계조사(단/시) ②미술관·도서관 건설구상조사(단/시) ③역전 지하주차장 정비계획조사(보/시)	①아사히가와시 도시거점지구 마을만들기 계획조사(3개년, 단/시) ②아사히가와시 도시거점지구 고차도시 기반시설 정비계획조사 (단/시) ③아사히가와시 도시거점지구 사업추진조사(2개년, 단/시) ④아사히가와시 역주변지구 토지구획정리사업조사 B (보/시) ⑤아사히가와시 도시거점지구 테마존 도입시설조사(2개년, 단/시) ⑥기타구니 주택지 정비계획조사(보/시) ⑦아사히가와시 도시거점지구 열공급시스템조사(2개년, 보/시) ⑧아사히가와시 시빅 코어 지구정비계획조사(국가, 시의 공동조사) ⑨아사히가와 도시거점지구 리버프런트 검토조사(단/시) ⑩철도고가시설 개략설계(단/시) ⑪아사히가와시 도시거점지구 도시운영·관리방안조사(단/시)
계획, 검토 체제 *특별한 조직이 설치된 것만을 가리킨다.	• 학식경험자, 국가, 시의 관계부국으로 이루어진 위원회(상기 ①조사) • 학식경험자, 관계지권자, 관계사업자, 시민대표, 시관계부국으로 이루어진 검토위원회(상기 ④조사) • 도, 시, JR로 이루어진 협의회(상기 ⑤조사)	• 학식경험자, 국가, 현, 시, 국철청산사업단, JR로 이루어진 위원회(상기 ①조사)	• 시공무원을 수장으로 시관계부국으로 이루어진 검토회(상기 ①조사) • 시, 현의 협의회(상기 ①조사)	• 학식경험자, 국가, 도, 시의 관계부국, JR로 이루어진 검토회(상기 ①, ⑥, ⑩조사) • 국가, 시 관계부국으로 이루어진 연구회, 위원회(상기 ③, ⑧조사) • 도, 시, JR로 이루어진 협의회(상기 ⑨조사) • 시, 지역 경제계 대표로 이루어진 위원회(상기 ⑤조사)
주요한 검토, 계획 사항	• 기반시설의 계획, 토지이용·건물계획과의 대응 • 토지이용계획	• 기반시설계획, 토지이용·건물계획과의 대응	• 도로계획(역전광장으로 향하는 진입로, 지하주차장으로 향하는 출입구 등)	• 시설도입의 방향 • 지구 전체에 걸친 공간구성

표 2.3 | 사례 프로젝트의 기본계획 단계에 대한 계획입안 실태 (계속)

	오비히로 주변지구	하나마키 주변지구	마루카메 역전광장 주변지구	아사히가와시 도시거점지구
주요한 검토, 계획 사항	• 주요 건물의 초벌설계, 건물부지의 배치, 형상, 환지계획과의 대응 • 이미지 조성의 기본방침, 테마 • 지구별 경관형성 방침 • 기반시설의 경관형성방침, 개략설계, 전선지중화, 로드·히팅에 관련된 방침 • 거리 협정 도입의 방향	• 주요 건물의 초벌설계, 건물부지의 배치, 형상, 환지계획과의 대응 • 기반시설 경관형성 방침, 개략설계 • 전선지중화, 무산수 소설 장치 도입에 관한 방침 • 건축협정 도입의 방향	• 역전광장의 시설배치, 공간구성 • 토지이용·토지취득 계획 • 건물(시설건축물)의 초벌설계 • 건물과 역전광장의 관계 • 건물(미술관) 설계와의 조정 • 주륜장 계획 • 역전광장 정비사업 및 미술관·도서관 건설사업 등 관계사업간의 사업분담 조정	• 랜드스케이프 디자인에 관한 구상, 하천공간의 정비구상 • 기반시설의 계획, 토지이용·건물과의 관계, 경관형성방침 • 건물부지의 배치, 형상, 환지계획과의 대응 • 철도고가시설의 경관형성 방향, 역사정비 방식 • 교량디자인의 방침 • 주요 건축물의 초벌설계 • 지역 열공급 시스템 도입의 방향 • 도시계획결정, 각 사업계획의 준비
검토 스케일	• 1 : 2,500~1 : 1,000	• 1 : 2,500~1 : 500	• 1 : 1,000~1 : 500	• 1 : 2,500~1 : 500
기간사업의 도시계획결정, 사업인가시기 *연도표시	• 토지구획정리사업 : 도결 '89, 인가 '91 • 철도 연속입체 교차사업 : 도결 '89, 인가 '91	• 토지구획정리사업 : 도결, 인가 모두 '89	역전광장 및 인접지구의 계획에 앞선 다음과 같은 상황에 있었다. • 철도 연속입체 교차사업(남북 역전광장, 관련 가로도 포함하여) : 도결 '81, 인가 '81 • 남쪽입구 역전광장 지하주차장 : 도결, 인가 모두 '88	• 토지구획 정리사업 : 도결, 인가 모두 '96 • 철도 한도액 입체 교차사업 : 도결 '96, 인가 '98

의 기초가 됨과 동시에 다음 단계에 대해서는 설계를 진행하는데 있어서 기본적인 설계 조건으로서 그 책임을 다하게 된다.

3) 계획입안 체제

전 단계와 마찬가지로 학식경험자나 국가, 현(도), 시 관계 부국 등으로 이루어진 협의의 장이 모든 지구에 있어서 설치되어 있다. 이들은 이 단계에서 개별적으로 진행되는 실체적인 계획입안을 상호 조정하기 위한 장이며 그와 더불어 시설 유지, 관리면에서도 협의와 조정이 진행되고 있다.

이러한 협의와 조정을 통해서 계획안에 따라 사업주체에게 비용 부담의 증액을 초래하는 경우가 있으며, 이와 같은 경우에 당연히 조정은 쉽지 않으며, 협의의 장이나 관계하는 개별 기관 간에 합의를 끌어내기 위한 엄격한 조정이 전개되게 된다. 또한, 이 단계에 있어서 예외적으로 반드시 조정을 필요로 하지 않는 경우, 예를 들면 기술적인 검토에 의해 계획이 상세화되는 계획에 대해서는 조사 주체와 학식경험자, 컨설턴트만으로 계획입안이 진행되게 된다.

4) 주요 검토 사항

이 단계에 대한 주요한 검토 사항은 다음과 같다. 지구 전체나 개개의 시설을 대상으로 도시디자인의 전개에 관련된 기본적인 방식이나 방침에 대한 검토가 본격적으로 개시되는 것이 특색이며 이를 위해 지구 전체의 공간구성이나 경관형성에 관련된 기본 방침 등에 대한 검토가 시작된다.

① 기반시설 계획

도로에 대해서는 평면 · 종단 선형, 횡단면구성 등, 철도고가시설에 대해서는 역을 포함하여 개략적인 설계, 또한 광장, 공원, 녹지에 대해서는 기능, 성격, 면적 등에 대해서 토지이용계획과 조성계획 등을 결부시키면서 정리한다.

② 토지이용계획

도로의 기능, 성격이나 지권자의 의향, 상정되는 환지계획 등을 고려하면서 가구나 건물 부지의 규모, 배치, 형상 등에 대해서 검토하고 토지이용계획을 정리한다.

③ 공간구성, 경관형성의 기본구상

지구 전체의 공간적인 구조화나 지구 내 각부에 대한 활동 이미지 등에 대응하여 공간구성과 경관형성에 관련된 방식을 정리한다.

④ 주요 건축물의 기본구상

공익시설을 비롯하여 조기에 건설되는 건물에 대해서 기본구상을 정리한다. 또한, 주요 부지나 구역에 대해서 기반시설의 계획과 토지이용계획이 적절한지 여부를 음미하기 위해 건물의 배치, 형상, 부지 내의 사람 · 자동차의 동선 등에 대해서 대충의 설계를 진행한다.

⑤ 사업화계획

기간사업과 기반시설에 대해서 개략적인 사업비와 부담 구분, 사업 수지, 또한 사업 스케줄 등 사업화를 위한 계획을 다양한 각도에서 검토한다.

⑥ 도시 운영 · 관리계획

프로젝트지구 내에 건설되는 공동 주차장이나 지역 냉난방 시설 등의 건설, 운영 계획, 기반시설이나 건물 등을 일체적으로 관리하는 계획, 더불어 이를 위한 법인 방식에 대해서 검토한다.

⑦ 지구계획, 협정 도입 방침

상기까지의 계획에 대응하여 계획의 구체성과 지구의 매력을 높이기 위해 필요한 지구계획과 각종 협정 도입에 대해서 기본적인 방식을 정리한다.

⑧ 도시계획 결정, 사업계획 인가 준비

상기까지의 계획에 따라 기간사업이나 주요 기반시설에 대해서 도시계획 결정안과 사업계획안을 정리한다.

5) 검토 스케일

이 단계에 대한 검토 스케일은 도시계획 결정을 전망하여 1 : 2,500이 기본이지만 계획의 상세화를 목표로 각 사업, 각 시설마다 그 이하의 적절한 스케일이 선택된다.

3 설계단계

이 단계에서는 앞선 기본계획단계에서 분명히 한 각 기반시설계획에 대한 기본적인 방식과 정비 방침에 대해 각각의 기반시설설계가 진행됨과 동시에 토지구획정리사업이 기간사업인 경우에 있어서 환지설계를 중심으로 실시계획이 정리된다. 또한 건물에 대해서는 기반시설정비에 관련된 사업이나 설계와 병행하여 프로젝트의 초기 단계에서 건설되는 건물에 대해 기본설계, 실시설계가 진행된다.

4가지 사례 프로젝트지구에 대한 이 단계의 설계작업 실태를 정리한 것이 표 2.4이며 그 내용이나 특색은 다음과 같이 정리된다.

1) 설계 기간

토지구획정리사업의 실시계획은 통상 2년 정도로 정리되며 가환지가 정해진다.

한편, 개별적인 기반시설의 설계작업은 토지구획정리사업에 관련된 공사의 진척에 따라 도로에 대해서는 구간마다, 공원이나 광장에 대해서는 공사실시에 맞추어 개개의 공원이나 광장마다 진행된다. 개개의 시설설계작업은 통상의 경우 기본설계, 실시설계 각각에 대해서 1년 정도, 총 2년 정도에 완료되지만, 전체 시설에 대한 설계작업이 완료되기까지의 기간은 프로젝트지구 전체의 공사기간과 거의 일치하게 된다. 그런 이유로, 사례 프로젝트에 대한 경우, 이 기간은 앞선 표 2.1의 주요 사업의 사업기간란에 나타낸 바와 같이 오비히로에서 11년, 하나마키에서 5년, 아사히가와에서 15년이라는 오래 기간이 소요되었다. 마루카메에서는 역전광장에 인접하는 지구에 대한 시가지 재개발사업이 진척되고 있지 않으며, 역전광장 지하의 주차장 정비사업, 역전광장정비사업, 미술관 · 도서관 건설사업에 모두 5년이란 기간이 소요된다.

2) 설계 주체

토지구획정리사업의 실시계획은 사업주체에 의해서 정리된다. 일반적으로 시가지개발사업 안에 정비되는 기반시설의 설계는 시가지개발사업의 사업주체가 계획주체가 되며, 시가지개발사업에서 독립하여 정비되는 기반시설에 대해서는 당연히 각각의 사업주체가 설계를 진행하게 된다.

이 단계의 작업은 프로젝트지구 전체로서는 오래 기간이 소요되기 때문에 각 시설 간의 설계 조정이 중요하게 된다. 이 조정 주체는 대부분의 경우 프로젝트를 가장 적극적으로 추진하는 주체가 담당하는 것이 일반적이며 사례 프로젝트에 있어서 모든 기간사업은 추진하는 시의 담당부서가 조정 주체가 되고 있다.

3) 설계 체제

각 기반시설과 건물설계는 각각의 사례 주체가 중심이 되며 전문 컨설턴트나 건축설계사무소, 디자인 사무소 등과의 공동 작업에 의해 진행된다. 이들의 계획, 설계 조직은 개개의 설계 대상에 따라서 다르며 토지구획정리사업의 실시계획에 대해서는 토지구획정리사업에 관련된 전문 컨설턴트가 참

표 2.4 | 사례 프로젝트의 설계단계에 대한 설계작업의 실태

	오비히로 주변지구	하나마키 주변지구	마루카메 역전광장 주변지구	아사히가와시 도시거점지구
설계시기 *연도표시	'92~현재 *이하는 '97년도 현재의 상황	'90~'93	'88~'92	'97년~현재 *이하는 '97년도 현재의 상황
주요한 설계작업 *( )안의 단(單)은 조사주체 단독비에 의한 조사, 보(補)는 국가에 의한 국고보조 조사를 나타내며/뒤는 조사주체를 나타낸다.	①오비히로역 주변 토지구획 정리사업 이미지 조성 구체화 조사(보/시) ②오비히로역 주변지구 택지이용 촉진조사(보/시) ③오비히로역 주변지구 도시디자인 기본계획(보/시) ④정주거점 프롬나드 실시설계(보/시) ⑤정주교류센터 기본설계, 실시설계(보/시) ⑥오비히로시 니시니죠 도로 심벌도로정비사업 기본설계, 실시설계(보/도) ⑦남북 역전광장 기본설계, 실시설계(보/시) ⑧남쪽공원 기본설계, 실시설계 ⑨지구계획, 건축협정안의 작성 *토지구획정리사업의 진척에 맞춰서 앞으로의 다목적광장 등의 설계가 진행된다.	①하마마키역 주변지구 고향마을의 이미지 조성계획 정책조사(보/시) ②하나마키시 다목적 광장 등 기본설계, 실시설계(보/시) ③지방도 하나마키 카즈카선 전선지중화 계획 기본설계, 실시설계(보/현) ④지구계획, 건축협정안의 작성	①마루카메역 주변환경비 기본설계 및 실시설계(단/시) • 남북 역전광장 • 미술관 · 도서관 외부구조	①J블록 기본계획(단/시, 일부 국가에 의한 조사) ②고향마을의 이미지 조성 모델 토지구획정리사업조사(보/시) ③철도 고가시설 경관계획 및 역사 기본계획(보/도) ④신가구라교 경관설계(보/도) ⑤거리 · 마을만들기 종합 기본설계서의 정리(보/시) ⑥츄베츠가와 하천공간 정비사업 기본설계(국가, 시의 공동조사) ⑦지구계획, 건축협정안의 작성 *토지구획정리사업과 철도연속입체교차사업 등의 진척에 맞추어 앞으로의 지구 내 여러 시설의 설계가 진행된다.
설계, 작업의 체제	• 시관계부국, 상공회의소로 이루어진 검토회(택지이용촉진조사) • 시관계부국, 홋카이도 토목현업소 전문디자이너(건축설계, 랜드스케이프 디자인, 조명디자인 등), 계획설계조정자가 참여하는 설계조정회의(도시디자인 기본계획, 심벌도로기본, 실시설계 등)	• 시 내부에 의한 작업(이미지 조성계획 조사) • 시 및 전문디자이너(조원설계사무소)에 의한 설계(다목적광장 등 기본설계)	• 계획 · 조정자 및 전문디자이너(랜드스케이프 아키텍트, 조명 · 사인 디자이너)에 의한 설계 • 시공무원, 시관계부국, 계획 · 조정자, 전문디자이너에 의한 조정회의	• 기본계획 단계의 마을만들기 검토회를 설계단계에 있어서 계속 유지하고, 각 시설의 설계에 관련된 협의, 조정의 장으로 이용한다. • 도, 시, 지권자에 의한 위원회(상기 ②조사) • 학식위원, 도, 시, JR에 의한 협의회(상기 ③계획)
설계, 검토 스케일	• 1 : 200 이하	• 1 : 200 이하	• 1 : 200 이하	• 1 : 500 이하
기간사업의 공사착수 시기	• 토지구획정리사업 : '92년 • 연속입체교차사업 : '92년	• 토지구획정리사업 : '90 • 하나마키 카즈카선 전선지중화사업 : '93	• 남북 역전광장 정비사업 : '90 • 미술관 · 도서관 건설사업 : '90	• 토지구획정리사업 : '97 • 한도액 철도 고가사업 : '98

여하고, 각 기반시설 가운데 도로, 교량, 하천 등의 설계에 대해서는 각각의 수경, 의장설계를 전문으로 하는 랜드스케이프 · 아키텍트, 교량디자이너, 조명디자이너 등이 참가하고 공원, 광장 등의 설계에 있어서 이들과 뜻을 함께 하는 랜드스케이프 · 아키텍트, 조원 설계가, 스트리트 · 퍼니처 디자이너 등의 전문디자이너 등이 참여한다. 건물설계에 대해서는 말할 것도 없이 건축가(건축설계사무소)가 담당하게 된다.

이와 같이 각 시설마다 설계가 진행되면서 각각 전문디자이너가 참여하여 이루어지는 점이 이 단계의 특색이다. 그렇기 때문에 앞에서 설명한 바와 같이 토지구획정리사업의 실시계획과 각 시설의 설계와의 조정이나 각 시설의 설계 상호간의 조정이 중요하며 이 조정의 장으로서 각 시설의 사업주체와 설계 조직이 한자리에 모이는 조정 회의라 일컬어지는 장을 설치할 필요성이 생기는 것이다. 4가지 사례 프로젝트지구 모두에 있어서 이와 같은 장이 설치되고 있고 참가자는 프로젝트의 규모나 지구 내에 정비되는 기반시설 및 건물의 수에 따라서 여러 명이 된다.

조정 작업을 효과적으로 진행하기 위해서는 코디네이터, 즉 계획 · 설계 조정 역할을 담당하는 사람의 존재가 중요하게 된다. 여기에서의 계획 · 설계 조정은 이 단계에 이르기 이전의 기본구상, 기본계획 단계에 관계된 지구 전체에 대한 계획의 기본적인 방식이나 각 시설에 대한 정비 방침을 매듭지으면서 개개의 시설설계에 대해서도 충분히 이해한 다음에 진행할 필요가 있다. 따라서 해당 도시개발프로젝트의 기본구상 단계에서 계획입안에 일괄적으로 참여하고, 도시설계 대해서도 지식을 가지고 있는 전문가가 담당하는 것이 적절하다. 4가지 사례 프로젝트에 있어서 기본구상 단계에서 일관적으로 계획입안에 참여했던 저자가 이 역할을 담당했으며, 저자가 속한 도시계획 프로젝트 사무소가 조정을 위해 필요로 하는 작업을 담당했다.

4) 설계 내용

① 기간사업의 구체화에 관련된 계획 정리

토지구획정리사업은 환지설계를 진행하여 환지계획안을 정리하는 외에 실시계획을 정리한다. 또한 프로젝트를 구성하는 기타 기간사업에 대해서 상세한 설계를 진행하고 그것에 입각하여 공사비를 확정한다.

② 기반시설의 기본설계, 실시설계

도로, 철도, 하천, 수로, 광장, 공원, 녹지 등에 대해서 토지구획정리사업의 실시설계나 각 시설에 대한 설계 등과 상호 조정하면서 기본설계, 실시설계를 정리한다. 대부분은 토목시설설계이며 그것과 협동하여 아래 ④에 나타낸 랜드스케이프, 조명 등의 설계가 진행된다.

③ 건물의 기본계획, 기본설계, 실시설계

기반시설의 정비에 맞추어 프로젝트의 초기 단계에 있어서 건설될 건물에 대해서 기본계획, 기본설계, 실시설계를 정리한다. 다만, 이와 같은 설계작업은 대부분의 경우, 공적 기관에서 발주한 건물에 한정되며, 민간에 의한 건물에 대해서는 지구계획 등의 틀 안에서 독자적으로 이루어지는 것이 일반적이다. 또한 공적 기관에 의한 건물에 있어서 도시개발프로젝트의 기반시설이 완성된 후에 건설되는 건물에 대해서는 민간에 의한 건물과 마찬가지로 지구계획 등의 틀 안에서 그 단계의 상황에 맞추어 개별적으로 건설되고 있는 것이 일반적이다.

④ 랜드스케이프 디자인의 기본설계, 실시설계

건물의 외부구조를 포함한 가구 전체에 걸친 랜드스케이프에 대해서 기반시설의 설계와 조정하면서 기본설계, 실시설계를 정리한다. 대부분의 경우 도로에 대해서는 기하학구조 등 공학적인 설계와 협동하여 이루어지며 광장, 공원에 대해서는 시설 그 자체의 설계가 된다. 토지구획정리사업의 경우는 고향마을 이미지 조성 모델 토지구획정리사업에 대한 계획서가 정리되며, 마을만들기 종합지원사업은 도로, 공원 등의 요소 사업마다 설계가 진행된다.

⑤ 지구계획, 각종 협정 등의 원안 입안

상기에 맞추어 지구에 있어서 바람직한 환경이나 매력적인 도시공간을 형성해가기 위해 도입이 바람직한 지구계획과 각종 협정의 원안이 검토된다.

5) 설계 스케일

각종 기반시설과 건물에 대한 설계단계이며 기반시설의 종류나 설계 대상에 따라 적절한 스케일이 선택된다. 또한 기본설계단계에서 실시설계단계에 이를수록 설계 스케일(축척)은 작아진다.

4 공사감리단계

각 기반시설과 건물의 건설공사에 맞추어 공사감리를 진행하는 단계이다. 4가지 사례의 프로젝트지구에 대한 공사감리 실태를 정리하는 것이 표 2.5이며, 이 표에 나타낸 실태를 포함하여 이 단계에 대한 감리작업은 다음과 같이 정리된다.

1) 공사감리기간

공사감리기간은 개개의 시설이나 건물 단위로 취급하는 경우에 당연히 그 공사기간이 감리기간이 되지만 지구 전체적으로 취급하는 경우에는 지구의 공사가 완료되기까지의 기간이 감리기간이 된다.

2) 감리체제

건물 공사감리는 설계자에게 위임하는 경우가 많지만 기반시설의 공사감리에 대해서는 앞에서 언급한 바와 같이 관행적으로 설계자에게는 위임되지 않으며 사업주체 담당자가 담당하는 경우가 일반적이다. 따라서 기반시설의 설계자는 사업주체측의 감리 담당자를 보조하는 것이 그 역할이 된다. 다만, 마루카메의 경우에는 역전광장 및 미술관 · 도서관 외부구조에 대해서 시 담당자의 열성적인 감리에 의지하는 면이 커서 설계자에게 감리가 전면적으로 위임되었다. 이것은 상기와 같은 관행 속에서 지극히 드문 사례이다.

앞선 기본계획단계, 설계단계에 있어서 코디네이터의 역할을 담당한 계획자는 계획, 설계에 관여한 입장에서 공사감리에 이르러서도 필요에 따라 현장 근무를 함과 동시에 공사를 위한 조정의 장에도 참여하게 된다.

저자는 오비히로, 마루카메, 하나마키, 아사히가와 모든 지역에 공사감리에 있어서 이와 같은 역할을 담당했으며 공사감리를 지원했다. 이것은 공사단계에서 발생하는 각 시설의 사업주체와 설계를 담당한 전문디자이너와의 관계나 사업주체 상호간 혹은 전문디자이너 상호간의 공사상 다양한 의견차를 조정하기 위해 제3자적인 입장에 서 있는 사람의 존재가 필요한 점, 또한 일반적으로 전문디자이너 대부분은 디자인 전문가이기는 하지만, 조정력을 충분히 갖추고 있다고는 하기 어려우므로 이것을 지원할 필요가 있는 점 등이 그 이유라 할 수 있다.

표 2.5 | 사례 프로젝트의 공사감리단계에 있어서 감리작업의 실태

	오비히로 주변지구	하나마키 주변지구	마루카메 역전광장 주변지구	아사히가와시 도시거점지구
주요 사업의 공사시기 *연도표시	• 토지구획정리사업 : '92～'02 • 철도연속입체교차사업 : '91～'97 • 정주교류센터 건설사업 : '93～'95 • 다목적광장건설사업 : '01～'02 • 정주거점 프롬나드 정비사업 : '92～'99 • 니시2쵸도로 심벌도로 정비사업 : '97～'99 • 남쪽공원정비사업 : '94～'96 • 북쪽입구광장지하주차장 '97～'99	• 토지구획정리사업 : '90～'94 • 정주교류센터건설사업 : '90～'92 • 지방도 하나마키카즈카선 전선지중화사업 : '93～'94 • 정주거점 프롬나드 정비사업 : '89～'94	• 남북역전광장정비사업 : '90～'91 • 미술관 · 도서관건설사업 : '90～'91 역전광장 및 인접지구의 정비에 관련된 상기 이외의 주요 사업에 대해서는 다음과 같다. • 철도연속입체교차사업 : '81～'90 • 역전지하주차장정비사업 : '88～'89	• 토지구획정리사업 : '97～'11 • 한도액철도고가사업 : '98～'08 • 공익적시설(평생학습센터, 종합복지센터) 건설사업 : '00～ • 합동청사건설사업 : '00(예정) • 추베츠가와 하천공간 정비사업 : '98～'08
공사감리체제	• 각 시설의 사업주체(전문디자이너, 계획 · 조정자가 이것을 지원)	• 각 시설의 사업주체	• 시, 계획 · 조정자 및 전문디자이너(랜드스케이프 아키텍트)에 의한 감리팀	• 각 시설의 사업주체(전문디자이너, 계획 · 조정자가 이것을 지원)
감리 내용	• 공사간의 조정 • 시공도의 파악 • 재료의 파악 • 필요에 따라서 포장재 등의 시험시공 • 조명실험 등	• 시공도의 파악 • 재료의 파악	• 시공도의 파악, 승인 • 재료의 파악, 수집 • 실물모형, 시험시공 등에 의한 시공의 확인 • 공사완료검사	• 시공도의 파악 • 재료의 파악 • 시공의 수정

3) 감리 내용

감리 내용은 실시설계에 입각하여 공사가 진행되고 있는지 여부를 점검하여 진행되고 있지 않은 경우에 필요한 지시를 하는 것이 기본이 된다. 그리고 이를 위해 설계자는 공사에 선행하여 시공도를 점검하고 사업주체측의 감리 담당자 등에게 조언을 한다거나 공사 상호간에 대한 공법이나 마감, 공사 스케쥴 등의 조정에 대해서 조언해 간다. 또한 공사 진척에 맞추어 실시설계단계에서 예측할 수 있는 현장의 특별한 상황이 분명해지는 경우도 있으며 이것에 대응하여 필요한 상세도를 작성하는 등의 업무가 발생한다.

참고문헌

• 土地区画整理誌編集委員会編集『土地区画整理のあゆみ』, (社)日本土地区社整理協会, 1996年.
• 石田頼房『日本近代都市計画百年』自治体研究社, 1987年.
• 建設省大臣官房政策課監修 · 建設政策研究会編著,『建設行政ハンドブック』大成出版社, 1995年.

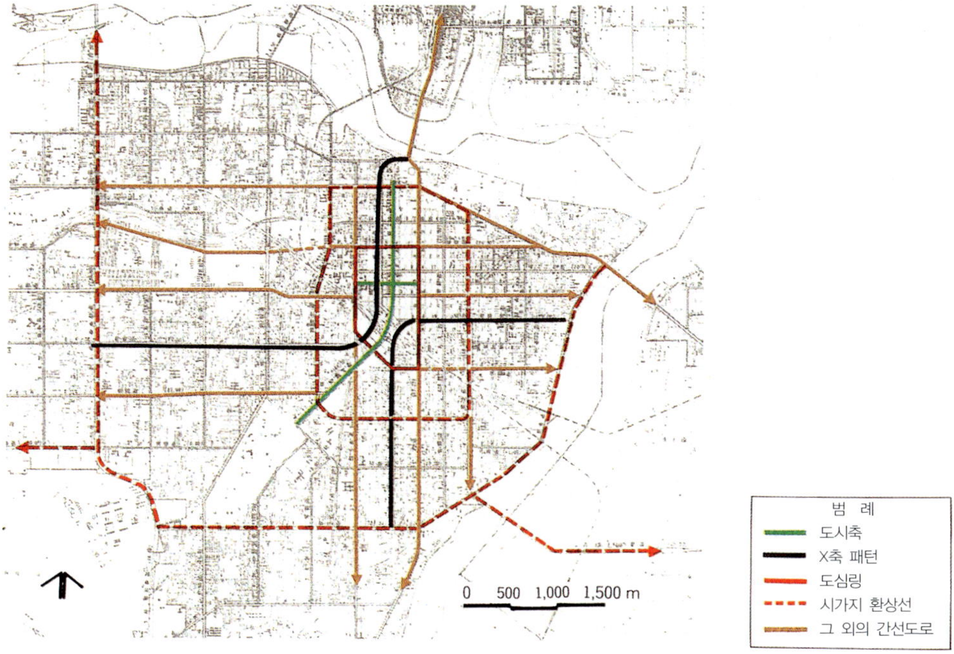

그림 C.1 | 오비히로시 중심시가지에 대한 X자 모양 간선도로와 보행자 축

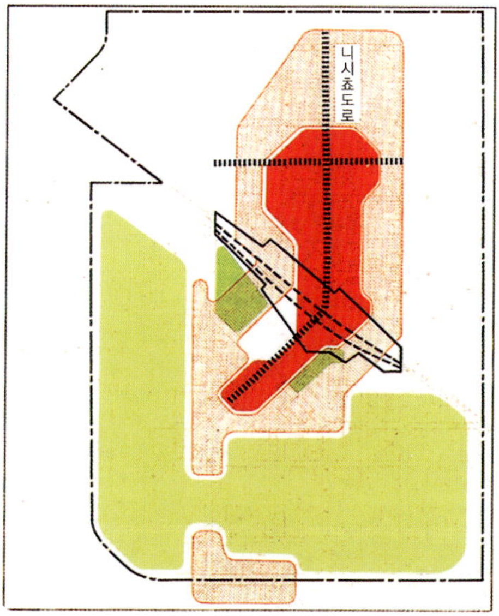

그림 C.2 | 보행자 축과 상업기능(오비히로)

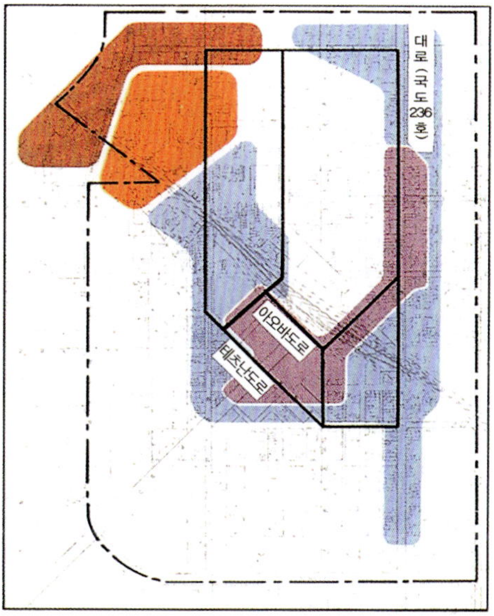

그림 C.3 | 간선도로와 업무기능(오비히로)

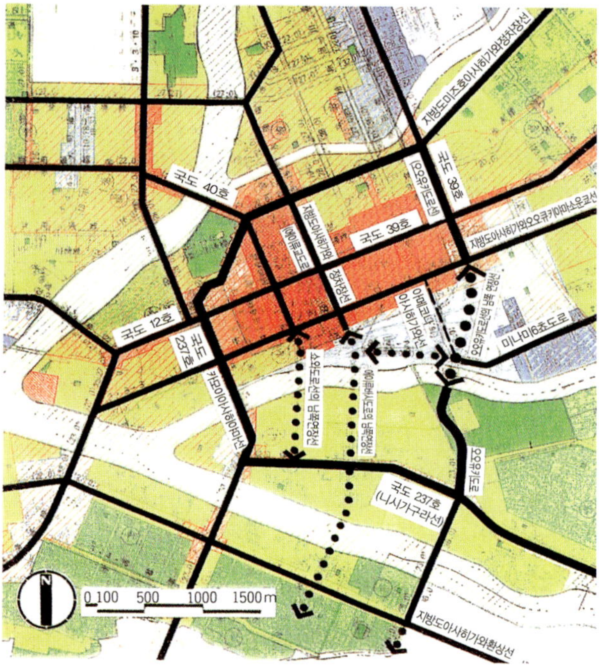

그림 C.4 | 아사히가와시 도심부에 대한 간선도로정비의 방향

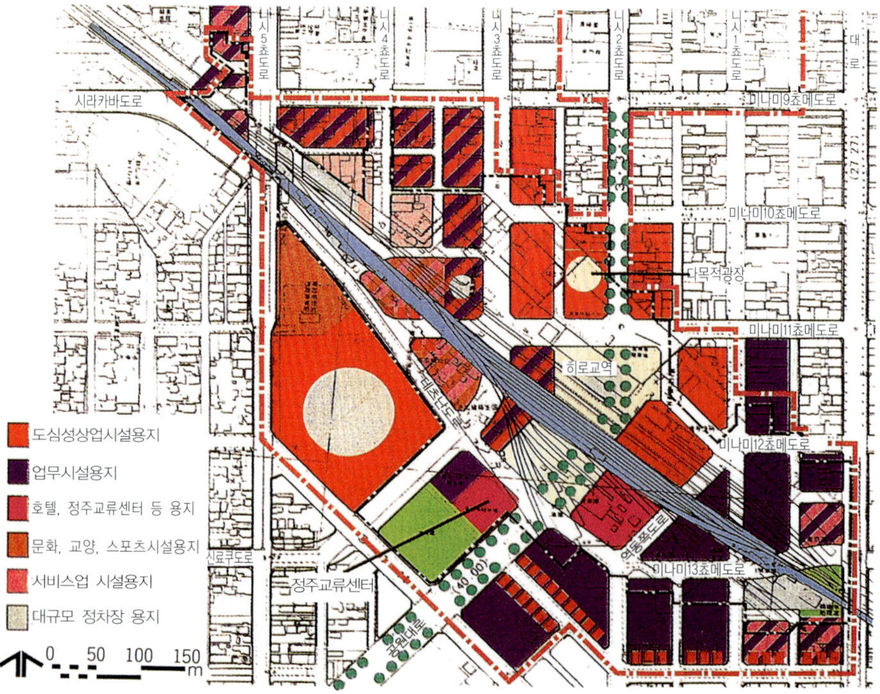

그림 C.5 | 오비히로시 역주변지구의 도로정비와 토지이용구상

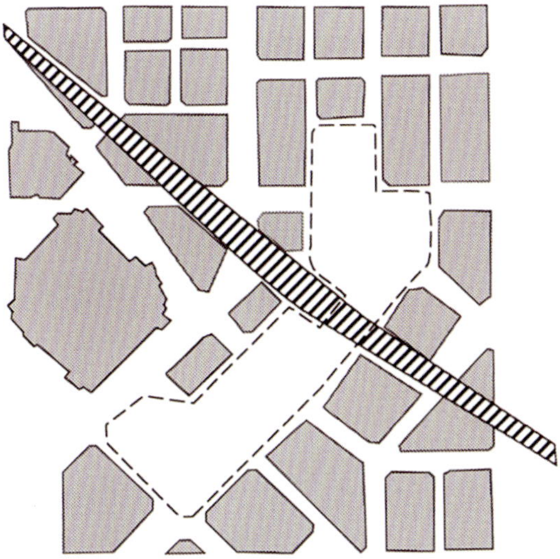

그림 C.6 | 오비히로역 주변지구에 대한 대형 공간조성

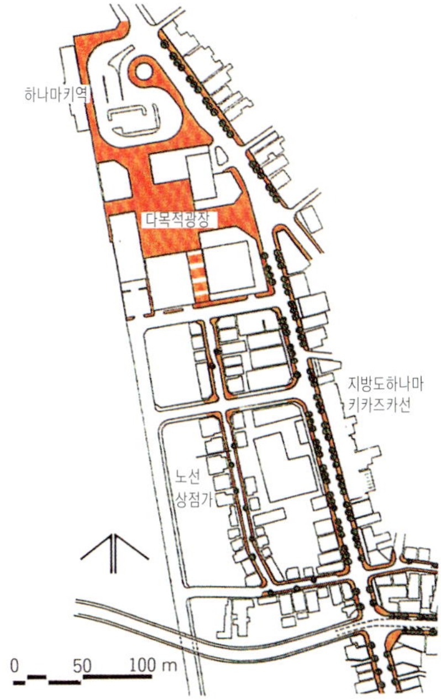

그림 C.7 | 하나마키역 주변지구에 대한 보행자 축

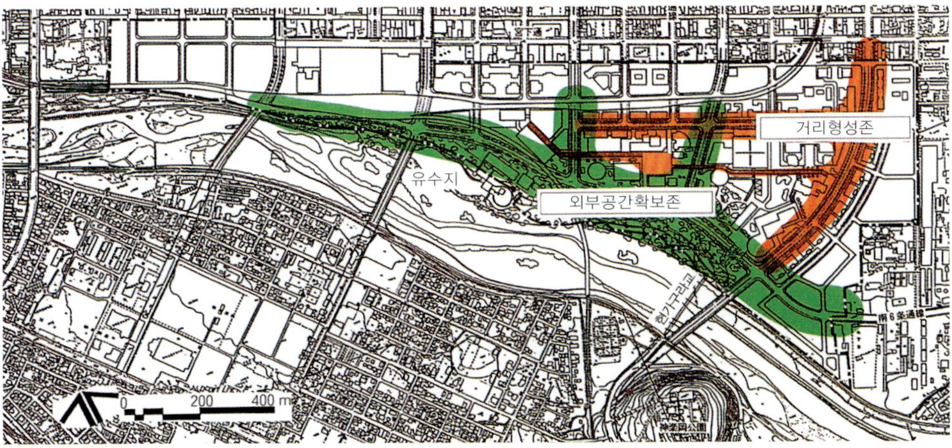

그림 C.8 | 아사히가와시 도시거점지구에 대한 자연환경성이 높은 공간과 지역성이 높은 공간

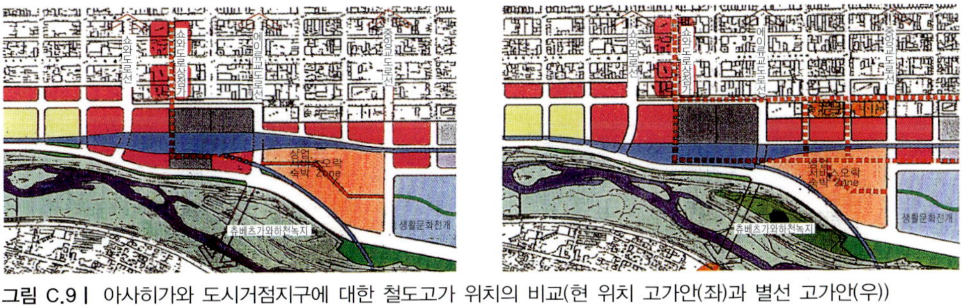

그림 C.9 | 아사히가와 도시거점지구에 대한 철도고가 위치의 비교(현 위치 고가안(좌)과 별선 고가안(우))

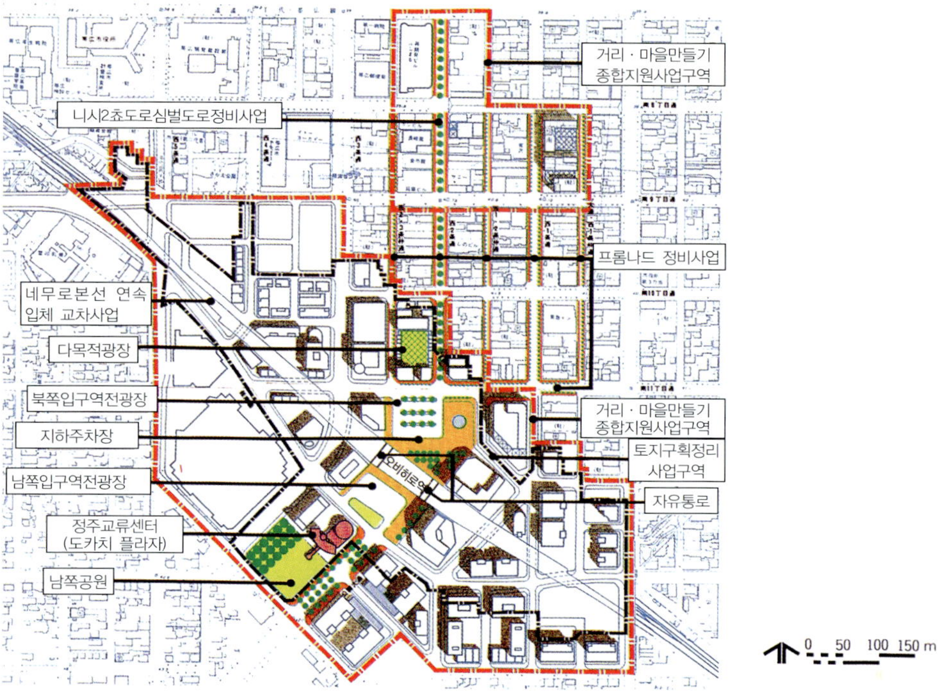

그림 C.10 | 오비히로역 주변지구 개발정비 기본계획

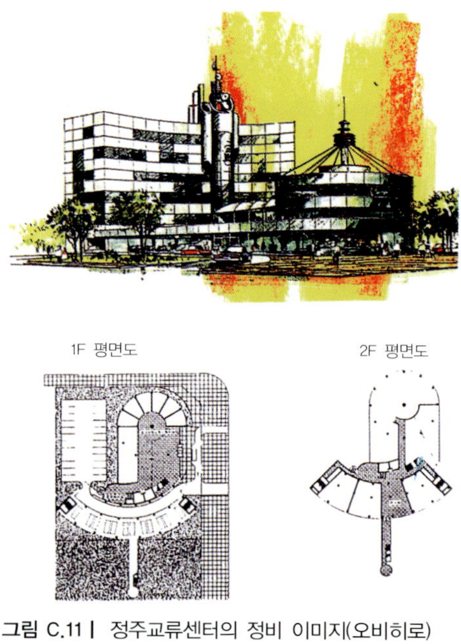

그림 C.11 | 정주교류센터의 정비 이미지(오비히로)

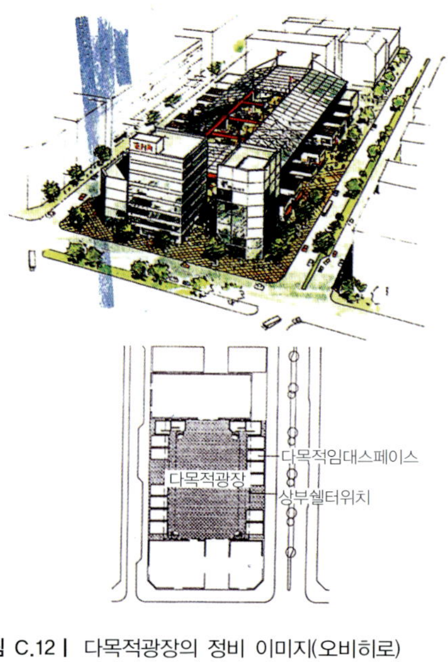

그림 C.12 | 다목적광장의 정비 이미지(오비히로)

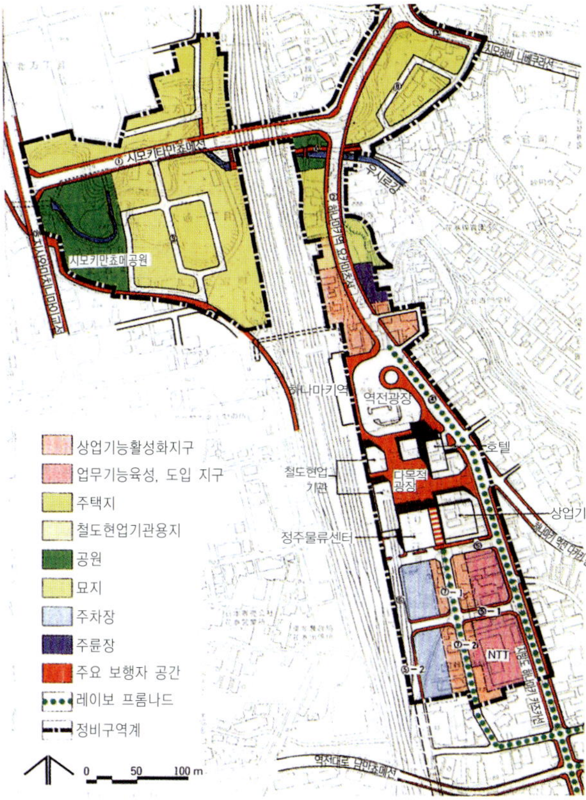

그림 C.13 | 하나마키역 주변지구 개발정비 기본계획

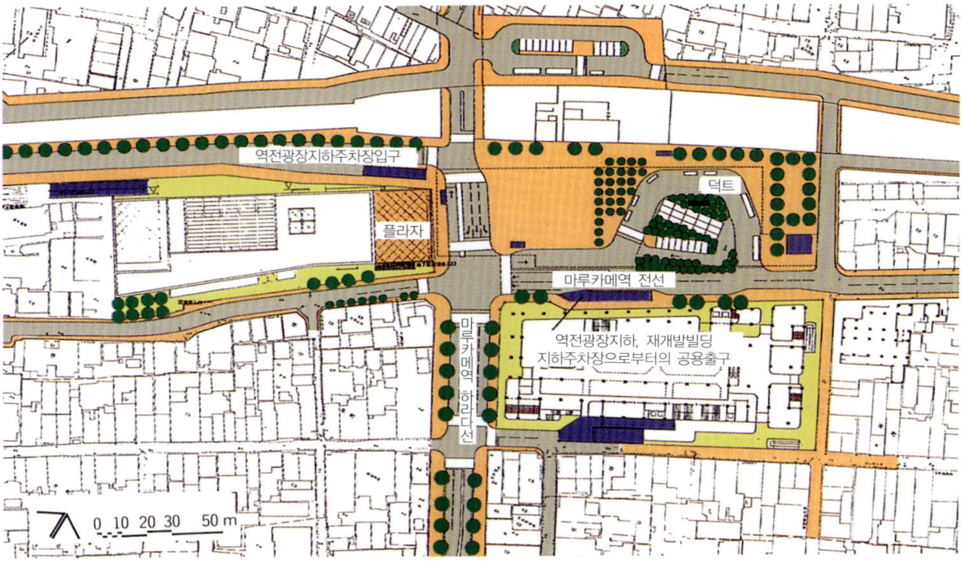

그림 C.14 | 마루카메 역전광장 주변지구 개발정비 기본계획

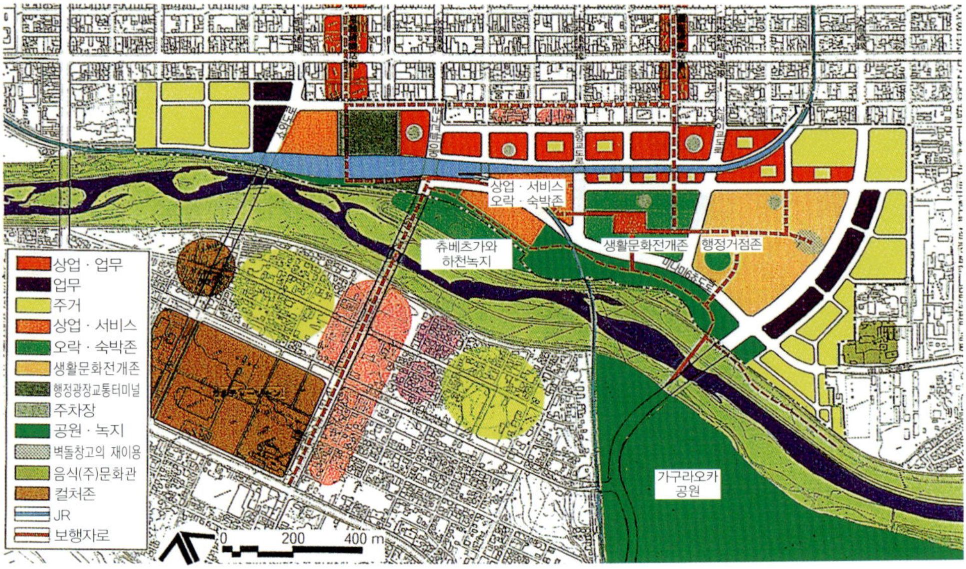

그림 C.15 | 아사히가와시 도시거점지구 개발정비 기본계획(기반시설계획, 토지이용계획)

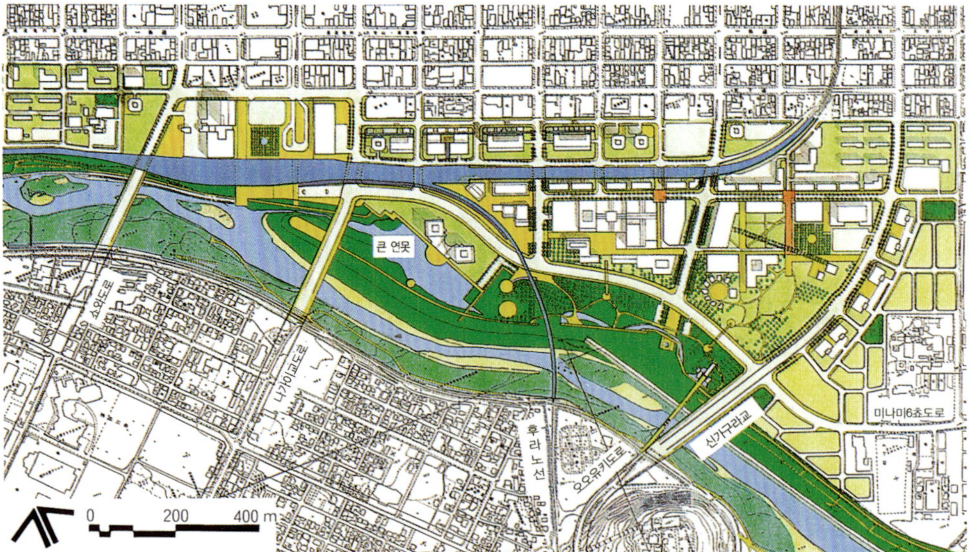

그림 C.16 | 아사히가와시 도시거점지구 개발정비 기본계획(건물건설 이미지, 랜드스케이프 · 디자인)

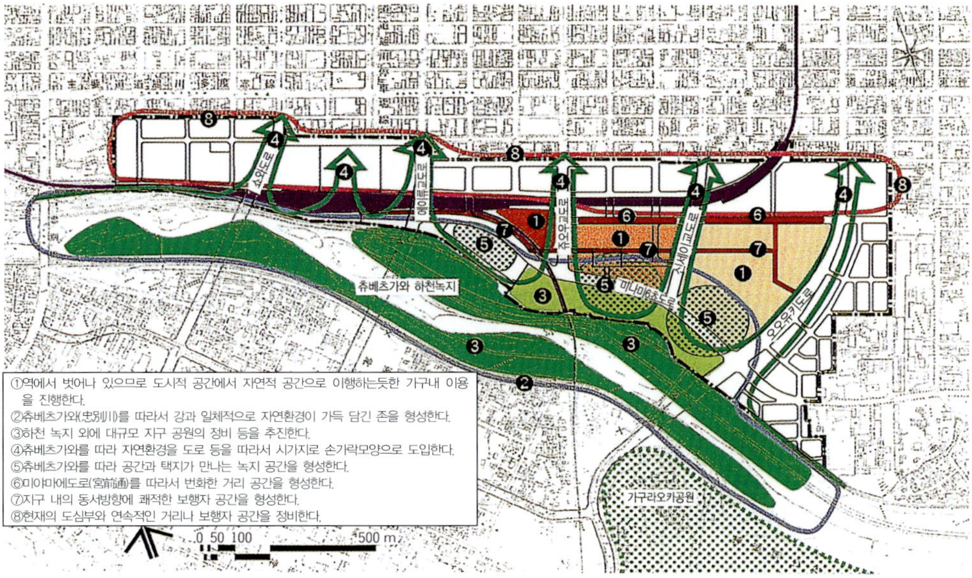

그림 C.17 | 아사히가와시 도시거점지구의 공간구성

그림 C.18 | 아사히가와시 도시거점지구의 공간구성에 따른 시가지 형성 이미지

그림 C.19 | 미나미6쵸도로의 파크웨이적인 공간구성(아사히가와)

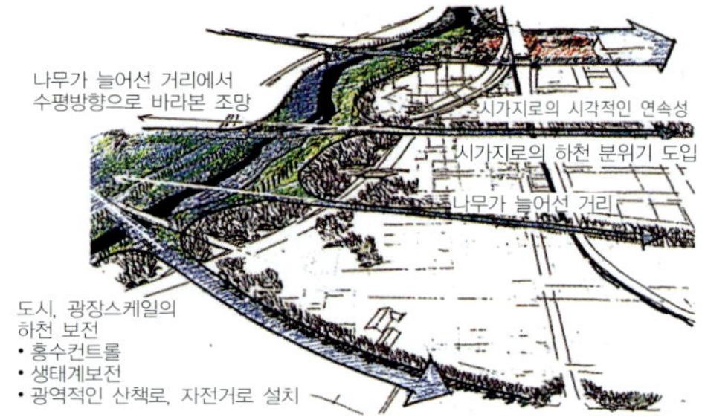

그림 C.20 | 하천 녹지공간의 시가지로의 관입(아사히가와)

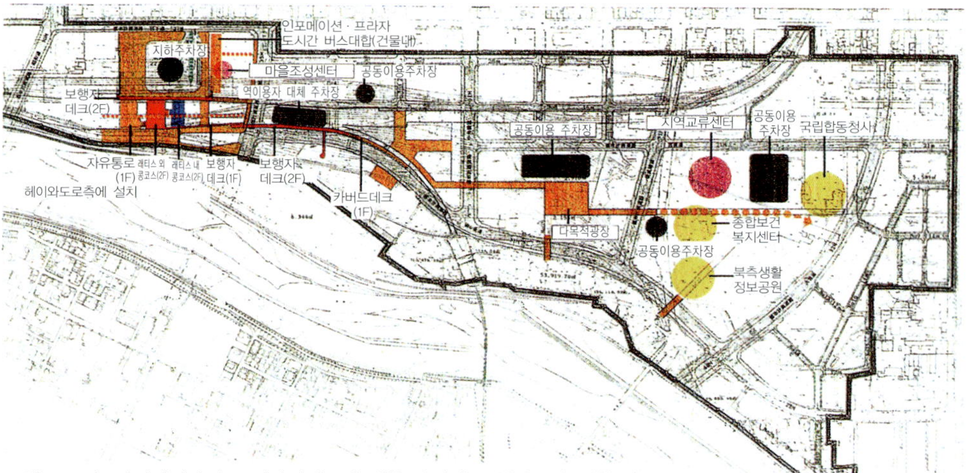

그림 C.21 | 아사히가와시 도시거점지구에 대한 광장과 보행자로의 계획

그림 C.22 | 아사히가와시 도시거점지구 개발정비 기본계획

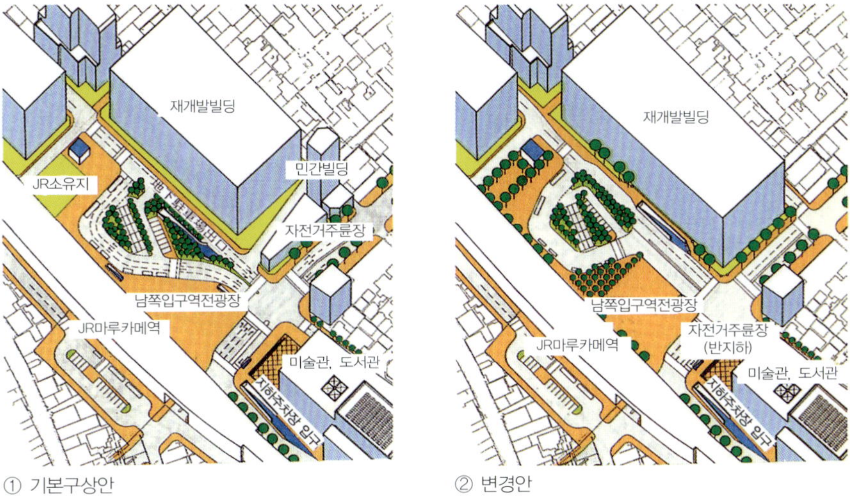

그림 C.23 | 시가지 재개발사업구역의 확대에 따른 남쪽 역전광장의 위요성 확보(마루카메)

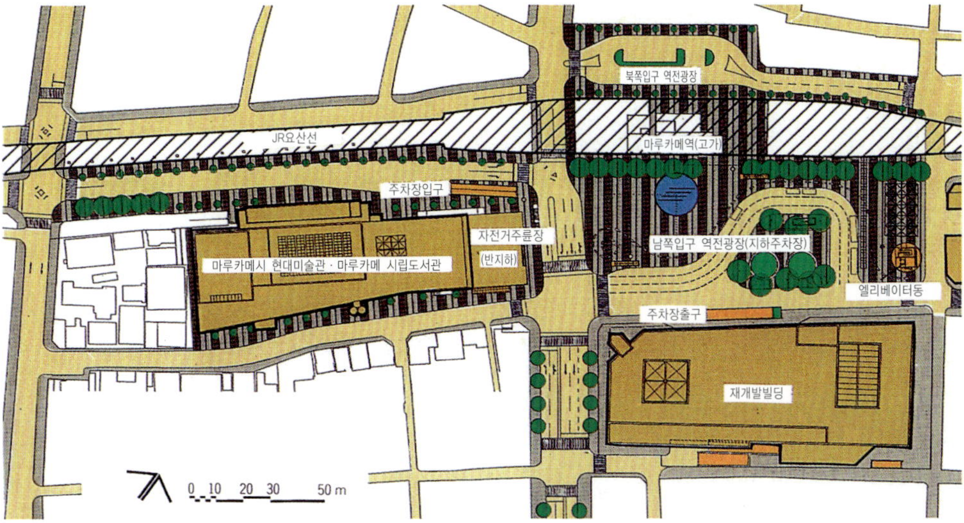

그림 C.24 | 마루카메시 역전광장 주변지구 기본설계 전체계획

그림 C.25 | 남쪽입구, 역전광장의 전경(마루카메, 주경 · 야경)

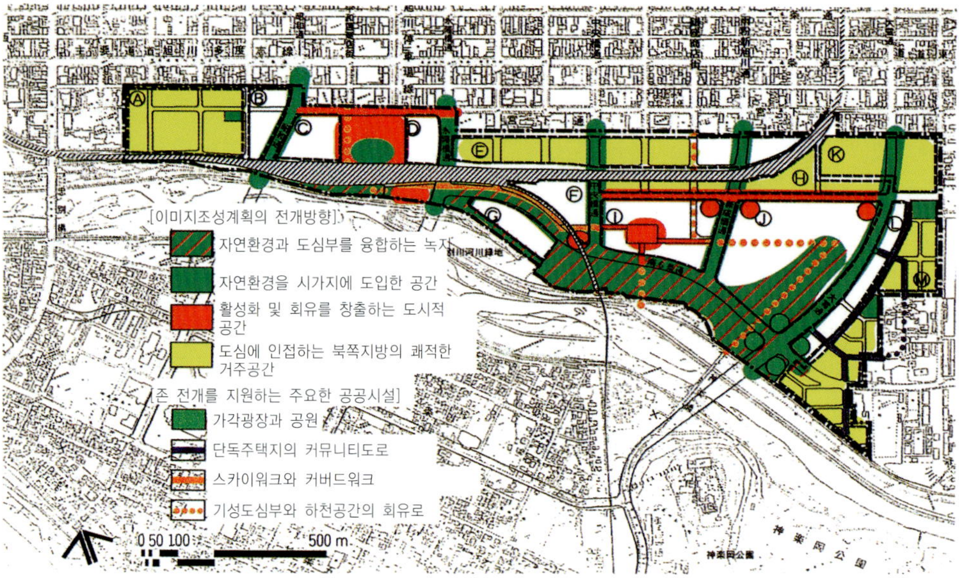

그림 C.26 | 이미지조성계획에 맞춰 중점적으로 정비한 공간시설(아사히가와)

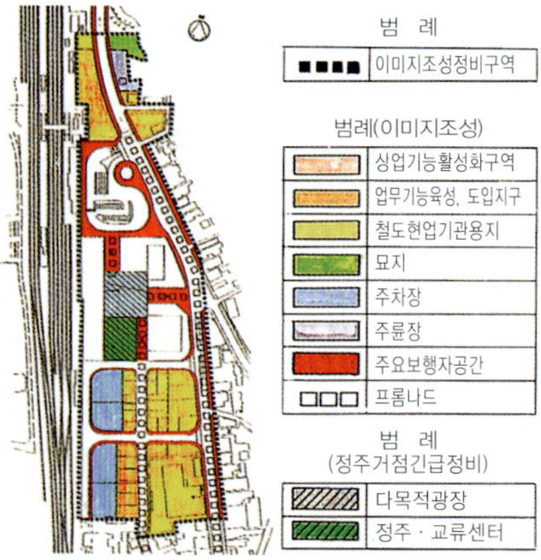

그림 C.27 | 공공시설과 주요 건물배치(하나마키)

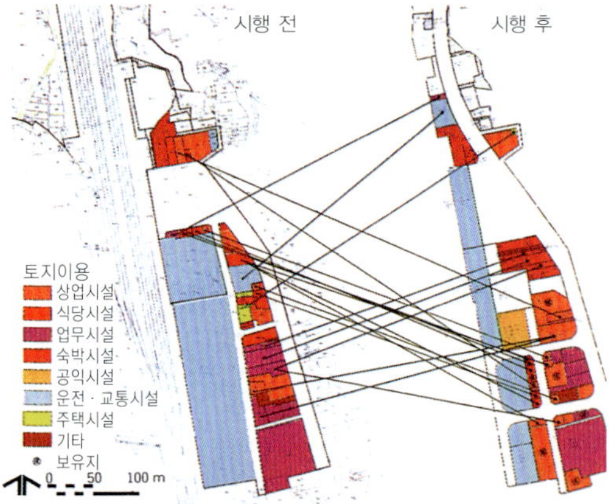

그림 C.28 | 건물배치에 대한 환지설계 · 시행 전 후(하나마키)

그림 C.29 | 노선상점가(하나마키, 주경 · 야경)

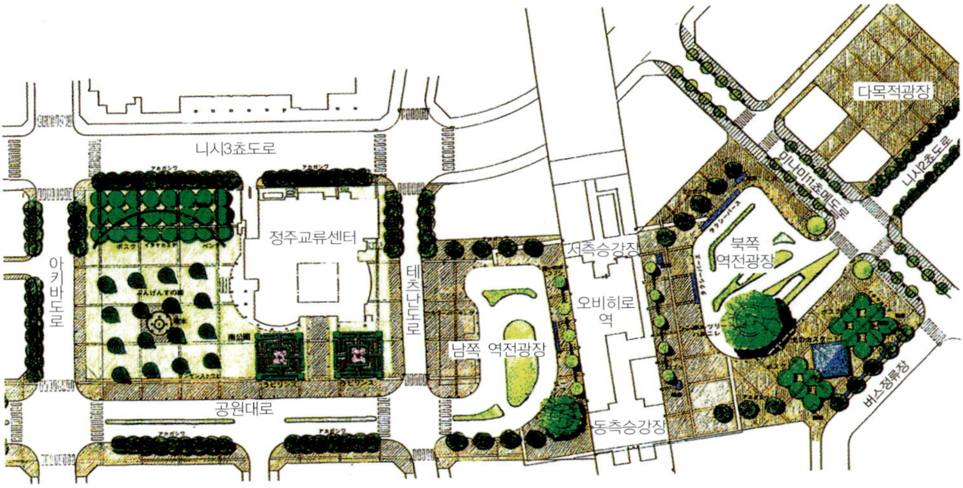

그림 C.30 | 대형 오픈 스페이스의 랜드스케이프 디자인 · 마스터플랜(오비히로)

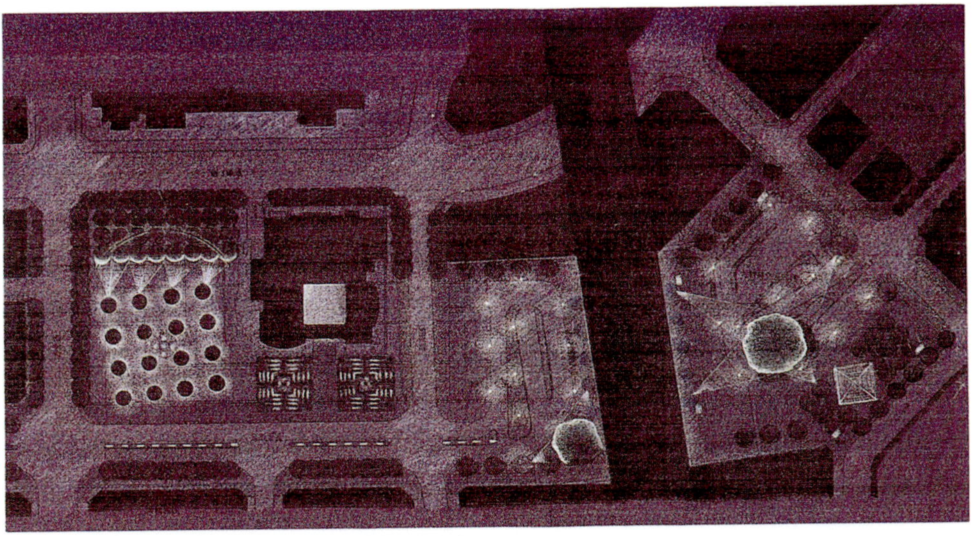

그림 C.31 | 대형 오픈 스페이스의 조명계획(오비히로)

그림 C.32 | 정주교류센터와 공원대로(오비히로, 주경 · 야경)

그림 C.33 | 대형 공간 안에서 상징성 있는 정주교류센터(오비히로)

그림 C.34 | 남쪽입구, 역전광장의 위요성을 높인 JR호텔(오비히로)

그림 C.35 | 역사 북측과 북쪽입구 역전광장(오비히로, 주경 · 야경)

그림 C.36 | 푸겐스우히의 식재와 분수가 있는 남쪽광장, 가까운 곳에 있는 보육원의 아이들이 놀러 왔다.(오비히로)

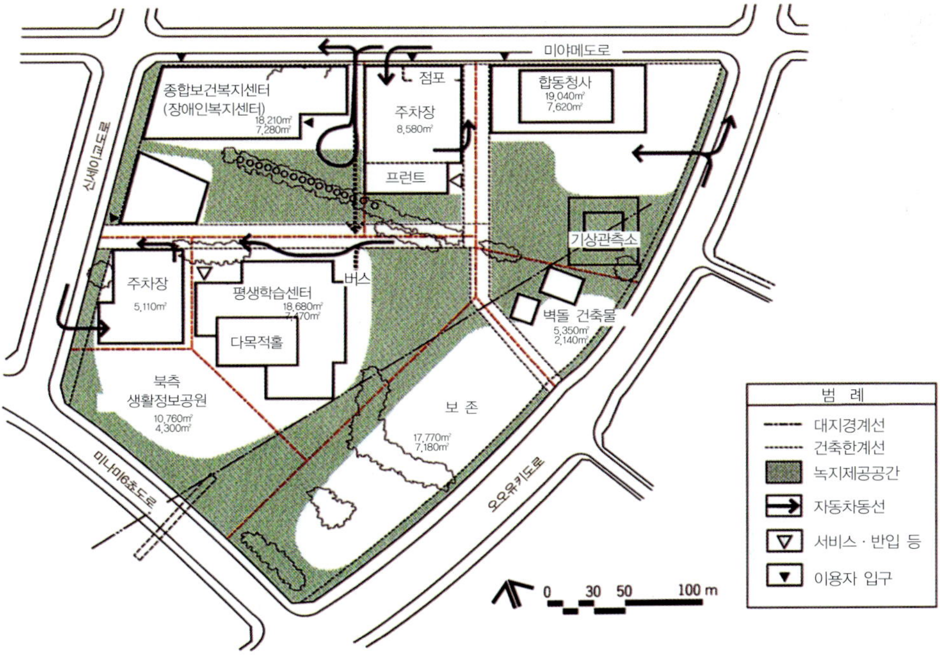

그림 C.37 | 시빅 코어 지구의 부지 분할과 제공 녹지의 위치(아사히가와)

그림 C.38 | 시빅 코어 지구 랜드스케이프 디자인의 마스터플랜(아사히가와)

그림 C.39 | 시빅 코어 지구의 정비 이미지(아사히가와)

그림 C.40 | 시빅 코어 지구 중앙의 녹지공간, 겨울풍경(아사히가와)

그림 C.41 | 동쪽입구, 역전광장의 퍼블릭 아트(하나마키역)

그림 C.42 | 무대 기능에 대한 미술관 앞의 아트와 랠리프(마루카메)

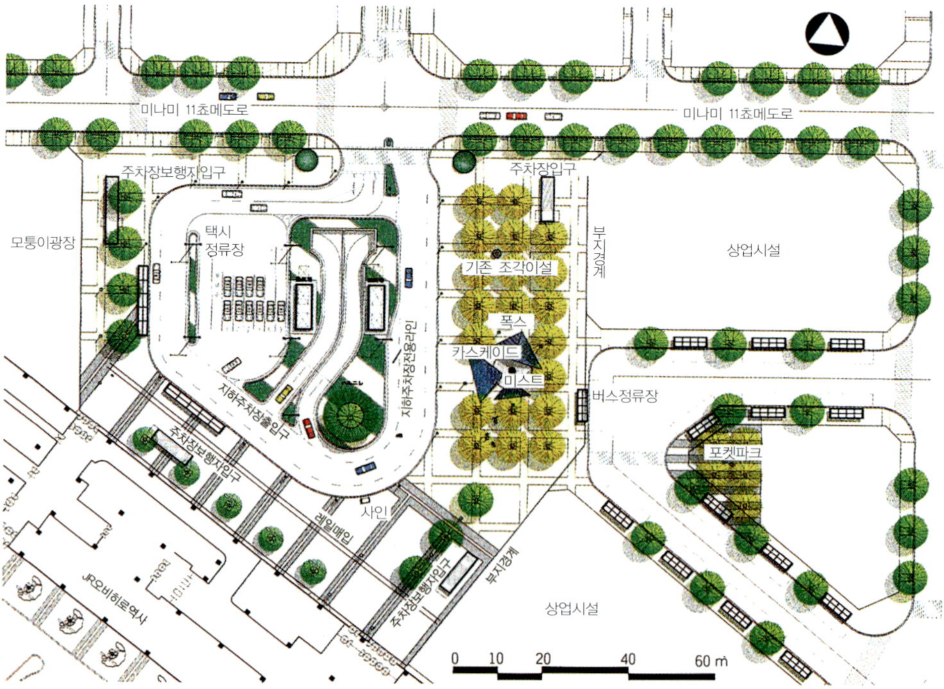

그림 C.43 | 오비히로역 북쪽입구, 역전광장의 기본설계 전체계획

그림 C.44 | 정주교류센터 배후의 남쪽공원과 전면의 미로(오비히로)

그림 C.45 | 정주교류센터 앞의 식재에 의한 미로(오비히로)

그림 C.46 | 남쪽공원의 식재와 분수(오비히로)

그림 C.47 | 정주교류센터와 남쪽공원(오비히로)

그림 C.48 | 역전광장에서 바라본 정주교류센터, 노선상점가(하나마키, 주경 · 야경)

그림 C.49 | 호텔의 요각부분(하나마키)

그림 C.50 | 호텔로비에서 바라본 다목적광장(하나마키)

그림 C.51 | 마루카메역 남쪽입구 역전광장의 인조석, 재미있는 모양이나 배치로 아이들이 놀러 온다.

그림 C.52 | 인조석에는 조명이 내장되어 야간에 화려한 경관을 만들어낸다.(마루카메)

Chapter 3

도시디자인의 실제

-사례 프로젝트에 대한 대응

다음은 이전까지 정리된 도시개발프로젝트의 구상, 계획입안 프로세스에 대응시키면서 각 단계에 대한 도시디자인 대응의 실제를 소개하고자 한다. 소개할 대응 사례는 앞선 4가지 사례 프로젝트에 대한 경우이다.

앞에서 설명한 바와 같이 일본에 있어서 도시개발프로젝트에 대한 경우에 한정된 것이 아니라 도시디자인에 관련된 대응이 충분히 체계화되었다고는 아직 말하기 어렵다. 따라서 여기에서의 목표는 실제 도시개발프로젝트에 있어서 구상, 계획입안 각 단계에서 이루어진 디자인에 대한 대응 실태를 상세히 파악함과 동시에 도시디자인 전개체계를 분명히 하는 준비 과정으로서 이용하고자 함이다.

3 | 1

기본구상단계

이 단계는 앞에서 언급한 바와 같이, 프로젝트지구 전체를 대상으로 하여 구상의 골격과 사업화에 대해서 프로젝트에 관여하는 각 기관이 합의할 수 있는 기본적, 종합적인 구상안을 정리하는 단계이다. 따라서 도시디자인에 관련된 방식도 그 일부로서 구상에 적용하며 구상입안을 위한 일반적인 작업에 맞추어 도시디자인 시점에서 검토를 거듭하게 된다.

사례 프로젝트지구에 있어서 이 단계에 진행된 도시디자인에 관련된 검토는 다음과 같다.

1 토지이용 유도를 배려한 간선도로 등의 계획(인식)

이것은 도시개발프로젝트의 가장 처음에 이루어져야 하는 도시디자인에 관련된 대응 중 하나이다. 프로젝트지구의 개발정비에 맞추어 지구 주변의 간선도로나 보행자 공간(보행자 교통량이 많은 도로나 보행자 전용도로 등)을 지구 내의 공간 입안이나 토지이용, 건물건설을 전망하면서 한편으로 교통시설로서의 망구성에도 배려하면서 지구를 체계적으로 계획해가는 대응이다.

이 단계에서 도시 내에 혹은 지구 주변의 교통문제 해결 시점, 지구에서 새로이 발생, 집중하는 차량들을 처리해가는 시점 등이 우선이 되며 도로망 검토가 진행되는 것이 일반적이다. 이에 비해 도시디자인에 관련된 대응은 이와 같은 시점에서의 대응에 병행하여 지구에 만들어내야 할 공간을 이미지화하면서 또한 토지이용이나 건물건설을 유도해가는 시점에서 간선도로나 주요한 보행자 공간의 지구 내에서의 적절한 체계화나 배치방식을 검토, 타진하여 교통계획과 조정을 하면서 대처해가는 대응방식이다.

1) 중심성 향상과 명쾌한 공간구조 입안에 대한 배려

오비히로역 주변지구에 있어서 그림 C.1에 나타낸 바와 같이 철도의 연속 입체 교차 사업을 계기로 광역에서 중심시가지로의 교통 편리성을 강화했으며, 또한 중심시가지의 중심성을 높이기 위해 지구개발정비에 맞추어 광역과 중심시가지를 연결하는 간선도로를 X자 모양의 패턴으로 정비함으로써 역 주변 프로젝트지구까지 받아들이기로 했다.

X자 모양의 패턴에 의한 도로계획은 병행하여 검토가 진행되고 있던 중심시가지를 대상으로 하는 종합도시교통시설정비계획 조사(보조조사, 조사주체는 홋카이도)에 대해서 중심시가지 및 프로젝트지구를 대상으로 한 오비히로역 주변지구의 토지이용 기본구상 책정 조사(시 단위 비용 조사)에 대한 토지이용 및 도시디자인에 관련된 방식을 반영시켜 쌍방의 조정으로 도출된 계획이다. 이것은 중심시가지의 도로교통체계에 관련된 주요한 계획 중 하나임과 동시에 도시디자인의 전개 시점에서 보면 토지이용이나 건물건설의 잠재력이 도로의 기능, 성격, 폭 등에 따라 바뀌어가는 성향을 도시공간구성상의 중요한 절차로서 받아들여 이것에 착안하여 토지이용과 건물건설을 유도해가고자 한 계획이다.

이와 같은 이유에서 오비히로역 주변지구에 있어서 광역성이 높은 연결도로에 있어서 업무 기능의 입지 성향이 높다는 일반적인 경향에 착안하여 그림 C.3,5에 나타낸 바와 같이 지구 동측의 대로(국도 236호)를 따라 기존의 업무 기능 집적지에 연속하여 업무 기능을 철도 남측까지 유도해야 하는 지구 남측의 철도 남쪽 통로를 거쳐 남쪽 방향을 향하는 선형으로 X자 모양의 동측 간선도로를 수용할 수 있도록 했다.

X자 모양의 서측 간선도로에 대해서는 그림 C.2,5에 나타낸 바와 같이 이것을 따라 철도 남측에 상업시설을 유도할 수 있게 니시2쵸도로(西2条通, 히라하라도로(平原通)) 연선의 오비히로시 제일의 상업집적지와 철도 남서측에 있어서 당시(1985년) 이미 건설계획을 가지고 있던 대규모 상업시설을 직접적으로 연결하는 것을 의도하여 철도 북측의 니시3쵸도로(西3条通)를 철도 남측으로 연장함과 동시에 오비히로 시가지의 서쪽 방향에서 역 남쪽 지구에 이르는 광역성 높은 도로인 신료쿠도로(新緑通)와 연결했다.

보행자 공간에 대해서는 그림 C.1,2,5에 나타낸 바와 같이 X자 모양의 간선도로 사이에 남북 방향으로 이들로부터 독립하여 계획함으로써 역 북측의

오비히로시를 대표하는 상점가인 니시니쵸도로와 고가 아래 역 부분의 자유통로를 지나 역 남측의 오비히로시를 대표하는 공원인 료우가오카(綠ケ丘) 공원에 이르는 공원대로에 연결하여 계획했다. 이와 같은 보행자 공간의 배치는 오비히로시 중심시가지 보행자 공간의 주축으로서 명쾌하고 강력한 공간구조를 지구 내 및 중심시가지에 도입하여 그것에 의해 그 연결선상에 상업시설을 비롯하여 도시적 활동을 유발하는 다양한 시설 입지를 유도하는 것을 병행적으로 겨냥한 것이다.

2) 도심 입지성 향상이 높은 기능 유도

오비히로역 주변지구에 대한 토지이용이나 건물건설 유도, 또한 경쾌한 공간구조 형성을 겨냥한 간선도로지구 내에서의 수용에 대한 이와 같은 대응은 아사히가와시 도시 거점이나 하나마키역 주변지구에 있어서 이루어지고 있다.

아사히가와시 도시 거점의 경우는 지구개발정비와 관련하여 종전부터 시책에 따라 가지고 있던 철도를 횡단하여 츄베츠가와를 건너는 도로정비나 그에 따른 지구 내 및 츄베츠가와 왼쪽 강가로의 도심 기능 유도 입지 등의 방식에 대응하여 지구를 둘러싼 간선도로를 다음과 같이 지구 내에서 수용하도록 했다(그림 C.4, 그림 3.1).

- 철도고가화에 대응하여 지구 중앙에 현 도심 지구에서 지구를 거쳐 남측의 컬처 존에 이르는 도로로서 에이류교도로(永隆橋通), 쇼와도로(昭和通)를 연장하여 국도 237호와 연결했다. 이것은 도심부의 남쪽방향으로의 확대 및 현 도심 지구(역 북부 지구), 도시 거점지구(현 JR 야드, 구 국철차량센터용지, 그림 3.2참조), 역 남부 지구간의 기능적, 공간적인 연계를 지원하고자 하는 것이며 국도 237호에 연결함으로써 광역지구의 교통 편리성을 높여 광역성 높은 상업, 업무, 서비스 기능 등의 입지도 유도하고자 한 것이다.
- 지구 내 동측에 있어서 현재 철도를 고가로 가로질러 지구를 남북으로 횡단하고 있는 아메코나아사히가와선(雨粉旭川線)을 교체하여 지구 북측의 국도 39호에 직접 접속시킴과 동시에 지구 남측의 길에 의해서 정비가 진행되고 있는 오오유키도로에 접속한다. 이것도 위와 마찬가지로 지구에 대한 자동차 교통에 의한 광역성을 높여 광역적인 도시 기능의

입지를 유도하고자 한 것이며 특히 광역을 서비스권역으로 하는 국가 출선 기관이 집합하는 합동청사가 지구 내 동측에 입지를 검토하고 있던 것에 대응하여 광역적인 편리성을 부여하고자 한 것이다.

• 지구 남동측에서 아사히가와 공항과 연결되어 있는 미나미6쵸도로(南6条通)를 지구 내 남측에서 서쪽 방향으로 연장하여 아사히가와역 남쪽

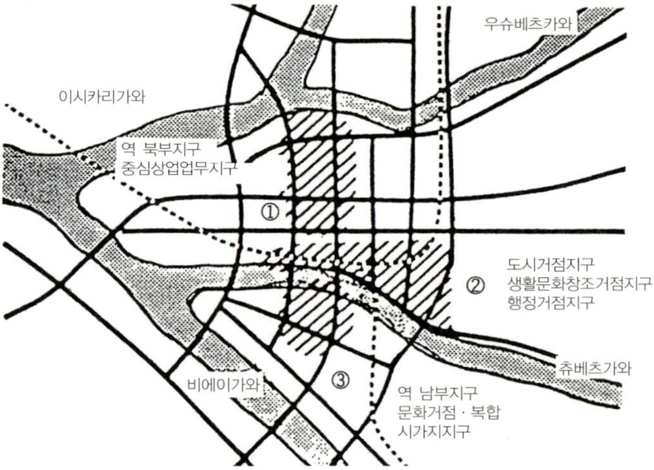

그림 3.1 | 아사히가와시 도심부의 기능분담, 지구형성의 방향

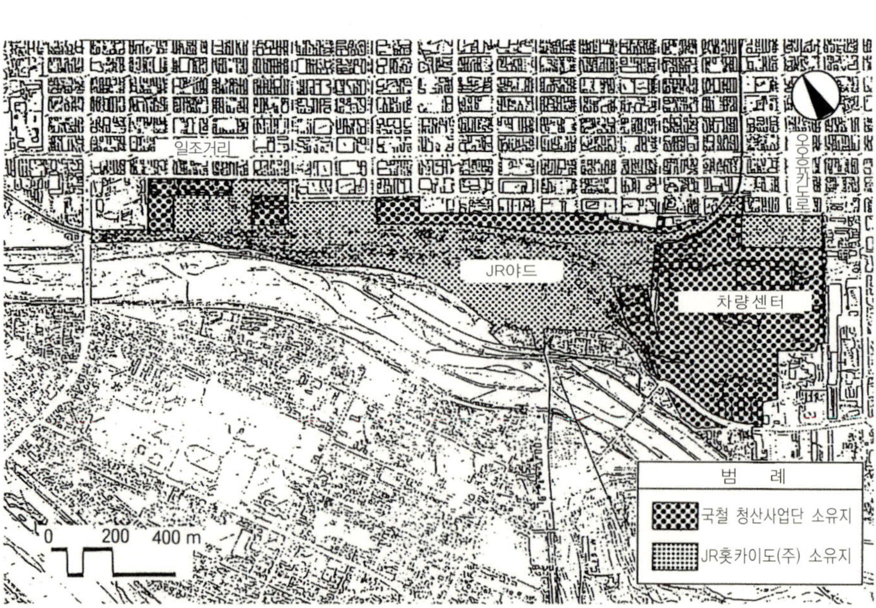

그림 3.2 | 국철 청산사업 및 JR 홋카이도의 소유지 상황(아사히가와)

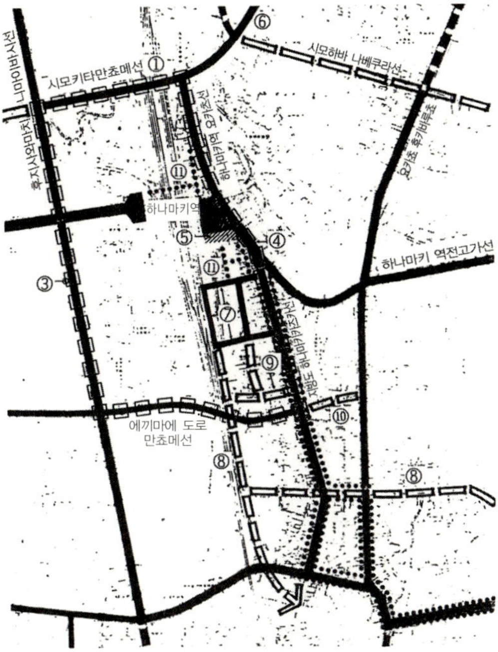

그림 3.3 | 하나마키역 주변지구에 대한 간선도로의 정비구상

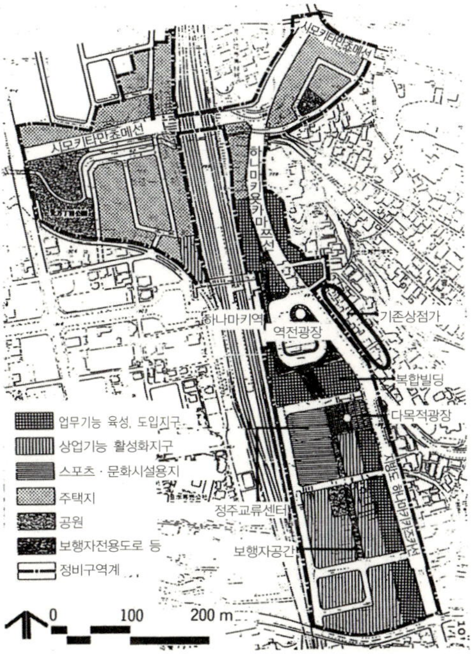

그림 3.4 | 하나마키역 주변지구에 대한 토지이용구상

입구에 이르는 도로로서 정비했다. 이것은 지구의 동쪽 방향에 위치하는 아사히가와 공항과의 연결성을 높임과 동시에 아사히가와역에 역 북측의 현 도심부를 지나지 않고 접근할 수 있는 도로의 기능과 공항이나 역으로의 신속성을 높이는 것을 겨냥한 것이다. 다른 도로와 마찬가지로 지구로의 광역성이 높은 시설의 입지를 유도하고자 한 것이라는 것은 당연한 사실이다.

하나마키역 주변지구에 있어서 철도 동서를 연결하는 간선도로정비와 역 주변 지구의 활성화를 주요 사업 목적으로 하고 있으며, 이에 따라 다음과 같이 지구 주변의 간선도로를 지구에서 수용했다.

- 우선 철도 동서를 연결하는 도로에 대해서는 종전 동쪽 입구 역전광장에서 멈추어 있던 지방도 하나마키카즈카선(花卷和賀線)을 북쪽 방향으로 연장하고(하나마키에끼요카마츠선(花卷四日町線)), 역 북측에 있어서 동서 방향으로 시모키타만쵸메선(下北万丁目線)을 정비(철도 하부) 수용했다. 이것은 철도 서측의 후지사와마치니마이교선(藤澤町二枚橋線)과 역 남측의 에끼마에도로 난만쵸메선이 일체가 되어 역의 환상도로를 정비하고자 하는 것이기도 했다(그림 3.3).
- 새로이 정비하는 하나마키역 요카마츠선은 지방도 하나마키카즈카선에 연결하여 광역성이 높은 도로로서 기능하게 되었으며 이 연결도로에 업무 기능을 유도했다(그림 3.4).
- 지구의 활성화를 위해서는 동쪽 입구 역전광장에서 그 남측의 다목적광장을 거쳐 지구 중앙에 이르는 보행자로를 설치하여 그 연결도로에 역전광장의 확충에 따라 이전하는 종전 역전광장에 면하여 입지하고 있던 토산품을 비롯한 점포를 배치했다(그림 3.4).

2 공간구조의 명확화나 토지이용 유도를 배려한 지구 내 도로망 구성

위와 같은 지구 주변의 간선도로나 보행자 공간을 지구 내로 수용하는 대응 후, 이에 병행하여 이들 간선도로, 보행자 공간과의 체계화를 배려하면서 지구 내의 토지이용 전개가 적절하게 이루어지고 또한 매력적인 공간이 형성되는 것 등을 겨냥하여 지구에 대한 주요한 도로의 구성을 검토해가는 대응이다. 이와 같은 대응은 4가지 사례 프로젝트지구 어디에서나 이루어지고 있으며 오비히로역 주변지구에 대한 경우는 다음과 같다.

1) 공간구조의 명확화를 위한 연구

오비히로시의 중심시가지는 1905년에 네무로본선(根室本線)이 시가지를 비스듬히 횡단하는 선형으로 부설되었기 때문에 이후 역의 가장 최근에 조성된 지구의 도로는 이것에 맞추어 개척시기부터 격자선 패턴의 도로망을 허물어 정비해 왔다. 그러므로 역의 가장 최근에 조성된 지구에 있어서 도로망의 패턴이 복잡하여 시민이나 내방자에게 있어서 공간구조의 파악을 곤란하게 하며 자동차를 운전하는 사람이나 보행자의 착각을 초래하고 원활한 교통처리를 곤란하게 해 왔다. 이것이 역 주변지구의 공간을 난잡하게 만들어 공간적인 매력을 감소시키는 원인이 되기도 했다.

이와 같은 이유에서 지구의 기본구상 책정시 역의 가장 최근에 형성된 지구의 도로 패턴을 최대한 격자선 패턴으로 되돌려 공간구성을 명확히 하는 것을 지구에 대한 도시디자인 측면과 도로망 계획측면의 기본적인 방침 중 한 가지로 했다. 그리고 이것을 받아들여 북쪽 입구 역전광장이 격자선 도로에 직접 접하도록 계획함으로써 역 북측의 미나미11쵸메도로(南11丁目通)를 서쪽 방향으로 연장시켜 이것을 북쪽 입구 역전광장에 접하도록 구상했다(그림 C.5). 이것은 이 길을 역전광장에서 시가지의 기본적인 골격인 격자선 도로 패턴의 구역에 이르는 입구(경계)의 도로로서 보다 명쾌한 공간구조를 시가지에 도입하는 것을 겨냥한 것이며 더불어 그 인식을 높이기 위해 다른 것에 비해 특색 있는 경관을 갖추도록 디자인해 가는 것도 이 단계에서 전망했다.

2) 역전광장의 공간적 크기나 인접 건물에 대한 배려

미나미11쵸메도로는 앞선 X자 모양의 패턴을 구성하는 역 동측의 니시1쵸도로(西1条通)와 역 동측 통로, 역 서측의 니시3쵸도로(西3条通) 및 역 남측의 철도 남측 통로와 일체가 되며 역의 가장 최근에 형성된 지구를 도는 역의 환상도로로서 기능하게 했다(그림 C.5). 이것은 역의 가장 최근에 형성된 지구로의 자동차에 의한 접근성을 높임과 동시에 이것에 의해 토지이용을 유도해 가는 것을 겨냥했던 것이지만, 이들 도로의 위치 설정시 역전광장 자체의 공간적 크기나 역전광장과 이를 둘러싼 건물이 만드는 공간에 대한 이미지에 정합할 수 있도록 배려했다. 역의 환상도로 설정시 도시디자인의 시점에서 접근하는 것이다.

3 지구 전체에 걸친 골격적인 공간구성

도시개발프로젝트지구에 있어서 사람들이 즐기면서 지나갈 수 있는 매력적인 공간을 창출해가기 위해서는 기본구상 단계에서 도시디자인 전개의 시점에 입각하여 지구를 받아들이고 공간 입안을 위한 생각을 구상에 적용해 가는 것이 필요하게 된다.

기본구상 단계에 있어서 지구 내의 개별적인 공간에 대해서가 아닌 지구 전체를 지배하는 듯한 골격적인 레벨에 있어서 관계자 및 시민으로부터 많은 호응을 얻을 수 있는 매력적이고 강력한 공간구성 방식을 가지는 것이 매우 중요하다. 이것은 각 단계에서 도시디자인을 전개해 가는데 있어서 각 단계에 대한 검토나 개별 공간의 조성방식에 적절한 근거를 주고 또한 강력하게 작용하게 된다.

아사히가와시 도시거점지구에서는 다음과 같은 대응을 하고 있다. 또한 오비히로역 지구에 있어서는 역을 중심으로 북측의 다목적광장에서 남북의 역전광장을 지나 역 남측의 공원에 이르는 구역에 중심시가지 안에 커다란 공간을 만들어내고자 했던 구상(그림 C.6 참조), 하나마키역 주변지구에 있어서 지구 내 중앙에 역전광장에서 다목적광장을 지나 노선 상점가에 이르는 동안에 보행자 공간의 주축을 도입하고자 했던 구상(그림 C.7 참조)이 이와 같은 대응이다.

1) 지구 전체를 지배하는 강한 공간구성

아사히가와시 도시거점지구에 있어서 프로젝트지구가 츄베츠가와에 접해 있는 것을 활용했으며 지구개발정비에 즈음하여 강을 보다 친근한 것으로 하고자 하는 바램을 가지고 있는 시민 등의 기대에 따라 강의 흐름이나 둔치에 부존(賦存)하는 초목 등의 "자연환경성"과의 연계를 높이는 것을 지구의 공간구성에 관련한 기본적인 방식으로 했다. 그리고 이들 "자연환경성"이 높은 공간을 지구 내에 적극적으로 받아들임과 동시에 건물건설 밀도나 용적에 대해서도 적극 억제하고 지구의 최대로 넓은 범위에 걸쳐서 녹지가 풍부한 공간을 확보하는 것을 원칙으로 하고자 했다.

이와 같은 방식에 따라 우선 자연환경도가 높은 공간 지구의 도입에 대해서는 그림 C.8에 나타낸 바와 같이 츄베츠가와 근방에 있는 구역을 가능한 한 녹지가 많은 공간으로 만듦과 동시에 지구 내 남북방향의 도로를 따라 자연환경이 윤택한 공간을 지구 내에 관입시키고자 했다.

한편, 지구에 있어서 활기가 있으며 거리의 정취를 느낄 수 있는 "지역성"이 높은 공간을 정비하는 것도 중요하기 때문에 역의 가장 최근에 형성된 지구 이외에 다양하고 활기 넘치는 시설이나 시의 공익시설, 국가의 합동청사 등이 연속적으로 세워져 철도 남측의 미야마에도로(宮前通) 및 광역성이 가장 높고 광역 대응 업무 및 서비스 기능의 입지가 기대되는 오오유키도로(大雪通)를 따라서 길가에 형성된 구역을 설정했다.

이것은 강에 가까운 위치에 "자연환경성"이 높은 공간과 현 도심 지구와 가까운 위치에 "지역성"이 높은 공간에 의한 대비가 있는 공간을 지구에 형성하고자 하는 생각에도 근간을 두고 있다고 할 수 있다.

2) 주변의 토지이용이나 환경과의 대응

이와 같은 지구 전체에 걸친 공간구성 방식에 대응하여 츄베츠가와의 하천 부지에 공원 이용을 촉진함과 동시에 그것과 일체적으로 지구공원을 동서방향으로 펼쳐진 형상으로 정비하고자 했다(그림 C.8,15). 또한 츄베츠가와역에 가까운 위치에는 치수상 필요 없어진 하제(霞堤) 및 그 배후에 유수지가 있는 하천 구역 내이기는 하지만, 이것을 지구정비에 맞추어 활용하는 것이 가능했기 때문에 물을 이용한 레크리에이션 공간으로서 정비하기로 했다.

이렇게 정비될 것이라는 전망을 했던 하천변의 자연환경 공간 및 레크리에이션 공간과 건너편 강가의 하천부지나 가구라오카(神樂岡)공원을 하나로 이용할 수 있도록 현 가구라오카교(神樂岡橋)를 보행자전용교로 함으로써 "강의 거리" 아사히가와의 이름을 실체화시키고자 구상했다(그림 C.8).

4 사업성과 공간구성을 배려한 철도고가의 위치 선정

이 대응은 철도의 고가화사업을 포함한 도시개발프로젝트에 있어서 고가화하는 철도의 선형, 위치를 열차운행상이나 철도사업상의 합리성 또한 고가구조물의 건설비 등도 배려하면서 인접지의 지가나 환지계획 또는 토지이용이나 건물건설 유도를 배려하여 결정해가는 대응이다.

아사히가와시 도시거점지구의 경우, 철도를 고가화하는 위치에 대해서는 철도 남측에 최대한 많은 토지를 만들어내는 것을 목표로 하여 현 위치에서 고가화하는 방식(그림 C.9 왼쪽)과 현 위치의 남측에서 별도의 선을 새로이 정비하여 고가화하는 방식(그림 C.9 오른쪽), 2안을 생각할 수 있었으며 다음에 언급할 여러 가지 이유로 인해 후자인 남측 별선(別線) 방식을 선택하기로 했다.

1) 사업성에 대한 대응과 토지이용 잠재력의 인식

- 별선 방식이기 때문에 시공이 간편하며 사업비가 적게 든다.
- 철도고가화 후에 철도 남측에 비해 지가가 높은 북측에 많은 토지가 만들어지며 철도의 고가화와 함께 실시하는 토지구획정리사업의 채산성을 높이는 것을 기대할 수 있다.
- 철도 북측은 중심시가지와 아사히가와를 대표하는 상점가인 가이모노(賣物)공원에 인접하여 토지이용 잠재력이 높아 업무, 상업, 식음료 등의 다양한 토지이용 유도를 기대할 수 있다.

2) 특색 있는 역사 조성과 역전광장 조성

- 남측 별선 방식의 경우, 역을 츄베츠가와에 접하여 설치할 수 있으며 하천을 따라 자연환경 공간에 직접적으로 연결하여 일체가 된 독특한 역사로서 새로운 아사히가와역을 정비하는 것이 가능하게 된다. 즉 역 부분의 자유 통로나 역사 내의 승강장을 통해 혹은 고가화된 플랫폼 위에서 츄베츠가와 및 그 주변의 자연환경 공간을 쉽게 조망할 수 있는 특색 있는 역사 건설을 예상할 수 있다는 것이다.
- 북쪽 입구 역전광장에 대해서 별도로 검토하던 필요 면적을 확보하는 경우 현 위치의 고가는 철도 북측의 미야시타도로(宮下通)와의 사이에

충분한 토지가 확보되지 않았기 때문에 역전광장이 동서 방향으로 평탄한 형상이 되고, 남측 별선 방식의 경우에는 보다 정형에 가까운 형상으로 필요한 면적을 확보할 수 있다. 그 결과 역전광장에 대한 공간구성, 경관형성의 자유도가 증가함과 동시에 역전광장을 중심으로 보다 정리된 공간을 구성하는 것을 기대할 수 있다.

이와 같이 고가 위치의 선택에 대해서도 사업비의 많고 적음 이외에 기반시설(이 경우, 역전광장)의 정비와 토지이용, 공간구성의 관계 등 도시디자인의 전개 시점에서도 배려하여 바람직한 방향으로 결정되었다.

5 공간구성을 위한 기반시설 배치와 토지이용, 환지 연구

이 대응은 프로젝트지구에 있어서 새롭게 기반시설을 정비하는 경우에 활기 있는 광장이나 위요성(圍繞性)이 높고 안정감 있는 광장 등, 특색 있는 공간을 창출하는 것을 목표로 하여 그 위치나 형상을 연구하고 또한 그를 위해 주변의 도로배치나 인접하는 구역의 토지이용, 환지 등에 대해서 바람직한 방법을 모색하고 결정하는 대응 안이다.

1) 광장이나 도로의 배치, 토지이용, 환지에 대한 일체적인 대응

하나마키역 주변지구에 있어서 정주 거점 긴급 정비사업(당시, 현재는 마을만들기 종합지원사업)을 활용하여 다목적광장을 정비하는 계획을 세워 주변 건물에 둘러싸여 위요성이 풍부하고 적절한 스케일을 갖춘 광장이 되도록 그 위치와 규모, 형상을 연구했다.

이와 같은 연구에 즈음하여 대부분의 경우는 광장에 대한 연구뿐만 아니라 광장을 둘러싼 택지이용이나 이들 택지에 접한 도로망 구성과 동시에 일체적으로 진행하는 것이 불가결하였으며 도시공간을 구성해가기 위한 기반시설의 계획, 토지이용이나 건물건설 유도를 위한 토지 조작 등 도시디자인에 관련된 대응을 동시에 종합적으로 진행하는 것이 요구된다.

비교 안에 의한 검토였지만 그 가운데 대표적인 안을 나타낸 것이 그림 3.5이다. 이들 그림에 나타낸 바와 같이 다목적광장을 따라 발달된 지구의

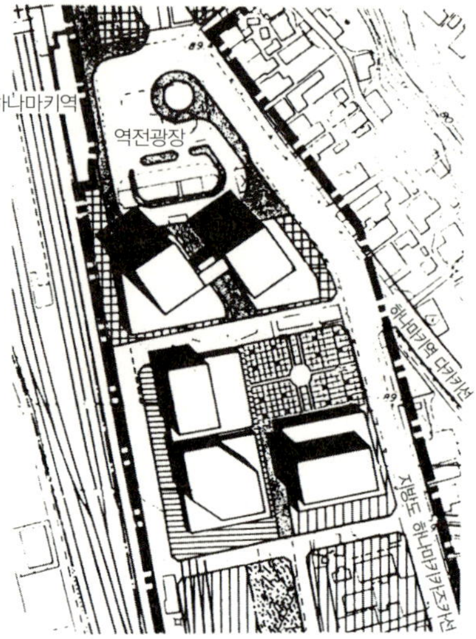

① 공간구성

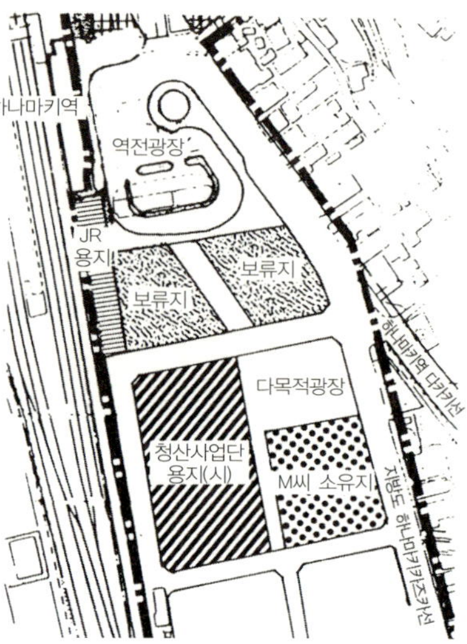

② 환지상정

A 안

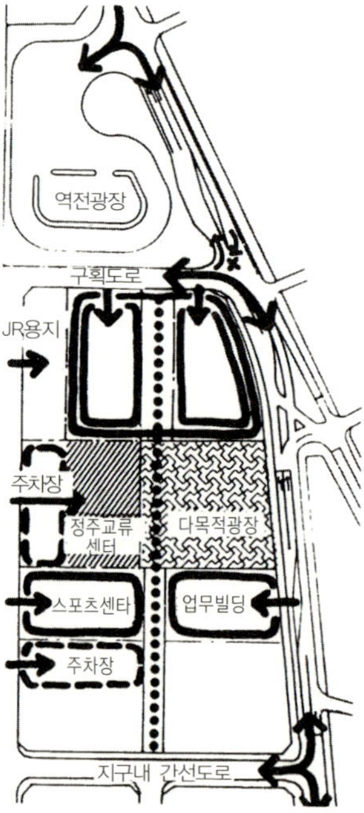

① 공간구성

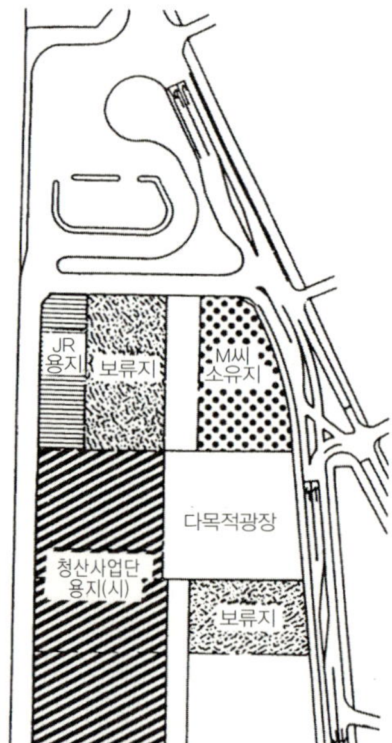

② 환지상정

B 안

그림 3.5 | 다목적광장을 중심으로 하는 블록의 공간구성 비교안과 환지상정

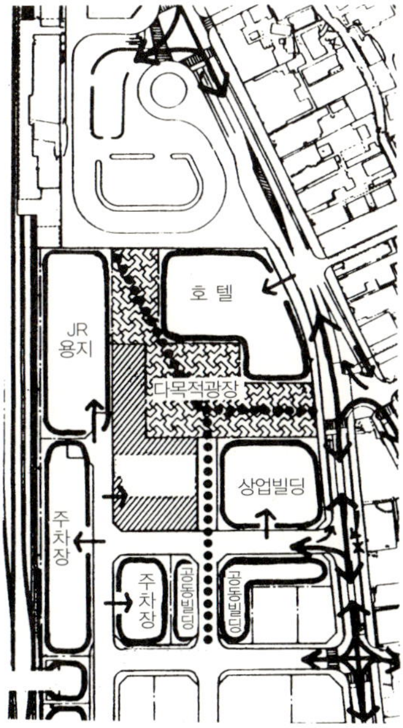

① 공간구성

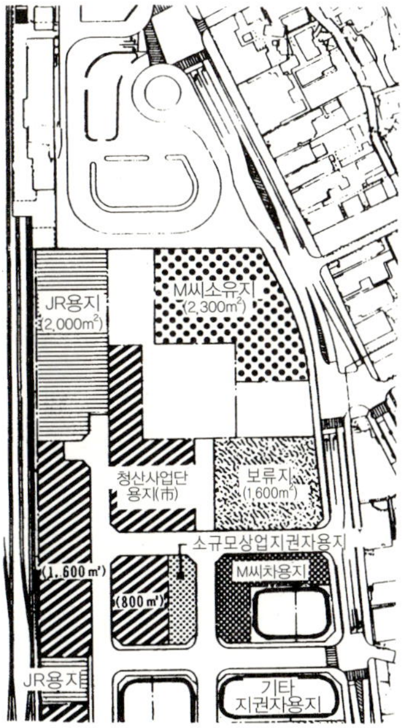

② 환지상정

C 안

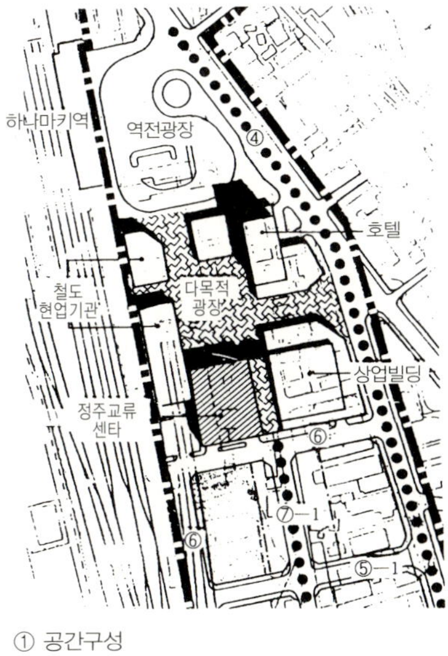

① 공간구성

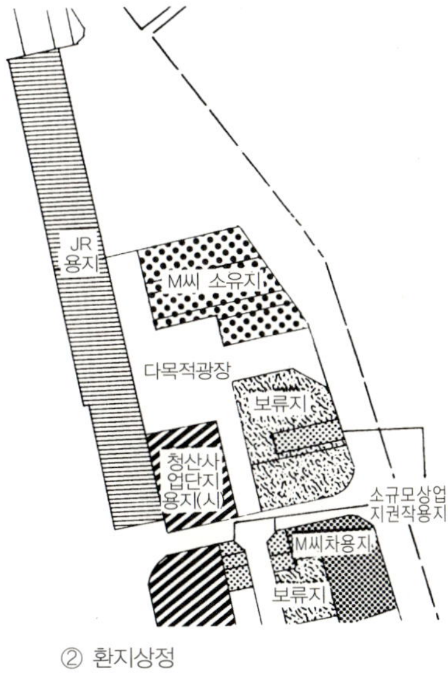

② 환지상정

D 안

그림 3.5 | 다목적광장을 중심으로 하는 블록의 공간구성 비교안과 환지상정 (계속)

공간구성에 대해서 다음과 같이 도시디자인에 관련된 고찰과 대응이 다양하게 이루어졌다.

- ■A안 : 지방도 하나마키카즈카선에서 지구 내에 이르는 지구 간선도로를 지구 동측의 하나마키역 다카키선의 교차지점부터 직각방향으로 설치하는 것으로서 하나마키카즈카선과 하나마키다카키선의 변칙적인 교차점을 개량하는 것도 겨냥한 안이다. 이 안의 경우, 역전광장과 다목적광장의 공간적인 연속성이 결여된 점과 다목적광장의 위요성이 낮고 광장의 안정성이나 긴장감이 결여된 점이 문제가 된다. 다만, 각 주택의 접근도로의 조건은 우수하다. 또한, 상기의 변칙적인 교차점의 개량은 하나마키역 다카키선 동측 지구도 토지구획정리사업구역에 들어가는 것을 전제로 하고 있었지만 교차점 개량을 위해 개수하는 구역의 범위가 상정되어 있었던 것보다도 크다는 것이 판명되어 사업비 증대 및 그에 동반된 시의 재정 부담 증대로 인해 곤란해졌다.
- ■B안 : 지구 간선도로를 역전광장에 접하는 위치에 배치하고 다목적광장 주변 건물에 위요성을 보다 높이고자 한 안이다. 이 안의 경우, 역전광장에 인접하여 정비되는 간선도로가 역전광장의 기능을 저해할 위험이 있는 것이 문제였다.
- ■C안 : 상기 두 가지 안이 가진 역전광장과의 연속성 결여나 다목적광장의 위요성 결여라는 문제를 해소하기 위해 검토된 안으로 지구간선도로를 다목적광장을 둘러싼 블록 남측에 배치한 것이다. 이 안의 경우 지구 내 간선도로에서 다목적광장 주위 주택으로의 접근 도로가 충분한 것은 아니기 때문에 소위 직행 도로가 필요한 점과 상정되는 환지계획과의 대응도 반드시 만족할 수 있는 것은 아닌 점 등의 문제점이 남아 있다.
- ■D안 : 구성안으로서 선택된 안이지만 C안이 가진 문제점을 해결하기 위해 지구 내 간선도로를 지구 서측 경계까지 연장함과 동시에 환지를 다시 상정하여 각 택지로의 접근도로 조건을 확보한 안이다. 이에 따라 역전광장에서 다목적광장으로의 연속성이나 다목적광장의 위요성이 확보됨과 동시에 이 단계까지 분명하게 이루어져왔던 시(市)에 의한 정주교류센터의 건설 의향 및 민간지권자에 의한 호텔과 상업시설의 건설 의향, 다음 단계에 있어서 JR에 의한 건물건설 유도 등에도 대응할 수 있도록 환지상정이 동시에 이루어졌다.

2) 활성화나 토지이용 유도를 위한 광장, 도로의 활용

광장이나 도로는 그 위치나 형상, 선형, 공간조성 방식에 따라서 프로젝트지구의 활성화나 토지이용, 건물건설을 유도하는데 있어서 커다란 효과를 기대할 수 있는 시설이며 도시디자인의 시점에서 보면 이와 같은 점을 중시하여 이것을 적절하게 활용해가는 것이 특색 있는 도시공간을 구성해 가는데 있어서 효과적인 수단이 된다.

지구의 활성화를 높여 가는데 있어서 효과적인 시설이 되기 위해서는 상품판매나 유료 이벤트 개최도 포함하여 자유로운 이용을 가능하게 하는 것이 중요하다. 토지구획정리사업에 의한 공공감보(減步)에 의해 확보된 하나마키역 주변지구, 오비히로역 주변지구에 있어서 다목적광장에 대해서도 결코 도시공원법에 저촉되지 않도록 했다.

6 공간구성과 보행자 공간의 연속성을 배려한 역전광장의 형상 및 역 위치 선정

다목적광장의 위치, 형상 등에 대한 연구와 마찬가지로 프로젝트지구에 있어서 새롭게 역전광장을 정비하는 경우에는 그 형상에 대해 검토함과 동시에 그것과 관련지어 역사의 위치나 플랫폼의 위치를 결정해 두는 것도 이 단계에 있어서 중요한 대응이다.

1) 광장 공간으로서의 통합과 보행자 공간 · 고가 밑 자유 통로의 대응

오비히로역 주변지구에 있어서 교통계획에서 산출되는 남북 역전광장의 소요면적과 대응시키면서 광장 공간으로서의 통합과 역전 통로가 되는 미나미쥬이치쵸도로(南11条通)에서의 광장 안쪽 길이가 적절할 것, 역전광장과 역환상 도로 사이의 각 택지가 건물건설상 적절한 규모가 될 것, 또한 아사히가와시 도시 거점에 대한 경우와 마찬가지로 철도고가구조물의 위치가 시가지 정비 및 철도사업상 바람직한 위치가 될 것 등을 고려하여 역전광장의 형상에 대해서 검토를 진행했다(그림 C.5). 더불어 역사의 위치는 역전광장의 형상과 크기에 적절히 대응할 것, 또한 앞에 있는 중심시가지 내의 남북 방향의 보행자축 상에 역사를 횡단하는 자유통로가 위치할 것을 고려하여 설정했다.

2) 도시공간과 철도시설과의 정합

이들은 토지이용이나 건물건설의 유도, 프로젝트지구 내 보행자의 흐름에 대응하는 공간구성의 시점에서 배려해야 할 사항이며, 고가구조물의 설계에 대해서 도시디자인적 측면에서의 요청이기도 하다.

이들 검토가 철도측과 함께 이루어지지 않고 철도설계가 진행되는 경우에는 철도시설의 설계가 철도사업상의 상황만을 중시하여 진행되므로 지구의 도시공간과 철도시설의 정합이 이루어지지 않고 결과적으로 역의 가장 최근에 조성된 지구의 도시공간이 가진 매력이 떨어지게 된다. 철도사업자와의 적극적인 협동과 조정이 필요하다.

7 토지이용 유도와 토지이용 지향 등에 대응한 토지이용, 환지상정

이 대응은 도로와 철도, 광장 등의 도시 기반시설에 대해 앞에서 언급한 바와 같은 다양한 검토와 병행하여 진행되는 토지이용에 대한 검토이다. 이 경우 단순히 바람직한 토지이용의 방향을 구상도에 정리한 것이 아니라 지권자의 속성(공공인지 민간인지, 민간인 경우는 업종 · 업태, 자금력 등)이나 토지이용 의향 등에 대응시켜 지권자의 토지를 배치해가는 등 최대한 실현성이 높은 구상도를 그리는 것이 포인트가 된다. 토지구획정리사업에 따르지 않는 경우도 포함하여 도시개발프로젝트에 있어서 반드시 거쳐야 할 과정이다.

1) 지권자의 토지이용 의향과의 대응

앞에서 설명한 바와 같이 오비히로역 주변지구에 있어서 철도 남동측의 철도 남쪽 통로나 역 동쪽 통로를 따라 형성되어 있는 노선으로는 주로 업무 기능을 유도했으며 니시3쵸도로(西3条通) 연결도로에는 주로 상업 기능을 유도하는 것이 토지이용 유도방식이지만 이것을 담보로 하기 위해 지권자 각자의 종전의 토지이용이나 토지구획정리사업 후의 새로운 토지이용 의향, 또한 각각의 환지로서 상정되는 면적에 대응하는 것도 배려하여 지권자의 환지를 상정했다.

이와 같은 방식으로 철도 북측에 있어서 종전의 상업을 운영하고 있는 지권자의 환지를 역전광장 가까운 위치에 상정하고, 철도 남측에 있어서 업무 빌딩의 건설을 계획하고 있는 지권자의 토지를 환지하는 것을 상정했다. 또한 역의 가장 최근에 형성된 지구의 종전 지권자인 JR의 토지에 대해서는 그 자본력에 힘입어 보다 조기에 건물을 건설할 수 있는 것을 기대하여 역 전광장 인접지로의 환지를 상정했다(그림 C.5).

이와 같은 구상입안은 이 단계에 있어서 지권자의 토지이용 의향을 설문 조사 등에 의해 파악하는 것이 필요하지만, 도시디자인의 전개와 관련해서는 지구에 대한 토지이용 유도의 방향과 지권자의 토지이용 의향을 대응시키는 것, 또한 그에 따른 환지를 전망할 수 있는지 여부를 파악하는 것이 중요하다.

2) 환지 조작과 지권자 합의의 전망

환지 조응(照應)의 원칙[주1)]을 초월한 환지를 진행하는 경우에 있어서 지구 내 지권자의 합의를 얻는 것이 요건이며, 그것을 배려하면서 구상입안을 진행하는 것이 매우 중요하므로 그것이 전제가 되어야 하는 것은 당연한 일이다. 따라서 상기와 같은 환지를 진행할 경우에는 이와 같은 합의를 형성할 수 있는 환지의 조건을 감안하여 전망해 두는 것이 필요하다.

토지이용에 대한 실현성을 높이기 위해서는 당연히 구역의 규모나 지권자의 토지 규모와 형상도 적절한 것으로 할 필요가 있지만 이에 대응하여 도로의 기능이나 배치에 대해서 기반시설정비 방식과 정확히 조정해 두는 것이 요구된다. 이 점에 대해서는 앞에서 언급한 하나마키역 주변지구에 대한 도로나 광장의 배치에 대한 대응(그림 3.5)이 좋은 예가 된다.

8 토지이용 유도를 배려한 선행적 입지시설의 배치와 환지상정

기본구상 단계에 있어서 구상한 토지이용이나 공간구성 방향을 구체화시키기 위한 방법을 마련해 두는 것은 그 다음 단계에 있어서 계획 의도에 입각하여 토지이용이나 도시디자인에 관련된 생각을 실현해 가는데 있어서 중요하다. 이 방법 중 하나로서 기본구상 단계에 있어서 거의 확실시 된 토지이용이나 건물건설을 지구에 대한 토지이용을 유도해가는 시점부터 적절한 위치에 배치해가는 것을 들 수 있다. 이와 같은 대응도 모든 사례 지구에 있어서 마찬가지이다.

1) 조기 사업 지구에 대한 선행입지시설의 배치

오비히로역 주변지구에 있어서 연속 입체교차 사업이나 토지구획정리사업에 맞추어 사업 초기 단계에 정주거점긴급정비사업을 활용하여 정주교류센터와 그 후 같은 사업을 활용한 다목적광장건설 구상이 시에서 유지되고 있었다. 이들은 지구에 대한 토지이용이나 건물건설을 연쇄적으로 유도해가는데 있어서 시기 적절한 시설이다. 특히 정주교류센터에 대해서는 사업 초기 단계에 건설되기로 되어 있었기 때문에 토지구획정리사업이 조기에 진행된 역 남측 지구에서 건설하기로 했으며 그 중에서도 건설 홍보 효과가 높은 남쪽 입구 역전광장의 인접지에 배치하기로 했다(그림 C.5).

또한 정주교류센터의 남측 인접지는 역을 중심으로 대형 공간을 만들고자 하는 공간구성과 관련하여 앞에서 언급한 바와 같은 방식에도 대응하여 공원을 배치했다. 이것은 정주교류센터와 일체적으로 사람들이 휴식하고 모이는 장소를 만듦으로써 철도 남측 지구의 활성화를 양성하고자 했던 것이며, 이와 같은 효과를 보다 확실히 하기 위해서도 공원의 위치를 남측 지구 중앙으로 선택했던 것이다.

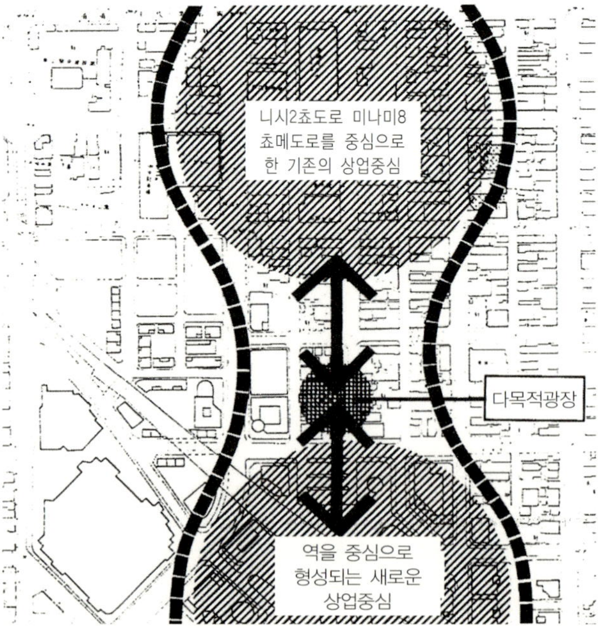

그림 3.6 |
다목적광장 건설의 구상 위치와 그 배치 목적

2) 거점 간의 연계 유발

다목적광장에 대해서는 앞에서 설명한 바와 같이, 다양한 이용을 가능하게 하기 위해서 도시시설로 하지 않는 방향(도시계획법상의 도시시설 또는 도시공원으로 하지 않는 방식)으로 정비하는 것으로 했지만, 그 위치에 대해서는 프로젝트지구 북측의 니시2쵸도로(西2条通)와 미나미8쵸메도로(南8丁目通)의 교차점을 중심으로 하는 오비히로시의 상업 중심과 역을 중심으로 새롭게 형성된 상업거점 사이에 보행자 유동을 유발하며 양 거점 간에 상업 활동상의 연속성을 높였으며, 더불어 역의 가장 최근에 형성된 지구로의 상업시설의 입지를 유도하는 것을 목표로 양 거점 간의 중앙에 배치했다(그림 C.5, 그림 3.6).

일반적으로 자치단체가 주도하여 도시개발프로젝트가 추진되는 경우, 구상입안의 초기 단계에서 자치단체 스스로가 프로젝트지구 내에 공익시설을 건설하는 구상을 유지하는 경우가 많지만, 기본구상 단계에 있어서 프로젝트지구에 대한 토지이용의 유도나 활성화 양성 등을 목표로 하며, 이를 위한 용지(자치단체 소유지 등)를 적절한 위치로 환지하는 것이 중요하다.

9 도시디자인의 전개를 포함한 관계기관의 역할 분담

기본구상 단계에 있어서 앞에서 언급한 바와 같이 프로젝트에 관련된 다양한 기관에 있어서 지구의 개발정비에 관련된 기본적인 방향과 역할 분담에 대해 합의를 형성하는 것이 중요한 목표이며 이에 입각하여 도시디자인에 관련된 대응을 포함하여 합의점을 도출해 가게 된다.

이를 위해 앞에서 언급한 바와 같은 도시디자인의 전개에 관련된 다양한 대응이 필요하며 일반적인 경우를 초월한 업무나 조정이 발생하지만, 사업비의 증가를 최대한 억제하고자 연구함과 동시에 그러한 연구를 초월하는 것에 대해서 관계하는 사업주체의 이해를 얻어 가는 것이 필요하게 된다.

1) 소재지의 열의와 외부로부터의 지원

오비히로역 주변지구의 철도의 연속 입체 교차 사업에 대해서는 제도에 입각하여 홋카이도가 담당하는 것이 처음부터 분명했었으며 역 북측 남북 방향의 주요한 보행자 공간이며, 오비히로시의 중심상업지구를 남북으로 관통하는 니시2쵸도로도 지방도였기 때문에 이것을 상징적인 도로정비사업을 활용하여 도시디자인 측면의 개선을 포함하여 정비하는 것을 상정한 것으로 지역에서도 인식하고 있었다.

니시2쵸도로의 심벌화에 대해서는 뒤에 언급한 바와 같이 그 일부 구간은 토지구획정리사업구역에 포함하는 것이 적절하므로 그 확폭과 정비를 시가 진행하는 것으로 했으며, 그것이 도(道)에 의한 그 외의 구간 정비와 연결되었다. 즉 지역의 열의와 외부로부터의 지원에 대한 카테고리이며 도(道)와 시(市)의 협동이다. 또한, 연속 입체 교차 사업에 의한 철도의 선형, 즉 고가 구조물의 위치에 대해서도 도시디자인의 시점에서 배치방식이 아사히가와역에 대한 경우와 마찬가지로 합의되었다.

2) 재정 여력의 지구 내로의 투입

한편, 오비히로시는 역 주변지구의 도시개발프로젝트 수행의 중심적인 주체로서 기간사업인 토지구획정리사업을 담당함과 동시에 동 사업에 맞추어 지구의 토지이용이나 건물건설을 활발하게 유도해야 하며, 그것을 선도하는 시설로서 앞에서 언급한 바와 같이 정주교류센터와 다목적광장의 건설을 담당하게 되었다. 그 배경에는 관련된 주요한 사업이 도에 의해 진행됨에 따라 재정적인 여력을 도시디자인 전개 시점에서 바라는 선행적인 시설의 건설비로 돌리는 것이 가능하다는 점을 들 수 있다.

도시디자인 전개를 위해서는 단순히 매력적인 공간구성이나 경관형성에 대한 생각을 구상에 부가하는 것뿐만 아니라 이것을 구체화시키는 방향을 이 단계에서 전망해 두는 것이 중요하며, 이를 위한 연구도 더불어 요구된다.

10 도시디자인의 전개를 배려한 사업구역 설정

기본구상 단계 초기에 있어서 당연히 구상을 실현해가기 위해 도입하는 사업의 종류나 범위가 정해져 있지 않은 것이 일반적이다.

이와 같은 단계에서 출발하여 제2장에서 언급한 바와 같은 구상 책정을 위한 일반적인 다양한 검토와 도시디자인의 전개에 관련된 다양한 대응의 결과로써 도입하는 사업이나 범위가 그 틀을 갖추어 가게 된다. 따라서 그러한 결정에 즈음해서 도시디자인 전개 시점에서의 방식을 정확히 반영해가는 것이 중요하다.

1) 공간구성에 관련된 방식의 구체화에 대한 배려

오비히로역 주변지구에서 지금까지의 도시디자인에 관련된 검토결과가 반영되어 지구의 토지이용, 기반시설의 방향이 결정되지만 지구의 기간사업인 토지구획정리사업의 구역은 그림 C.5,10에 나타낸 바와 같이, 도시디자인에 관련된 구상을 구체적으로 하는데 있어서 필요한 범위도 포함하여 사업구역으로 하는 것이 합의되었다.

즉 역 북측에 대해서는 다목적광장과 니시2쵸도로 일부 구간의 구역 내에 넣고, 역 남측에 대해서는 공원정비나 정주교류센터 건설 등 지구의 공간구성에 관련된 방식을 구체화하는 것을 배려한 설정이다.

2) 관계기관의 역할 분담에 대한 대응

이와 같은 도시디자인의 시점도 배려하면서 진행되는 지구설정에는 지구의 개발정비를 추진하고자 하는 오비히로시의 열의와 도(道) 내의 핵심 도시 중 하나로서 오비히로의 거점성을 높이고자 하는 도의 이해가 중요한 배경이 되고 있으며, 거기에 도시디자인 전개에 관련된 방식이 구역설정시 추가된 것이다. 또한, 프로젝트를 구성하는 각 사업의 사업주체가 프로젝트에 참가할 수 있도록 배려하는 것이 또 하나의 배경이라는 것은 말할 나위도 없는 사실이다.

주

1) 토지구획정리법 제89조, 환지설계에 대해서 환지를 시행 전 토지의 위치, 지적, 토질, 이용상황 등에 따라 할 수 있도록 정하지 않으면 안 되는 규정.

기본계획단계

기본계획단계는 앞에서 언급한 바와 같이, 전 단계에 있어서 지구의 개발 정비 방침이나 내용, 사업 추진을 위한 역할 분담 등의 기본적인 사항에 대해서 관계하는 기관 간의 합의가 이루어진 후의 단계이다. 계획입안에 관련된 이 단계의 구체적인 작업은 프로젝트를 구성하는 기간사업이나 각 시설에 관련된 계획을, 사업을 담당하게 된 각각의 기관이 개별적으로 심화하여 도시계획 결정과 사업계획인가를 위해 각각 기본적인 계획을 정리하는 것이 그 주된 내용이 된다. 또한 그것에 맞추어 사업 담당 기관 간에 개별적으로 혹은 지구 전체에 걸쳐서 계획 상호간의 조정이 이루어지게 된다.

따라서 도시디자인에 관련된 대응도 구체화 수법을 감안하여 각각의 시설 정비에 관련된 디자인 방식에 대한 검토에 주안점을 두게 된다. 이 경우, 특히 도시계획 결정이나 사업인가에 관계하는 혹은 영향을 주게 되는 디자인 대상에 대해서 검토를 심화하는 것이 요구된다.

이와 같은 대응은 다음 설계단계에서 이루어지는 각 시설의 구체적인 설계에 대해 전달되어야 하는 도시디자인 측면에서의 기본적인 방침과 방식을 분명히 하는 것이기도 하며 그것에 대해서도 배려하며 검토가 진행된다.

도시디자인의 전개에 대한 이와 같은 대응의 역할이나 목표에 따라 사례 프로젝트지구에 있어서 이 단계에서 이루어진 대응은 다음과 같다. 또한, 각 프로젝트지구에 대해서 이 단계의 대응 결과를 종합적으로 기본계획도를 그려서 정리한 것이 그림 C.10,13,14,16이다.

1 지구 전체에 걸친 골격적인 공간구성의 구체적 전개

이 단계의 처음에 이루어져야 할 대응 중 하나이며 기본구상 단계에 대한 지구 전체에 걸친 공간구성 방식을 발전시켜 지구 내의 토지이용이나 기반시설 정비 방식, 주변지구에 대한 토지이용이나 공간적 특성에도 관계를 구하면서 지구 내 각부에 대해서 명확하고 강력하며, 특색 있는 공간구성 방침 및 방식을 표출하는 대응이다.

따라서 이러한 대응은 프로젝트지구 내 각부의 공간적, 경관적인 매력형성의 틀을 잡아가는 것이 되며, 또한 이 단계에서 진행되는 각 부의 계획이나 여러 설계계획, 다음 설계 단계에 이르기까지의 도시디자인 전개에 대해서 끊임없이 중요한 실마리를 주는 틀이 된다. 그런 의미에서 프로젝트지구의 도시디자인을 진행해 가는데 있어서 가장 중요한 대응이다.

그 틀은 프로젝트를 진행하는 목적이나 주변지구와의 관계에서 찾게 되는 지구에 부여해야 할 공간적인 특색, 공간구성의 단위 등에 입각하여 프로젝트지구마다 프로젝트지구 전체, 구역, 주요 도로마다 다르게 구성되는 것이다.

1) 지구 내 각부의 공간구성의 틀에 대한 명확화

아사히가시 도시거점지구의 경우 기본구상에 대해 앞에서 언급한 바와 같은 지구로의 “지역성” 및 “자연환경성” 도입방식을 더욱 발전시켜 지구 전체에 걸쳐 다음과 같이 매트릭스 모양으로 공간을 구성함으로써 지구 전체의 공간구성을 보다 명확화함과 동시에 지구 내 각부에 공간적 특색을 부여하고자 했다(그림 C.17).

우선 “지역성”에 대해서는 역이 지구의 크기에 대해 서측에 편재하고 있을 것, 또한 “지역성”은 역에 가까운 위치에서 동측으로 감에 따라 낮아지는 것이 역이 가진 집객력이나 앞선 지구 전체에 걸친 토지이용, 기능 도입방식에 비추어 타당한 점 등으로 인해 역에 가까운 위치에 있어서 “지역성”(예를 들면, 활성화, 도시적 토지이용 밀도, 건폐율 등)을 가장 높게 함으로써 동측으로 감에 따라 이것이 점멸해가는 듯한 공간구성으로 했다.

한편, 남북 방향에 대해서는 당연히 북측의 중심시가지에 가까운 측을 “지역성”이 가장 높은 구역으로 했으며 남측으로는 “지역성”이 약하고, 츄베츠가와를 향해서는 “자연환경성”이 서서히 높아져 츄베츠가와 주변 구역에 이르러서 가장 최고조에 달하는 공간구성으로 했다.

2) 공간의 질에 대한 착안점

동서, 남북 방향의 공간구성 방식을 거듭함으로써 "지역성"과 "자연환경성"에 대한 상황이 다른 장소를 지구 전체에 걸쳐 동서, 남북 방향으로 매트릭스 모양을 만들어내는 것을 지구 내 각부의 공간구성의 틀로 이용했다. 이것은 지구의 공간적인 구조를 기반시설에 따르지 않고 공간의 질에 따라서 명확화하고자 하는 식이다. 특히 남북 방향에 대해서는 강의 존재를 친근하게 느낄 수 있는 시가지 조성을 기대하는 시민 등의 요망을 보다 구체적으로 수용함과 동시에 자연환경을 지구개발정비에 대한 중요한 자원으로 자리매김시키고자 했던 것이다.

2 공간구성의 틀에 따른 공간의 특색 부여

지구 내 각부의 공간구성의 틀이나 기본구상에 대한 토지이용 전개방식에 대응하여 프로젝트지구 각 부분이 각각 공간적으로 특색을 갖추도록 분절화함과 동시에 각각에 대한 공간구성 방식을 검토하는 대응이다. 프로젝트지구의 면적이 큰 경우일수록 이러한 대응의 필요성은 높다.

1) 각부의 공간적 특색 부여, 분절화

아사히가와시 도시 거점지구의 경우 토지이용계획에 대해서는 전 단계의 J블록(그림 3.7 참조)에 있어서 시빅 코어 지구 정비 제도[주1)]를 활용하여 주로 국가의 합동청사나 시의 공익시설 등을 건설했다. 이들 시설은 일반적으로 건물의 바닥면적이나 건축면적에 비해 넓은 부지에 시설이 건설될 가능성이 높으며 따라서 블록 내에 있어서 비교적 넓은 비건폐 공간을 확보하는 것을 기대할 수 있으며, 또한 공익시설이라는 이유에서 계획적으로 담보하는 것도 기대할 수 있다. 이와 같은 이유로 앞에서 언급한 매트릭스 모양의 공간구성방식, 즉 지구 서쪽 끝에 위치하며 가장 "자연환경성"이 높은 구역으로 하는 방식에도 대응하여 동 블록에 대해서는 비건폐 공간을 최대한 많이 확보하여 녹지가 풍부한 공간으로 만들었다.

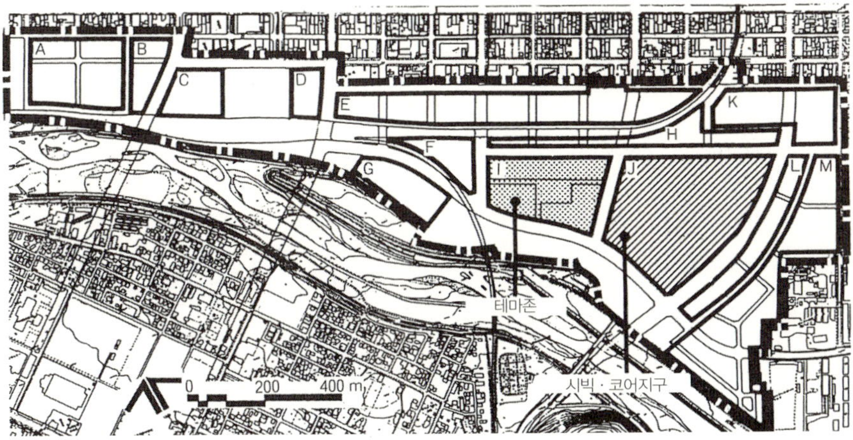

그림 3.7 | 주요 존과 각 가구 이름(아사히가와)

그림 3.8 | 블록의 다목적광장 공간 이미지(아사히가와) 다목적광장에서 바라본 J가구방향. 다목적광장 안에는 나무그늘을 제공하는 수목과 그 밑의 벤치(오른쪽), 카페테라스(왼쪽) 등이 배치된다. 광장 중앙에는 조명을 고려한 기둥모양의 조각을 배치. 왼쪽 건물의 파사드 글라스는 야경을 고려하여 설치.

또한 그 서측의 I블록에 대해서는 토지이용계획에서 테마구역(생활 문화 전개 구역)으로 함으로써 관민이 협력하여 다양한 시설의 건설을 진행하는 것을 전망하고 있다. 역 주변에 가장 최근에 형성된 구역에서 상업, 업무, 서비스 시설 등이 비교적 높은 밀도로 건설된 F블록에 비해 J블록과의 중간적인 건물건설 밀도의 공간을 구성함으로써 "자연환경성" 방식에 대해서도 중간적인 수준이 되는 것을 특색으로 했다.

그리고 이와 같은 방식에 대응하여 블록 내 중앙에 일정한 자연환경성을 갖춘 광장을 배치함으로써 그 주변에 테마 구역에 어울리는 건물이 둘러싸듯이 공간을 계획했다(그림 3.8).

2) 공간적 특색을 실현하기 위한 연구

츄베츠가와에서 가장 멀리 떨어진 위치에 있는 철도를 따라 형성된 E, H 블록에 대해서는 상업, 업무, 주택 등을 배치하고 있는데 이들 토지는 앞에서 언급한 바와 같이 JR이나 철도 청산사업단이 소유한 토지로 토지구획정리사업 후에는 대부분이 민간으로 양도되기 때문에 용적률이 높게 개발되어 "지역성"이 높은 공간이 되기를 기대했다.

이와 같이 지구의 매트릭스 모양의 공간구성 틀에 대응한 지구 내 각부의 공간구성이나 도시성, 자연환경성에 대한 상황은 토지소유상황이나 기반시설의 정비 또는 건물건설 수법 등의 방식에도 정합시켜 검토하고 있으며 그런 의미에서 구체화의 가능성도 가늠해 볼 수 있는 것이다. 공간구성이 단순히 공간의 특색이나 질의 차이를 표상하고 있는 것에 그치지 않고 실현성에도 뒷받침되고 있다는 것이 중요하다.

3 각부의 공간구성 및 도로의 기능, 구조 등에 대응한 도로공간의 구성

지금까지의 지구 전체의 공간구성이나 토지이용계획, 지구 내 각부의 공간구성, 각부의 조성계획 등에 대응하고 주요한 도로에 대해서 각각의 기능, 성격 등도 배려하면서 도로공간의 구성을 검토하는 대응이다. 도로를 중심으로 한 공간구성은 대부분 도시개발프로젝트에 있어서 폭넓게 이루어지는 대응이므로 기회도 많으며 또한 기본적인 대응이다.

1) 도로의 기능, 구조나 연결도로의 토지이용에 착안한 연구

아사히가와시 도시 거점지구에 있어서 지구 남측의 미나미6쵸도로(南6条通)에 대해서 츄베츠가와에 가장 가까운 위치에 있으며 이 도로를 사이에 두고 남측은 지구공원과 츄베츠가와를 따라 자연환경이 풍부한 공간이 정비되는 점 또한 북측에 있어서 도로에 접하여 각 구역에 풍부한 경사면 녹지가 배치되는 점 더불어 선형이 츄베츠가와를 따라 곡선이 되는 점 등을 활용하여 녹지공간 안을 누비는 파크웨이적인 도로로 만들었다(그림 C.19).

또한 이 도로는 오오유키도로와는 그 하부에서 입체 교차하기 때문에(그림 C.16), 연결도로의 공원과 택지에 대해서 낮은 수준으로 설정되어 있다. 거기에서 파크웨이적인 성격을 더욱 명쾌하게 하기 위해 양측의 경사면을 최대한 완만한 구배로 하는 것과 함께 이 완만한 구배의 경사면에 수목을 풍성하게 식재함으로써 이것을 식재계획의 기본으로 했다. 더불어 이것에 의해 만들어지는 수목이 풍부한 공간을 특색 있는 시퀀스가 도모된 공간으로 만들기 위해 보도에는 가로수를 배치하지 않고 이들의 풍부한 수목과 "자연환경성"이 풍부한 공간이 시야에 직접 들어올 수 있도록 계획했다(C.19).

한편, 미나미6쵸도로에 직행하는 도로 가운데 동측에서 오오유키도로, 신세이교도로 및 츄오교도로에 대해서는 기본구상 단계의 지구 전체에 걸친 공간구성에 있어서 자연환경성을 지구 내에 유도해가는 공간으로 만듦으로써 츄베츠가와를 따라 자연환경 공간을 시가지 내에 유도, 관입시키는 골격 역할을 하며 이들 도로에는 가로수를 풍부하게 식재함과 동시에 양측 주택의 도로측에 대해서 건물 벽면선을 일정거리 도로에서 떨어뜨려 식재공간으로 했다. 그리고 이것을 구체화시키기 위해 지구계획 등을 도입하는 것을 전망하는 것으로 했다(그림 C.17,20). 미나미6쵸도로 남측의 지구공원에 대해서 복수의 팬 핸들 방식의 공원[주2)]를 정비하고자 하는 방식이기도 하다.

또한, 오비히로역 주변지구에 있어서 지구에 대한 대형 공간조성이나 도로망의 정비구상에 대응하여 다음과 같이 공간을 구성해가기로 했다(그림 3.9).

- 역 주변의 가장 최근에 형성된 지구에 있어서 대형 공간조성 방식을 구체화시키기 위해 역 북측의 다목적광장에서 북쪽 입구 역전광장, 자유통로를 지나 남쪽 입구 역전광장, 남쪽 공원에 이르는 공간을 골격으로 하여 그 양측에 비교적 규모가 크고 벽면선이 명확한 건물을 유도할 수 있도록 계획했다.
- 역 동측 지구에 있어서 지구 주변과 마찬가지로 규칙적인 격자 모양으로 정렬된 도로를 따라 업무시설이 늘어선 공간을 유도하고자 계획했다.
- 이와는 반대로 역 서측 지구에 있어서 도로망이나 철도망, 철도고가구조물에 의해 부정형의 구역이 만들어지는 것에 대응하여 각 구역이 각각 개성을 발휘할 수 있는 공간으로 거듭날 수 있도록 했다.

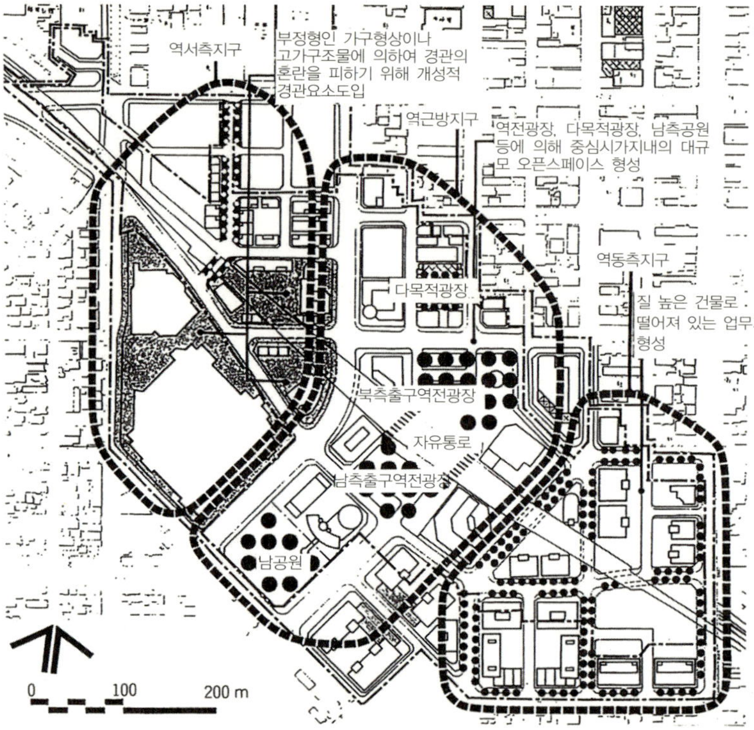

그림 3.9 | 오비히로역 주변지구에 대한 공간구성의 방향

2) 도시디자인의 시점을 가미한 도로 배치

마루카메역 주변지구의 경우 저자가 도시디자인을 비롯하여 지구계획입안에 참여하게 되기 이전에 기본구상 단계에 해당하는 대응이 완료되어 있었다. 또한 도로나 역전광장 등의 기반시설에 대해서는 이미 도시계획 결정이 이루어져 있었으며 이러한 경위에서 보면 기본계획의 일부에 해당하는 계획도 이미 책정되어 있다고 할 수 있으며 저자에 의한 이 단계의 대응은 이들 기존의 구상, 계획을 전제로 하여 이루어지게 되었다.

그러나 기존의 계획은 그림 3.10에 나타낸 바와 같이 다음과 같은 검토과제를 안고 있었다.

- 남쪽 입구 역전광장 동측에 인접한 JR용지의 적절한 이용
- 남쪽 입구 역전광장 남측 주륜장의 역 근접지로의 이설
- 남쪽 입구 역전광장 남측 구역에 대한 시가지 재개발사업구역의 확대

(주륜장 구역의 수용)

기존의 계획과 검토 과제에 대해서 기본계획 단계에 대한 검토로서 저자가 계획입안, 도시디자인에 대한 검토결과를 정리한 것이 그림 C.14이다. 이 가운데 지구의 공간구성이나 도로공간의 구성에 관련하여 역전광장 내의 보행자 및 역 이용자의 안전성에 대한 배려와 역전광장 구성에 대한 방식에 따라 역전광장에 대한 자동차 진입로의 선형을 다음과 같이 변경하기로 했다.

- 기존의 계획에 있어서 그림 3.10에 나타낸 바와 같이 남쪽 입구 역전광장으로의 자동차 진입로와 역사 사이에는 보행자 공간에 여유가 없다. 예를 들면 역 이용자는 역사를 나오자마자 바로 차량들과 접하게 되어 위험할 뿐만 아니라 택시 베이나 버스 베이가 근처에 배치되기 때문에 택시나 버스를 기다리기 위한 공간도 충분히 확보하는 것이 곤란하다. 이러한 문제점을 해결하기 위해 이 진입로를 역사로부터 일정거리를 두고 설치함으로써 그림 C.14에 나타낸 바와 같이 역전광장 남측의 마루카메 에끼마에선에서 진입할 수 있도록 계획했다. 이와 같은 진입로의 배치는 위의 문제점 해결 이외에 서쪽으로 향한 일방통행 도로인 마루카메

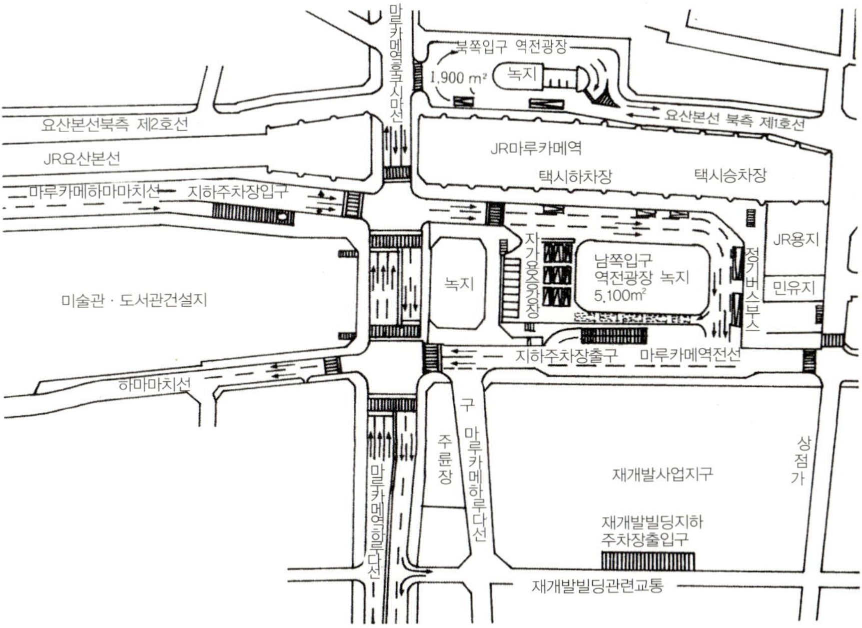

그림 3.10 | 마루카메 역전광장 레이아웃의 기본방침(안)
(출전 : 「마루카메시 도시기본계획의 재검토 및 중심시가지활성화 구상에 관한 조사」에서 발췌)

역전라인에 에끼마에선 동쪽을 향한 진입로를 만나게 함으로써 이 구간에서 양방향이 하나로 만나는 도로로 만드는 것이 가능해졌으며, 또한 역전광장 서측의 마루카메역 하라다선과의 4방향 교차점을 하나로 줄일 수 있게 됨과 동시에 마루카메 에끼마에선이 서쪽을 향하는 일방통행인 경우와 마찬가지로 현시 시간(적, 청 신호로 나타내는 시간)으로 교통처리가 가능한 점 등을 함께 고려한 것이다.

- 남쪽 입구 역전광장은 미술관이 있는 역전광장으로서 공간적으로 미술관 앞뜰이 될 수 있도록 설치했으며, 이를 위해 미술관과 역전광장 사이에 있는 마루카메역 하라다선의 자동차 교통량을 최대한 줄이는 것이 필요했다. 그러나 기존의 구상에 따른 역전광장으로의 진입 위치에서는 마루카메역 하라다선에서 남쪽 입구 역전광장으로 진입하는 차량은 미술관 앞에서 오른쪽으로 꺾지 않으면 안 되기 때문에 미술관과 역전광장 사이의 도로 위에서 머무르게 된다. 이것을 피하기 위해서는 위와 같은 역전광장으로의 진입로 위치 변경은 불가피했으며 이러한 조치는 양자 간의 공간적인 일체성을 높이는 것을 겨냥한 것이기도 했다. 도로공간의 구성에 관련된 도시디자인상의 배려이다.

4 네트워크와 시퀀스 구성을 배려한 보행자로와 광장계획

앞에서 언급했던 사안이 주로 자동차 이동을 중심으로 한 도로공간의 구성에 대한 검토였다면 이번 사안은 보행자의 이동을 중심으로 한 보행자공간의 구성에 대한 검토이다.

1) 역사 내 자유 통로 계획

오비히로역 주변지구에 있어서 철도고가 밑의 역 부분에 있어서 역 북측의 니시2쵸도로에서 역 남측의 공원 대로에 이르는 중심시가지를 남북으로 관통하는 보행자축 상에 역사 내의 자유 통로를 마련하기로 했다. 또한 그 폭에 대해서는 역 남북의 대형 오픈 스페이스의 연속성을 높이는 것을 배려하여 보행자 교통량에 따라 요구되는 폭을 감안하여 넓이를 20m로 했으며 역 근방 보행자의 교통 편리성을 높이기 위해 또 다른 하나의 자유 통로를 서측에 배치하기로 했다(그림 C.10).

역 부분 자유 통로의 위치는 그에 접해서 설치되는 엽서 매장이나 개찰구의 위치에 관계되며 엽서 매장이나 개찰구의 위치는 개찰구 내 콩코스, 계단을 매개로 하여 플랫폼의 위치를 결정하게 되고, 플랫폼의 위치는 철도 운행상 지극히 기본적인 사항이기 때문에 철도사업자에게 있어서 중요한 계획대상이 된다.

한편, 자유 통로의 위치나 폭은 역의 가장 최근에 형성된 지구는 무엇보다 역 주변지구의 토지이용이나 공간구성을 중요하게 규정하기 때문에 도시디자인의 전개상 중요한 관심사이다. 따라서 자유 통로의 위치나 폭은 철도사업자와 도시개발프로젝트 사업주체 간의 중요한 조정사항이며 철도계획의 골격은 기본계획 단계에서 확정되기 때문에 도시개발에 관련된 계획과 철도계획 간의 조정은 이 단계에서 정확하게 해 두어야 한다.

2) 토지이용과 정비 수법에 대응한 광장계획

아사히가와시 도시 거점지구에 있어서 주요한 구역 내에 각각의 토지이용과 건물건설 수법 등에 대응하여 다음과 같이 광장을 계획했다(그림C.21).

- F블록에 대해서는 JR의 환지가 상정되며 JR 등에 의한 상업, 업무, 서비스 시설 등의 입지가 기대되기 때문에 이 블록의 개발에 맞추어 건축물과 일체적으로 도시적인 광장이 확보되리라 전망한다.
- I블록(테마 존)에 대해서는 생활문화 전개존의 중심적인 광장에 어울리는 활기 있는 도시성이 높은 광장으로 정비했으며 구역 내에 입지를 기대하는 건물과 광장의 관계나 앞에서 언급한 바 있는 지구공원이나 현도심 지구 방향을 연결하는 보행자로의 위치 등과의 관계를 감안하여 그 규모나 형상을 검토하고 5,000m^2 전후의 직사각형 광장을 중앙에 배치했다.
- J블록(시빅 코어 지구)에 대해서는 구역 내에 건설되는 건물이 공공성이 높은 건물이며 각각 비교적 넓은 면적의 외부구조상의 공간을 가질 것이라고 상정되기 때문에 이들 외부구조체 부분을 구역 내에 있어서 일체적인 공간으로 정비하고 앞선 공간구성에 관련된 매트릭스의 원칙에 따라 자연환경도가 높고 풍부한 녹지가 있는 공간으로서 정비한다.

3) 시퀀스 구성을 배려한 보행자 공간계획

하나마키역 주변지구에 있어서 기본구상 단계에서 역전광장이나 노선 상점가, 다목적광장 사이에 공간적, 시각적인 연속성을 확보할 수 있도록 공간을 구성했지만 기본계획 단계에서는 이 방식을 더욱 발전시켜 역전광장에서 보행자가 다목적광장 및 그 앞의 상점가 입구와 그 반대로 노선 상점가에서 보행자가 다목적광장을 매개로 역전광장을 수용했으며 각각의 공간에서 서로가 잘 안 보임으로써 그 앞에 있는 공간으로 가보고 싶다는 느낌을 유발할 수 있는 시퀀스를 얻을 수 있도록 계획했다.

그리고 이 계획을 통하여 역전광장에서 다목적광장에 이르는 보행자로와 상점가에서 다목적광장에 이르는 보행자로의 위치 및 폭원을 보다 상세하게 계획하고(그림 3.11) 이것을 다음 설계단계에 반영한다.

또한 역전광장과 상점가에서 다목적광장에 이르는 시선의 도착점이 경관상의 초점이 되는 것이 위의 시퀀스에 변화를 주는 것으로 느낄 수 있고, 역전광장측에서의 시선에 대해서는 정주교류센터의 설계가 이것을 받아줄 수

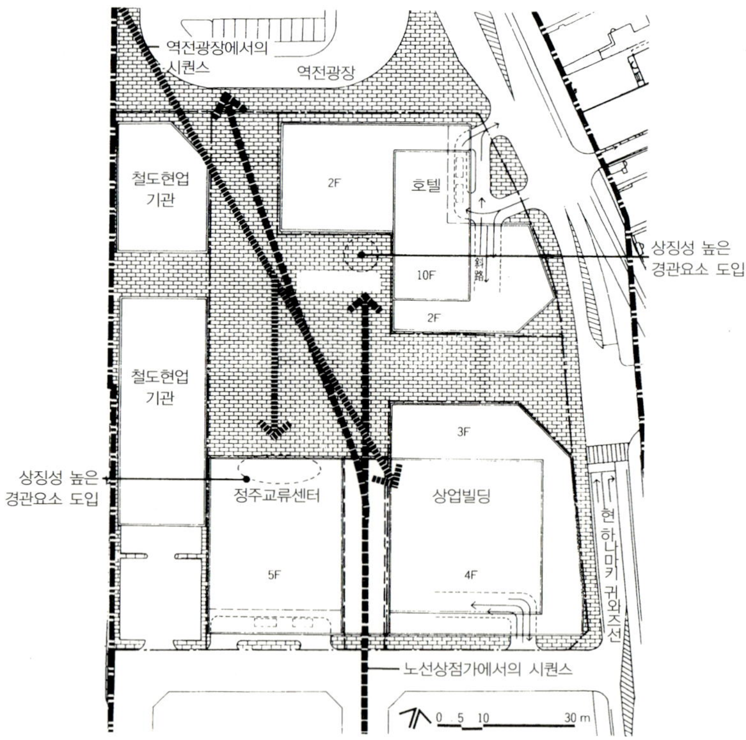

그림 3.11 | 역전광장, 도로상점가에서의 시퀀스

있도록 하고, 상점가에서의 시선에 대해서는 다목적광장 내에 상징성 높은 경관요소를 배치하도록 하여 각각을 다음 설계단계의 지침으로 했다.

5 활성화와 주변건물과의 공간조성을 배려한 역전광장계획

역전광장의 기능은 우선 교통기능이다. 도시디자인의 전개에 맞추어 또 하나의 기능은 환경 · 공간기능을 향상시키는 관점에서 매력적인 공간을 만들어내는 것에 의미를 부여하는 것이 요구된다. 여러 사례 프로젝트 지구에 있어서도 나타나는 대응으로써 적절한 넓이를 가진 보행자를 위한 공간을 광장 내에 확보하는 것이고 주변건물과의 일체가 되는 공간성이나 활성화를 창출해내고 수경으로서의 배려를 하는 것이다.

1) 수경녹지에서 활기찬 공간조성까지

마루카메 역전광장 주변지구에 있어서 앞의 그림 3.10에 나타낸 바와 같이 기존 계획에서 남측입구 역전광장 내에 2개소의 수경을 위한 녹지가 계획되었으며, 이들 녹지는 단순한 수경만을 위한 녹지로 계획되었다. 또한 녹지의 주변에 도로를 배치하기 위해 사람이 다니고 휴식하는 등의 배려는 없었다.

이러한 수경을 위한 녹지는 많은 역전광장에 정비되어 사람들에게 우수한 경관을 제공하고 그 기능을 다하고 있다. 그러나 마루카메 역전광장 주변지구의 정비는 인접한 오래되고 많은 노선형 상점가를 포함하여 지구의 활성화에 기여하는 것이 커다란 과제였으므로 이 역전광장 또한 이에 따른 목표로 정비하는 것이 보다 바람직하다고 판단했다. 이러한 이유에서 역 이용자나 역전광장에 오가는 사람들이 역전광장의 공간 자체를 즐길 수 있고, 최대한 많은 사람들이 역전광장을 찾음으로써 인접한 재개발 빌딩이나 기존 상점가의 집객성을 높일 수 있게 계획함으로써 이 수경녹지를 위한 용지를 단순히 조망하는 수준의 녹지에서 사람이 보다 적극적으로 이용할 수 있는 공간으로 만들어 미술관 전면에 정리하여 배치하기로 했다(그림 C.14).

수경녹지에서 사람들의 이용이나 활동을 위한 공간으로 만든 이러한 계획의 변경은, 마루카메시의 중심시가지 내에 도시적인 광장이 없는 점으로

시가지에서 도시적인 이벤트를 개최하기 위한 공간을 찾아 볼 수 없었던 점에 대한 해결책 중 하나이기도 했다.

마루카메역 하라다선을 따라 실시된 수경녹지의 정비는 앞에서 언급한 바와 같이 남쪽 입구 역전광장을 미술관의 앞뜰로 만들어 사람들을 위한 공간으로 활용했던 것에 반해 서로 간의 공간적인 일체성을 방해하게 된다. 또한 자동차의 진입로 변경도 이러한 목적에 대응하기 위한 것이었다는 것은 말할 나위 없는 사실이다.

수경녹지를 대신하여 광장 내에 녹음을 조성하는 것도 수경 기능을 겸하는 것을 목적으로 광장 중앙에 박스(같은 수준의 식재 밀도로 똑같이 깎아서 손질한 식재 구역) 모양으로 고목을 배치했다. 그리고 지하주차장에서의 흡배기 탑이 거의 광장의 중앙에 세워져 있어서 흡배기를 위한 덕트를 지하주차장 내에 연장함으로써 그림 C.14에 나타낸 바와 같이 택시 정류장 북측의 식재 스페이스로 이동시켰다.

2) 주변 조건을 활용한 역전광장조성

아사히가와시 거점 지구에 있어서 북쪽 입구 역전광장에 대해서는 헤이와도로의 가이모노 공원에서 연속하는 위치, 즉 역전광장 내의 서측에 남북 방향의 넓은 보행자 공간을 확보함과 동시에 그에 인접하여 역사에 가까운 위치에 약 6,000m^2 규모의 보행자를 위한 공간을 배치했다. 그리고 이에 대응하여 역전광장으로의 자동차 주출입구는 미도리교도로(緑橋通)에 있어서 이미 정비되어 있는 가로수에 의한 풍부한 녹지공간을 역전광장 안으로 연장시켰다(그림 3.12).

또한 남쪽 입구 교통광장에 대해서는 철도고가구조물과 츄베츠가와를 사이에 둔 좁은 공간이지만 츄베츠가와에 접하여 큰 연못을 비롯한 하천공간을 조망하는 위치에 있으며(그림 C,16), 이것을 이용하여 광장의 형상이나 광장의 시설 배치를 계획함과 동시에 강으로의 공간적, 시각적인 연속성 있는 교통광장으로 설계할 것을 다음 단계에서 기대해 보고자 했다(그림 3.13).

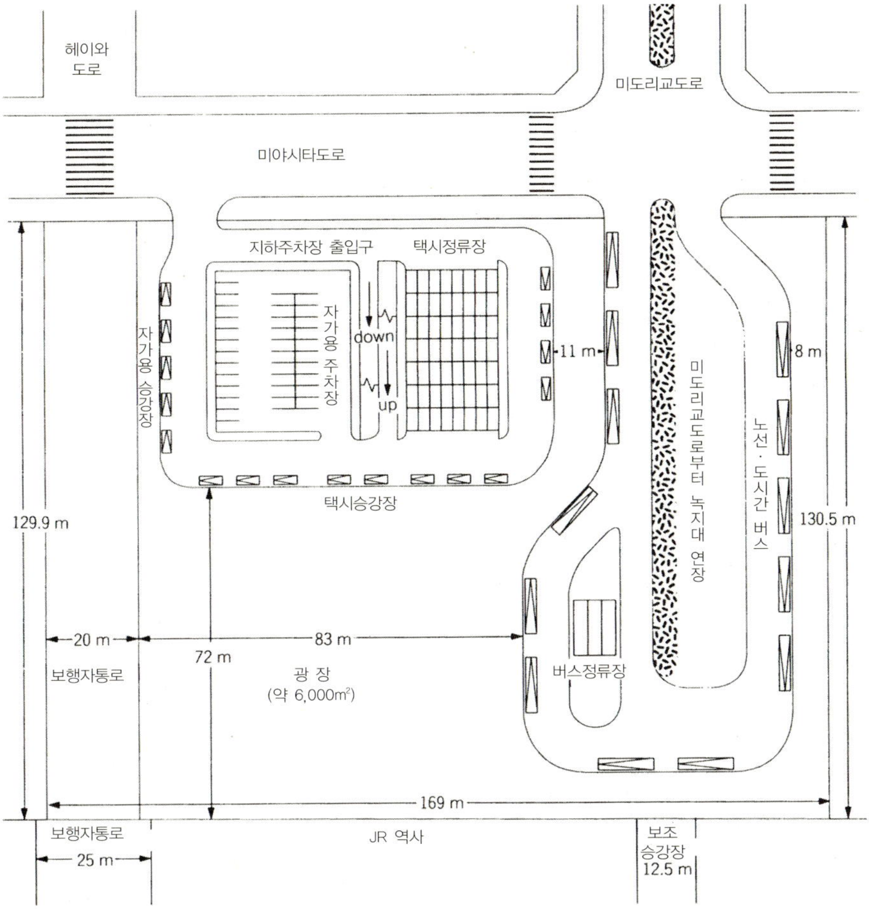

그림 3.12 | 아사히가와 북쪽입구 역전광장의 기본계획(연면적 22,000m²)

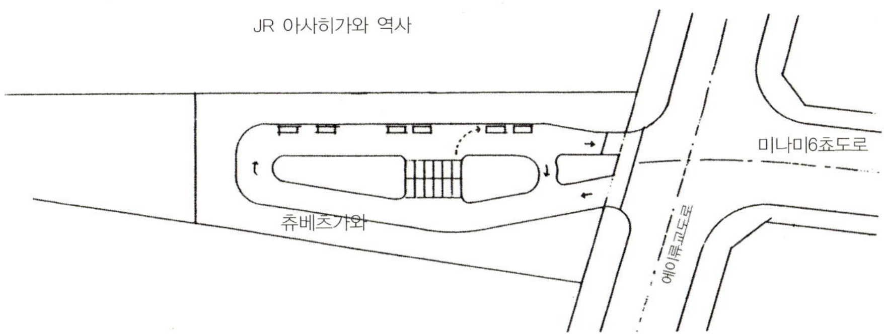

그림 3.13 | 아사히가와 남쪽입구 교통광장의 정비 이미지(연면적 약 5,000m²)

6 공간의 매력을 증대시키는 토지이용, 기반시설, 구체화수법의 삼위일체적 계획입안

기본구상 단계에 관련하여 (1)토지이용에 대한 연구 및 (2)기반시설에 대한 계획, (3)토지조작 등에 관련된 전망 등을 감안하여 주요한 공간을 활성화 유발이나 안정감 부여 혹은 경관적인 매력 부여 등을 의도하는 방향으로 만들어내고 실현해가기 위한 과정이다. 구체적으로는 이들 3가지 측면에 대한 연구, 검토를 삼위일체로 진행해가는 과정으로 이 단계에서 가장 중요한 과정이다. 다시 한 번 강조하면 도시개발프로젝트에 있어서 도시디자인에 관련된 과정중에 계획의도에 입각하여 도시공간을 구성하는데 있어서 가장 중요한 열쇠가 되는 과정이라고 할 수 있다.

이와 같이 중요한 과정이기 때문에 모든 사례 프로젝트지구에서 다수 수행되고 있다.

1) 광역에 호응하는 건물 배치와 환지 조작

하나마키역 주변지구에 있어서 다목적광장은 지구 중앙에 배치함으로써 지구나 중심시가지의 활성화를 촉진하는 것을 목적으로 하고 있었기 때문에 광장과 그것을 둘러싼 건물의 공간적인 관계성을 증대시키기 위해 우선 광장의 이용이나 다양한 활동에 대하여 전망해 보았다(그림 3.14). 더불어 많은 사람들에 의한 활성화 양성을 목적으로 다음 여러 가지 사안에 대해서 검토하고, 토지구획정리사업의 사업성(사업비나 공공감보율 등) 등을 고려하여 광장의 형상, 면적을 대충 확정했다(약 2,100m^2).

활성화의 양성 및 다양한 이용을 촉진하기 위해서는 광장과 그것을 둘러싼 건물이 만들어내는 공간이 사람들에게 기분 좋고 쾌적한 공간이라고 느끼게 함과 동시에 서로간의 공간적인 관계성이나 일체적인 이용 등이 적절히 갖추어져 있는 것이 중요하다. 이를 위해서는 광장 주변의 환지계획을 이러한 가능성을 높이는 것을 배려하여 진행하는 것이 중요하며 다목적광장과 정주교류센터의 일체적인 이용 가능성을 높이기 위해 다목적광장 남측의 한쪽 면에 거의 전체에 걸쳐서 이에 접하도록 정주교류센터 건설을 위해 시가 국철 청산사업단으로부터 미리 매입한 토지를 환지하는 것을 전망해 봤다. 또한 북동측은 호텔과 광장 사이에 상호 다양한 관계성이 형성되기를

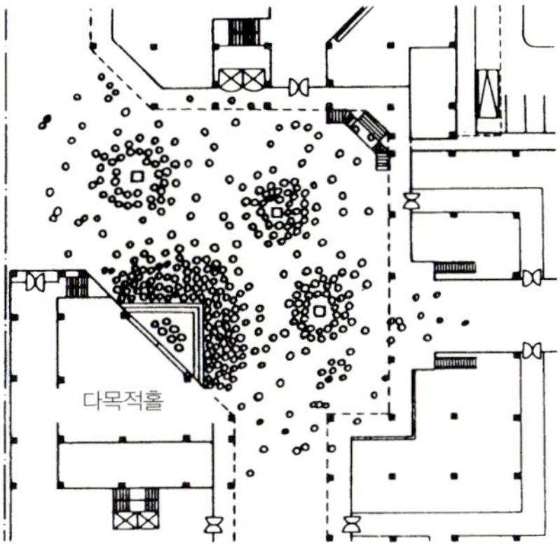

축제의 장(하나마키 축제장, 각종 이벤트장)

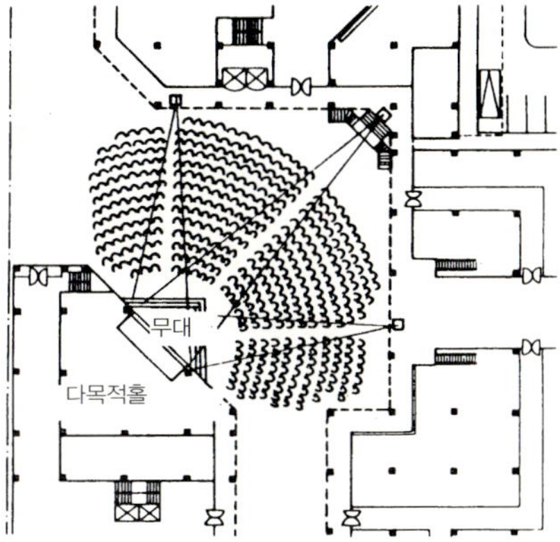

집회, 콘서트장, 야외영화관(다목적홀의 벽면 이용)

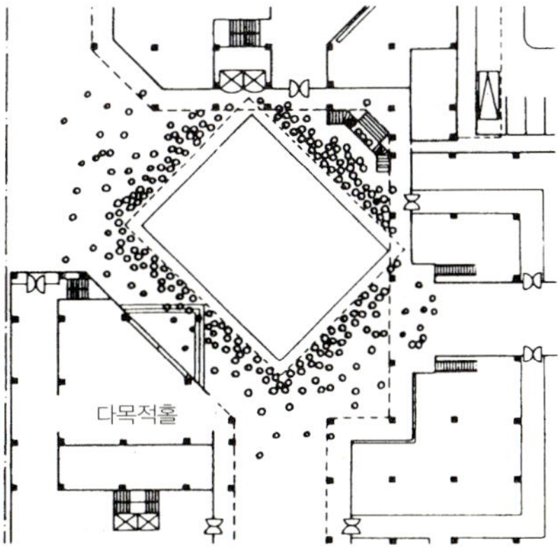

스포츠활동의 장(예 : 게이트볼)

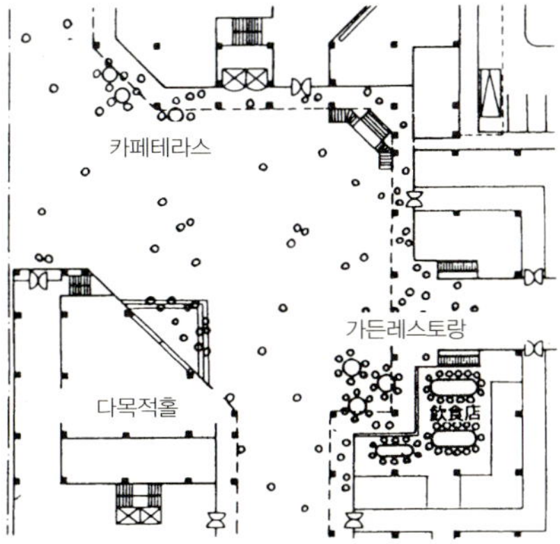

야외음식을 위한 장

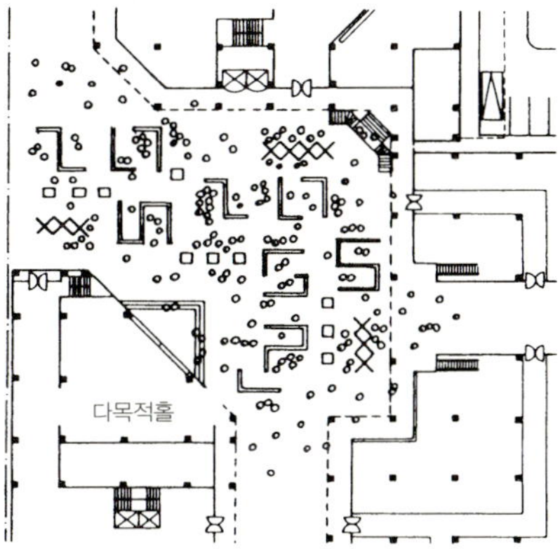

각종 전시판매장

그림 3.14 | 다목적광장의 공간구성, 규모, 형상 등을 검토하기 위한 광장이용의 상정(하나마키)

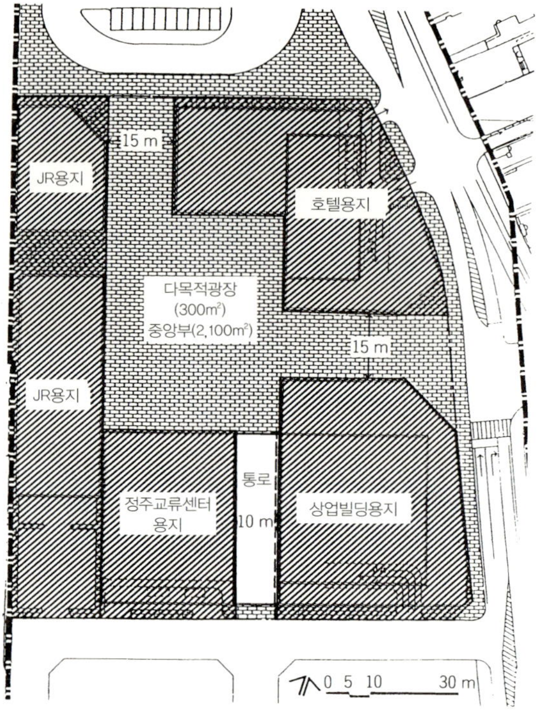

그림 3.15 | 다목적광장 주변의 환지설계상의 고안(하나마키)

기대하여 호텔을 건설하는 민간 지권자의 용지를 광장에 접하여 열쇠 형태로 환지하도록 연구했다(그림 3.15).

공간적으로 전자에 대해서는 다목적광장의 한 면을 하나의 건물이 차지함으로써 역전광장에서 사람들의 움직임이나 시설을 받아내는 벽면이 형성되는 것을 기대했으며 후자에 대해서는 열쇠 형태로 환지하여 광장 한쪽에 건설함으로써 "요각 부분"을 만들어 광장과 건물의 관계를 보다 강하게 만듦과 동시에 광장 일부에 안정감 있는 코너를 만드는 것을 목적으로 했다.

광장 동쪽면 일부에는 상업시설 용지를, 서쪽면에는 JR용지를 배치함으로써 각각 상업시설이나 서비스시설 등이 건설되기를 기대했다. 그리고 쇼핑객에 의한 활기를 광장으로 유도하고 광장에 면하여 정주교류센터나 호텔과는 다른 형태의 색조합으로 활기찬 파사드나 사람들이 군집한 벽면을 만드는 것은 다음 설계단계에서 요청해야 할 사항으로 넘겼다.

2) 역전광장의 위요성(圍繞性) 향상

마루카메 역전광장 주변지구에 있어서 기존의 계획에서는 시가지 재개발 사업구역이 그림 3.10에 나타낸 바와 같이 구 마루카메역 하라다선까지의 범위로 구 도로의 기능이 신 도로로 대체, 강화됐음에도 불구하고 이 구 도로를 존속시키는 계획이었다. 이것은 마루카메역 하라다선과 구 도로 사이 구역 내의 북측에 1982년에 건설된 도시계획 주륜장이 설치되어 있으며, 이것을 건설 후 10년 이내에 철거하는 것은 '보조금 등에 관련된 예산 집행 적정화에 관한 법률'(이하, 적화법)에 저촉되는 점이 있었다. 그러나 다음의 여러 가지 상황을 고려한 경우, 이것을 철거해서라도 시가지 재개발사업의 구역을 확대하는 것이 바람직하다고 판단했다.

- 그림 C.23에 나타낸 바와 같이 역전광장의 공간적인 위요성이 향상된다.
- 키 · 테넌트로서 보류 면적을 취득하는 것으로 되어 있던 백화점에 있어서 각 층의 바닥면적이 확대되는 것은 판매효율을 높이는 것과 연결된다.
- 시설 건축물(재개발 빌딩)이 마루카메역 하라다선에 직접 면하게 함으로써 계획, 설계에 자유도가 증가함과 동시에 동 도로에도 활성화 유발을 기대할 수 있게 되었다.
- 시가지 재개발사업의 사업성 향상, 또한 사업에 맞추어 구 도로를 폐지하여 시의 보통 재산으로 만듦으로써 시는 시설건축물 안에 권리면적을 얻을 수 있게 됨과 동시에 시(市)가 재개발조합의 일원으로 참여함으로써 조합의 안정성을 높인다.
- 사업에 착수하기까지는 계획입안이나 소정의 수속을 위해 그에 상당하는 시간이 필요하다는 것은 쉽게 판단되며 그 동안 적화법에 따른 규정에 대한 대응이 약해지리라 전망된다.

구역 확대 판단에 병행하여 도시계획 주륜장 남측의 지권자(2인)가 시가지 재개발사업에 참여할지 여부를 확신했으며, 다행인 것은 적극적인 찬동(贊同)을 얻었다는 사실이다. 더욱이 도시계획 주륜장을 철거하는 것에 대해 현이나 국가 모두 협의하여 양해를 구할 필요가 있었으며 이것도 여러 가지 상황을 이해하고 같은 수준의 주륜장을 적절한 위치에 재건하는 것을 조건으로 구역 확대를 양해해 주었다.

3) 건물건설, 기반시설, 수법의 다양한 조합에 의한 공간구성의 구체화

오비히로역 주변지구에 있어서 역 주변에 가장 최근에 형성된 지역의 대규모 공간조성의 방향을 건물건설, 기반시설에 관련된 연구와 그것을 구체화시킬 수법면에서 계획에 따라 구체화시켜 가기로 했다(그림 3.16).

- 대규모 공간조성에 대응하여 남북의 역전광장, 남쪽 공원에 면한 건물의 벽면선 위치의 통일, 구체적으로는 규모가 큰 건물의 벽면이 대규모 공간을 규정할 수 있도록 한 공간구성
- 이와 같이 규정된 대규모 공간 안의 유일한 건물로서 높은 상징성을 갖추도록 정주교류센터를 배치
- 다목적광장을 둘러싸고 있으며, 그것과 융합하는 기능을 갖춘 건물 배치
- 남북 역전광장에 대해서 일체적인 마감을 진행하고 양자를 일체화하기 위해 충분한 폭원의 고가 밑 자유 통로 설치

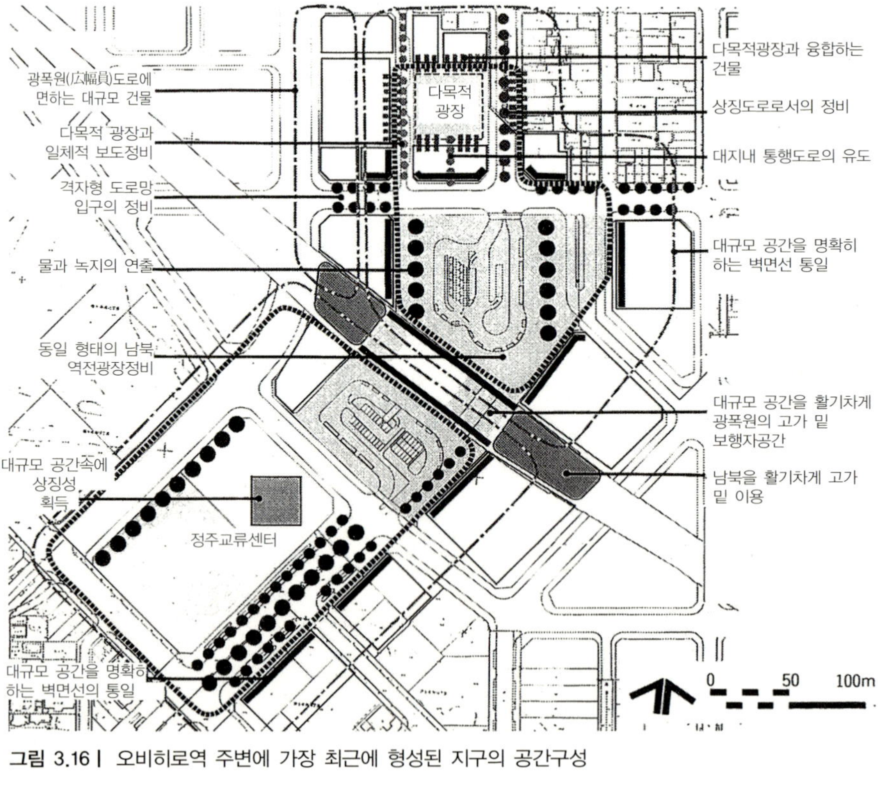

그림 3.16 | 오비히로역 주변에 가장 최근에 형성된 지구의 공간구성

7 건물의 초벌설계

다음 설계단계에 있어서 건물의 설계가 진행되는 시점에서 이미 언급한 바와 같이 다양한 요청을 받아들이도록 하기 위해서는 요청 내용이 도시공간의 가치나 매력을 높여가는데 의미 있는지의 여부, 건물 부지의 규모나 형상 혹은 전면도로 등이 건물건설상 충분히 대응할 수 있는지의 여부를 타진해 둘 필요가 있다.

도시공간의 구성면에서는 계획하고 있는 공간 속에서의 건물규모나 안정성, 구조가 의도에 맞는지 여부에 대한 타진도 필요하다.

이러한 대응은 공간을 구성해 가는데 있어서 중요한 건물이나 설계의 가능성에 대해 타진해 볼 필요성이 있는 주요 건물에 대하여 초벌설계를 시도, 다양한 계획 의도를 타당성을 염두에 두고 확인하기 위한 과정이다.

이 경우 초벌설계라는 것은 상정하고 있는 건설부지에 있어서 건물의 기능이나 면적, 규모 등을 전제로 하여 건물의 배치, 외부구조 계획, 건물 각층의 계획 등에 대해서 대략적인 설계를 해보는 작업이며 실제 건축설계에 관련된 과정에서는 기본계획 단계에서 이루어지는 검토에 가까운 수준에 해당된다.

1) 건물건설 부지의 적정성 확인

하나마키역 주변지구의 경우 정주교류센터와 호텔에 대해서 초벌설계를 실시했다(그림 3.17).

정주교류센터에 대해서는 시설 내의 다목적홀을 그 전면의 다목적광장에 면하도록 설계하는 것이 가능한지 여부, 호텔에 대해서는 열쇠형태의 부지에 있어서 다목적광장측에 사람의 움직임이 활발한 여러 실을 배치, 하나마키카즈카센측에서 호텔로 접근하는 자동차나 사람의 동선을 쉽게 확보할 수 있는지 여부 등을 검토하기 위한 것이었다.

이 경우 각각의 건물에 대해서 상정되고 있던 건축 규모가 각 층에 있어서 설계 가능한지 여부에 대해서도 동시에 타진하고 있지만 건물이 서로 마주보고 있는 광장과의 관계나 부지 내에서 건물의 배치, 자동차 및 보행자의 동선 또한 주차장의 레이아웃 등에 대한 상황 판단이 중요하기 때문에 1층 플랜에 대한 검토가 특히 중요하다. 그리고 이들에 대해서 가능성을 확인할 수 있었던 것을 다음 설계단계에서 실제 건물설계에 대한 주문이나 요청으로 연결시켰다.

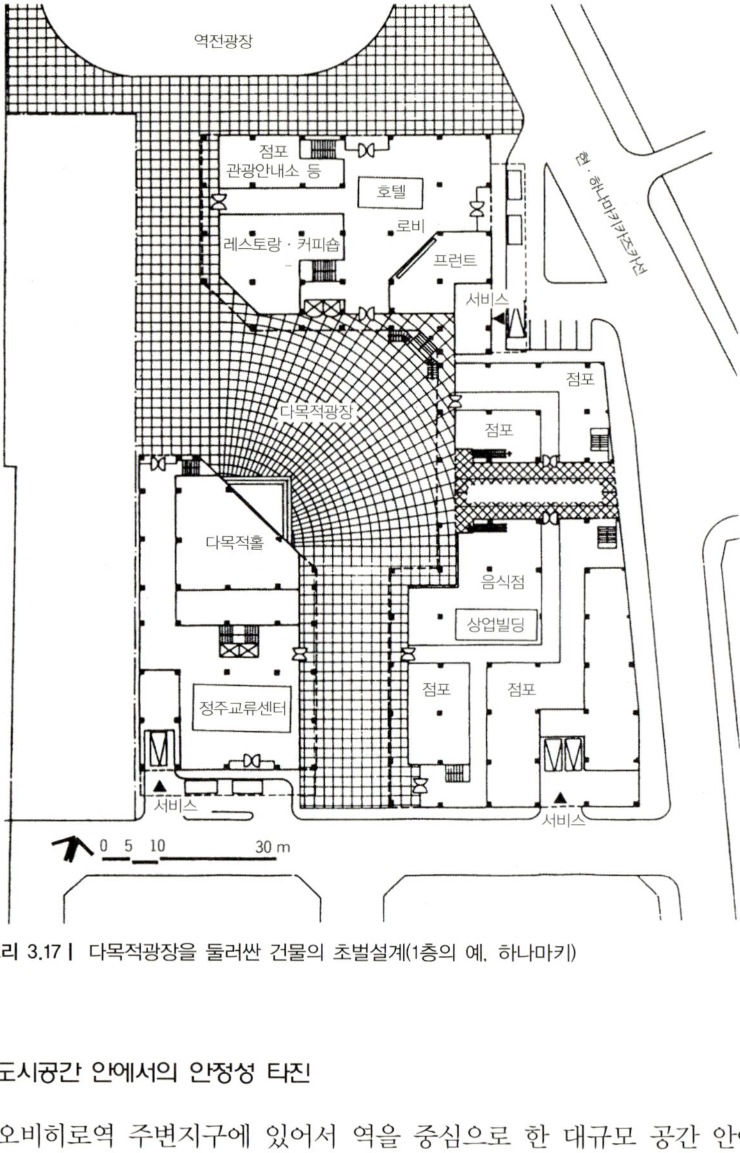

그리 3.17 | 다목적광장을 둘러싼 건물의 초벌설계(1층의 예, 하나마키)

2) 도시공간 안에서의 안정성 타진

오비히로역 주변지구에 있어서 역을 중심으로 한 대규모 공간 안에서의 정주교류센터의 안정성을 타진하기 위해 초벌설계를 실시했다(그림 C.11).

앞에서 언급한 바와 같이 역 남쪽 입구에 대한 건물건설이나 활기 유발 등을 목적으로 역전광장의 남측 인접 구역에 배치하기로 했던 정주교류센터는 그 남측의 남쪽공원을 사이에 두고 대형 오픈 스페이스 안에 건설된 유일한 건물이며 그 형태나 분위기는 대형 오픈 스페이스를 공간적, 경관적으로 매력적으로 만드는데 있어서 중요한 판단사항이 된다.

이러한 의미에서 기능적으로는 최대한 많은 사람들이 주야로 드나들며 지구의 활성화 조성의 계기가 될 수 있는지, 공간적으로는 오픈 스페이스의 규모를 무너뜨리지 않도록 필요 이상으로 우뚝 솟아 있지 않은 설계인지, 경관적으로는 오픈 스페이스 안에서 여러 방향의 시선에 대해 상징적인 경관을 갖춘 건물이 될 수 있는지 여부를 판단 · 확인하여 건물의 배치나 형상에 대한 방식을 나중의 건물설계에 관련된 기본적인 방침으로 삼았다.

8 건물설계에 대한 요청사항 조사

이 과정은 앞에서 언급한 6, 7의 과정을 거친 후에 기반시설 혹은 건물 외부구조와 그에 접한 건물에 따른 공간구성에 대해서 검토하고, 6, 7의 검토결과를 포함하여 이들을 근간으로 건물설계에 대한 요청사항을 선택하는 과정이다. 의도한 공간을 실현해가기 위해서는 이러한 과정도 중요하며 이것도 모든 사례 프로젝트지구에 있어서 실시되고 있다.

1) 광장과의 관계성 구체화를 위한 요청

하나마키역 주변지구에 있어서 광장 이용에 대한 상정이나 환지계획에 대한 전망에 있어서 정주교류센터, 호텔에 대해서 위에서 언급했던 건물 초벌설계를 실시하여 광장을 중심으로 하는 공간구성상의 의도나 목적을 구체화시켜 가는데 있어서 주변 건물설계에 요구되는 사항을 선택하고, 다음 사항을 건축 설계에 관련된 요청사항으로 삼았다(그림 3.18).

〈정주교류센터〉

- 광장과의 일체화된 이용을 적극적으로 촉진하기 위해 건물 내의 광장측 1층에 다목적홀을 배치한다.
- 다목적홀을 광장에 대해서 최대한 개방할 수 있도록 함으로써 광장과 다목적홀이 공간적으로나 이용상으로 일체화될 수 있도록 한다.
- 광장측 파사드의 상층부에서는 광장을 찾는 사람들의 시선을 끌 수 있도록 벽면에 정성을 기울인다.

〈호텔〉

- 광장에 접하는 측에 레스토랑이나 커피숍 혹은 로비 등의 활기 있는 여러 실을 배치한다.
- 광장측에 충분한 개구를 마련하여 "본다", "보인다"의 관계를 만들어낸다.
- 이들을 통해 광장의 활기를 증대시킴과 동시에 호텔의 여러 실을 이용하는 사람들이 광장의 활기를 즐길 수 있도록 한다.

2) 건물 배치 지침

아사히가와시 도시 거점지구에 대한 지구 동측의 시빅 코어 지구(J블록)는 국가의 합동청사, 시의 종합보건복지센터, 평생학습센터, 마을만들기 정보센터, 공공 주차장 2동(입체, 각 300대 수용) 및 민간에 의한 북쪽의 생활 정보 공원 등을 건설하여 시빅 코어 지구 정비 제도를 활용하여 구역개발을 진행하고자 한 것이다. 그리고 민간에 의한 시설을 제외하고 이들 전체에 대해서 건설 의지 결정이 이루어지며 각각의 시설 규모, 부지 규모가 분명히 정해져 있는 점이 도시디자인의 전개와 관련하여 다른 블록에 비해 커다란 특색이었다.

또한, 구역 내에는 벽돌조의 구 차륜 센터 및 그 구내 녹지로서 식재된 고목이 다수 보전되어 있으며 이들 건물 및 고목을 구역 내의 공간구성요소 및 매력 요소로서 활용해가는 것이 각 방면에서 기대되고 있었다.

이와 같은 조건하에 각 시설을 다음과 같이 배치함으로써 다음 사항을 시빅 코어 지구 정비 제도에 근간을 둔 계획서에 명기하기로 했다. 시빅 코어 지구에 관련된, 즉 건물건설 마스터플랜에 해당된다(그림 C.37).

- 종합청사는 그 서비스, 관리영역의 광역성을 고려하여 광역성이 높은 도로인 오오유키도로 연결도로의 구역 내 북동쪽에 배치한다.
- 주차장은 해당 구역으로의 자동차에 의한 균등한 접근 및 주차장에서 구역 내 시설로의 보행거리 등을 고려하여 미야마에도로와 신세이교도로에 접하여 배치한다.
- 종합보건복지센터는 시가 건설하는 시설 중에서 가장 먼저 건설되는 시설이며 프로젝트 입안을 시민에게 널리 밝히고 또한 신체장애인 등에 있어서 기존의 시가지에서 접근하는 것에 대한 상대적인 편리성을 고려하고 다수의 사람들에게 인식되기 쉽고 또한 중심시가지에 가까운 구역

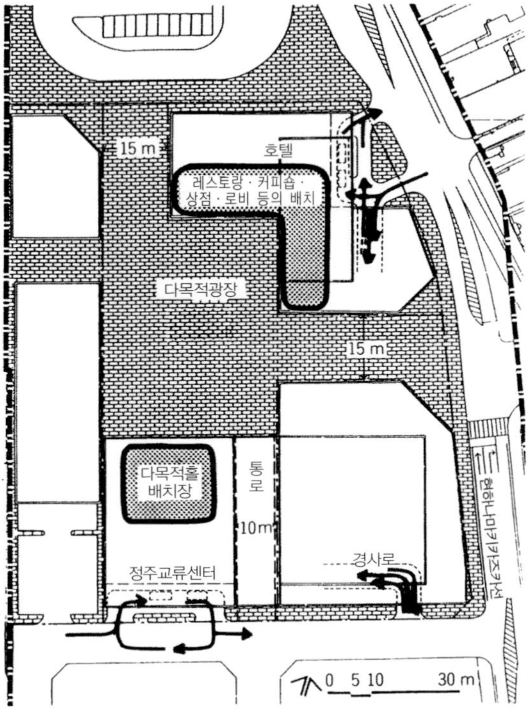

그림 3.18 |
초벌설계에 바탕을 둔 다목적광장 주변 건물에 대한 설계상의 요청(건물 내 주요 실의 배치와 자동차의 접근 위치, 하나마키)

내 북서쪽에 배치한다.

- 평생학습센터는 구역 내에 건설되는 건물 중에서는 그 기능면에서 건축 설계상의 자유도가 가장 높으며 따라서 역 주변지구 전체를 상징할 수 있는 상징적인 건물이 될 것으로 기대하여 구역 내 중앙과 가까운 위치에 배치한다.
- 북쪽의 생활 정보 공원은 녹지가 풍부한 환경 안에 전시를 위한 주택이 산재하는 공간으로 만들 것을 목적으로 하고 있으며, 또한 "자연환경성"을 기대할 수 있는 시설로서 구역 내 남서측에 배치한다.
- 벽돌조 건물은 그 부지를 건물 주변에 확보함으로써 건물과 옥외공간이 일체로 이용되는 시설로서 정비하기를 전망한다.
- 보존용지는 장래 도시거점지구 전체나 해당 구역의 매력을 증대시키기 위해 오락성이 짙은 시설을 비롯하여 지구의 활성화에 기여할 수 있는 시설의 입지를 기대하여 광역에서의 접근성이 높은 미나미6쵸도로와 오오유키도로가 교차하는 남동쪽에 배치하기로 했다.

3) 건물 부지 제공으로 일체적인 공개 녹지 조성

해당 구역의 공간구성에 대해서는 다음과 같은 방식으로 각 건물을 도로에 가까운 구역 내 주변부에 배치함과 동시에 블록 내 중앙에 각 건물의 외부구조체 공간을 계획적으로 배치하여 이들을 블록 내의 결착이 있는 "자연환경성"이 풍부한 녹지로서 일체화로 정비하는 것을 목적으로 했다.

- 구역 내에 건설되는 각 건물의 부지가 1~2ha로 모두 크며 각 건물의 외부구조체로서 정비되는 외부구조부의 합계가 상당 규모에 이르는 점
- 모든 건물과 구역 내에 구획도로 등을 마련하지 않더라도 주변 도로에서 접근이 가능하게 되리라고 전망되는 점, 특히 미야마에도로 연결도로에 대해서는 앞선 구역 및 공간형성 방식에 입각하여 도로에 접하여 건물을 건설하는 것이 바람직한 점
- 토지구획정리사업에 의한 공공감보를 줄이고 지권자의 부담을 경감하면서도 공원적인 공간을 확보할 수 있는 점

이와 같은 공간구성에 관련된 방식에 대해서 각 시설의 건설주체와 조정하여 합의를 도출하여 정리한 것이 그림 C.37이다.

각 건물의 부지는 최대한 정형에 가까운 형태로 만듦과 동시에 가구 내 중앙에 제공받는 녹지는 각 부지의 40%씩으로 하며 또한 그 제공 위치에 대해서는 블록 내의 기존 수목을 최대한 보전하고 활용할 것, 전체적으로 일체성, 연속성이 높은 공간이 되도록 할 것 등을 배려하여 대부분 그림에 표시된 위치로 했다.

위의 방식은 하나의 구역 내에서 건설주체가 다른 건물의 건설을 외부구조의 일체적 정비, 시민에 대한 개방 등 일정한 약속에 기반을 두고 진행한 것으로 앞으로 많은 프로젝트에 있어서 적용하기에 적합한 대응이라 할 수 있다.

9 주요 건물 등에 대한 계획, 설계 조정

기본계획 단계에 있어서 프로젝트지구 내에서 건물 등의 설계가 진행되고 있는 경우에 설계를 담당하고 있는 건축가나 건설주체 등과 조정하면서 도시디자인에 관련된 방식을 구체화해가는 과정이다. 이 단계에 대한 대응 대부분이 지금까지 보아 왔던 것처럼 다음 설계단계에 이루어지는 건물이나

시설의 설계에 대한 조건이나 요청사항을 정리하고 있는 것에 반해 이 과정은 건물에 대해서 구체적인 설계작업을 병행하여 진행하고 있는 경우에 필요한 조정을 진행하고 도시디자인에 관한 방식을 설계에 반영시켜 가는 점에서 다른 과정과는 다르다.

1) 기반시설에 대한 건물의 구조

마루카메 역전광장 주변지구의 경우 시가지 재개발사업구역의 확대에 동반하는 종전의 도시계획 주륜장을 적절한 위치에 재건하는 것이 필요하게 되었는데 그것을 미술관 전면의 옥외 전시 공간 아래의 반지하에 건설하기로 했다.

주륜장은 자전거의 방치를 막기 위해 교구료구역 가까이에 설치하고 지표에 가까운 레벨로 설치하는 것을 원칙으로 하였으며 이 원칙을 만족하는 장소로서 마루카메 역전광장 주변으로 미술관 전면 옥외전시공간 지하를 그 위치로 하여 선택하였고 레벨을 전시공간 밑의 반지하로 하였다.

다만, 반지하로 했던 것은 옥외 전시 공간이 역전광장의 사람들을 위한 공간에 대치하는 위치에 있기 때문에 이 공간을 반층 정도 지표로부터 높게 함으로써 사람들을 위한 광장이라기보다는 각종 이벤트 등에도 사용할 수 있는 무대(플라자)로서 기능시키고자 하는 생각이 보다 강력한 이유이다(그림 C.14, 42참조).

이와 같은 생각을 미술관 설계를 담당하고 있는 건축가 및 건설주체와 조정하여 실현할 수 있었으며 기본계획 단계에 대한 도시디자인에 관련된 대응으로는 기반시설(이 경우는 역전광장)과 그에 인접하는 건물의 일체적인 계획, 공공시설에 대한 건물의 구조에 관련된 대응의 예이다.

오비히로역 주변지구에 있어서 다목적광장은 앞에서 언급한 바와 같이 역 북측 지구 기존의 상업 중심과 가장 최근에 형성된 역 주변지구의 새로운 상업, 서비스 거점을 연결하고 양자 간에 사람들의 흐름과 활성화를 도모하는 것을 목적으로 하여 이 사이에 배치하기로 한 시설이며, 이러한 목적의 광장으로 만들기 위해 다음과 같은 방식을 기본으로 하여 계획하고 이들 방식이 다음 설계단계에 있어서 받아들여지기를 기대해 보기로 했다(그림 3.19).

- 계절에 상관없이 특히 기온이 낮아지는 동절기에도 날씨에 좌우되지 않고 항상 오비히로시 중심시가지의 활성화 거점이 되는 것을 목적으로 지붕이 있는 글라스 벽면으로 둘러싸인 광장으로 한다.

• 제도상으로는 도시공원이라 부르지 않고 단순히 광장이라 함으로써 상품판매 등 상업적 행위나 집회, 전시 등 다양한 이용을 가능하게 한다.
• 이와 같은 이용을 적극적으로 유발하기 위해 간편하면서도 이동이 가능한 상품판매나 음식시설을 도입한다.
• 다목적광장 남측의 택지에 있어서 미나미11쵸메도로에서 다목적광장에 이르는 건물 안을 통과해 빠져나오는 보행자 공간의 확보(그림 3.29 참조).
• 다목적광장 남북 건물에 대해서 다목적광장과 기능적, 공간적 일체성을 확보하고, 특히 다목적광장에 면하는 측에 있어서 다목적광장의 활성화 양성에 기여하는 기능의 배치 및 공간조성.
• 인접하는 도로와 같은 포장으로 하는 등 주변 도로와 일정한 관계성을 부여했다.

또한 지붕과 벽에 의해 내부 공간화된 경우에 있어서 외부 공간의 성격을 부여하는 공간으로서 주변 도로와 같은 재료, 같은 디자인에 의한 포장면의 마감으로 한다.

그림 3.19 | 다목적광장과 인접가구의 공간적 일체화(오비히로)

2) 고가 밑 공간에 대한 시설 배치

오비히로역 주변지구에 있어서 남북 역전광장 및 그 주변을 중심시가지에 대한 새로운 활성화의 장으로 만들기 위해 철도고가 밑에 설치하고 지정승차권 예약 발매창구나 여행안내 창구 등의 접객성 높은 철도업무시설, 상업, 서비스시설 등을 자유 통로나 역전광장에 인접하는 위치에 배치함과 동시에 이들을 자유 통로와 역전광장에 면하여 개방적인 시설로 만들고자 계획했으며 이들을 병행하여 진행하고 있던 철도고가시설 계획에 반영시켰다.

철도고가시설의 계획이나 역 부분의 계획은 이 단계에 있어서 또한 나중단계에 있어서 철도사업자측의 형편을 더욱 중시하여 책정된 경우가 많으며 그 결과 완성된 역의 시설 등이 도시에 있어서 중요한 시설이면서 도시공간의 구성면에 대해 충분한 배려가 이루어지지 않아 도시공간의 활력이나 매력 향상으로 연결되지 못한 예가 많다. 위와 같은 대응은 오비히로역에 대한 이와 같은 결과를 초래하지 않기 위한 포석이 되기도 했다.

10 기반시설과 인접 택지의 일체적인 이용과 공간구성

프로젝트지구의 활성화 양성과 공간적인 매력 향상을 위해 기반시설과 그에 인접한 택지를 일체로 이용할 수 있도록 하나의 공간으로 구성해가는 과정이다. 기반시설은 공공시설이기 때문에 도로법이나 도시공원법 등에 의해 그 이용이 제한되고 있으며 일본에 있어서 공공시설을 이용한 활성화나 즐거움이 양성되어가는 상황에 있다. 한편, 택지에 있어서 이와 같은 제한이 없으며 다양한 이용을 자유롭게 전개하는 것이 가능하다.

이러한 대응은 양자를 일체의 공간으로 정비하고 기반시설에 있어서 활성화가 부족한 경향을 보이게 되는 상황을 택지에 관련된 활동에 의해서 보완하여 전체적으로 다양한 이용이나 즐거움을 느낄 수 있도록 하고자 한 것이다.

1) 역전광장에 인접하여 다목적 이용이 가능한 택지 배치

역전광장은 상품판매나 음식 등의 상업활동, 선전활동, 불을 사용하는 이벤트 등에 대해서 강력한 제한을 두고 있으므로 역전광장을 중심으로 한 활성화 유도에는 일정한 한계가 있는 것이 현실이다.

마루카메역의 남쪽 입구 광장에 대해서도 인접한 상점가의 활성화가 필요한 상황이었음에도 불구하고 이와 같은 활성화 유발을 기대하는 것은 불가능했었다. 그러나 다행히도 그림 3.10에 나타낸 바와 같이 광장 동측에 인접하여 JR용지 및 민유지(1권리자)가 있어 이것을 시가 매수하여 역전광장에 인접한 시의 택지로서 상업활동도 포함한 자유로운 이용을 가능하게 하는 공간, 즉 자유 광장으로서 정비하기로 했다. 구체적으로는 야외 비어 가든을 비롯한 음식공간, 인접시켜 남측에 형성되어 있는 상점가에 의한 왜건 셀 등의 상품판매, 이벤트 공간 등으로서의 이용 등을 위한 장으로 만들고자 한 것이며, 앞선 사람들을 위한 공간으로 만든 역전광장 내의 공간과 연계하여 역전광장에 다양한 활기가 유발되리라 기대할 수 있게 되었다.

이를 위해 시가 매수한 토지는 제도상으로는 역전광장 용지라고는 생각할 수 없으며 단순한 시유지로서 취급하는 한편 포장에 대해서는 역전광장과 같은 설계를 하기로 했다.

2) 공원과 인접한 건물 외부구조체와의 일체적 계획

오비히로역 주변지구에 있어서 정주교류센터는 역을 중심으로 하는 대형 오픈 스페이스 안에서 역 남측 지구의 토지이용이나 건물건설을 유도하는 선행적 입지시설의 역할을 부여받았지만, 이것을 보다 정확히 하기 위해 동 센터의 부지를 남측의 공원과 연속적인 공간이 되도록 계획하여 양자의 설계를 일체로 하고자 다음 설계단계의 지침으로 삼았다. 건물의 부지와 공공시설을 일체로 전개한 대응 사례이다.

공공시설과 건물 부지의 일체적인 계획 기회는 시가지 재개발사업이나 종합설계 등을 통해 만들어지는 공개공지에서 많이 발견된다.

공개공지는 용적률 완화를 위해 확보되는 것이 일반적이지만 상기의 대응에 나타난 바와 같이 기반시설과 일체를 이루는 도시공간에 활력이나 매력을 양성하도록 계획하는 것이 바람직하다.

11 지하시설과 토지시설의 조정

프로젝트지구에 대하여 여러 시설의 도시디자인에 관련된 대응은 지상부의 시설뿐만 아니라 지하에 설치되는 시설도 그 대상이 된다. 대부분의 경우 지하시설의 일부가 지상부에 나타나는 경우에 지상부 시설과의 디자인 조정이 필요하게 되기 때문이다.

1) 지하주차장 출구의 일체화

마루카메역 주변지구의 경우, 그림 3.10, 20에 나타낸 바와 같이 역전광장 지하주차장에서 자동차의 출구는 남측 입구 역전광장 내의 남측에 설치하는 계획이었으나 이 주차장의 출구에서 나온 자동차 대다수는 출구를 나와서 역전광장 남측의 마루카메 역전선(서쪽 방향으로의 일방통행)을 서쪽 방향으로 향해 곧바로 마루카메 하라다선의 오른쪽으로 꺾어지게 되므로 같은 도로를 서쪽 방향으로 직진하는 차량들 속으로 끼어들지 않을 수 없는 위험성이 높은 계획으로 되어 있다.

한편으로는 역전광장 남측의 시가지 재개발사업에 의한 시설 건축물(재개발 빌딩) 지하에도 주차장이 독자적으로 설치되도록 계획되어 있으며 이를 위해 자동차 출입구를 시설 건축물 남측에 설치하는 방향으로 계획이 진행되었다. 그러나 이 출입구의 설치를 위해서는 마루카메역 하라다선 상에 주차장에 들어가는 차량을 위한 오른쪽으로 꺾어지는 레인을 설치할 필요가

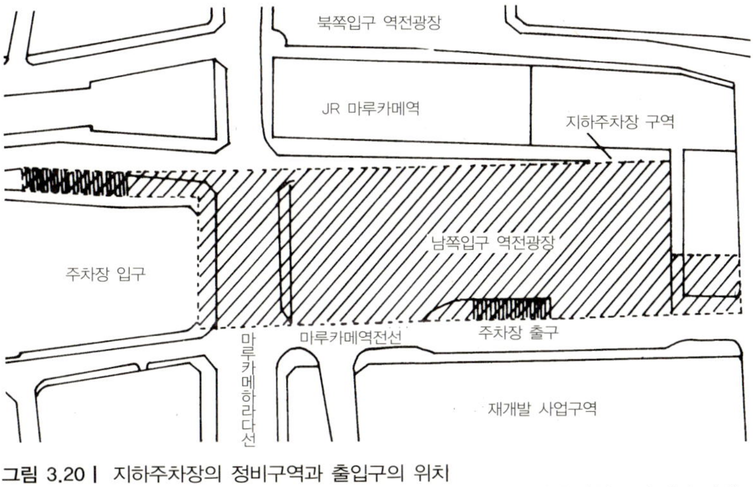

그림 3.20 | 지하주차장의 정비구역과 출입구의 위치
(출전 : 「마루카메시 도시기본계획의 재검토 및 중심시가지활성화 구상에 관한 조사」에서 발췌)

있었던 점, 또한 주차장을 나오는 차량이 북상하는 경우에 동 도로상의 차량과 부딪히는 점 등의 문제점을 안고 있었다.

시가지 재개발사업을 둘러싼 자동차 교통 처리상의 몇 가지 문제점을 해결함과 동시에 동 사업의 사업비 경감, 그에 따른 사업채산성 향상을 더불어 배려하고, 역전광장 지하주차장에서의 출구를, 마루카메 역전선에 접하여 남측의 시가지 재개발사업 구역측으로 이동하여 정비함으로써 이 출구를 시설 건축물 지하주차장 출구와 공용하도록 했다(그림 C.14).

이러한 계획변경으로 인해 시설 건축물 지하주차장으로의 입구부분을 정비하는 것이었으며 이것은 동 사업의 수행에 커다란 인센티브를 부여하게 되었다.

2) 새롭게 설치가 결정된 시설에 대한 대응

오비히로역 주변지구에 있어서 기본구상에서 구상되지 않았지만 이 단계에 있어서 역 주변지구의 활성화 등을 목적으로 하여 역전광장 밑에 시영 공공 주차장(약 200대 수용)을 정비하는 것이 시에 의해서 결정되었다.

종전의 기본구상에 새로운 계획이 부가된다거나 기본구상이 기본계획 단계에 일부가 변경되는 것은 관련된 다른 시설의 계획이나 사업계획의 변경을 동반하는 점, 또한 기본구상 단계에 있어서 프로젝트 수행에 대하여 관계기관 간의 일정한 합의가 이루어지고 있는 점 등에 따라 빈번하게는 일어나지는 않으며 바람직한 것은 아니다. 그러나 오비히로시에 있어서 중심시가지의 재생과 활성화는 중요한 과제이므로 이것을 추진하기로 했다.

이와 같은 경위에서 우선 주차장의 규모에 대해서는 역전광장의 면적범위 내로 하고 그 출입구를 역전광장 내에 설치하는 것에 대해서도 기본구상 단계에서 역전광장의 면적이 여유 있는 범위 내에서 가능했기 때문에 관련된 다른 시설의 계획이나 사업계획의 변경을 동반하지 않고 비교적 쉽게 이 계획이 받아들여지게 되었다.

다만, 역전광장 내에 지하주차장으로의 출입구를 설치하는 것은 전면도로에서 역전광장으로 향하는 출입로에 교통 부하를 초래하기 때문에 역전광장으로의 출입로에 지하주차장으로 향하는 전용 차선을 마련하는 것과 지하주차장으로 향하는 출입구를 최대한 콤팩트하게 만드는 것 등을 설계에 있어서 기본 방침으로 삼기로 했다(그림 C.43).

12 철도고가구조물과 도로교의 구조형식, 의장 등의 계획

철도의 고가구조물과 도로교는 토목적인 스케일을 가진 구축물이며 시가지에 있어서 대부분의 경우 사람에게 압박감을 주며 가까이 하기 어려운 존재가 된다. 그 결과 사람들의 무관심으로 인해 그 근방에 쓰레기가 버려지고 혹은 잡초나 낙서가 방치되는 등, 경관을 어지럽히고 불쾌한 경관을 만들어내는 원인이 되는 경우가 많다.

이와 같은 상황에 이르지 않기 위해서는 이들 구축물에 대해서 사람들이 최대한 쉽게 친해지도록 하는 구조형식과 의장에 대해서 연구하는 것이 요구되는데 사례 프로젝트에 있어서 다음과 같은 대응을 실시하고 있다.

1) 자연환경과 건물 스케일에 대한 친근감

아사히가와시 도시 거점지구에 있어서 지구의 개발정비에 맞추어 도로교로서 오오유키도로, 이류교도로 및 쇼와도로에 츄베츠가와를 횡단하는 교량이 건설되는 외에 후라노선이 미나미6쵸도로를 횡단하는 철도교도 포함하여 주요한 것만으로도 모두 4개의 교량이 건설되는 것으로 되어 있다(그림 C.16). 기본계획 단계에 있어서 우선 이들 모든 다리를 대상으로 구조형식 및 의장에 대한 검토를 진행하여 다음을 기본적인 사항으로 하기로 했다.

- 하천공간을 중심으로 "자연환경성"이 높은 공간을 형성하는 지구 전체의 공간구성 방식과 현재의 하천공간의 모습을 최대한 있는 그대로 활

그림 3.21 | 신가구라교의 정비계획

용하여 하천공원을 정비하고자 한 기존의 방식에 대응하여 불필요한 그 존재를 주장하지 않는 디자인으로 한다.

- 시가지 안에 건설되는 다리로서 또한 건물의 높이나 밀도를 낮게 줄이는 것을 기본으로 하고 있는 지구에 대한 건물건설방식에 대응하여 시가지 공간에 친숙한 스케일을 갖춘 교량으로 한다.
- 후라노선의 현 철도교를 경계로 하여 시각적으로 하천공간이 상류부와 하류부로 나누어짐으로써 이류교도로 및 쇼와도로의 교량에 대해서 상호간에 관계성을 부여할 수 있도록 설계한다.

2) 주변 환경과 친숙한 구조형식의 선택

상류측에 설치된 신가구라교는 가장 조기에 건설될 다리이며 기본적인 계획에 대해서도 다양하게 검토되었고, 다음 여러 가지 사항을 고려하여 2현 아치교로 하기로 했다(그림 3.21).

- 현 가구라교에 근접한 위치에 건설되기 때문에 교각에 의해 치수에 영향을 줄 수 있기 때문에 이것을 최대한 억제하기 위해 교각을 적게 설치해도 되는 구조형식을 선택한다.
- 교량부 대부분이 중앙에 미나미6쵸도로에 접속하는 램프가 설치되어 번잡한 형태가 되기 때문에 시선을 교량 상부구조로 끌어당김으로써 번잡한 형태를 시각적으로 완화시키는 것을 목표로 상부구조는 단순한 구조형식과 의장으로 한다.
- 하천공간 안에 있어 돌출되지 않고 안정된 경관을 만들어내는 것이 바람직하며 안정감 있는 구조와 의장으로 한다.

또한 미나미6쵸도로에 설치된 철도교에 대해서는 열차통과 시의 소음발생을 억제하는 것을 고려하여 콘크리트(箱桁橋-box girder bridge)로 하기로 했다. 더불어 부분에 대해서는 폭을 좁게 함과 동시에 교각부와 일체적인 디자인으로 함으로써 이들을 설계단계에 있어서 디자인 지침으로 삼도록 했다.

13 고가 밑 역사(驛舍)계획 및 고가 밑 공간의 이용계획

역사는 해당 시의 새로운 얼굴이 되는 시설이며 도시개발프로젝트지구에 대한 보행자 네트워크 형성에 있어서 필요한 시설 중 하나이다. 따라서 이 단계에 있어서 계획의 기본적 방향을 설정하고 철도사업자 등과의 합의를 얻는 것이 매우 중요하다. 또한 역사 부분 이외의 고가 밑 공간이용에 대해서도 연결선상의 토지이용 등과의 연계를 배려하면서 적절한 이용 방향을 결정해 두는 것이 이 단계에서 요구된다.

1) 역사의 공간적 매력 부여

아사히가와시 도시 거점지구에 있어서 한도액 입체 교차사업의 사업주체인 홋카이도와 철도업자인 JR 홋카이도 및 아사히가와시 사이에서 다양한 계획안에 대해 협의를 거듭하여 다음과 같은 기본적인 방침을 세웠다.

- 현 도심지구의 헤이와도로 가이모노(賣物)공원의 연장선상과 그 동측의 미도리교도로(그림 3.12 참조)의 연장선상의 동서 2개소에 역사 내의 자유 통로를 설치한다.
- 개찰구는 헤이와도로 가이모노공원 연장선상의 자유 통로에 접하여 설치함으로써 동측의 자유 통로에서 쉽게 이용할 수 있도록 한다.

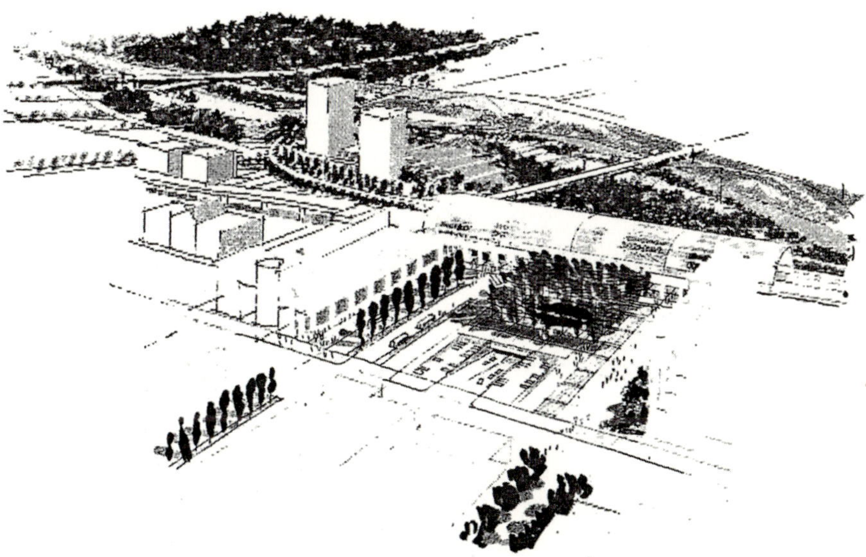

그림 3.22 | 아사히가와역 북쪽입구의 역전광장 기본계획, 가이모노공원과 미도리교도로의 연속성을 도입

- 이들 자유 통로의 연장선상에 있는 철도 남측에 소규모의 교통광장을 설치한다(그림 3.13 참조).
- 고가 밑에 철도업무시설 이외에 시의 공익시설과 상업시설 등을 설치한다.

또한 역사 부분의 공간구성에 대해서는 역사 공간이 다음과 같은 방향으로 시가지 및 남측의 츄베츠가와와 공간적인 관계를 가지는 것이 바람직하다고 판단했다.

- 헤이와도로에서 북쪽 입구 역전광장과 역사 안을 거쳐 하천 공간으로 뚫린 공간을 만든다. 이것은 기능적인 연속성뿐만 아니라, 역사에서 하천의 공간을 조망하는 공간조성을 목적으로 한 것이며 또한 반대로 하천공간의 "자연환경성"을 북쪽 입구 역전광장까지 관입시키고자 한 것이다.
- 미도리교도로의 가로수에 의한 풍부한 녹음을 역전광장 안으로 연장하고, 더불어 역사를 뚫어 대형 연못 주변의 녹지와 연결한다(그림 3.12, 22). 즉 푸른띠 만들기인 것이다.

2) 역사 공간의 이용 조정

새로운 아사히가와역의 홈 레벨은 고가화되기 전후 구간의 레일 레벨에 맞추기 때문에 약 10.5m로 일반적인 역에 비해서 높은 위치가 되기 때문에 역사 부분의 고가 밑 공간을 1층, 2층 어느 쪽으로 할 것인가에 대해서 시와 JR 간의 다음과 같은 차이가 있으며 쌍방 간의 협의가 거듭되었지만 기본계획 단계에 있어서의 조정은 그 합의점을 찾지 못하고 끝났다.

- 시 : (2층 안) 역사를 활기 있는 시설로 만들고 시민의 편리를 고려하여 개찰구를 비롯한 철도업무시설은 2층으로 하고, 1층을 공익시설이나 상업시설을 정비하기 위한 공간으로 만들어야 한다고 생각한다.
- JR : (1층 안) 일반적으로 역사의 주요 층은 역전광장과 같은 레벨이어야 하므로 1층에 철도업무시설을 배치해야 한다고 생각한다. 또한 상업공간의 소유자가 되는 입장에서는 공익시설 이외에 고가 밑 공간을 매립한 만큼의 테넌트를 아사히가와에 주장하는 것은 곤란하다고 생각한다. 따라서 2층은 플랫폼 간의 이동을 위한 승강장만으로 한정해야 한다고 생각한다.

14 기반시설, 건물 외부구조체의 랜드스케이프 디자인의 틀 계획

프로젝트지구의 공간구성의 틀이 정리된 후 개개의 공간을 구성하는 기반시설이나 건물에 대해서 다음 설계단계에 대한 각 시설의 설계에 대한 지침을 분명히 하기 위해 경관형성이나 랜드스케이프 디자인, 즉 여러 시설의 표층에 대한 디자인 방식을 검토하는 과정이다.

1) 역사성의 표상

오비히로시는 메이지 이후 개척된 도시로 역사가 짧은 도시이지만 그렇기 때문에 한정된 과거가 만들어낸 시대성을 현재에 남겨 두는 것은 문화재적인 가치는 없더라도 주민에게 있어서 친근한 과거를 생활문화사적인 가치로 보존하는 것과도 연결시킬 수 있어서 매력적인 도시공간 형성으로 연결된다. 또한 이를 통해 도시공간에 대한 친숙함이나 애착 증대를 기대할 수 있다.

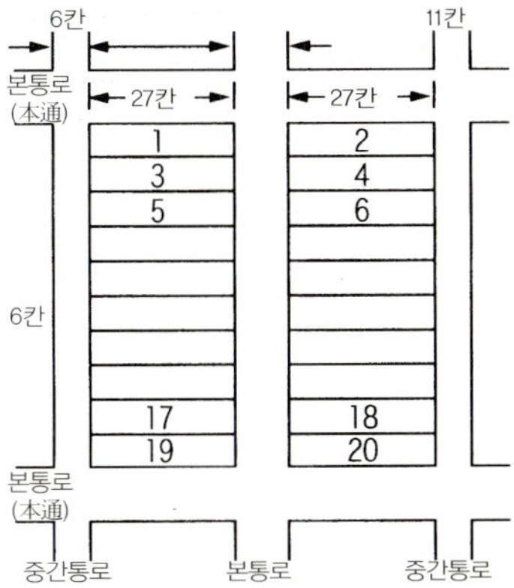

그림 3.23 | 오비히로시의 척식(拓殖)구획

오비히로시의 시가지는 현재에도 일찍이 척식(拓殖)구획에 근간을 둔 부지할당이 이루어지고 있으며, 이것이 오비히로시의 도시공간구성상의 바탕이 되고 있다. 또한 경관형성면에서도 이 부지비율이 개개의 건물 최소의 단위가 되고 있다(그림 3.23).

이와 같은 이유에서 척식구획면에 근간을 둔 부지경계선을 도로나 택지내외 구조설계시 기본적인 모듈로서 예를 들면, 포장재료의 모듈로 하는 등, 다양하게 활용하는 것을 다음 단계의 설계에 대한 방침으로 삼고 있다.

또한 오비히로역 현재의 1번 선은 1905년에 철도(네무로본선)가 개업된 시점과 같은 위치에 있다. 이것이 철도의 고가화사업에 의해 이설되었기 때문에 위와 같은 방식에 기인하여 일찍이 1번 선의 위치나 레일을 어떠한 형태로든 디자인에 적용함으로써 이것을 역전광장이나 도로 등 공공시설의 랜드스케이프 디자인의 방침으로 삼고자 했다.

2) 비일상적인 공간 설치, 활성화 유발

위와 같은 역사적인 중층성의 유지, 활용에 의한 도시공간의 매력 부여와 함께 사람들이 비일상적인 체험을 하고 호기심을 만족시킬 수 있는 공간을 만들어내는 것, 특히 어린이들에게 있어서 새로운 놀이를 발견할 수 있는 공간으로 만드는 것도 도시공간을 매력적으로 만들어가는데 있어서 중요하다. 한편 오비히로역 주변지구에 있어서 활성화의 창출이 역 남측 지구로의 사람들의 흐름이나 건물건설 등을 유도해 가는데 있어서 중요한 명제이며, 역 남측 지구에 대한 도로나 역전광장, 공원 등의 공공시설설계에 있어서 비일상적인 공간을 설치하여 활성화 유발이나 사람들의 흐름 유도에 기여할 수 있는 랜드스케이프 디자인을 진행하기로 했다.

15 퍼블릭 아트 도입에 관련된 기본적인 방식 제시

프로젝트지구 내 공간의 매력이나 가치를 높이기 위해 퍼블릭 아트를 설치하는 경우가 늘어나고 있다. 퍼블릭 아트를 도입해가는 경우 그에 어울리는 공간을 미리 정해 두고 그것에 대응하여 공간과 아트의 관계 등을 제시해 두는 것은 도시디자인을 전개해 가는데 있어서 중요하다. 따라서 퍼블릭 아트의 도입을 생각하는 경우 그 도입에 대해서 기본적인 방식을 분명히 해 두는 것도 이 단계에서 이루어져야 할 중요한 과정이다.

1) 설치 장소의 특정 사항과 아트 방식의 방향성

하나마키역 주변지구에 있어서 역전광장으로의 자동차 진입구를 하나마키다카키선과 하나마키카즈카선의 교차점으로부터 거리를 고려하여 그림 3.24에 나타낸 바와 같이 역전광장의 북동쪽 모서리에 마련하기로 했으며, 이것에 맞추어 입구부에 로터리를 설치하기로 했다. 그리고 이 로터리 위에 그 위치가 여러 방향에서 어프로치하는 것이 가능하다는 것을 활용하여 로터리를 이용하는 자동차나 보행자의 동선에 맞추어 그 변화를 즐기는 퍼블릭 아트를 설치함으로써 이것을 역전광장 설계 및 퍼블릭 아트 설치방침으로 삼기로 했다.

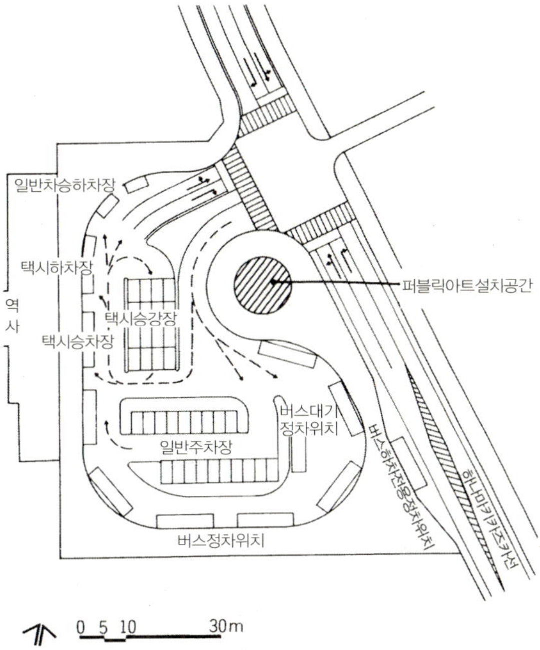

그림 3.24 |
하나마키역 동쪽입구 역전광장에 대한 퍼블릭 아트의 설치 공간

2) 설치에 어울리는 공간구성

퍼블릭 아트의 설치에 대해서는 설치 장소와 아트와의 믹스 매치와 예정하고 있지 않았던 위치에 설치하는 등의 예도 많으며, 도시에 있어서 퍼블릭 아트 설치가 반드시 적절하게 이루어지고 있다고는 말하기 어려운 상황에 있다.

이와 같은 상황에서 하나마키역 주변지구에 대한 위와 같은 대응은 이 단계에 대한 도시디자인의 대응 중 하나로서 설치에 어울리는 공간을 구성함과 동시에 설치 위치나 설치되는 아트의 성격을 분명히 한 것이다. 이것은 퍼블릭 아트 설치에 관련된 공간구성과 경관형성 두 가지 시점에서 도모된 대응으로서 높이 평가받을 만하다.

16 각 계획 간의 종합조정과 도시계획 결정, 사업계획 정리

기본계획 단계에 있어서 위까지의 다양한 대응에 나타난 바와 같이 각 시설에 대해서 기본계획 책정 작업이 진행되며, 그것과 병행하여 계획 상호간에 마찰을 초래하지 않도록 각 계획 간의 조정이 관계하는 기관 간에 전체적으로 진행된다. 이와 같이 프로젝트의 구체화를 추진하는 기간사업이나 주요한 기반시설에 대한 계획과 사업비, 그 부담 구분(국가, 지방 및 관계기관 등 각각이 부담하는 대부분의 사업비)이 정해지면 이 단계, 즉 기본계획 목표인 도시계획 결정이나 사업계획 인가에 이르게 된다.

도시디자인에 관련된 대응도 위에 나타낸 바와 같이, 이들 계획 책정 작업의 일환이며, 또한 상호간의 조정도 이루어진다.

이 계획 간의 조정은 이와 같이 도시디자인의 전개에 있어서 틀의 기본이 확정되는 것이므로 매우 중요한 대응이며 사례 프로젝트지구 모두에 있어서 많은 지혜와 에너지, 시간이 투입되는 과정이다.

1) 기간사업을 중심으로 한 조정

아사히가와시 도시 거점지구에 대한 경우는 우선 각 사업과 시설의 계획 입안 주체와 여기에 참가한 전문 컨설턴트와 전문디자이너는 프로젝트가 다양한 사업에 의해서 구성되어 있는 경우와 프로젝트지구의 면적이 큰 경우가 있으며 다음과 같이 여러 방면에 관여하고 있다.

- 토지구획정리사업 : 아사히가와시/구획정리 컨설턴트(삿포로)
- 철도한도액 입체교차사업(고가구조물/역사계획) : 홋카이도/JR 홋카이도, 철도구조물 설계컨설턴트(삿포로)
- 주요 도로교계획 : 홋카이도, 아사히가와시/교량설계 전문컨설턴트(도쿄)
- 하천 환경 정비사업(츄베츠가와의 개수사업 및 하천부지 공원의 정비계획) : 홋카이도 개발국, 아사히가와시/수공 컨설턴트(삿포로), 랜드스케이프 아키텍트(샌프란시스코)
- 도로교계획 : 홋카이도, 아사히가와시/교량설계 디자인 사무소(도쿄), 구조설계 컨설턴트(삿포로)
- 지구 전체의 랜드스케이프 계획 및 지구공원의 계획 : 아사히가와시/랜드스케이프 아키텍트(샌프란시스코)
- 행정거점지구계획 : 아사히가와시, 홋카이도 개발국/도시계획 · 도시디자인 · 컨설턴트(도쿄)
- 테마존계획 : 아사히가와시/도시계획 · 도시디자인 · 컨설턴트(도쿄), 상업 컨설턴트(도쿄)
- 지역열공급계획 : 아사히가와시/열공급사업에 관련된 전문 컨설턴트(도쿄)

• 주차장 계획 : 아사히가와시/교통시설계획 컨설턴트(도쿄)

• 시설 유지, 관리 조직의 설립, 운영 계획 : 아사히가와시/도시개발기획 컨설턴트(도쿄)

이들의 다양한 계획입안에 관련해서는 상호간에 많은 조정을 필요로 하지만, 특히 지구의 프로젝트를 추진하는 기간사업이 토지구획정리사업이기 때문에 토지구획정리사업과의 조정이 대부분의 경우에 이루어졌다.

구체적으로 상기까지 정리된 이 단계의 다양한 대응 중에서 선택하면 도로의 기능과 성격 등에 대응한 구역 구성, 역전광장계획, 공간구성에 대응한 조성계획과 도로 · 택지 레벨 설정, 보행자로와 광장 공원 배치, 주택 구역에 관련된 구획도로의 배치계획 등이다.

이와 같은 계획 조정은 지구에 인접한 택지와의 사이에서도 이루어지고 있다. 아사히가와 도시거점지구의 경우 동측의 M블록에 인접하여 가스회사

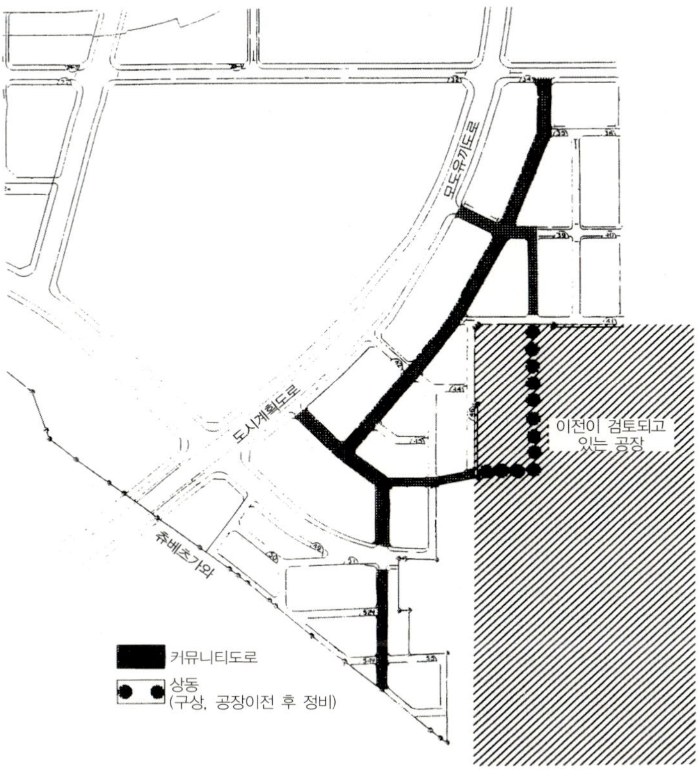

그림 3.25 | M블록과 인접가구(다른 곳으로의 이전이 검토되고 있는 공장 용지)를 연결하는 구획도로(커뮤니티 도로)의 계획(오비히로)

공장과 탱크가 설치되어 있었지만 가스회사에 있어서 지구의 개발정비와 함께 고도이용을 도모해야 했으므로 탱크와 공장을 폐쇄하고 새로운 토지이용을 모색하게 되었다. 이와 같은 동향에 맞추어 M블록에 있어서 공장측과도 의견 교환을 하여 다음 단계에서 공장용지에 대해서도 블록 개발정비에 일정한 관계성을 갖춘 지구로 정비가 진행되기를 기대하여 블록 내의 커뮤니티 도로에 공장용지를 도입하는 것을 예상한 선형으로 정비하기로 했다(그림 3.25). 즉 공장용지 안으로의 커뮤니티 도로의 연장 전망 및 그것을 바탕으로 한 공장용지 고도이용의 전개이다.

2) 사업주체, 컨설턴트 등이 만나는 조정의 장(場)설치

조정은 각각의 계획마다 관계된 계획 당사자 간에 진행되며, 보다 정확한 조정책을 찾아내고 조정 결과를 계획의 전체 속에서 조정, 확인함과 동시에 계획을 공유하기 위한 장으로서 아시히가와시 도시 거점지구 도시개발계획 조정위원회(1994년도), 아사히가와시 도시 거점지구 도시개발 검토회(1995년도~)가 아사히가와시에 의해 설치되었다. 이 장에는 각 시설과 사업계획 입안을 담당하는 사업주체와 컨설턴트, 전문디자이너 등이 매회 전원 출석하여 학식 경험자와 더불어 각 회 50~60명에 이르는 출석자에 의해 의논, 조정이 진행되었다(그림 3.26).

조정에 있어서 기본구상에서의 방식이나 지구 전체의 계획입안 및 공간구성과의 대응, 계획과 도시디자인으로서의 정확성, 계획과 사업에 관련된 제도와의 대응 등의 시점에서 각 사업주체와 담당 컨설턴트 등이 납득하는 조정안과 목표로 해야 하는 계획의 방향을 필요에 따라 제시하는 것이 필요하게 된다. 즉 조정안의 제시이며 조정을 원활하게 진행하기 위한 논의의 선도 등이며 이와 같은 코디네이터의 역할을 지구 구상입안 초기 단계에서 참여하고 있던 필자가 몸담고 있던 일본 도시 종합 연구소가 담당했다(그림 3.26).

아사히가와시 도시 거점지구의 경우 기본계획에 있어서 각 시설과 사업에 대해서 계획입안이 여러 분야에 걸쳐 있었으며, 각 계획과 전체적인 장에 있어서의 조정이 충분히 도모되었으며 더불어서 도시계획 결정과 사업계획에 관련된 안이 정리되었기 때문에 다음 설계단계에 있어서 기본계획 변경은 지극히 경미한 수준에 머물렀다.

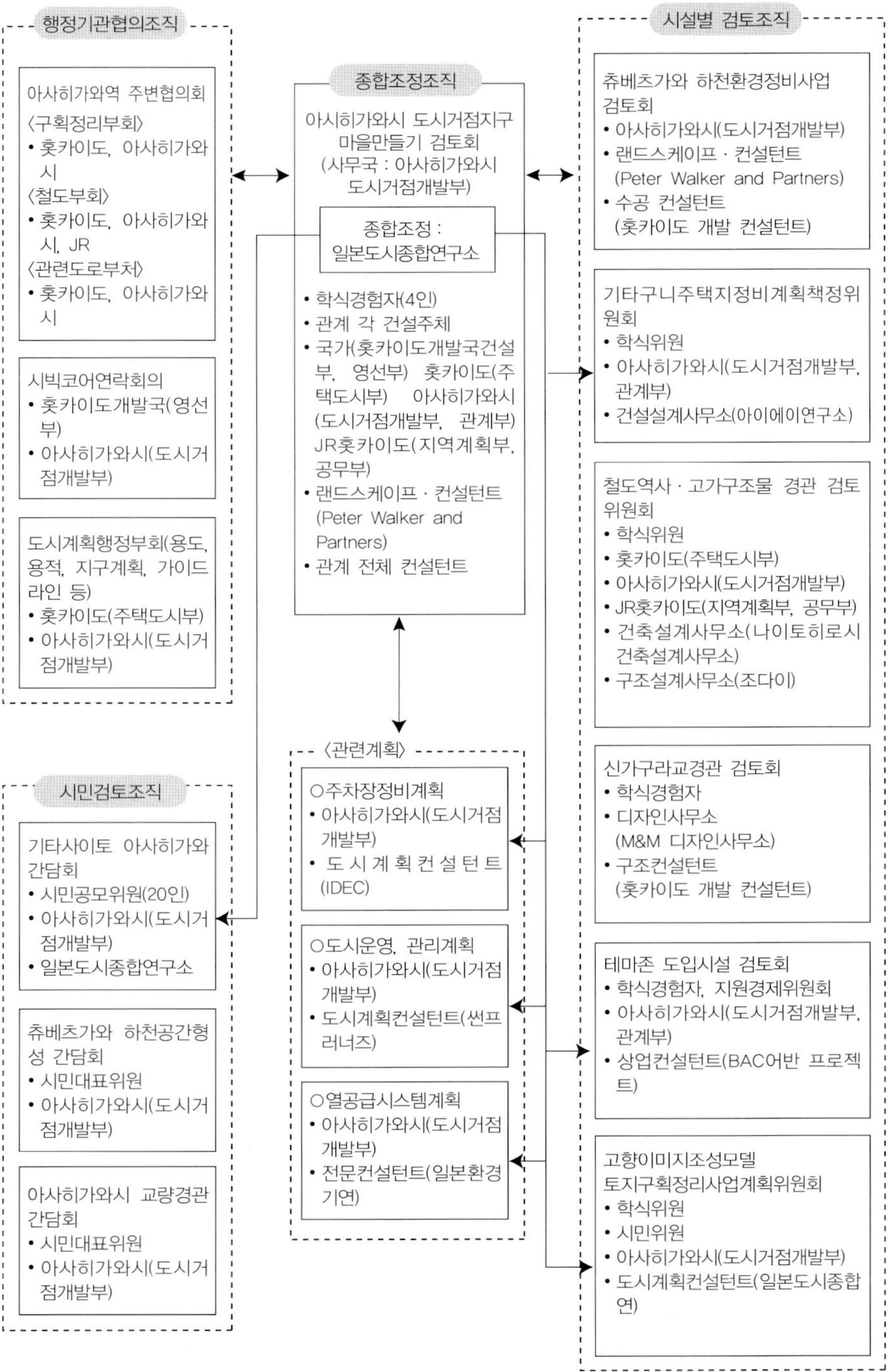

그림 3.26 | 아사히가와시 도시거점지구의 기본계획, 기본설계단계에 대한 검토 · 조정조직

기본계획단계는 프로젝트지구의 계획과 창출되는 공간의 틀을 구체적으로 결정하는 단계이다. 따라서 계획, 디자인, 사업 등에 관련된 조정을 정확하게 진행해 둘 필요성은 지극히 높으며 아사히가와시 도시 거점지구의 경우 다수의 사업주체, 컨설턴트, 전문디자이너가 참여하여 다수의 계획입안을 충분한 조정을 바탕으로 진행할 수 있었던 것은 지극히 다행스러운 일이었다. 또한, 상기의 아사히가와시 도시 거점지구 도시개발 검토회는 현재(2000년 현재)에도 계속적으로 설치되고 있으며 계획, 설계, 공사의 진전에 맞추어 발생하는 다양한 과제에 대해서 의논, 조정하는 장으로서 기능하고 있다.

주

1) 1993년 3월 30일 건설성 영(営)계발 제23호 외, 「시빅 코어지구 정비제도에 대하여」, 관공청 시설과 민간시설 등이 연대하여 양호한 환경의 시가지 환경을 형성해가기 위하여 관련하는 도시정비사업과 정합을 도모하고 이들 시설정비를 종합적이고 일체적으로 실시하는 제도
2) 시가지내 공원입구에 이르는 도로를 광폭원으로 풍부한 녹지를 배치하고 공원에 대해서는 프라이판의 柄(핸들)과 같은 설계방식, 공원의 존재를 시가지에 어필하는 효과이다. 진구가이엔에 있는 미술관 앞 거리, 요코하마 공원에 있는 니혼오오도로, 골든게이트 파크에 있는 펠가로(Fell street) 등이 대표적인 예이다.

3 | 3

설계단계

이 단계는 제2장에서 언급한 바와 같이 전 단계인 기본계획에서 정리된 각 프로젝트를 구성하는 기반시설과 건물건설에 관련된 계획의 틀과 도시계획 결정 내용에 입각하여 기반시설과 건물에 대해서 각각 기본설계, 실시설계를 진행하는 단계이다.

이들 기본설계, 실시설계는 같은 시기에 일체로 이루어지는 것이 아니라 각각의 기반시설과 건물사업실시 및 건설 시기에 맞추어 그 몇 해 전부터 개별적으로 진행되게 된다. 또한 건물에 대해서는 초기 단계에 건설되는 건물에 대해서 기본계획이 정리되므로 기본설계, 실시설계가 진행된다. 이 경우 건물의 기본계획은 건물건설방침과 기능, 여러 실의 면적, 건설비 등을 분명히 하는 것이지만 도시개발프로젝트의 계획 프로세스에서는 기본계획 단계, 때로는 기본구상단계에서 이미 명확하게 결정되어 있는 경우 혹은 이 설계단계에 있어서 처음으로 해당 건물의 건설 시기에 맞추어 정리되는 등 다양하다.

이 단계의 도시디자인에 관련된 대응은 개개의 시설설계에 맞추어 진행되지만 이 단계가 설계단계인 만큼 그 역할이나 의무는 지금까지의 단계에 비해서 보다 상세한 것이 된다.

1 설계에 있어서 도시디자인에 대한 요청사항의 정리

전 단계까지 검토했던 기반시설과 건물건설에 관련된 도시디자인의 시점에서 바라본 입장을 이들 시설의 설계에 있어서 지침 혹은 요청사항으로 정리 · 대응한다. 이것은 이 단계에 이르기까지의 단계에 있어서 검토, 합의된 도시디자인의 전개에 대한 생각을 실체화하는데 있어서 중요한 과정이며, 나중에 언급할 사업화에 관련된 분류, 즉 사업수법의 특정 사항과 맞추어 이 단계 초기에 진행해야만 한다.

1) 정리에 있어서의 충분한 파악

하나마키역 주변지구에 있어서 다음 사항에 대해서 정리하고 있다.

- 기반시설의 포장 의장에 관련된 방식
- 다목적광장에 대한 주변 건물의 공간적인 관계(일체적 이용, 공간적 관계성의 확보 등)에 관한 방식
- 다목적광장에 면한 건물로 향하는 사람, 자동차의 액세스에 대한 방식
- 다목적광장에 면한 건물의 파사드 의장에 관한 방식
- 노선 상점가에 입지하는 점포 상호간의 의장 관계성에 대한 방식
- 상점가에 대한 지하 매설물 관리를 위한 대응 방향
- 역전광장에 대한 퍼블릭 아트 도입에 대한 기본적인 방식

이들 방식은 전 단계까지 검토했던 도시공간의 구성이나 경관형성에 관련된 사업주체 및 계획자의 생각 혹은 관계기관 등이 참여한 협의의 장에서 합의된 여러 시설의 정비에 대한 방침을 정리한 것이며 기본계획단계에 대한 여러 시설의 설계에 관련된 방식을 설계단계에 전달하기 위한 것이기도 하다. 따라서 전 단계까지 관계자간에 합의된 것을 기본으로 하여 설계단계에 있어서 실현될 수 있는 것인지의 여부와 실현을 필요로 하는지 여부 등에 대해서 심사숙고하여 정리할 필요가 있다.

2) 공간구성에서 경관형성으로의 절차

이와 같이 정리해 보면 하나마키역 주변지구의 경우, 이 단계에 이르기 전 단계에서 정리된 지침은 대부분이 기반시설의 포장이나 건축물 등의 소위 “지상 건물(上物)”의 의장, 설계에 관련된 것이라는 것을 알 수 있다. 이것은 기반시설의 배치와 형상, 토지취급 등에 관련된 공간구성방식에 대해서 전 단계까지의 설계를 바탕으로 토지구획정리사업과 기반시설에 대한 도시계획 결정을 통해 실현되리라는 것을 약속한 바에 따르고 있다.

이것은 도시디자인 전개 프로세스에 있어서 중요한 의미를 가지고 있다.

즉 공간구성에 관련된 검토는 전 단계까지 그 대부분이 확정된다는 의미로 여기에 공간구성 단계에서 경관형성 단계로 이행하는 절차가 있다고 하는 것이다.

또한 이들 요청사항은 지구계획과 건축협정으로서 법적인 근거를 부여하는 것도 가능하지만 하나마키역 주변지구의 경우는 나중에 언급할 노선 상점가에 관련된 사항에 대해서 지구계획을 정하는 이외에 이와 같은 위치가 될 수는 없다. 이것은 많은 기반시설의 정비 주체나 건물건설주체의 이해와 협력 혹은 이들 주체와의 협의에 의해 실현해가는 것을 기본으로 했기 때문이다. 협의형태에 따른 도시디자인의 구체화이다.

2 설계를 담당하는 전문디자이너 결정

다음으로 기반시설과 건물설계를 담당하는 각 전문디자이너를 결정해가는 것이 이 단계의 중요한 사안이다.

기본구상, 기본계획 단계의 도시디자인에 관련된 대응은 개개의 시설설계를 위해 그 기초와 장(場)을 만드는 과정이다. 이에 반해 완성된 도시공간의 질이나 가치는 설계단계와 관련된 기반시설의 의장, 건물 형태와 의장에 따라서도 크게 좌우된다. 그리고 이들은 두말 할 것 없이 개개의 시설설계를 진행하는 전문디자이너 자질과 감각에 따라 크게 변화하게 되므로 이 단계에서는 적절한 전문디자이너를 찾아내는 것이 중요하다.

1) 설계자의 자질에 따라 변화하는 시설의 질과 가치

하나마키역 주변지구의 경우는 다음과 같이 각 시설의 설계자가 선정되었다.

- 정주교류센터 : 그 지역의 건축설계사무소 3사의 지명에 의한 계획안 설계 경기와 심사는 복수의 시관계 부국의 부장
- 다목적광장과 상점가 중앙도로 등의 기반시설 : 하나마키시 내의 다른 토지구획정리사업지구의 공원설계를 담당하고 있던 도쿄의 조경 컨설턴트
- 호텔 : 건설주체와 오랫동안 관계를 맺어왔던 대형건설회사의 설계부

• 상점가의 점포 : 각 상점주에 의해 선정된 지역의 설계사무소, 건설회사 공무점 등 지금까지의 관계 등이 배경
• 역전광장의 퍼블릭 아트 : 시민을 상대로 공모(공모에 의해 선정된 안을 바탕으로 심사원 가운데 현 내 미술관 관계자가 디자인을 발전)

이와 같이 매우 다양한 방식으로 선정되는데 저자가 전 단계까지의 설계자로서 조언할 기회를 얻었던 것은 정주교류센터 설계자 선정에 대한 것만으로 이것도 선정방식에 대해 조언했던 것에 머물렀다. 시에 있어서 설계자의 자질에 따른 시설의 질이나 가치의 차에 대한 인식이 반드시 충분히 유지되고 있지 않았던 점과 설계비의 제약 등 다양한 이유가 배경이 되고 있다.

2) 만들어내야 하는 공간을 만들 수 있는 전문디자이너 선정

마루카메 역전광장 주변지구에 있어서 다음과 같은 이유에서 미국의 랜드스케이프 아키텍트에 지구 전체의 랜드스케이프 디자인을 의뢰하기로 했다. 그 기본설계를 미술관, 도서관 배치와 함께 정리한 것이 그림 C.24이다.

• 역전광장은 기반시설 중 하나이며 기반시설은 건물과 도시공간을 이용하는 사람들에 대해서 건물과 사람들을 '그림'이라고 가정한다면 원칙적으로 '땅'으로서 기능하는 것이 바람직하다. 다만, 이 원칙은 문자 그대로 단순히 땅을 의미하는 것이 아니라 '땅'으로서 충분히 아름다운 것일 필요가 있다.
• 마루카메 역전광장 주변지구에 있어서 이와 같은 방식을 투철한 컨셉으로 하여 불필요한 장식성을 최대한 억제한 디자인을 원칙으로 랜드스케이프 디자인을 진행하기로 했다. 따라서 이와 같은 방식을 정확하게 파악할 수 있는 랜드스케이프 아키텍트를 찾을 필요가 있었는데 이와 같은 이유로 미국의 피터 워커 사무소에 의뢰하기로 했다. 이것은 그의 과거 대부분의 작품이 미니멀 디자인을 지향하고 있는 점에서 높이 평가된 것이었던 점과 저자 및 미술관 설계를 담당하고 있던 건축가가 종전부터 이 랜드스케이프 아키텍트를 알고 있었던 점, 그리고 시에 있어서 이들을 허용하는 예산이 정해졌던 점 때문에 가능했던 것이다.

설계단계는 앞에서 언급한 바와 같이 다양한 시설의 설계를 위해 다양한 분야의 전문디자이너가 참여하는 것이며 이들 전문디자이너는 완성된 공간

의 질이나 시설 디자인을 크게 좌우하게 되기 때문에 만들어내는 공간에 적절하게 대응할 수 있는 디자이너를 찾아내는 것이 중요하다.

전문디자이너의 선정은 하나마키역 주변지구에 있어서 나타낸 바와 같이, 각각의 시설 건설주체에 의해서 다양한 방법에 따라 이루어진다. 이에 비해 마루카메 역전광장 주변지구의 경우 랜드스케이프 디자인이 새로운 분야인 만큼 건축가의 선정에 비해 시의 선정에 대한 자유도가 남아 있었던 점, 기본계획단계까지의 계획자였던 저자에게 적절한 인재를 추천해 줄 것을 의뢰한 점 등 여러 가지 면에서 미국의 랜드스케이프 디자인 사무소의 참여와 연결되었다. 그 결과 설계에 있어서 앞선 장식성을 배제한 미니멀 디자인의 컨셉이 실현되었던 것이 다행스러운 일이었다.

3 전문디자이너의 도시디자인에 관련된 방식과 요청사항의 전달

선정된 각 시설의 전문디자이너에 대해서 각 시설의 설계에 관련하여 앞서 언급한 바와 같은 방침과 요청사항을 전달하는 것이 이 단계의 다음 과정이 된다.

1) 요청사항의 배경과 목적을 포함한 전달

경관형성에 관련된 지침과 요청사항뿐만 아니라 기본구상, 기본계획 단계에 있어서 계획했던 공간구성에 관련된 생각이나 배경과 목적에 대해서도 전달하고 도시디자인에 관련된 사고방식을 종합적으로 이해한 후에 설계에 임하도록 하는 것이 중요하다.

개개의 시설설계는 당연히 설계를 담당하는 전문디자이너 생각에 입각하여 진행하게 되지만 그 때 지침이나 요청의 배경이 되는 관계기관의 생각이나 제도, 그리고 사회, 문화적인 사유까지 포함하여 전달함으로써 기본구상, 기본계획 단계에 대한 사고방식이 보다 쉽게 이해되어 설계에 반영되게 된다.

이와 같은 사회, 경제적인 사유 등 다양한 맥락에서의 문제의식이나 이에 입각한 도시디자인의 대응은 일반적으로 전문디자이너의 사고방식에만 따르는 경우 보다도 개개의 시설설계를 강력하게 하게 된다.

2) 직접적인 전달, 간접적인 전달

하나마키역 주변지구에 있어서 토지구획정리사업에 맞추어 처음으로 건설되는 정주교류센터의 설계를 담당하게 된 건축가나 다목적광장과 도로설계를 담당하게 된 조경 컨설턴트에게 여러 상황에 대한 방침을 전달했다.

다만, 노선 상점가의 각 점포의 경영자나 설계자에 대해서는 노선 상점가에 입지하는 상점주의 대표 역할을 담당하고 있던 리더를 통해서 설명, 전달하고 관철시키도록 했다. 이것은 노선 상점가로 환지되는 상점주들이 지구계획 당초부터 사업수행에 열심이고 각각 일정한 수준의 설계가 이루어질 것으로 기대하고 있는 점과 이들 점포에 대한 요청사항이 지구계획에 따르는 사항 이외에 많지는 않았던 점이 이유가 된다.

이와 같이 프로젝트지구 내의 중요한 건물이나 공간에 대한 요청사항의 직접적인 전달과 다수의 건물을 대상으로 한 간접적인 전달을 각각 사용처에 따라서 나누지 않을 수 없는 것이 일반적이다.

4 경관형성을 위해 도입하는 사업의 특정사항과 지구계획안의 정리

이 단계의 초기에 이루어져야 할 또 하나의 과정이다. 앞서 언급한 지침이나 요청사항에 입각한 설계를 비롯하여 기반시설을 일반적인 경우보다 높은 정비 수준으로 그레이드 업하여 실현해가기 위해 일반적인 사업수법과 중복해서 도입해가는 사업을 분명히 하는 과정이다. 이에 따라 그레이드 업에 관련된 대부분의 사업비가 관계자 간(특히 국가와 사업주체)에 합의되어 실제 설계가 이 합의를 전제로 그 후에 진행되는 것이다.

1) 정비 수준 향상을 위한 사업수법의 특정 사항

구체적으로는 토지구획정리사업이 기간사업인 경우에는 고향마을 이미지 조성 모델 토지구획정리사업에 의해 실현해가는 것을 '이미지 조성계획서'로 만들어 정리하거나 다른 시가지개발사업에 의한 경우도 포함하여 마을만들기 종합지원사업에 의해 실현해가는 것을 동 사업의 '마을만들기사업계획'으로 통합한다. 또한 가로사업에 맞추어 진행되는 상징적인 도로정비사업에 의해 구체화를 도모하는 것 등에 대한 마무리도 실시한다.

그리고 고향마을의 이미지 조성 모델 토지구획정리사업이나 마을만들기 종합지원사업의 도입에는 프로젝트지구 내의 필요한 개소에 대해서 지구계획 결정이 조건이 되고 있기 때문에 대부분의 경우 이러한 과정에 맞추어 지구계획이 책정되게 된다. 이것은 도시디자인에 대한 사고방식을 구체화하는데 있어서 효과적인 조건이며 이와 관련된 사항을 적극적으로 포함시키는 것이 바람직하다.

2) 다양한 사업수법 도입

아사히가와시 도시 거점지구의 경우에는 전 단계까지에서 전망했던 주요한 기반시설과 건물설계방식을 구체화시켜가기 위해 양 사업을 도입함으로써 그림 C.26에 나타낸 바와 같이 대상으로 하는 시설을 분명히 했다.

이 경우의 원칙적인 사고방식은 각각의 제도에 입각하여 다음과 같이 수행하는 것이다.

- 기반시설에 관련된 설계의 구체화는 고향마을 이미지 조성 모델 토지구획정리사업에 따른다.
- 건물이나 그 외부구조, 기반시설 연결도로의 택지 내 시설설계의 구체화는 마을만들기 종합지원사업에 따른다.
- 지구계획은 양 사업에 공통되는 것으로 하여 츄베츠가와를 따라 형성된 자연환경을 시가지 내에 유도한 공간으로 만든 지구 내 남북 방향의 주요 도로의 연결도로에 있어서 건축물 벽면선의 후퇴 위치 등을 지정하는 것 외에 가구마다 토지이용의 제한 규정 등을 분명히 했다.

또한 하나마키역 주변지구에 있어서 고향마을 이미지 조성 모델 토지구획정리사업의 도입에 대해서 오비히로역 주변지구에 있어서 동 사업, 마을만들기 종합지원사업 및 니시니쵸도로의 상징적인 도로정비사업의 도입에 대해서 이 단계에 있어서 사고방식을 분명히 하여 합의가 이루어져 있다.

이들 사업의 도입에 대한 합의는 프로젝트지구에 있어서 이들 사업제도를 활용하여 구체화해가고, 프로젝트지구 내의 대상 시설 및 그 사업비 총액에 대해서 이루어지는 것이다. 더불어 앞서 언급한 바와 같이 사업실시 여러 해 전부터 시작된 개개의 시설설계에 맞추어 합의된 총액의 틀 내에서 합의에 입각하여 사업비가 순차 투입되어 가게 된다.

5 공간구성을 실현하기 위한 환지계획

전 단계까지에서 검토한 공간구성에 관련된 도시디자인의 사고방식을 실현해가는 것에 의미를 두고 환지설계를 진행하는 과정이다. 대부분의 경우 토지구획정리사업에 대한 인가가 난 후 2년 정도의 기간을 필요로 하지만 그 기간 동안 상기까지의 과정이 병행하여 진행되는 한편 전 단계에서 정리된 환지에 관한 사고방식과 특히 지구계획을 비롯하여 환지의 토지이용이나 벽면선의 후퇴 위치 등 지권자의 토지이용, 건물건설에 관련된 제한 등을 고려하면서 작업하게 된다.

이 작업 후에 가환지 지정이 이루어지며 해당 택지의 사용 수익 개시가 인정된 후 건물건설이 진행되게 된다.

1) 도시설계와 구획정리 컨설턴트와의 협동

환지작업은 토지구획정리사업 전문 컨설턴트에 의해 진행되는 것이 일반적이므로 도시디자인에 관련된 사고방식 특히 도시공간을 구성해 가기 위한 토지의 배치(환지조작)나 기반시설의 구성에 대한 사고방식이 사업주체나 구상, 계획입안에 관련된 계획자에서 구획정리 컨설턴트에게 전달된다. 구획정리 컨설턴트는 이러한 정보를 받아 환지설계를 진행하고 그 결과 밝혀진 환지설계상의 문제점 등을 사업주체 및 계획자에게 다시 전달하고, 상호간에 연구를 거듭하면서 환지 안을 정리하는 프로세스를 반복한다.

이러한 반복작업은 사업주체나 구획정리 컨설턴트에게 있어서 번잡한 일이다. 또한 환지 대응 원칙을 준수하고 싶다는 의향이 사업주체나 구획정리 컨설턴트에게 강하게 작용하고 있는 것이 일반적이기 때문에 반드시 원활하게 진행되지 않는 경우가 많다. 그러나 프로젝트지구에 있어서 토지이용을 계획적으로 유도하고, 도시공간을 계획적으로 구성하여 매력적이고 활력이 넘치는 것으로 만들어가기 위해서는 가장 중요한 과정이며 그 필요성은 특별하다.

2) 환지설계와 도시디자인에 관련된 사고방식의 공유

환지설계는 도시디자인 측면에서 받아들이는 경우 전 단계까지의 도시디자인에 관련된 사고방식을 반영시켜 토지(소유권과 이용 의향 등)로 치환해 가는 작업이다. 따라서 전 단계까지의 계획자, 도시설계 전문가는 환지설계에 관련된 지식을 충분히 갖추고 토지구획정리사업 전문 컨설턴트와 의견을 교환하여 환지설계에 관련된 정확한 사고방식을 나타낼 수 있는 지식과 경험을 갖추고 있을 필요가 있다. 이와는 반대로 토지구획정리 컨설턴트가 스스로 도시디자인에 대해서 연구를 거듭하여 그것을 바탕으로 환지설계를 진행하는 경우도 있는 것은 당연한 일이며 그를 위해서는 토지구획정리 컨설턴트가 도시디자인에 관련된 지식을 충분히 갖추고 작업을 진행해갈 의욕을 가지고 있는 것이 요구된다.

하나마키역 주변지구에 대한 환지설계를 정리한 것이 그림 C.28이며, 그림에 나타낸 바와 같이 도시디자인에 관련된 사고방식이 다음과 같이 수용되어 있다.

- 종전 역전광장 남측에 위치하고 있던 점포 대부분이 지구 내 남측 중앙 노선 상점가 형성을 위해 중앙의 보행자 공간을 따라서 환지되었다.
- 호텔을 건설하게 된 지권자의 토지가 종전의 지구 내 중앙 위치에서 역전광장 인접지로 환지되었다.
- 시가 선매수한 국철청산사업단 용지는 정주교류센터 및 지구 남서측의 주차장 용지로 환지되었다.
- 정주교류센터 동측의 상업 빌딩 용지에는 종전 상업을 운영하고 있던 지권자의 용지와 보류지가 환지되었다.

6 랜드스케이프 디자인의 마스터플랜 입안

기본계획단계에 대한 도시디자인의 전개방식에 입각하여 프로젝트지구 내의 주요한 공공공간과 다양한 사업이 집중된 지구 등을 대상으로 경관형성, 즉 랜드스케이프 디자인의 마스터플랜을 책정하는 작업이다. 이것은 개개의 기반시설설계가 뿔뿔이 흩어져 전체적으로 일체성, 관계성을 잃는 것을 피하기 위해 기반시설의 기본설계에 앞서 거쳐야 할 과정이다. 따라서 앞선 '이미지 조성계획'이나 '마을만들기 사업계획'의 정리를 지속적으로 진행시키는 것이 바람직한 자세이다.

이 경우 랜드스케이프 아키텍트가 중심이 되어 스트리트 퍼니처나 사인 등의 설계를 전문으로 하는 프로덕트 디자이너나 조명 디자이너 등의 협동작업에 의해 진행되며 전 단계까지의 계획자가 그 단계까지의 도시디자인에 관한 사고방식을 전하여 코디네이터 역할을 하는 것이 바람직하다.

또한 이 마스터플랜은 복수의 기반시설과 그에 인접한 건물 등이 대상이 되기 때문에 각각의 공사와 관리를 담당하게 되는 사업주체측의 관계기관 및 부서에 의한 조정의 장이 마련되는 것이 바람직하다.

1) 랜드스케이프 디자인의 마스터플랜 입안과 설계 조정 회의 설치

오비히로역 주변지구에 있어서 남북의 역전광장을 중심으로 하는 대형 오픈 스페이스 조성 방침에 대응하여 시는 이 공간을 구성하는 기반시설에 대해서 각각 사업주체와 사업수법, 공사시기가 다르지만 이들을 하나의 공간으로 정비하는 것에 대한 필요성을 인식하여 이 공간에 대해서 랜드스케이프 디자인의 마스터플랜 입안을 진행하기로 했다.

저자는 이것을 받아들여 랜드스케이프 아키텍트와 조명 디자이너를 시에 소개하고 양자 모두가 이를 위한 체제에 뛰어들기로 함으로써 사업주체를 포함한 협동작업을 진행하기로 했다.

오비히로시는 구획정리사업을 담당하는 역 주변 구획정리과가 중심이 되어 관계 부서 및 설계팀(도시설계가 랜드스케이프 아키텍트, 조명 디자이너)에 의한 역 주변지구설계 조정을 설치하여 설계를 진행하기로 했다. 이 조정 회의에 관련된 검토와 조정 결과를 정리한 대형 오픈 스페이스의 마스터플랜이 그림 C.30, 31이다.

일체의 오픈 스페이스를 구성하는 기반시설 및 그 사업주체, 사업수법, 사업년도는 다음과 같다.

- 남쪽 입구 역전광장 : 역주변구획정리과, 토지구획정리사업, 96년도
- 북쪽 입구 역전광장 : 역주변구획정리과, 토지구획정리사업, 99년도
- 북쪽 입구 역전광장 지하주차장 : 도심개발과, 교통안전시설정비사업, 97, 98년도
- 남쪽공원 : 공원과, 공원정비사업, 95, 96년도
- 정주교류센터 외부구조 : 정주교류센터 건설담당 참사(참사를 중심으로 한 부서에 해당하는 조직), 거리조성 · 마을만들기 종합지원사업(당시) 및 정책사업, 93~95년도
- 공원대로 : 역주변구획정리과(토지구획정리사업구역) 및 도심개발과(구획

정리사업구역 외), 토지구획정리사업 및 정주 거점 긴급정비사업, 95년도

- 니시2쵸도로(토지구획정리사업구역 외의 구간) : 홋카이도 오비히로 토목현업소, 상징도로정비사업, 97~99년도
- 토지구획정리사업구역 외의 관련 도로 : 도심개발과, 정주 거점 프롬나드 정비사업, 92~99년도

조정 회의는 필요에 따라 열리게 되며, 이 오픈 스페이스의 마스터플랜 입안에 필요한 약 2년 동안에 여러 차례 개최되어 설계에 대한 검토가 진행됨과 동시에 필요한 사항에 대해서 상기의 관계기관, 부서 간의 조정이 이루어졌다. 이 설계 조정은 지극히 효과적이며 설계 단계 처음에 이와 같은 체제를 바탕으로 마스터플랜 입안을 진행한 시의 자세는 높게 평가할 만한 것이다. 특히, 정주교류센터의 외부구조를 더한 것은 이와 같은 공익시설 외부구조에 대해서 한사람의 랜드스케이프 아키텍트에게 디자인을 맡긴 경우는 매우 드문 일이므로 보다 높은 평가를 받을 것이다.

또한 이 설계 조정회의는 그 후 현재에 이르기까지 수시로 개최되었으며 각 시설의 실시설계나 공사진행 방식 등에 대해서도 필요한 조정을 진행하는 장이 되고 있다.

2) 제도에 근간을 둔 협의회 설치

아사히가와시 도시 거점지구에 대한 경우는 프로젝트지구가 크고, 대부분의 지구에 대해서 여건이 결정되어 있지 않았기 때문에 지구 전체에 걸친 공공공간의 마스터플랜을 책정할 수 없어 초기 단계에서 사업화된 시빅 코어 지구에 대해서만 지구 전체의 랜드스케이프 디자인의 마스터플랜을 책정하기로 했다.

시빅 코어 지구의 설계 협의는 시빅 코어 지구 정비 제도에 근거하여 아사히가와 시빅 코어 지구 정비 추진 협의회가 설치되어 오비히로역 주변지구에 대한 설계 조정과 유사한 구성원에 의한 같은 기능을 가진 조정의 장으로서 다양한 검토와 조정을 진행했다. 그 성과를 정리한 것이 그림 C.38이다.

마루카메 역전광장 주변지구에 있어서 미국의 랜드스케이프 아키텍트가 미술관의 외부구조를 포함하여 지구 전체 공공 공간의 랜드스케이프 디자인의 마스터플랜을 담당하고, 조명, 사인계획에 대해서는 프로덕트 디자인 사

무소가 협동했다. 저자는 기본계획에 있어서 앞서 언급한 도시디자인에 관한 사고방식을 전달함과 동시에 이들 전문디자이너와 사업주체 사이에 다양한 조정을 진행했다. 그러한 그들의 성과를 정리한 것이 그림 C.24이다.

7 개개의 기반시설설계

앞서 언급한 랜드스케이프 디자인의 마스터플랜, 전 단계까지의 도시디자인에 관련된 방식, 이것을 실현해가기 위해 도입한 사업수법 등을 바탕으로 개개의 기반시설설계를 진행하는 과정이다.

구체적으로는 도로나 광장에 대해서 포장, 식재, 조명, 사인, 전선류의 지하화 및 그에 동반된 노상설치물 등에 대해 공원에 대해서는 공간조성방식, 시설배치, 각부의 마감 또한 하천에 대해서는 도시공간의 일부로서 점용하는 구역(둔치 등)의 이용방식과 표층의 마무리, 철도에 대해서는 고가구조물의 의장과 역 부분의 설계 등에 대해서 설계를 진행하는 것이다.

대부분은 랜드스케이프 아키텍트, 조명 디자이너, 프로덕트 디자이너 외에 이 단계에 이르기까지 프로젝트지구 전체의 계획에 관련되어 왔던 계획자, 즉 도시설계가 등이 설계안을 정리하는 구성원이며 사업주체나 사업 후에 시설의 유지 관리를 담당하는 부서 등과의 조정을 거치면서 설계가 확정되어 가게 된다.

1) 수경보다 이용 중시, 역사적인 의미 부여

모든 지구에서 똑같은 과정을 거치고 있는데, 오비히로역 주변지구에 대한 경우는 다음과 같다. 대상으로 하는 시설이 앞서 언급한 바와 같이 도로를 비롯한 다양한 종류에 걸쳐 있는 점 또한 설계내용도 포장과 식재 등으로 다양하기 때문에 주요한 대응에만 한정해도 다방면에 걸쳐 있다.

- 오비히로시의 경관형성 기본 방침에 나타난 '물과 푸른 마을만들기'에 입각하여 대형 오픈 스페이스에 '물과 녹음'을 도입하는데 있어서 물과 녹음을 단순히 수경적인 요소에 머무는 것이 아니라 비일상성과 오락성 또한 생태적인 기능을 배려하여 남쪽 입구 역전광장과 남쪽공원, 도카치(十勝)플라자에 외부구조체 등을 설치

◇ 남쪽 입구 역전광장 및 남쪽공원 : 근방의 료우가오카공원에 생식하는 다람쥐가 놀러 오기를 바라는 마음에서 다람쥐의 식이식물인 북가시나무를 밀도 있게 식재

◇ 남쪽공원 : 시민이 휴식하고 어린이들이 뛰어노는 것을 목적으로 물의 3태(얼음, 안개, 물)를 활용한 변화무쌍한 분수 설치

◇ 도카치 플라자(정주교류센터) : 건물 정면에 어린이들이 놀 수 있는 미로를 향노송나무를 이용하여 설계

• 역사의 중층성에 따른 매력 부여를 목표로 기반시설을 설계하고 퍼블릭 아트를 설치했다.

◇ 북쪽 입구 역전광장 : 연속 입체교차사업에 의해 이설되는 네무로본선 구 1번 선의 레일을 그림 C.43에 나타낸 바와 같이 종전의 위치에 해당하는 역사 전면에 포장면과 동일면에서 매입

◇ 남북 역전광장 및 지구 내의 보도 : 오비히로시의 척식 구획에 입각하여 남북 역전광장 및 모든 보도에 11m 간격으로 보더를 설치

◇ 지구 내외 복수 개소 : 복수 개소의 보도 위에 일찍이 오비히로의 시가지에 놀고 있던 또한 현재도 도카치 평야에 널리 생식하는 사슴의 퍼블릭 아트를 설치

• 대형 오픈 스페이스의 크기나 공원대로의 축성(軸性) 등을 배려하여 공원대로의 설계를 진행했다.

◇ 식재 : 역을 중심으로 대형 오픈 스페이스를 형성하는 랜드스케이프 디자인의 마스터플랜에 대응하여 공원대로의 남쪽공원 및 도카치플라자에 접한 구간의 공원측에 대해서 가로수의 불설치. 그림 C.30에 나타낸 바와 같이 공원대로의 공간도 포함하여 남쪽공원과 도카치플라자 전면의 공간과 일체로 대형 공간을 만들고자 한 것에 따름.

◇ 조명 : 공원대로의 축성을 강조하기 위해 도로 중앙선에 기둥 모양의 조명기구를 줄지어 설치(그림 C.31, 32)

이와 같이 기반시설의 설계는 다양하며, 대부분의 설계에 대해서 수경보다도 거기에서의 이용이나 활동 유도를 중시하고 있는 점 또한 사회적, 역사적인 의미에 맥락을 두고 있는 점 등이 공통적이다. 도시공간의 매력과 그 존재의 의의를 높이기 위해서는 경관형성을 배려함과 동시에 혹은 그 이

상으로 그 공간에 기대하는 이용이나 활동을 수용하고 풍부한 사회적 의미를 중시하는 설계로 하는 것이 중요하다.

2) 미니멀 디자인

마루카메 역전광장 주변지구에 있어서 간소하고 미니멀하다는 것을 취지로 다음과 같은 설계를 진행했다(그림 C.24).

- 역전광장에 대해서 '대지'에 철저할 것, 또한 프로젝트지구 근방의 기반시설에 대한 동일 사양에 의한 정비 전개 등을 목적으로 하여 저렴한 재료에 의해서 포장하기로 했다.
  ◇ 차도 부분 : 아스팔트 포장
  ◇ 보행자 공간 : 아스팔트, 소포석(小舗石), 슬레이트 등의 저가 재료에 의한 포장

차도 부분과 같은 재료(아스팔트)를 이용함에 따라 광장 전체를 한 장의 바닥(포장면)으로 표현.

- 상징적인 경관이 되는 것을 목적으로 하여 역전광장 중앙에 분수를 설치했다.

- 다양한 기능을 가지면서도 미니멀 디자인을 지향하여 역전광장에 다양한 기능을 가진 인조석을 설치했다.
  ◇ 인조석의 기능 : 사람을 위한 광장에는 벤치와 어린이를 위한 놀이기구, 차도 근방에는 볼라드(bollard), 버스 승하차장 근방에 있어서 버스 승하차객을 위한 벤치, 야간에는 인조석 내에 조명기구를 설치하여 광장의 조명으로도 기능하도록 함으로써 한 가지 형태의 공작물을 장소나 시간에 따라 기능을 바꾸어 이용했다. 이에 따라 광장에 설치된 공작물의 형태나 종류에 한정하여 미니멀 디자인성을 획득

- 공간의 협소함을 배려하여 북쪽 입구 역전광장 등의 식재계획, 조명계획을 진행했다.
  ◇ 북쪽 입구 역전광장 및 여기에 이르는 도로 : 보도를 비롯하여 보행자를 위한 공간이 협소하기 때문에 기둥 모양의 수형을 이루게 되는 포플러나무를 식재하기로 했으며 조명기구도 기둥 모양으로 디자인했다.

미니멀 디자인에 대한 지향은 기반시설의 의장이 주변에서 돌출된다거나 번잡한 것인 경우 거리의 분위기나 공간 자체를 보여주기 어려운 점, 사람과 차, 광고물 등 현란한 색깔로 가득한 것과 경쟁을 해야 하는 경우가 발생하는 상황 등이 배경이 되고 있다.

8 건물설계와 협의의 장 설치

프로젝트지구 내의 건물설계, 건설에 관련된 기본계획 단계의 검토, 정리된 건물건설에 대한 생각과 요청사항에 따라 건물의 설계와 건설을 진행해 가는 과정이다.

건물설계에 대해서도 요청사항을 건물건설주체와 설계자에게 전달하는 것만으로는 기본설계 단계에서 의장했던 건물건설방식이나 도시공간은 쉽게 실현할 수 없다. 그것은 건축 설계에는 기본계획 단계에서 이해할 수 없는 독자적인 방식과 설계 조건이 있으며 일반적으로 건물건설주체와 설계자는 도시의 공간구성 시점에서 건물의 관계나 안정성에 대한 관심은 반드시 높지는 않으나 스스로의 생각과 건물로서의 완결성을 중시하는 경향은 강하다.

이러한 이유로 건축설계에 대해서도 이 단계에서 설계에 관련된 조정의 장을 마련하는 것이 필요하게 된다. 이와 같은 조정의 장은 전항 6의 기반시설의 마스터플랜과 설계에 관련된 경우와 마찬가지로 지구의 기간사업을 담당하는 사업주체나 전 단계까지 계획 책정에 관여했던 계획자와 건물건설주체나 설계자가 참여하는 형태가 바람직하다. 이와 같은 장이 마련됨에 따라 설계에 대한 의견이 교환되고 쌍방이 서로의 생각을 이해하면서 앞선 단계에서 요청된 사항을 적절하게 조정하고 받아들이게 되는 것이다.

사례 프로젝트지구에 있어서 다음과 같은 대응이 이루어지고 있다.

1) 디자인 검토회의 설치

오비히로역 주변지구에 대한 경우 정주교류센터 설계자는 경쟁입찰에 의해 선정되었으며, 이 설계자에 대해서 우선 기본계획단계까지 결정된 사안을 전달했다. 더불어 설계자로부터 제시된 기본 설계안은 훌륭한 설계 방식을 여럿 포함하고 있으며 기본구상, 기본계획단계에 대한 생각, 즉 대형 오픈 스페이스 안에서의 적용 방식과 다방면에서의 상징성 획득 등을 정확하게 받아들이지 못한 개소가 나타났다.

이와 같은 이유에서 기본계획단계에서 설계에 요구되는 다양한 사고방식을 구체화시키기 위해 학식 경험자와 함께 저자가 참여한 디자인 검토회의를 시가 설치하여 기본설계에 대해 설계자와 함께 협의를 거듭하고 기본 설계안에 대한 수정이 도모되었다.

정주교류센터는 1995년에 완성되었지만, 그림 C.33에 나타낸 바와 같이 남쪽공원, 남쪽 입구 역전광장 및 공원대로가 만든 대형 오픈 스페이스 안의 독립성이 높은 건물로서 일정한 상징성을 갖추고 있으며 남쪽공원에 배치된 다목적홀의 파이버 유리면 등에 의해 물과 녹음이 풍부한 환경과 융합된 건물이 되는 등 전 단계까지의 방식이 반영된 건물이 되고 있다.

또한, 오비히로역 주변지구에 있어서 프로젝트 진보에 맞추어 JR 홋카이도가 남쪽 입구 역전광장 동쪽 구역 자체의 환지 위에 호텔을 건설하게 되어 그 설계가 진행되었다.

이 설계와 관련해서는 민간시설인 것도 있으며 시나 저자는 관여하지 않았지만 JR 홋카이도는 기본계획 단계에 나타난 대형 오픈 스페이스 공간을 명확하게 하기 위한 주변 건물의 벽면선 통일 방침을 수용하여 이 라인에 호텔 벽면이 위치하도록 설계했다. 이 호텔도 1997년 6월에 완성되었으며 그림 C.34에 나타낸 바와 같이 역사 건물과 함께 남쪽 역전광장의 위요성을 높이는 것이 되었다.

2) 지구계획에 따른 룰의 한계

하나마키역 주변지구에 대한 경우 노선 상점가의 각 점포 설계에 대해서 시 및 저자가 직접적으로 관련된 것은 없었지만 결과적으로 완성한 상점가의 개별 점포 설계에는 아직 연구할 만한 여지가 많이 남아 있었다.

구체적으로는 점포 개개의 파사드 디자인에 대해서 상호간의 관계성이 희박한 점과 상점가 중앙의 보행자 공간에 대한 구조가 개방성이 결여된 점 등이다. 이들은 앞서 언급한 바와 같이 상점가의 보행자 전용도로를 따라서 세트백하는 지구계획이 정해져 있었지만 점포 개개의 설계에 대해서는 상점주의 형편에 따라 각각 다른 건축설계사무소나 건설회사에 의뢰했으며, 이들 상호간의 조정의 장이 유지되지 못했던 것 등이 원인이다.

다만, 보행자 전용도로(노선 상점가)를 따른 세트백에 대해서는 그림 3.27, 28에 나타낸 바와 같이 상수도, 우수 배수관, 도시가스 등의 매설공간으로서 1m의 공간이 확보되며 이 공간을 식재공간으로 이용함으로써 보행자 전용도로 밑에 설치된 콘크리트로 고정된 무산수용설장치를 피해 이들 관로의 관리공간이 확보되었다.

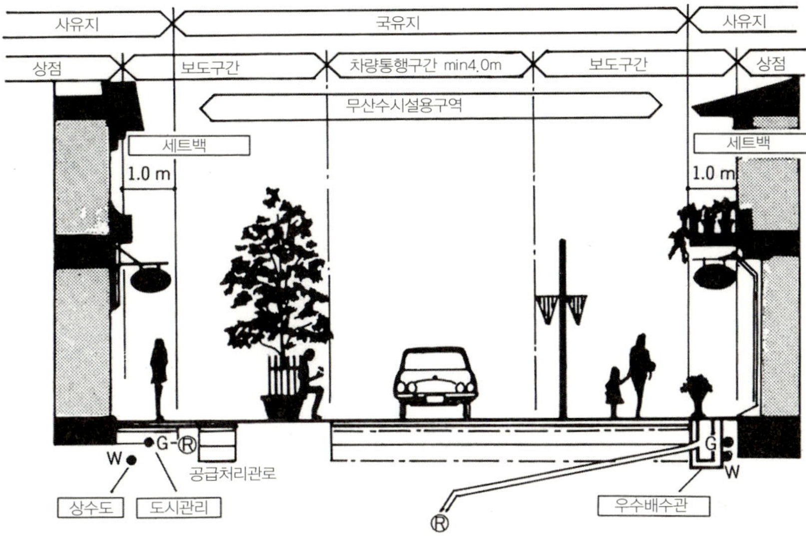

그림 3.27 | 노선상점가에 관련된 지구계획(지하매설물 관리 등을 위한 건물 세트백, 표전단면도)

그림 3.28 | 지구계획에 따라서 매설된 지하매설물 관리를 위한 노선상점가의 세트백부

3) 건축설계를 위한 협의의 장 설치

건물설계에 있어서 기본계획 단계에 있어서의 도시디자인에 대한 사고방식을 수용하는 방법은 위와 같이 다양하며 이러한 경우 이외의 상황도 포함하여 건물설계의 진행방식은 다음과 같이 유형화할 수 있다.

① 일정한 협의, 조정을 바탕으로 기본계획 단계까지의 건물건설방식에 입각하여 설계가 진행된다(오비히로역 주변지구에 대한 정주교류센터의 경우).

② 협의, 조정은 이루어지지 않지만, 기본계획단계로 정리된 건물건설방식과 지구계획, 건축협정 등에 입각하여 설계가 이루어진다(오비히로역 주변지구에 대한 JR 홋카이도에 의한 호텔의 경우).

③ 개개의 건물건설주체의 의향과 형편에 따라 설계가 진행되는 경우(하나마키역 주변지구 노선 상점가의 경우).

도시개발프로젝트지구에 있어서 사업주체나 지구 전체의 계획에 관련하여 계획자가 건물건설에 대한 조정을 진행하는 경우는 공공건축과 지구의 기간사업이 진행중인 시기에 건설되는 주요한 건물에 한정되어 있으며, 대부분은 개개의 건축주나 건축설계사무소 등이 자기 판단에 입각하여 설계하게 된다.

보다 매력적인 도시공간을 형성하기 위해 개개의 건물이 일정한 규칙을 바탕으로 설계되어야 하며 지구계획과 협정 등을 마련하여 그것에 입각하여 설계가 진행되며 이 경우에 있어서 기대한 바와 목적에 입각하여 건물설계를 했듯이 협의의 장이나 설계 내용에 대해서 조합할 기회를 마련하는 것이 바람직하다.

도시개발프로젝트에 있어서 설계단계에 이르기까지 오랜 시간과 엄청난 에너지가 소비된다. 이에 호응하기 위해서라도 설계단계에서 건물건설에 대한 조정은 도시개발프로젝트의 기간사업이 완료된 후에도 적극적일 수 있을 것이다. 도시개발프로젝트의 계획프로세스 마지막 단계에 있어서 기대한 방식이 구체화되지 않는 것은 어쨌든 애석한 일이므로 이를 위한 대응과 필요한 체제가 정리될 필요성이 높다.

9 기반시설과 인접한 건물과의 일체적 설계

기반시설의 설계와 이에 인접한 건물의 설계를 일체로 혹은 상호 조정하면서 진행하는 과정이다. 대부분의 기반시설은 토지구획정리사업과 시가지재개발사업 등 프로젝트지구의 기간사업에 따라 정비되며 이들 사업에 의해 설계가 진행된다. 따라서 이 과정은 기간사업 진행중에 건물이 건설되는 혹은 기반시설과 건물설계가 같은 시기에 이루어지는 경우에 한해서 가능한 과정이다. 이와 같은 기회는 반드시 많지는 않지만 기회를 잡아 적극적으로 대처해야 할 과정이다.

1) 건축가, 아티스트, 도시설계가, 사업주체의 협동

마루카메 역전광장 주변지구에 있어서 앞서 언급한 바와 같이 도시계획 주륜장의 재건에 동반한 미술관 전면 옥외 전시 스페이스를 지표보다 반 층 정도(약 1.1m) 올리고 그 밑에 주륜장을 넣었으며 전시 스페이스를 역전광장에 대해 무대로서 기능하도록 설치하기로 했다. 이 대응 자체가 기반시설(역전광장)과 건물의 일체적 계획이라 할 수 있는데 설계단계에서는 미술관의 역전 광장측 벽면에 그리기로 되어 있던 랠리프를 무대 위에서의 이벤트에 맞추어 스크린으로 하는 것도 필요하다는 생각에 벽면에 그리는 범위를 한정하여 그림 C.42에 나타낸 바와 같이 중앙부를 공백으로 남겨두었다. 이것은 '거리와 일체를 이루는 미술관'의 실현을 강력하게 희망하고 있던 화가의 의향이 있었던 것이 배경이 되어 실현했던 것인데 도시설계가, 건축가, 아티스트의 협동작업의 귀중한 예라고 할 수 있다.

시는 미술관(무대)과 역전광장 사이에 있는 마루카메역 하라다선에 가드레일을 설치하지 않도록 공안위원회와 협의하여 실현했다. 그 결과 양자 간의 공간적인 일체성이 한층 더 확보되게 되었는데, 이러한 노력도 포함하여 마루카메 역전광장 주변지구에 대한 역전광장과 미술관의 일체적인 설계는 도시설계가, 건축가, 아티스트, 시의 협동작업의 성과라고 할 수 있다.

2) 광장과 일체를 이루는 건물짓기

오비히로역 주변지구에 있어서 북쪽 입구 역전광장에서 미나미쥬이치쵸메 도로를 매개로 다목적광장에 이르는 보행자 공간을 다목적광장에 인접한 남

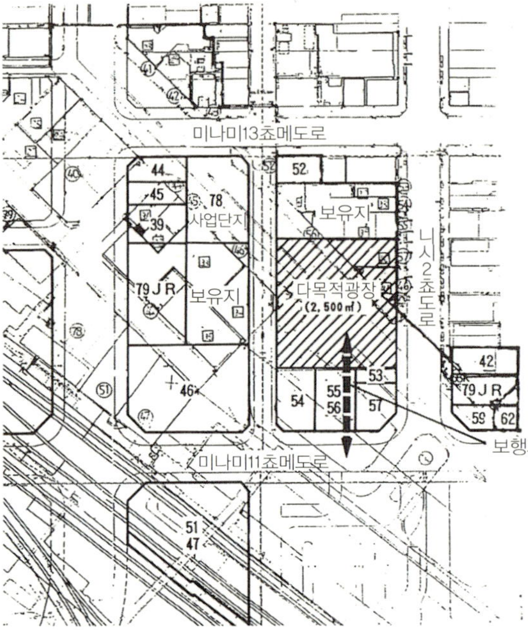

그림 3.29 |
다목적광장과 인접건물의 일체적인 정비를 위한 고안(오비히로)

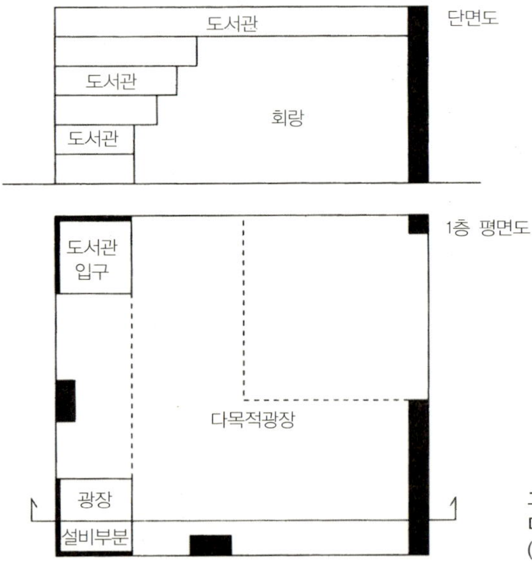

그림 3.30 |
다목적광장과 도서관의 일체화 이미지 (오비히로)

측 택지 내에 설치하는 것과 북측 인접지에 대해서는 다목적광장과 연계된 건물건설을 진행하는 것을 보류지 처분에 있어서 조건으로 하는 것 등을 기본계획단계에 대한 방침으로 삼았으며(그림 3.29) 이것을 받아들여 광장 상공 일부를 활용하여 도서관을 설치하는 안에 대한 검토도 이루어졌다(그림 3.30).

이러한 방식을 구체화하기 위해서는 앞선 환지 안에 입각하여 북측에 배치된 보류지를 시가 획득하는 것도 필요하며, 이 경우도 포함하여 도서관 혹은 다른 공익시설의 도입도 감안하면서 현재(2000년) 다목적광장을 중심으로 하는 구역에 있어서 시가지재개발사업에 의해 이것을 구체화시켜가는 검토가 진행되고 있다. 다목적광장 상공으로의 도서관 설치는 시에서 검토가 진행되고 있던 도서관의 확충 신설 계획을 중심시가지에 진행함으로써 중심시가지의 활성화를 도모하고자 한 것이었던 것은 말할 나위 없는 사실이다. 이와 같은 검토가 가능했던 것은 토지구획정리사업에 의해 확보된 다목적광장이 감보로 확보된 것임에도 불구하고 도시공원으로 만들지 않았기 때문에 다양한 이용이 가능했던 것이다.

10 기반시설과 건물 외부구조체의 일체적 설계

앞서 언급했던 대응이 기반시설과 인접한 건물을 상호 조정, 연계하면서 설계를 진행하는 과정이었던 것에 반해 이번 과정은 기반시설과 그에 인접한 건물 외부구조체를 일체로 기반시설의 설계를 담당하는 랜드스케이프 아키텍트가 설계하는 과정이다.

건물 외부구조체의 설계는 일반적으로 건물의 일부로서 건물건설주체가 담당하며 해당 건물의 설계를 맡은 건축가가 설계를 진행하는 경우가 많다. 한편, 건축가는 건물설계에 시간과 에너지를 쏟으며 외부구조체 설계에까지는 그다지 신경을 쓰지 않는 경우도 많다. 더불어 공적 기관이 건설하는 건물인 경우 건설주체는 건물의 설계와 건설만을 담당하며 외부구조체는 공원부국이 담당하는 경우도 있으므로 이러한 경우에는 건물설계와 외부구조체 설계와의 연계가 적절하게 이루어지지 않는 경우도 있다.

건물의 외부구조체는 공개공지를 비롯하여 공공성이 높은 경우에는 도시공간의 일부로 받아들일 필요성이 있으며 그 면적이 큰 경우에는 특히 이와 같은 인식을 하고 인접한 기반시설에도 관계성을 요구하면서 기능적으로나 수경적으로 공공공간의 일부로서 그 가치를 높여갈 필요가 있다. 또한, 건물 설계에 있어서 외부구조 설계에 적극적으로 관심을 갖는 경우에는 쌍방간에 매력적인 것을 만들기 위해 외부구조 설계에서 건물설계로 또한 그 반대로 상호 작용하면서 설계가 향상되어 가게 된다.

즉 건물 외부구조는 도시공간의 일부로서도 그리고 건물건설의 일부로서도 적극적인 대응이 이루어져야 한다는 것인데 이러한 대응은 랜드스케이프 아키텍트의 전문성에 기대하는 바 있어 외부구조 설계와 건물 설계를 건축가가 아닌 인접한 기반시설설계를 진행하는 랜드스케이프 아키텍트에게 맡겼던 것이다.

1) 건물 외부구조의 공공성과 건물설계 여건

오비히로역 주변지구는 남북 역전광장을 중심으로 대형 오픈 스페이스를 만들고자 하는 공간구성 및 랜드스케이프 디자인의 마스터플랜을 받아들여 지구 설계 체제와 더불어 랜드스케이프 아키텍트 및 조명 디자이너가 정주교류센터의 외부구조 설계를 남쪽공원, 공원대로 설계와 일체로 진행했다.

그 결과 정주교류센터 외부구조체부와 남쪽공원, 공원대로는 포장과 식재, 조명 등의 의장에 대해 상호 충분한 관계성을 가지고 하나의 공원공간으로서 형성되었다. 또한 정주교류센터 남측 옥외 테라스와 2층의 호이에 등을 매개로 하여 랜드스케이프 디자인과 건물 사이에 있어서 상호 설계 요건이 교환되어 상호간 공간의 일체성이 높아지게 되었다.

그 후 남쪽 입구 역전광장 및 남측의 테츠난도로(정주교류센터 북측 인접도로)도 동일 랜드스케이프 아키텍트, 조명 디자이너에 의해 설계가 이루어졌으며 정주교류센터는 그 외부구조와 그들 기반시설이 개별적으로 디자인을 주장하는 것이 아니라 안정된 대형 오픈 스페이스 안에서 상징성을 획득하게 되었다(그림 C.33). 또한 식재에 대해서는 다람쥐가 뛰어놀 수 있는 환경을 만드는 것을 고려하여 남쪽공원이 박스(p.132참조)에는 남쪽 입구 역전광장의 적노송나무와 마찬가지로 다람쥐의 식이식물인 고로쇠나무를 심었다.

기반시설의 설계와 정주교류센터의 설계는 각각 다른 과에서 동시에 같은 랜드스케이프 아키텍트, 조명 디자이너에게 위탁되었고 양자 간의 설계

조정을 위해 효과적으로 움직였던 것도 중요한 사실이다.

2) 도시설계가와 랜드스케이프 아키텍트의 협동

마루카메 역전광장 주변지구에 있어서 기본계획과 도시디자인을 진행하기 위해 시의 관계과를 비롯하여 외부 관계기관 사이에 조정 · 추진회의가 다수 개최되었는데 그 성과 중 하나로서 미술관 · 도서관의 외부구조 설계를 역전광장 설계와 동시에 일체로 진행하는 것이 결정되었다.

그 결과 건축과가 계상했던 미술관 · 도서관의 외부구조를 위한 비용을 역전광장 설계를 담당한 도로과로 이전하여 역전광장 설계비와 일원화하였으며 양자의 설계가 저자의 사무소 및 미국의 랜드스케이프 아키텍트 사무소에 위탁하게 되었다.

이에 따라 지구의 일체성이 향상되었으며 보다 매력적인 공간이 만들어질 조건이 갖추어졌는데 이와 같은 취급은 도시디자인의 가치를 평가한 시 건축과 및 건축가의 이해를 바탕으로 한 면이 크다. 특히, 스스로의 테리토리를 확보하려는 경향이 강한 건축가가 많은 가운데 미술관 · 도서관의 건축가에게 도시디자인에 대한 이해와 함께 다른 전문가와의 협동작업, 즉 코퍼레이션이 만들어내는 가치에 대한 이해와 기대가 있었던 것이 좋은 평가를 받았다.

11 퍼블릭 아트의 설치

도시공간을 보다 매력적으로 만들기 위해서 기본계획 단계의 사고방식에 대응하여 퍼블릭 아트를 설치하는 단계이다.

퍼블릭 아트에는 다양한 의미가 있는데 도시디자인시 도시공간에 즐거움과 아름다움을 부여하고 때로는 의외성이 있는 공간으로 바꾸는 등 공간에 새로운 의미와 매력을 부가하여 이들을 통해 공간의 가치를 높이는 아트로서 받아들이면 된다. 다만, 미술관 내의 아트와는 달리 퍼블릭한 공간, 즉 공공공간에 놓여 있는 아트이기 때문에 즐거운 것에 상관없이 만인의 눈으로 보게 되는 것이며 작가가 스스로의 감성에 따라 제멋대로 작품을 제작하고 그것을 도시공간에 설치하는 것은 마음에 들지 않는다.

또 한편으로는 도시디자인상 작품의 존재가 도시공간의 매력과 가치를 높이는 것이기 때문에 공간과 작품의 매력이 서로 어울리는 것이 바람직하며, 그러기 위해서는 설치에 있어서 그 작품에 어울리는 장소와 공간을 선정하고 혹은 반대로 설치를 위한 장소나 공간을 도시디자인의 일환으로 미리 만듦으로써 어울리는 작품을 설치하는 등의 대응이 필요하다.

최근 들어 전국적으로 공공공간에 퍼블릭 아트를 설치하는 경우가 늘어나고 있는데, 작가의 감성이 지나치게 우선시된 것 혹은 작품이 공간에 어울리지 않아 정성들여 만든 작품이 그 가치를 발휘하지 못하는 경우가 많다. 사례 프로젝트에 있어서 다음과 같은 대응을 실시하고 있다.

1) 기본계획 단계에서 입안된 생각의 아트화

하나마키역 주변지구에서는 앞서 언급한 바와 같이 기본계획 단계의 역전광장계획에 있어서 광장 입구에 로터리를 설치했으며 그 공간의 특성에도 대응하여 360도의 어느 방향에서도 매력적이며, 사람이나 자동차로부터의 시퀀스에 변화와 즐거움을 부여하는 퍼블릭 아트를 설치하기로 했다.

그 후 시에서는 이들을 기본적인 여건으로 받아들여 퍼블릭 아트의 구체적인 안을 스케치 형태로 시민을 대상으로 공모하여 입상안에 따라 전문가(이와테대학 교육학부의 미술 담당 교수)가 작품화하여 그림 C.41에 나타난 바와 같은 퍼블릭 아트가 설치되었다. 즉 퍼블릭 아트의 설치 공간을 미리 준비하고 그에 따라 아트를 제작한 사례이다.

공모안은 미야자와 켄지(宮澤賢治)의 소설을 기념하기 위해 '바람이 드날리는 숲(원제 : 風の鳴る林)'을 아트화한 것이었는데 완성된 퍼블릭 아트는 그림에 나타낸 바와 같이 숲을 추상화함과 동시에 기본계획의 여건에 따라 다방면에서의 조망에 호응했으며 사람들의 동선을 따라서 보이는 방향이 변화하게 되어 있다.

2) 다른 기능과 아트의 공존

마루카메 역전광장 주변지구에 있어서 도시계획 주륜장의 재건에 동반하여 미술관 전면 옥외 전시 스페이스를 지표보다 반 층 정도(약 1.1m) 높여 그 밑에 주륜장을 들이고 전시 스페이스를 역전광장에 대해서 무대로서 기능하도록 설치하기로 했으며 또한, 퍼블릭 아트는 이 전시 스페이스와 더불어 미술관 설계를 담당한 건축가와 미술관에 작품을 기증한 화가에 의해 새로이 부가된 무대로서의 기능을 저해하지 않는 위치에 설치하게 되었다(그림 C.42).

퍼블릭 아트는 각각에 어울리는 위치에 설치하는 것이 가장 중요하며 전시 스페이스는 아트와 일체가 된 무대로서 도시공간에 새로운 의미와 가치를 부가할 수 있게 되었다.

12 공사단계 등에서 이루어지는 시설과의 설계 조정

설계단계에서 다른 시설의 설계와의 조정이 필요한 경우에 병행하여 진행하면서 스스로 담당하고 있는 시설의 설계를 진행해 가는 과정이다.

구체적으로는 이 단계에 대한 다른 시설의 설계에 동반하여 새롭게 조정의 필요성이 생겨난다거나 이 단계에 새롭게 참여한 전문디자이너가 그 이전 단계에 있어서의 방식과는 전혀 다른 훌륭한 방식이나 아이디어를 제언한 경우 등의 상황에서 이와 같은 조정이 필요하게 된다. 때로는 다른 시설의 설계가 완료되어 있는 경우나 공사가 진행되고 있는 경우라도 시간적으로 허용되는 경우에는 조정 대상으로 삼는 것이 바람직한 경우라 할 수 있다.

1) 공사에 대한 시간적인 여유와 조정

이와 같은 조정은 대상이 되는 시설에 대해서 전 단계까지의 계획이나 사고방식의 수정, 변경을 강요하게 되어 보다 많은 업무를 동반하게 된다. 그러나 보다 훌륭한 공간과 경관이 형성되리라는 기대가 있다면 노력은 허무한 것만은 아니다.

마루카메 역전광장 주변지구의 경우 설계단계에서는 남쪽 입구 역전광장 지하에 정비될 주륜장은 이미 공사단계에 들어가 터파기가 개시되었으며 지상부에 드러날 계단이나 엘리베이터동, 환기탑은 지하주차장 정비사업의 일부로서 당연히 설계가 거의 완료되어 있었다.

이들은 어떤 역전광장 설계보다도 그 볼륨이 클 뿐만 아니라 설치되는 위치도 종전의 도시계획 결정시의 계획을 전제로 하고 있었기 때문에 어쩔 수 없었으며 역전광장 디자인과 일체가 되도록 고칠 필요가 있었다. 그러기 위해 지하주차장 정비사업과 조정하여 건설비는 종전대로 지하주차장 정비사업이 부담하기로 했으며, 설계에 대해서는 한정된 시간밖에 없었지만 역전광장 설계의 일환으로 저자와 랜드스케이프 아키텍트에 의한 재검토가 허용되게 되었다.

역전광장 설계에 비춰 본 경우, 기존의 설계에 대한 구체적인 문제는 지하주차장에서 계단의 위치가 역전광장 설계에 있어서 어쩔 수 없는 상황이었던 점과 토지 상부에 드러나는 환기탑이 필요 이상으로 높아(약 2m) 역쪽에서 광장의 스케일을 받아들이는데 방해가 되었으며 역전광장의 공간에 대해서 협잡성이 커진 점, 더불어 광장 남서 모서리의 엘리베이터동이 크고 광장과 철도고가구조물의 법선이 만들어내는 광장의 기본적인 공간 성향에 대해 미묘한 견해차가 있어 그 존재를 보다 강하게 주장했던 것이다.

계단에 대해서는 이동이 가능한 점과 환기탑도 공사측면과 환기측면 모두 낮추는 것이 가능하다는 것이 판명되어 식재 공간 안에 숨겨지는 높이로 할 수 있게 되었다. 다만 엘리베이터동에 대해서는 너무 난해하여 어쩔 수 없이 랜드스케이프의 제안에 따라 그림 C.24에 나타낸 바와 같이 원형의 콘크리트 벽으로 둘러쌈으로써 미묘한 차이를 없애고 존재감을 완화시키기로 했다.

2) 양질의 컨셉과 디자인 조정의 포인트

이와 같은 대응이 가능하게 된 배경에는 우선 랜드스케이프 아키텍트에 의한 새로운 제안이 훌륭한 것이었던 점, 역전광장의 정비사업과 지하주차장의 정비사업을 시의 동일 부국(도시건설부)이 담당하고 있었던 점, 문제를 해결하기 위한 관계자 간의 협의 · 조정의 장이 적절하게 작용했던 점을 들 수 있다. 특히, 랜드스케이프 아키텍트에 의한 미니멀 디자인의 컨셉과 이에 기인한 계단, 환기탑, 엘리베이터동의 디자인이 종전의 계획보다 우수한 점이 관계자의 마음을 움직이게 했다. 즉 양질의 컨셉이나 디자인, 타당성이 조정의 포인트가 된 것이다.

13 설계단계에서 대응의 기본인 협동과 조정

이상으로 설계단계에서 도시디자인 전개를 위한 대응의 실태를 설명했다. 이 단계에 대한 대응 대부분이 협동과 조정에 의해 진행되고 있다고 총괄할 수 있다. 협동과 조정은 설계단계에 대한 대응의 포인트이다.

1) 협동에 의한 공명, 공진

협동은 사업주체, 도시설계가, 각 전문디자이너 간의 협동이며 각각의 전문성이 공명, 공진하는 경우도 있으며 때로는 서로 충돌하는 경우도 있다. 이러한 공명, 공진을 촉진함과 동시에 서로 충돌을 해결해 가는 것이 조정이며 어떤 경우라도 보다 훌륭한 도시공간과 경관을 만들고 그에 수렴해 가는 것이 목적이 된다.

이러한 협동과 조정의 프로세스에 있어서 사업주체는 예산과 공사 스케줄, 완성 후의 시설 유지, 관리 등의 시점에서 전체의 틀을 결정하는 입장에 있으며 보다 좋은 공간과 경관을 만들기 위한 열의와 이해 또한 디자인에 대한 관심, 그리고 이들을 지탱하고 정리하는 도시설계가나 전문디자이너의 설계에 대응하기 위한 환경조성 등이 이 프로세스의 성공 여부를 결정하게 된다. 이러한 의미에서 사업주체, 특히 책임자(담당 과장 등)나 담당자의 열의와 자질은 이 단계에서 가장 중요하며 도시디자인의 전개에서 보다 한층 이해가 기대되는 상황에 있다.

2) 도시설계가에 의한 조정

도시설계가는 협동과 조정의 코디네이터로서의 역할이 이 단계에 있어서 특히 기대되는 점인데 디자인에 대한 실천력과 풍부한 경험, 사업제도와 수법에 대한 지식, 그리고 보다 양질의 공간과 경관을 만드는 것에 대한 열의 등이 그 역할을 아우르는데 있어서 중요하다.

도시설계가에게 있어서 전단계까지의 계획자로서 프로젝트의 전모를 이해하고 있는 것 또한 사업주체와 전문디자이너 사이에 중립적인 입장을 취하는 것이 가능한 것도 코디네이터의 역할을 맡을 수 있는 배경 중 하나가 된다.

3 | 4

공사감리단계

각 기반시설과 건물 등의 공사에 맞추어 공사감리를 진행하는 단계이다. 이 단계는 개개의 시설과 건물 단위로 받아들이는 경우 각 시설마다 공사가 진행되기 때문에 해당 시설의 공사기간이 감리기간이 되지만 프로젝트지구 전체적으로 받아들이는 경우에는 모든 시설에 대한 공사가 완료될 때까지의 기간이 감리기간이 된다. 다만 도시개발프로젝트의 경우 공사감리의 대상이 주로 기반시설에 머무르기 때문에 기반시설의 공사완료까지의 기간이 여기에서 말하는 공사감리라는 것이 된다.

건물 공사감리는 설계자에게 위임되거나 건설주체와 공동으로 수행하는 경우가 일반적이지만 기반시설은 공공성이 높고 고도의 안전성이 요구되는 시설이며 공사단계 혹은 공용 후에 발생하는 사고 등에 대해서 설계자는 책임을 질 수 없는 것 등의 이유로 공사감리는 관행적으로 설계자에게 맡겨지지 않으며 사업주체에 의해 수행되는 것이 일반적이다. 따라서 기반시설의 설계자는 사업주체측의 감리담당자를 보조하는 것이 그 역할이 되지만 설계자는 이와 같은 보조적인 역할이라도 스스로 설계한 기반시설에 대해서 그 공사기간 중 감리에 관여하는 일이 많다. 이것은 설계자가 스스로 계획하고 설계해왔던 시설이 설계에 입각하여 건설되는 것을 강하게 바라고 있는 점에 따른 것이기도 하다.

전 단계까지 코디네이터 역할을 담당했던 계획자는 계획, 설계에 관여했던 입장에서 공사감리에 이르러서도 공사를 위한 조정의 장에 참여하고 필요에 따라 현장에 나오기도 한다. 저자는 사례 프로젝트 모두에 대해서 공사감리에 있어서 이와 같은 역할을 맡아 공사감리를 지원했다. 이와 같이 저자와 같은 프로젝트 초기 단계부터 구상, 계획입안에 참여하고 더불어 설계에 관여한 사람이 이 단계의 공사감리에까지 참여하는 것은 공사단계에서 발생하는 각 시설의 사업주체와 설계를 담당하는 전문디자이너 사이나 사업주체 상호간 혹은 전문디자이너 상호간의 공사상 다양한 의견차를 조정하는데 있어서 제3자적인 입장에 선 사람의 존재가 바람직하다는 판단에서이다.

이것은 구상, 계획, 설계단계의 각 단계에 있어서 도시디자인과 관련하여 다양한 연구에 몰두해 왔던 입장에서 그 실현에도 적극적으로 관여해 가는 것을 스스로도 바라고 있는 점 더불어 일반적으로 전문디자이너 대부분은 디자인 전문가라는 이유만으로 조정력을 충분히 갖추고 있다고 하기는 어려우므로 이것을 지원할 필요가 있는 것 등이 이유가 되고 있다.

다만, 공사감리의 주체는 사업주체와 설계를 담당한 전문디자이너이며 이들이 실시설계에 입각하여 공사를 진행하고 있는지 여부를 점검하여 필요한 지시를 하는 것이 기본이 된다. 이를 위해 설계자는 공사에 앞서 시공도를 점검하고 사업주체측의 감리담당자 등에게 조언을 한다거나 공사 상호간에 있어서 공법이나 마감, 공사 스케줄 등의 조정에 대해 조언하게 된다.

사례 프로젝트지구에 대한 공사감리의 주요한 대응은 다음과 같다.

1 공사감리에 대한 설계자의 참여

앞서 언급한 바와 같이 기반시설의 공사감리는 건축공사에 대한 경우와 달리 일반적인 사업주체에 의해 진행되는데 최근 들어 도시경관의 형성에 관련된 관심이 높아지고 있는 상황에 있어서 전 단계에 정리된 설계에 따라 공사를 진행하기 때문에 설계자에 의한 공사감리의 필요성은 높다.

설계단계에 있어서 투입된 설계자의 의도를 실현해가기 위해서는 설계도서가 충분히 정리되어 있는 경우에 있어서 그 의도를 확인할 필요가 있는 경우가 많으며 기반시설공사는 지형을 비롯하여 현장에서 부딪히는 상황을 조정해 갈 필요가 있는 경우도 많다. 더불어 사업주체측의 공사감리 담당자는 공사감리의 경험이 풍부하지 않은 자도 많으며 공사에 관련된 근로자들은 건물 공사에 관련된 근로자들에 비해 시공 정밀도에 대한 사고방식이 오픈되어 있는 경우가 많다.

이와 같은 이유에서 공사감리에 관련된 책임은 사업주체가 담당하면서도 보다 높은 수준에서 설계에 따라 시설공사를 진행하기 위해서는 설계자가 공사감리에 참여하는 것이 바람직하다.

사례 프로젝트지구에 관련하여 이 국면에 대한 실태는 다음과 같이 다양하며 그 시비는 자명하다.

1) 공사감리에 대한 설계자의 관련성

마루카메 역전광장 주변지구에 있어서 랜드스케이프 디자인을 담당한 미국의 랜드스케이프 디자인 사무소와 사인 및 조명설계를 담당했던 디자인 사무소나 저자가 설계에 이어 공사감리에도 참여하게 되었다. 이것은 역전광장 주변지구를 시의 입구로서 보다 매력적인 공간으로 만들고자 하는 사업주체의 생각과 설계자의 의도를 최대한 공사에 반영시키고자 하는 사업주체의 넓은 이해심이 배경에 있었다.

이와 같이 공사감리에 대한 전문디자이너 등의 참여는, 즉 공사감리에 관련된 비용을 사업주체가 부담하는 것을 의미하는데 대부분의 경우에 이러한 대응이 이루어지고 있지 않는데 마루카메시는 랜드스케이프 디자인 사무소 등의 감리비를 부담했다. 이와 같은 실태를 보더라도 공사감리의 중요성을 이해하며 보다 좋은 시설이 실현되기를 바라는 마음을 헤아릴 수 있다.

다른 사례 프로젝트지구에 대한 경우도 포함하여 공사감리에 설계자의 참여가 필요하게 되는 경우는 다음과 같다.

- 시공방법, 순서에 대해 최적안 확정
- 시공에 관련된 기술 등의 전달, 시공 정밀도의 분산 방지
- 특정한 재료나 색 지정
- 세부에 대한 맞춤새 분할, 맞춤새 맞춤
- 현장에서의 시험 포장, 가구(街具) 등의 실측 모형 작성 지시와 결과에 따른 시공 지시
- 잘못된 발주시기에 의해 발생하기 쉬운 재료, 수납 등의 트러블 방지
- 설계 변경 및 그에 동반하여 발생하는 공사비 변경에 대한 조언
- 묘포(苗圃)나 산간 등과 관련된 특정 식물 재료 지정
- 조명기구나 가구(街具) 등의 시공도면 확정

2) 사업주체에 의한 감리의 한계

오비히로역 주변지구의 경우에는 설계자에게 공사감리는 맡기지 않았지만 해당 시설의 공사단계와 병행하여 다른 시설의 설계를 같은 설계팀이 담당하고 있으며 이 타협 기회에 설계자에 의한 감리가 일정 정도 이루어졌다.

공사에 대해서 설계자와 사업주체간의 조정이 많이 부족한 것은 부정할 수 없으며 사업주체간의 트러블이 발생한 경우도 있었다.

하나마키역 주변지구에 있어서 저자가 공사감리에 관련된 것은 거의 없었다고 말해도 될 정도였다. 그 결과 구상 단계에서의 사고방식을 이어받은 디자인의 배경과 목적이 충분히 이해되지 않은 채 공사감리가 진행되어 계획, 설계단계의 의도가 실현되지 못하고 완성된 경우도 있었다.

2 사업주체에 요구되는 공사감리 철저

기반시설의 공사에 관련된 사업주체의 감리책임은 무거우며 그 감리는 일관성이 요구되고 또한 철저하게 이루어지는 것이 필요하게 된다.

1) 동일 감리 담당자에 의한 공사감리

마루카메 역전광장 주변지구에 있어서 계획자와 설계자의 공사감리에 대한 참여가 가능해졌으며 시에 있어서 토목시설의 공사감리에 관련된 상기와 같은 관행에 따라 공사감리를 도로과 직원이 담당하게 되어 이 감리자와 랜드스케이프 디자인 사무소, 디자인 사무소, 거기에 저자까지 합세하여 감리를 진행하게 되었다.

남북의 역전광장 및 미술관 · 도서관 외부구조의 공사는 이미 설계단계에 있어서 양자의 설계를 일체화시켜 진행했던 흐름을 받아들여 외부구조의 공사에 대해서도 감리를 도로과가 전부 담당했다.

2) 엄격한 공사감리에 의한 높은 공사 수준

시의 공사감리자는 지극히 엄격한 공사감리를 진행하여 지구의 공사 수준을 그에게 맡기는 곳이 많았다. 특히 설계자나 공사를 청부한 기업의 관계를 고려한 경우 시의 공사감리자에 의한 일관된 공사감리는 다음과 같이 평가된다.

- 설계를 담당한 설계팀은 도쿄, 미국에서 공사현장을 빈번하게 드나드는 것이 곤란하여 설계팀에 의한 실제 공사감리는 오사카에 사무소가 있는 일본의 랜드스케이프 아키텍트의 협력을 얻어 진행되었다. 이 랜드스케이프 아키텍트에 의한 감리는 대부분의 경우 설계의도에 따라서 공사가 이루어지고 있는지 여부와 공사 청부기업과 시의 공사감리자가 처음 경험하는 공사에 대한 지도 등 말하자면 디자인감리라고 할 수 있는 측면에 대한 감리가 주체가 된 것에 비해 시의 공사감리자는 거의 매일같이 현장에 나와 문자 그대로 공사에 대한 감리를 했다.
- 역전광장의 공사와 미술관 · 도서관의 외부구조 공사 사이에는 1년간의 공백기간이 있었으며 발주년도의 차이 때문에 양자의 공사에 대해서도 시공기업이 달라지게 되었다. 그 결과 양자의 공사 시공 수준에는 오차가 발생했으나 시에서 나온 공사감리자의 노력에 의해 그 차이를 최소한의 범위에 머무를 수 있었다.

3 구상, 계획단계에서 계획자의 공사감리에 대한 참여

도시개발프로젝트에 있어서 구상, 계획입안에 관련된 계획자는 대부분의 경우 구상과 계획 책정에 능통한 전문가이며 도시디자인 전개에 대한 측면에서는 도시설계가인 것이 바람직하다. 그러나 도시설계가는 앞서 언급한 바와 같은 각 분야마다의 전문디자이너가 아니라 설계단계에 있어서 설계에 대한 코디네이터의 역할을 하게 된다. 저자는 이와 같은 입장이며 설계단계에 있어서도 대부분의 경우 구상, 계획 단계에 대한 도시디자인의 전개와 관련된 사고방식을 설계자에게 전달하고 이것을 실현해가기 위한 코디네이터의 역할을 의뢰받아 왔다. 그런 의미에서 설계단계에 있어서 각 시설의 설계에 관여해 오고 있다고 할 수 있으며 공사감리에 있어서 앞선 단계에 있어서 설계를 담당한 전문디자이너와 함께 공사감리에 참여하고 있다.

사례 프로젝트지구의 공사감리에 대한 저자의 관계는 다음과 같다.

1) 다양한 장면에서의 조정 역할

마루카메 주변지구에 대한 경우 전문디자이너와 사업주체의 감리 담당자에 의해 철저한 감리가 이루어졌지만 미술관 · 도서관 설계를 담당한 건축가도 포함하여 감리에 대한 전문디자이너 요망 수준이 지극히 높으며 저자의 주요한 역할은 전문디자이너와 사업주체, 전문디자이너와 공사 담당 기업 사이의 조정이었다.

오비히로역 주변지구에 있어서 공사가 진척되어 몇몇 시설의 완성이 가까워진 단계에서 시설에 대한 불만과 비평이 두 도시에 밀려왔다. 오비히로시는 정보공개로 적극적으로 대처해왔으며 설계에 대해서도 그 과정마다 공개, 설명하고 그 단계에서 나온 의견에 대응해 왔음에도 불구하고 이 단계에서의 비평적인 의견의 표명이었다.

이와 같이 시설의 완성이 가까워지고 시설이 구체적으로 보이기 시작했을 때 비평과 주문이 밀려오는 경우가 많지만 오비히로시의 경우는 설계방식 자체가 문제가 되어 기본구상에서 지구 정비의 기본적인 방식, 또한 계획, 설계단계에 대한 대형 오픈 스페이스 조성 방식에도 저촉되었다. 따라서 전문디자이너보다도 저자가 전면에 나서서 조정을 시도했다.

그 한 가지는 의회의 극히 일부에서 거론된 일로 공원대로와 남쪽공원 사이에 가로수가 심어져 있지 않은 것에 대한 것이었다. 대형 오픈 스페이스 조성 방식에 따르고 있으며 시와 함께 설득에 나서 약간의 수정(지피식물에 가까운 작은 나무를 식재)을 하는 것으로 마무리지었다.

또 한 가지는 상공회의소의 유력자로부터 상정된 안으로 북쪽 입구 역전 광장에서 설계를 진행하고 있던 캐스케이드가 해외의 어느 도시에 설치되어 있는 퍼블릭 아트의 모방이라는 것이었다. 전혀 근거가 없는 사실이었으며 희미한 기억에 근거한 비평으로 전문디자이너의 명예와도 관련된 것이었기 때문에 엄중하게 항의하고 여러 가지 사건이 있었지만 본인이 해명하는 것으로 일단락지었다.

또한 아사히가와시 도시 거점지구에 있어서 좁은 길의 공사가 시 자체의 설계에 근거하여 진행되고 있었지만 지구 전체의 보행자 네트워크에 비추어 볼 때 일관성이 결여되어 있었기 때문에 수정이 불가피하다는 판단이 호응을 얻어 수정을 단행했다.

2) 구상, 계획 단계의 사고방식 실현

이들의 어떠한 사례도 구상, 계획 단계의 사고방식에 저촉되는 것이며 이들 사례에서도 당초부터 계획자가 공사감리에 참여하는 것에 대한 필요성이 높다는 것을 이해하고 있는 듯하다. 다만, 이들 지구의 공사감리에 대한 위와 같은 저자의 입장은 사업주체로부터 마땅히 부여되어야 할 책임을 맡은 입장이 아니므로 당연히 공사감리에 대한 위탁 관계는 아니다. 구상 단계부터 오랫동안 프로젝트에 관여해왔던 것이 암묵적인 근거가 되고 있는 것에 지나지 않으며 각 시설의 설계를 진행한 전문디자이너와 함께 공사감리에 참여하는 입장의 명확화가 바람직하다.

4 충분한 설계도서로 수준 높은 시공 가능성

건축물과 토목시설 등의 공사는 설계단계에 대한 충분한 검토와 그것에 기인한 설계도서의 충실도가 합쳐져 각 부의 수습이나 디자인 의도의 구체화 등 공사 수준이 변화한다는 것은 말할 나위 없는 사실이다.

1) 건축과 토목공사 수준의 격차

지금까지 토목시설의 시공을 전문적으로 청부해왔던 기업이나 대기업의 토목 담당 섹션의 경우 건축물의 공사와 비교하여 요구되는 공사의 정밀도와 디자인상의 배려는 반드시 높지 않다. 그러므로 건축물 공사에 있어서 당연한 것이 관행이 되고 있지 않은 경우가 많으며 높은 수준의 시공을 위해 그 격차를 줄이는 노력과 경험이 요구되게 된다.

설계자에게 있어서 랜드스케이프 아키텍트 대부분이 건축설계와 공사에 관련된 경험이 적기 때문에 위와 같은 시공 단계에 대한 관행의 차이에 의한 시공 수준의 저하와 함께 필요 충분한 설계도서를 정리하는 의식이 작용하지 않는 경우가 많다.

2) 충분한 설계도서에 의한 원활한 공사의 실시

이와 같이 시공자, 설계자 쌍방의 경험과 의식은 건축물에 대한 경우에 비해서 커다란 격차가 있으며 토목시설의 경우 이것이 설계자의 의도에 입각한 수준의 시설이 만들어지지 못하는 커다란 원인이 되고 있다.

마루카메역 주변지구의 경우 랜드스케이프 디자인 사무소는 이와 같은 상황을 틈타 충분한 양의 설계도서를 정리하고 충분한 시방서와 함께 설계를 완료했다. 그로 인해 공사비 견적에서의 발주와 시공 단계에 있어서의 일반적인 경우 다양한 의문점이 발생하는 현 상황 속에서 이와 같은 사태도 적을뿐더러 또한 설계단계에 대한 준비 미흡으로 시공상 막히는 일이 거의 없이 공사를 진행하는 것이 가능해졌다.

5 현장 모형(목업 · mockup)에 의한 시공 확인

경험이 풍부한 전문디자이너라고 해도 설계도서에 정리된 설계내용이 의장상의 목표에 따르고 있는지 기대한 만큼의 성능을 가질 수 있을지 등 공사를 진행하기 전에 확인해 둘 사항이 많다. 또한 공공성이 높은 기반시설 공사의 경우 수정이 어렵기 때문에 공사에 대해서 사전에 확인해 둘 필요성은 높다.

이 과정은 이러한 이유로 공사에 착수하는데 있어서 원형 크기의 모형을 현장에서 작성하여 설계내용을 다양하게 확인하기 위한 과정이다. 이것은 공사감리를 원활하게 진행하는데 있어서 그 필요성이 높다.

1) 일상적인 공사에 대한 현장모형

마루카메 역전광장 주변지구의 경우 설계도서가 충실하였지만 설계내용 중에는 새로운 시험이나 시공단계에서 확인을 요하는 설계가 포함되어 있다. 이에 대해서는 설계도서에 첨부된 사양서 중에서 시공에 들어가기 전에 시공자에 의하여 현장모형 제작 및 설계자에 의한 확인을 명기해두고, 여러 공사에 대해서 현장모형을 제작하고 설계의도 가능성이나 적합성을 확인한다.

이들 중에는 도로나 광장 포장 중에서 가장 일반적이고 기본적인 아스팔트 포장과 소포석(小舗石)을 고정시키는 모르타르의 수습 등도 포함하고 있으며 전자에 대해서는 쇄석의 크기와 혼합도, 후자에 대해서는 소포석에 대한 모르타르 맞춤새의 깊이 등을 확인할 수 있는 시험 포장을 현장에서 하고 각각에 대해서는 발주자, 설계자, 시공자 간에 확인된 후 공사가 실시된다.

이 예는 일반적인 경우 시공방법이 이미 확립되어 현장모형을 제작할 필요성이 지극히 적은 사례인데 이와 같은 사례에 대해서도 현장에서 확인이 이루어지고 시공 기준이 된다. 따라서 분수물의 낙하 정도나 조명기구 등 새로운 시도나 현장에서 확인이 필요한 설계 내용에 대해서는 항상 갱신하며 그들에 대해서도 전부 이와 같은 현장 모형에 의한 확인이 요구되었다.

2) 현장 모형의 적극적인 제작

기반시설의 포장에 대한 시험 시공은 일반적이 되고 있으며 오비히로역 주변지구에 있어서 여러 개소에서 진행되고 있다. 다만 대부분의 경우 낙찰 공사비 외에 시공 담당 기업의 부담에 의해 이루어지고 있으며 마루카메 역 전광장 주변지구에 대한 경우에 비해 반드시 충분한 성과를 얻었다고는 말하기 어렵다.

이것은 대부분 설계단계에서 결정하고 공사단계에 있어서 설계도서에 입각하여 감리하면 충분하다고 생각하며, 공사감리가 사업주체에 의해 진행된다는 일본에서의 관행이 주요한 배경이다. 현장 모형에 의한 검토는 설계도서가 충실한 경우에 있어서 앞서 언급한 바와 같이 그 필요성이 증대되며, 이 대응에 대해서 앞으로 적극적인 전개가 기대되는 바이다.

6 구상, 계획단계 검토의 공사에 대한 반영

공사 및 공사감리는 기본구상, 계획, 그리고 설계단계의 성과를 실현해가는 프로세스이기 때문에 이들 단계에 대한 검토가 충분하고 또한 훌륭한 것인 경우에는 공사에 그 성과가 직접적으로 반영된다.

1) 충실한 검토의 공사에 대한 직접적인 반영

구상, 계획단계에 대한 도시디자인에 관련된 검토는 이들 단계가 프로젝트의 골격적인 틀과 사업구조를 결정하는 것에 집중한다 해도 반드시 주체적인 위치를 차지하는 것은 아니다. 그러나 도시디자인은 실체를 대상으로 하고 있는 만큼 이들 단계에 대한 검토는 공사나 공사감리에 일정한 틀을 부여하게 된다.

하나마키역 주변지구의 경우 기본구상, 기본계획단계의 계획자가 설계단계나 공사감리단계에 있어서 관여하는 정도는 다른 지구에 비해 지극히 낮았다. 그럼에도 불구하고 기본구상, 기본계획단계에 대한 도시디자인의 의도는 그 대부분이 실현되게 되었다.

주요한 것을 예시하면 다음과 같다.

- 여러 방향에서 감상할 수 있으며 사람과 차의 움직임에 맞추어 변화하는 역전광장 로터리로의 퍼블릭 아트 설치(그림 3.24, 그림 C.41)
- 정주교류센터와 다목적광장의 일체화된 이용(그림 3.18)
- 역전광장에서 다목적광장을 매개로 한 노선 상점가에 대한 시퀀스(그림 3.11)
- 호텔에 의한 다목적광장의 "재진입부" 형성(그림 3.15, 그림 C.49)
- 호텔에 있어서 다목적광장측으로 활기가 넘치는 여러 실을 배치(그림 3.18)
- 노선 상점가 형성과 세트백(그림 3.27, 28)

2) 조기 단계에서의 도시디자인에 대한 검토

기본구상, 기본계획단계에 있어서 도시디자인에 관련된 충분한 검토가 이루어진 점과 시 담당과에서 이들에 대한 검토 내용과 결과를 충분히 이해하고 받아들인 점에 기인한다.

지구의 규모가 약 10ha로 비교적 작고 따라서 조기 단계부터 도시디자인에 관련된 검토가 지극히 상세하게 이루어졌던 점도 있지만 도시디자인에 관련된 의도나 연구를 실현과 결부시키기 위해서는 구상, 계획 단계부터의 충분한 검토가 중요하다는 사실을 일깨워 주는 예이다.

7 공공공사의 단년도 발주의 원칙이 가져온 폐해의 시정

일반적으로 공공사업의 경우 공사발주가 사업주체마다 또한 단년도마다 이루어지고 있기 때문에 다음과 같은 사태를 초래하여 하나의 공사라도 설계내용의 실태와 공사감리 등에 대해 전체적으로 일관성을 유지하는 것은 절대 쉽지 않은 일이다.

- 동일 시설의 공사에 있어서 공사가 연도별로 분할되어 진행되기 때문에 청부기업이 다른 경우가 많은 점, 그리고 청부기업 간 기술력의 차이가 있는 점
- 인접한 시설의 공사가 동일 연도에 발주되는 경우에 있어서 발주 주체가 다르기 때문에 청부기업도 다른 경우가 많으며 시설의 접점에서 트러블이 발생하는 점
- 자연석과 식물 재료 등의 자연소재 조달도 단년도마다 이루어져 자연소재인 만큼 전년도의 경우와 같은 재료를 조달하는 것이 곤란한 점
- 사업주체측의 담당자가 이동함으로써 전임자와 다른 감리가 이루어지는 점

1) 공사감리자 간의 조정

오비히로역 주변지구에 대한 경우 설계단계에 있어서 정주교류센터의 외부구조, 남쪽공원, 인접한 도로의 설계가 한 사람의 랜드스케이프 아키텍트에 의해 진행되었으며 설계에 동반한 각종 조정도 관련과가 출석한 설계 조정에서 원활하게 진행되었다. 그러나 발주가 동일년차에 3개 과에서 이루어져 공사는 3개 청부기업에 의하고, 공사감리도 3개 과에 의해 진행되었다.

다행히도 담당자 간의 조정이 이루어져 일부에 대해서만 수정이 이루어졌지만 기업 간의 공사에 대한 기량과 정밀도의 차이가 초래할 위험에 대해서는 어쨌든 어려우며 랜드스케이프 아키텍트에 의한 공사감리의 필요성이 다시 인식되는 결과가 되었다.

2) 동일 공사감리자와 전문디자이너에 의한 감리

마루카메 역전광장 주변지구에 있어서 기반시설과 미술관 · 도서관의 외부구조 설계, 공사감리가 하나의 과에 의해 진행되었지만, 미술관 · 도서관의 외부구조공사를 건물공사와 분리하여 기반시설공사를 청부한 기업이 담당하기까지에는 이르지 못했다. 그러나 공사감리 기반시설공사의 담당과와 설계를 담당한 랜드스케이프 아키텍트에 의해 일괄적으로 진행되었으며 전체적으로 3년에 걸쳐 공사가 진행되었고 그 사이 공사감리 담당자의 이동은 없었으며 공사기간 동안 커다란 트러블을 초래할 만한 상황 변화는 없었다.

다만, 미술관 · 도서관의 외부구조 공사에 대해서는 담당기업의 기량이 그다지 높지 않아 어느 정도의 수정이 불가피했다. 이것은 사업주체의 공사감리자에 의한 것이 아니라 공사감리를 위임받은 랜드스케이프 아키텍트가 요구한 공사 수준이 높았던 것에 기인한 것이다.

8 공사단계에 대한 사업주체 간의 연계, 조정의 추진

도시개발프로젝트의 경우 일반적으로 같은 시기에 복수의 사업주체에 의해 복수의 공사가 진행되게 된다. 따라서 공사단계에 있어서 사업주체간의 조정이 필수 요건인 것이다.

1) 공사 조정의 장(場) 설치

오비히로역 주변지구에 있어서 공사 초기 단계에 있어서 이와 같은 연락과 조정이 면밀하게 실시되었다고는 말하기 어려우며 인접한 공사구역 상호간에 재료나 마감이 설계상 똑같음에도 불구하고 색과 공법에 차이가 생긴 사례가 나타났다.

이와 같은 이유에서 오비히로시에 있어서 그 후 같은 사태가 발생하는 것을 피하기 위해 토지구획정리사업을 담당하는 역주변구획정리과가 앞장서서 공사감리에 대한 반성회를 개최했으며 필자도 참여하여 바른 대책 수립에 대해서 협의했다. 그 결과 앞선 설계 조정회의의 장을 공사감리에 대해서도 필요한 조정을 진행하는 장으로 이용함으로써 공사감리 담당자 간의 연락을 면밀하게 취하는 등의 방식이 확인되었다.

2) 공사 조정의 장에 대한 전문디자이너 등의 참여

오비히로역 주변지구에 대한 상기와 같은 사례는 시 안의 다른 담당과 간의 조정이지만 아사히가와시 도시 거점지구의 경우는 사업주체가 국(國)2(하천, 관청영선) 도(道)2(한도액 입체교차 사업, 도로), 시(市)4(토지구획정리사업, 공원, 도로, 건축)와 같이 국, 도, 시와 다른 기관에 걸쳐 있으며 그 숫자도 많기 때문에 다양한 측면에서 사업주체 전체에 걸쳐 혹은 소수의 사업주체 사이에서의 조정이 필요했었다. 공사단계에 대한 연계, 조정은 당연했으며 각각의 프로젝트에 있어서 노력이 이루어지고는 있지만 기반시설의 경우 건축에 대한 경우에 비해 담당자가 충분한 경험을 쌓고 있다고는 말하기 어려우며 오비히로역 주변지구에 대한 경우와 같이 기간사업을 담당하는 주체가 중심이 되어 적절한 장을 마련하여 연계, 조정을 추진해가는 것이 바람직하다.

또한 그러한 장에 조기 단계에서 구상, 계획입안에 참여해 왔던 계획자(도시설계가)나 설계를 담당한 전문디자이너의 참여를 가능하게 하는 것이 필요하다.

9 완성 후의 시설이용이나 유지, 관리에 관련된 규칙 입안

도시개발프로젝트뿐만 아니라 공원정비와 건물건설 프로젝트에 있어서 시설의 완성이 가까워지고 실체로서 눈에 보이게 되면 시내의 단체나 기업 등으로부터 시설의 완성을 기념하여 지구 내에 시계나 조각 등을 기증하고 싶다는 의사표현을 하는 경우가 일반적이다. 이는 기증자의 선의에서 이루어진 것이고 또한 사업주체나 시설을 이용하는 시민 등에게 있어서 고마운 일이지만 기증자의 의견을 바탕으로 디자인이나 작가가 결정되고 있는 등 기증자의 요망이 동반되는 경우가 많다. 따라서 완성이 가까워지고 있는 공간에 예정되지 않았던 새로운 요소가 돌연 더해지게 되어 공간과의 연계성을 찾아내는 것이나 적절한 설치공간을 찾아내기란 쉽지 않으며 사업주체에 있어서 그 대응이 과제가 된다.

1) 규칙을 기록한 문서의 작성

마루카메 역전광장 주변지구에 있어서 역전광장의 완성이 가까워진 단계에서 역시 상공회의소에서 시계를 기증할 뜻을 밝혀 왔다.

같은 지구의 경우 미니멀 디자인의 사고방식을 기본으로 하여 공간조성을 진행해왔으며 완성한 공간에 여유를 두고 싶지 않다고 하는 설계팀의 생각과 시에서도 같은 생각과 이해가 있었다.

이러한 이유로 시에서 필자에게 지구의 이용이나 유지 · 관리에 관련된 기본적인 사고방식이나 규칙을 기록한 문서를 제출할 것을 요구했으며 시에서는 필자가 제출한 문서를 바탕으로 기증 의사를 표시한 사람들의 이해를 구해 기증을 멈추게 했다.

다행히도 양해를 구할 수 있었지만 이 문서는 그 어떤 보상도 없이 단순히 시의 열의와 이해가 뒷받침된 것이다. 그 후에도 완성 시의 모습이 그대로 유지되고 있지만 그것은 지구 내의 시설설계에 관련된 랜드스케이프 아키텍트, 건축가가 세계적으로 높은 수준의 디자이너였던 점도 작용했으며 완성 후 지구나 미술관 시찰, 견학을 위해 안팎으로 많은 전문가와 행정관계자, 학생 등이 찾아오기 시작한 점, 잡지나 텔레비전 등의 미디어에 빈번하게 노출된 점 등도 일익을 담당했다고 생각한다.

또한, 이러한 기회들을 통해 랜드스케이프 디자인과 건축설계의 기초로서 도시디자인에 대한 과정이 있었다는 것도 전달되었으며 도시디자인의 중요성에 대한 이해의 폭을 넓힐 수 있는 하나의 기회가 되었다는 것은 다행스러운 일이다.

하나마키역 주변지구에 있어서 사업 완료 후 지구 내의 복수 개소에 미야자와 켄지의 소설에서 소재를 얻은 작은 아트가 시에 의해 설치되었다. 작은 것으로 어린이들이나 관광객에게 즐거움을 주고 있으며 극단적인 위화감은 없지만 역시 작품에 대해서나 설치 장소에 대해 안이한 대응이었다는 느낌을 부정할 수 없다.

2) 유지 · 관리 규칙 입안

많은 도시에서 도시개발프로젝트 등을 통해 공간적으로나 경관적으로 완성도 높은 광장과 시설이 만들어지고 있다. 이들은 시설 완성까지의 사업주체나 컨설턴트, 전문디자이너 등의 다양한 노력과 방대한 사업비에 의한 것이며 또한 앞으로도 높은 수준의 시설이 다수 등장할 것으로 생각하여 마루카메역전광장 주변지구에 대한 대응에 나타난 바와 같은 규칙 입안이 기대된다.

한편, 시설이 완성된 후 시설의 유지 · 관리가 적절하게 이루어지지 않았기 때문에 단시간에 포장이 갈라진다거나 박리되며 수목이 시들고 이들이 보수되지 않은 채 방치되어 있는 경우도 많다. 민간에 의해 정비된 공개공지나 협정녹지 등에 비해 공공시설에 대한 이와 같은 사례가 많고 공공공간에 대해서 비용까지 포함하여 유지, 관리에 대한 규칙 입안이 종래 이상으로 요구되고 있다.

참고문헌

- 日本都市総合研究所『21 世紀に向けて帯広都心の計画（土地利用部門）』『帯広駅周辺地区土地利用基本構想策定調査報告書』1985 年 3 月
- 北海道、帯広市、帯広圏広域都市計画協議会『21 世紀に向けて帯広都心の計画(交通部門)』『帯広圏総合都市交通施設整備計画調査報告書』1985 年 3 月
- 北海道『帯広市連続立体交差事業調査報告書概要版』1988 年
- 帯広市『帯広市定住拠点緊急整備計画策定調査報告書』1989 年
- 帯広市『帯広市定住拠点施設整備計画具体化調査報告書』1990 年
- 帯広市『帯広市定住拠点プロムナード基本設計報告書』1991 年
- 帯広市『帯広駅周辺土地区画整理事業顔づくり計画策定調査報告書』1992 年
- 帯広市『帯広駅周辺地区宅地利用促進計画調査報告書』1993 年
- 日本都市総合研究所、ディー・エム、ライティング・プランナーズ・アソシエーツ『帯広駅周辺地区都市デザイン基本計画報告書』
- 日本都市総合研究所『花巻駅周辺地区市街地整備計画調査報告書』1986 年
- 花巻市『花巻市定住拠点緊急整備事業（レインボー・プロジェクト）構想書』1987 年
- 花巻市『花巻駅周辺地区定住拠点区画整理推進調査報告書』1988 年
- 花巻市『花巻駅周辺地区定住拠点緊急整備事業整備計画策定調査報告書』1989
- 花巻市『花巻市多目的広場基本設計報告書』1990 年
- 丸亀市『丸亀市都市基本計画の再検討及び中心市街地活性化構想に関する調査報告書』1988 年
- 日本都市総合研究所『丸亀駅前広場及び隣接地区都市計画・設計報告書』1989 年
- 日本都市総合研究所『丸亀駅周辺環境整備基本設計及び実施設計』1990 年
- ㈶国土計画協会『旭川駅周辺開発計画調査報告書』1982 年
- ㈶都市みらい推進機構『旭川駅周辺地区都市拠点総合整備事業整備計画策定調査報告書』1993～1994 年
- 日本都市総合研究所『旭川駅周辺開発計画補充調査報告書（旭川駅周辺開発研究会成果の取りまとめ)』1994 年
- 日本都市総合研究所『旭川市都市拠点地区まちづくり計画調査報告書』1995 年
- 日本都市総合研究所『旭川市都市拠点地区高次都市基盤施設整備計画調査報告書』1995 年
- 北海道開発コンサルタント『旭川市シビック・コア地区整備計画調査報告書』1995 年
- 北海道開発コンサルタント『都市拠点地区リバーフロント検討調査報告書』1995
- ビーエーシー・アーバンプロジェクト『旭川駅周辺地区開発計画テーマゾーン導入施設調査報告書』1995
- 日本都市総合研究所『旭川市都市拠点地区まちづくり計画調査報告書』1996
- ビーエーシー・アーバンプロジェクト『旭川市都市拠点地区整備計画テーマゾーン導入施設調査』1996
- アルメック『旭川市都市拠点地区都市運営・管理方策調査報告書』1996
- 日本都市総合研究所『旭川市都市拠点地区まちづくり計画調査報告書』1997
- 日本都市総合研究所『旭川市都市拠点地区事業推進調査報告書』1997

Chapter 4

도시디자인 전개체계

지금까지 진행해왔던 내용을 정리해보면 맨 처음 도시개발프로젝트에 있어서 도시디자인의 대응을 시기별로 실시하기 위해 도시디자인의 단계적인 전개의 바람직한 방식, 즉 도시디자인 전개체계를 분명히 하고 싶다.

이것은 앞서 제2장에서 밝힌 도시개발프로젝트의 계획 프로세스에 대응하여 각각의 단계에서 가능한 한 도시디자인의 대응을 분명히 하고자 한 것으로 여기에서는 각 단계에서 이루어지는 구상, 계획입안 내용과 대응시키는 형태로 도시디자인의 대응에 대한 골격을 살펴보고자 한다.

4 | 1

도시디자인 과정의 음미

앞 장에서 각 단계마다 소개했던 각 과정은 각각에 대한 대표적인 과정이며 지면사정상 소개할 수 없었지만 같은 과정은 다른 프로젝트에서도 이루어졌다. 이들도 포함하여 각 사례 프로젝트에 있어서 이루어진 과정도 단계별로 일람할 수 있도록 정리한 것이 표 4.1~4.4이다.

이를 위해 우선 이들 표와 전장에서 소개했던 과정의 실태부터 도시디자인에 관련된 과정의 필요성과 타당성 또한 구상, 계획입안 단계 구분과의 대응 등을 음미하고자 한다.

1 과정의 개연성

이들 과정은 어쨌든 앞서 언급한 바와 같이 단순히 검토와 제안에만 그치는 것이 아니라 모든 과정에 대해서도 각 사업주체와 관계기관이 받아들이고 실시함으로써 행동으로 옮겼던 것이다.

도시개발프로젝트에 대한 도시디자인에 관련된 과정은 일반적인 구상, 계획입안에 대한 효율성과 안전성, 재정지출의 틀 등의 시점에 근간을 둔 계획이나 설계와 더불어 여유와 재미, 아름다움 등을 중시했으며 그 결과 각 사업주체에 일반적인 경우 이상의 계획과 설계, 또한 조정을 요구하게 되는 경우가 많다. 이에 대해 표에 정리되어 있는 과정은 사업비 대부분을 부담하는 사업주체나 사업비 일부를 보조 혹은 조성하게 되는 관계기관과 사업 후의 시설 관리 주체 등이 양해한 부분이며 관계하는 이들 기관이 그 내용을 수용하고 더불어 그 실현을 위해 다양한 노력을 기울였던 부분이다.

따라서 여기에 정리된 각 과정은 대부분의 도시개발프로젝트에 대한 도

표 4.1 | 기본구상 단계에 대한 주요한 대응 사항과 사례 프로젝트지구에 대한 대응의 실태

대응사항	오비히로	하나마키	마루카메	아사히가와
①지구주변간선도로, 주요보행자로의 지구 안에서의 수습(지구 내의 토지이용 유도, 시설입지에 대한 대응, 활성화 양성 등에 대한 배려)	○	○	○	○
②지구 내의 도로망계획에 대응한 공간구성(도로망과 토지이용계획과의 대응, 가구구성 등)	○	○	○	○
③도로망계획과 토지이용계획의 조정에 바탕을 둔 지구 전체의 골격적인 공간구성	○	○		○
④철도고가화의 위치, 구간, 방식(토지이용, 역주변지구의 공간구성, 고가화의 사업비, 고가 후의 지구 내 총토지가격 등을 고려)	○			○
⑤광장, 공원의 기능, 이용 이미지, 위치, 규모, 형상, 성격(주변 토지이용과의 대응을 고려)	○	○		○
⑥역전광장의 규모, 형상(광장주변의 토지이용과 공간구성, 지하주차장의 정비 등을 고려)	○	○	○	○
⑦공간구성을 배려한 지구의 토지이용계획(지구주변의 토지이용과 지권자의 토지이용 의향에 대한 배려, 토지이용 유도를 배려한 환지상정 등)	○	○	○	○
⑧선도적 입지시설의 배치(지구 내 토지이용 유도를 배려, 대략의 환지상정)	○	○	○	○
⑨계획주체와 관계기관의 의욕에 대한 대응, 활용(시가화 촉진을 배려한 토지이용, 기반시설계획, 관계기관간의 역할분담 상정 등)	○	○		○
⑩면적 시가지정비사업의 구역(계획내용, 종전의 시가지정비이력 등을 고려)	○	○	○	○

시디자인의 전개와 관련하여 수행해야 하는 과정으로서 일정한 개연성을 갖추고 있다고 할 수 있다.

다만, 최근 도시개발프로젝트와 공공시설의 정비에 관련된 다양한 주체에 있어서 도시디자인에 대한 관심이 날로 높아져 가고 있다고는 하지만 행정이나 도시계획 컨설턴트에 대한 지식과 경험은 그다지 풍부하지 않으며 여기에서 정리한 과정이 거의 대부분이고 당연하게 거쳐야 하는 과정으로 취급하기에는 많은 시간이 필요하게 된다. 그런 의미에서 이들 과정을 수행하기 위해서는 각 단계에 대한 계획자나 설계자의 계획, 설계력과 조정능력에 좌우되는 바가 크다.

2 과정의 필요성, 망라성

여기에 나타낸 과정은 표에 나타낸 바와 같이 많게는 4가지 사례 프로젝트가 공통적으로 수행한 과정이다. 따라서 이들 대부분은 프로젝트지구 내

표 4.3 | 설계단계에 대한 주요한 대응 사항과 사례 프로젝트지구에 대한 대응의 실태

대응사항	오비히로	하나마키	마루카메	아사히가와
①전 단계까지의 도시디자인에 관한 생각을 기반시설 및 건물의 계획, 설계에 관한 방침(가이드라인)으로 정리한다.(지구계획이나 각종 건축물 협정 도입에 대해서는 ③이하 단계에 걸쳐 각종 조정의 결과를 밟아 확정하는 것이 전망된다.)	○	○		○
②기반시설, 주요건물의 설계를 담당하는 전문디자이너의 후보자 선정 · 결정	○	○	○	○
③도시디자인에 관한 방침, 유의사항 등을 도로, 광장, 공원, 하천, 철도고가시설, 건물 등의 기본설계, 실시설계를 진행하는 각 시설의 건설주체, 운영, 이용주체, 관리주체, 전문 건설컨설턴트, 건축 설계사수무소 등에 전달	○	○	○	○
④전 단계까지의 계획을 거쳐 지구의 기간사업에 맞게 실시하는 지구의 매력만들기, 경관형성 등에 관한 사업을 분담하여 정리(이미지조성 조사, 가로 · 마을만들기 설계서에 위치 표시)	○	○		○
⑤이 단계에서 진전하는 환지설계에 맞추어 선행취득지, 보류지 배치, 일반지점의 환지에 대해서 도시디자인 면에서 전망의 방향을 보다 구체적으로 제시	○	○		○
⑥도로, 공원, 광장 등을 대상으로 한 랜드스케이프 디자인의 마스터플랜 입안	○	○	○	○
⑦전 단계까지의 계획자(도시설계가)와 각각의 시설설계자(전문디자이너)와의 협동작업(코러브레이션)에 의해 전단계가지의 생각의 구체화(랜드스케이프 아키텍트, 조명디자이너, 가구디자이너와의 필요가 되는 경우가 많다.)	○	○	○	○
⑧계획의 구체화에 맞게 이 단계에서 새롭게 명확히 하는 건물의 건설주체에 대해서 도시디자인에 관한 방침 등의 제시 · 조정	○	○	○	○
⑨기반시설과 건물간, 건물상호간의 설계 조정 및 이에 관한 도시디자인의 시점에서의 생각을 제시(도로, 광장 등과 건물에 의해 조성된 공간의 방식, 의장 등에 대해서)	○	○	○	○
⑩기반시설 상호간의 설계조정 및 이에 관한 도시공간 디자인 시점에서의 생각, 조정방침제시(도로가 첨단보도교, 하천과 교량 등)	○	○	○	○
⑪기본계획단계에 있어서의 생각 또는 이 단계에 있어서 요청에 기반을 둔 퍼블릭 아트의 설치 · 설계	○	○	○	
⑫선행하여 진행되고 있는 공사와의 설계조정, 설계변경에 관한 컨셉의 제시	○		○	
⑬각각의 시설의 설계작업의 과정, 결과에서 전 단계까지의 생각의 피드백, 양자의 조정(기본계획단계의 생각이 발전되는 경우, 별도의 생각이 나타나는 경우 등 다양하다) 조정의 결과, 필요에 따라 기반시설계획의 변경 환지계획으로의 반영, 건물건설의 생각 변경	○	○	○	○

의 도시공간을 그 구성이나 경관형성과 관련하여 매력적으로 만들어가는데 있어서 공통적으로 이루어져야 할 필요가 있는 과정이라는 결론에 도달한다. 관점을 달리해 보면 대부분의 도시개발프로젝트가 도시디자인에 관련된 대응 기회를 갖추고 있다는 반증이 되며 그러한 의미에서 적극적으로 대처해야 할 과정이라는 결론에 도달하게 되는 것이다.

표 4.2 | 기본계획 단계에 대한 주요한 대응 사항과 사례 프로젝트지구에 대한 대응의 실태

대응사항	오비히로	하나마키	마루카메	아사히가와
①지구 전체에 걸친 공간구성, 공간적 특색만들기, 경관형성의 방향(주변시가지환경, 자연환경 등의 연속성으로의 대응, 건물, 녹지의 배치, 밀도 구성 등)	○	○	○	○
②지구 전체의 외부공간의 분절화, 공간 스케일 세분화(각 가구의 토지이용 특성 등에 대응한 외부공간 확보 방식, 녹지, 주차장 등 면적시설 배치방향 등)	○	○		○
③도로의 단면구성, 수경에 관한 계획(전선지중화계획, 로드히팅 계획, 지하매설물과의 대응 등을 포함)	○	○	○	○
④지구 내 보행자로의 네트워크, 시퀀스 계획〈사람의 움직임(흐름, 정지, 휴식 등에 대응한 공간구성, 공간형성 계획〉	○	○		○
⑤역전광장의 공간구성, 교통시설, 보행자공간, 식재의 배치 등에 대한 계획(역전광장 이용, 활성화, 수경, 주변건물과의 연대적 이용 등에 배려	○	○	○	○
⑥(1)토지이용, 건물구조(대지 내의 차량, 사람의 동선계획 등을 포함), (2)도로, 보행, 보행자로, 광장 등의 배치 · 계획, (3)사업수법(시가화유도의 배려, 선매지, 보류지 등의 전략적 배치, 건물대지의 형상 연구 등을 포함)의 3자 상호간의 조정에 의해 도시공간의 구성과 그 실현성의 담보, 상기 3가지 측면에 관한 삼위일체적 대응	○	○	○	○
⑦복수의 건물과 기반시설(도로, 광장, 공원 등)에 의한 도시공간의 구성, 복수의 건물 외부공간에 의한 일체적 도시공간의 구성, 건물의 초벌설계	○	○	○	○
⑧선도적 입지건물의 기능이나 규모, 기반시설과의 관계, 건물 주변의 활성화 창출 등에 대한 연구, 이것에 대응하는 건물설계에 대한 요청사항의 대응정리	○	○	○	○
⑨주요건물에 대한 계획, 설계조정, 철도고가 밑 공간의 시설배치(만들어내는 도시공간 및 해당 공공시설의 기능, 성격 등에 배려)	○	○	○	○
⑩기반시설과 주택과의 일체적 이용에 의해 활성화 양성 방식(이용, 관리의 다른 배려, 지구계획 도입 이미지)	○	○	○	○
⑪지상시설과 지하시설과의 계획, 설계조정(지하주차장 출입구 등 지하관련 시설과의 조정, 이 단계에서 설치가 결정되는 새로운 지하시설과의 조정 등)	○	○	○	○
⑫철도고가구조물, 도로교량, 횡단보도교 디자인의 기본적 방향(구조형식, 하천, 횡단도로와의 조정, 주변에 대한 정리, 보여지는 방향 등)	○		○	
⑬철도고가구조물 연선의 공간구성, 연선의 토지이용이나 공간특성에 대응한 고가지하공간의 이용 방향	○			○
⑭도로, 광장, 건물의 외부구조공간, 녹지, 하천공간 등에 대한 랜드스케이프 디자인의 기본적 생각, 지구계획, 건축협정 도입 방침, 공개공지, 건물 외부구조공간 확보 방안(공공감보의 저감 등에 배려), 기존 건물, 기존 식재의 활성화 방안	○	○	○	○
⑮퍼블릭 아트 등의 도입의 기본적 생각		○	○	
⑯기간사업에 대한 계획조정, 도시계획결정의 준비, 사업계획의 결정(도시계획결정안, 사업계획안의 정리)	○	○		○

표 4.4 | 공사감리단계에 대한 주요한 대응 사항과 사례 프로젝트지구에 대한 대응의 실태

대응사항	오비히로	하나마키	마루카메	아사히가와
①공사감리에 설계자의 참가, 설계자와 건설주체와의 충분한 연대 재료, 시공방법 등에 대하여 최적안 확정(건설주체가 현장감리를 행하는 경우에는 설계자의 의향을 확인	○	○	○	
②사업주체에 의해 감리의 철저, 시공방법, 순서 등에 대하여 현장감리자 및 시공업자에 지시, 조정, 건설주체, 담당부장, 발주 시기 등의 차이로 인해 발생하기 쉬운 재료, 마무리 등의 저어 방지, 조정	○	○	○	
③구상, 계획단계에서 계획자의 공사감리의 참가(다양한 장면에서 조정역할과 구상, 계획단계에서 있어서 생각의 실현	○	○	○	
④높은 시공수준의 실현, 원활한 공사실시를 위한 충분한 설계도서의 작성		○		
⑤현장모형의 작성에 대한 시공, 성능, 의장 등의 확인, 포장 등의 시험	○		○	
⑥구상, 계획단계에서 있어서의 생각을 공사에 직접적인 반영	○	○	○	
⑦공공공사의 단면도 발주의 원칙을 가진 문제의 대응, 폐해의 시정	○		○	
⑧공사단계에 있어서 사업주체간의 연대, 공사조정을 위한 장의 설치	○	○	○	
⑨시설완성후의 시설의 이용, 유지, 관리에 관한 규칙 입안			○	

또한, 이들 표에 언급되어 있는 과정은 현행 제도의 틀이나 사업주체, 주민 등의 도시디자인에 대한 관심이나 가치 판단 방식의 현재 상황 속에서 사업주체, 관계기관, 그리고 계획자나 설계자 등이 최대한으로 노력하여 얻어내는 과정이다. 따라서 도시디자인에 관련된 혹은 도시디자인에 활용할 수 있는 새로운 계획제도나 사업제도가 마련된 경우에는 새로운 대응이 나타나게 될 것이라고 생각하지만 현 단계에 있어서 도시디자인에 관련된 과정 대부분을 망라했다고 판단된다.

다만, 도시디자인의 전개는 한편으로는 일반적인 경우보다 높은 수준으로 공간을 구성한다거나 그 표층을 정비하는 경우가 많기 때문에 도시개발프로젝트지구 내 개개의 권리나 이익에 대해서 지구 내 각 개소 간의 공평성을 잃는 부분이나 도시 내 다른 지구에 비해서 많은 자금이 투입되는 상황으로 이어지는 경우도 많다. 따라서 이들 표에 정리되어 있는 과정이 모두 절대적으로 거쳐야 할 과정이라고는 말하기 어려운 것은 사실이다. 각 과정에 대해서 각각의 프로젝트에 대한 의의나 중요도 또한 이해득실을 정확하게 판단할 필요가 있다는 것이다.

또한 4가지 사례 프로젝트는 모두 각 시의 중심시가지에 위치하고 있다. 교외부에 대한 도시개발프로젝트를 비롯하여 사례 프로젝트와는 다른 사업 목적을 가진 프로젝트에 대한 경우 이들 가운데 몇 가지는 이러한 과정에 대한 필요성이 희박한 경우가 있다는 것도 인정해야 한다는 것이다.

3 특정 디자인 대상에 관련된 과정의 필요성

표에 나타낸 과정 중에는 한 가지 혹은 두 가지 사례 프로젝트에 있어서만 이루어지고 있는 경우도 있다. 이들은 기존 건물이나 기존 식재의 활용과 교량 디자인 등 그 프로젝트에 있어서만 찾아볼 수 있는 도시디자인의 대상에 대한 대응이나 해당 프로젝트에 있어서 가능했던 대응이다. 따라서 똑같은 디자인 대상이 나타난다거나 대응하는 것이 가능한 경우에 똑같이 디자인 대상으로 하는 것이 바람직하며 이러한 의미에서 이들 과정에 대해 그 필요성이 낮다고는 말할 수 없다.

4 대응 시기

구상, 계획입안의 각 단계에 대한 도시디자인에 관련된 대응이 해당 단계에 있어서 이루어져야 하는 대응으로서 적절한 것인지의 여부에 대해서는 구상, 계획입안의 진도나 합의형성 상황, 검토 스케일 등에 비추어 부적절하다고 생각되는 사항에 대해서는 당연히 해당 단계에 있어서 대응의 대상이 되지 않는다. 또한 반대로 대응하고자 했던 경우에 있어서 앞서 언급한 바와 같이 구상, 계획입안 각 단계에 있어서 사업주체를 비롯하여 관계기관이 참여하는 위원회나 검토회 등에 있어서 의논, 검토되고, 그 결과, 필연적으로 도태하게 된다.

따라서 이들 표에 나타낸 각 단계에 대한 도시디자인의 관련 대응은 도시개발프로젝트의 구상, 계획입안 각 단계에 있어서 이루어졌던 시기는 적절했다고 할 수 있다.

5 도시디자인에 관련된 과정의 체크리스트

이상과 같은 판단에서 이들 표에 정리한 과정은 도시개발프로젝트에 있어서 이루어져야 할 도시디자인의 과정으로서 그 대부분을 망라하고 있으며 또한 각각 필요성과 타당성을 인식하고 표에 언급한 단계에 있어서 수행해야 할 과정이라고 할 수 있다.

이와 같은 이유에서 이들은 도시개발프로젝트에 있어서 광범위하게 공통적으로 이루어지는 것이 바람직한 도시디자인에 관련된 대응이며 따라서 도시개발프로젝트의 구상, 계획입안에서 설계, 공사감리 과정에 있어서 이루어져야 할 도시디자인의 대응사항에 대한, 즉 체크리스트로서의 기능을 갖추고 있다고 할 수 있다.

4 | 2

도시디자인 전개체계

앞선 표 4.1~4에 정리한 단계별 개개의 과정을 몇 가지 항목으로 나누어 제2장에서 정리한 도시개발프로젝트의 계획 프로세스에 대응시켜 정리한 것이 그림 4.1이다. 이것이 도시개발프로젝트에 있어서 구상, 계획입안의 프로세스에 대응하여 각 단계에서 진행해야 할 도시디자인 전개체계이다.

각 단계에 대한 구상, 계획입안의 내용과 대목, 각각의 단계에 대한 도시디자인의 대응 목표나 주요한 내용, 대응 체제와 스케일 등은 다음과 같다.

1 기본구상단계

이 단계에 대한 주요한 검토 상항은 앞서 언급한 바와 같이(제2장 3절) 프로젝트지구에 대한 도입기능이나 그에 근간을 둔 토지이용 구상, 프로젝트지구 주변의 간선도로 수습법이나 지구 내 도로망 정비 구상, 조성 방식 등 프로젝트의 실체면에 관련된 구상입안 외에 구상을 구체화시키기 위한 사업수법과 주체의 확인이다.

대부분의 경우 구상입안을 추진하는 주체 이외에 관계기관이 참여하는 위원회나 협의의 장이 마련되며 구상의 실체면에 관련된 내용이나 그것을 구체화시키기 위한 사업수법과 사업주체 등 사업 추진에 관련된 기본적인 사항에 대해서 합의가 형성된다. 이것이 이 단계에서 가장 중요한 도달점이며 다음 기본계획단계에 대한 중요한 절차가 된다.

상기에 대응하여 이 단계에서는 도시디자인의 전개에 관련하여 다음과 같은 과정을 거칠 필요가 있다. 도시디자인에 대한 전 과정에서 볼 때 그 첫 걸음이라 할 수 있다.

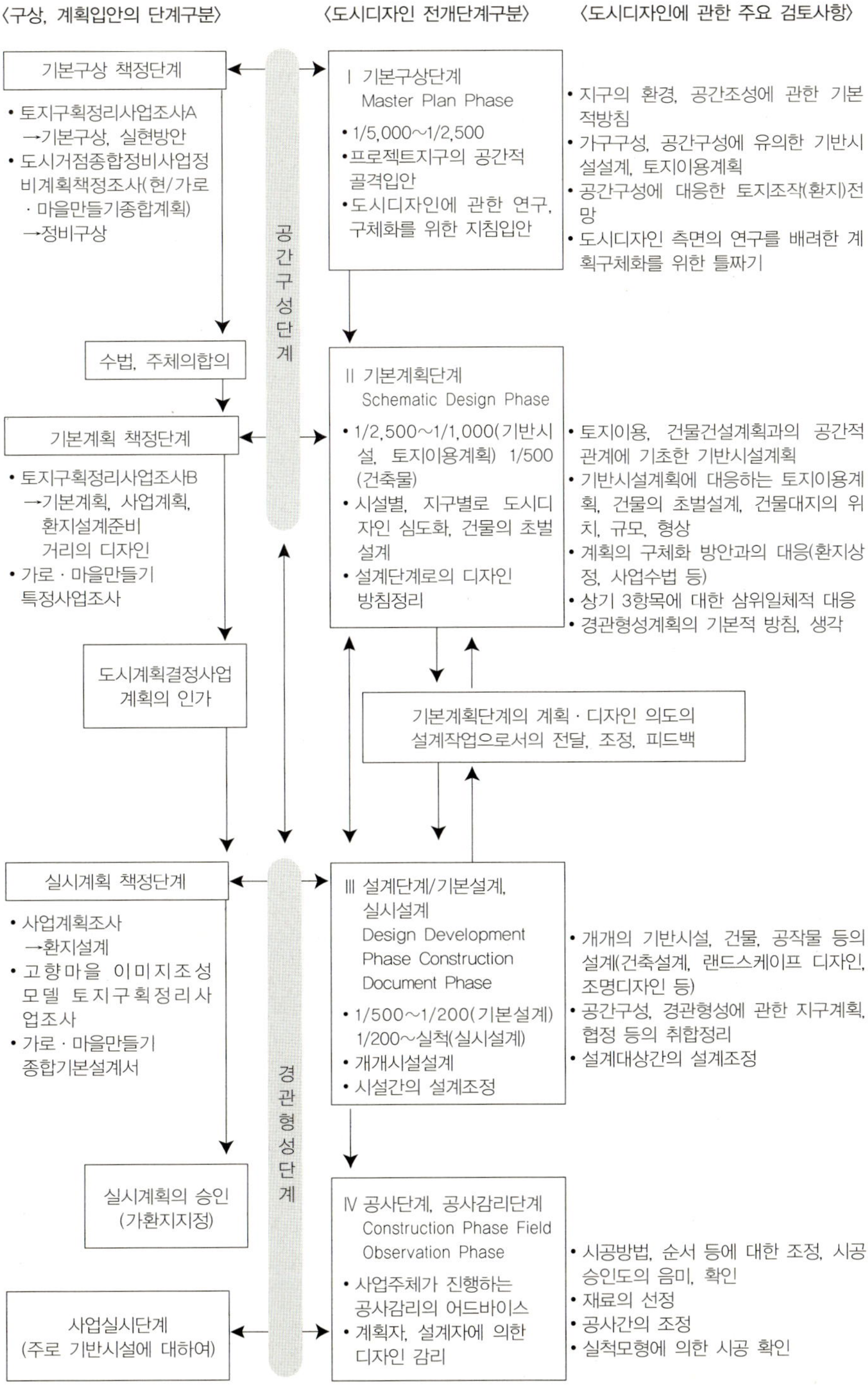

그림 4.1 | 도시개발 프로젝트에 대한 도시디자인 전개체계

1) 지구 전체의 공간적인 골격 조성

기본구상에 대한 검토의 주안점은 일반적으로 앞서 언급한 바와 같이 프로젝트의 기본적인 틀을 확정하는 것에 두고 있으며 도시디자인에 관련된 과정에 대한 문제의식이 반드시 높은 것은 아니다. 이것은 도시디자인에 관련된 대응의 주요한 과정인 기반시설과 건물 등의 구체적인 계획이나 설계는 이 다음 단계에 이루어지는 것이며 앞선 것이라는 인식에 기인한 것이기도 하다.

그러나 이 단계에 있어서 공간구조를 포함하여 지구의 미래상의 골격이 결정되기 때문에 프로젝트지구나 지구 내 각부의 공간적인 매력을 높이는 시점에서 프로젝트를 받아들이고, 적절한 연구를 집중적으로 할 필요성은 지극히 높다.

따라서 프로젝트지구 전체나 지구 내 각부에 있어서 전개되는 활동이나 생활상, 만들어야 할 환경상, 이들의 배경이 되는 이념 등을 정확하게 찾아내고 그에 맞추어 그를 위해 요구되는 공간에 대한 이미지나 사고방식을 분명히 할 필요가 있다. 그리고 이와 같은 공간을 만들어내기 위한 기반시설에 대한 연구나 그것에 대응하는 토지이용 유도방식을 나타내 보이는 것이 요구된다.

2) 대응의 내용과 스케일

이러한 이유에서 이 단계에 있어서 이루어져야 할 도시디자인과 관련된 주요한 대응은 그림 4.1에도 나타냈듯이 다음과 같은 과정이며 이들은 프로젝트 추진을 위한 일반적인 구상에 넣어 반영시키는 것이다.

① 프로젝트지구의 환경과 공간조성에 관한 기본적인 사고방식, 방침
② 토지이용의 유도와 가구구성, 지구 전체 혹은 지구 내 각부의 공간구성을 배려한 기반시설의 정비 구상
③ 기반시설의 정비 구상에 대응한 토지이용 구상
④ 토지 취급이나 토지소유자의 속성 등에 기인한 토지이용에 관한 전망과 이에 근간을 둔 토지이용 구상
⑤ 도시디자인에 관련된 대응을 실현하기 위한 방향

이들은 기반시설이 가진 토지이용 유도력과 토지이용 유도를 위한 토지

의 취급, 토지소유자의 토지이용 의향 등에 착안한 대응이며 이 단계에 있어서 일반적으로 이루어지는 교통량 예측이나 그에 대응한 교통계획, 지구에 도입하는 기능이나 그 양에 대응한 토지이용계획 등에 대해서 관련한 프로젝트지구의 도시공간을 보다 매력적으로 만들기 위해 지구의 공간구조를 명확한 것으로 만들어가고자 하는 과정이다.

검토에 있어서의 스케일은 프로젝트지구의 크기에 따르기도 하지만 대부분의 경우 1/5,000~1/2,500 정도이다.

3) 공간구성에 관련된 문제의식의 견지와 반영

위의 과정 중에서 ②, ③ 및 ④ 등의 기반시설 정비와 토지이용에 관련된 구상에 대해서는 나중의 기본계획이나 설계단계에 대한 경우에 비해 도시디자인에 관련된 과정임을 특별히 의식하지 않아도 일반적인 구상, 계획입안의 흐름 속에서 일정한 수준에 대응하는 경우도 있다.

그러나 이 단계가 도시개발프로젝트의 구상, 계획 프로세스의 최초 단계이며 따라서 결과적으로 실제로 만들어지는 도시공간과 그 질에 커다란 차이를 만들어내기 때문에 나중단계에 대한 도시디자인과 관련된 대응의 틀을 결정하거나 그 가능성을 넓혀 가는 것에 있어서 커다란 차이가 생기기 때문에 문제의식을 가지고 그와 관련하여 적극적으로 대응할 필요성이 있다.

2 기본계획단계

이 단계에 있어서 전 단계의 기본구상을 이어받아 프로젝트를 추진하는 기간사업과 주요한 기반시설, 건물 등에 대해서 사업별로 또한 시설별로 각각 보다 상세한 검토가 이루어져 각각에 대해서 기본적인 계획안이 정리되었다. 이 경우 이들 계획입안이나 검토는 전 단계에 있어서 사업을 담당하게 된 기관이 계획주체가 되어 각각 진행된다. 또한 이 단계의 검토는 앞서 언급한 바와 같이(제2장 3절) 기간적인 주요한 기반시설에 대한 도시계획 결정과 사업인가를 목표로 진행되며 그들에 대한 원안의 작성이 이 단계의 절차가 된다.

이러한 과정에 대응하여 이 단계에서 진행해야 할 도시디자인에 관련된 과정은 다음과 같다.

1) 시설별, 지구별 도시디자인의 심도화

이 단계 맨 마지막에 기간사업과 주요한 기반시설의 도시계획 결정 및 사업인가가 이루어지기 때문에 사업구역이나 중요한 기반시설에 대한 계획이 이 단계에서 확정된다. 따라서 도시디자인에 관련된 과정도 이에 맞추어 시기를 놓치지 않고 적절하게 진행할 필요가 있다.

이 단계의 계획입안은 기반시설에 대해서는 토지이용과 랜드스케이프 디자인과 연계 조정하면서 도로망 구성과 평면 · 종단 선형, 폭원, 횡단면구성 등에 대한 계획이 이루어지며 공원과 광장에 대해서는 기능과 종별, 위치, 규모, 형상 등에 대한 계획이 정리된다. 또한 토지이용계획에 대해서는 토지이용 수요나 각 토지소유자의 토지이용 의향 혹은 종전의 토지 소유상황과 시행 후의 토지 처분 전망 등에 대하여 건물을 건설하는 부지나 구역의 면적과 위치, 형상에 대한 계획이 정리된다.

조기에 건설되는 건물이나 주요한 건물에 대해서는 초벌설계를 진행, 이것을 기반시설과 건물부지계획에 반영해 가는 것이 바람직하다.

이외에 조성계획에 대해서는 도로의 횡단선형이나 랜드스케이프 디자인 등에 대응하여 각 구역이나 택지의 지반높이 및 법면처리방식 등이 거의 확정된다.

도시디자인의 전개와 관련하여 이 단계에 있어서 적극적인 발언이 이루어지지 않고 또한 공간구성과 경관형성의 시점에서 충분한 검토를 실시하지 않은 채 기반시설의 계획이나 토지이용계획 등이 진행되는 경우에는 다음 단계에서 이루어질 기반시설이나 건축물의 설계는 지구 전체의 도시디자인에 관련된 이념이나 사고방식에 근거하거나 맥락을 둘 수 없다. 따라서 단순히 해당 시설이나 건축물만을 대상으로 하여 아름답고 추하거나 좋고 나쁨 또는 취미 등의 차원에서 의논된 얕은 소견이 될 수밖에 없는 것이다.

다음 설계단계에서는 이와 같은 문제의 발생에 집중하여 그 단계에서 전단계에 이루어져야 할 과정으로 되돌아가서 기본계획 변경의 필요성이 인식되는 사태가 발생하더라도 이미 도시계획 결정이 이루어졌으며 다른 시설의 계획에도 연관되기 때문에 변경은 쉽지 않으며 대부분의 경우 손쓰기에는 이미 늦어버린 단계가 된다.

2) 대응내용과 스케일

도시디자인의 전개에 관련된 이 단계의 구체적인 대응내용은 다음과 같다.

① 도로나 광장, 공원 등의 기반시설계획에 대해서 토지이용, 건물건설, 랜드스케이프 디자인 측면에서 검토하고 음미한다. 즉 토지이용이나 건물건설, 랜드스케이프 디자인을 배려하고 이것을 반영시킨 기반시설의 계획.

② 반대로 기반시설의 계획이나 랜드스케이프 디자인을 근간으로 한 토지이용계획 및 건축물의 초벌설계, 즉 기반시설의 기능과 성격 등을 확인하고 그에 대응한 토지이용계획과 기반시설에 대한 건축물의 구조, 그것을 근간으로 한 건물 부지 위치, 규모, 형상 등에 관련된 검토.

③ 기반시설 및 그것을 둘러싼 공간을 실현해 가기 위한 수법에 대한 음미와 연구. 또한 토지이용계획, 건물건설 실현을 위한 토지의 소유와 처분 전망과의 정합.

④ 랜드스케이프 디자인과 경관형성계획에 관련된 기본적 방침, 계획 정리.

⑤ 위의 검토결과에서 찾아낸 다음 설계단계에 대한 각 기반시설과 건물설계에 대한 조건과 요청사항 정리.

이들 가운데 ①에서 ③은 공간구성에 관련된 과정이며 ④가 경관형성에 관련된 과정이다. 또한 ⑤는 다음 단계가 주로 프로젝트를 구성하는 각 시설이나 건축물에 대한 기본설계, 실시설계의 단계이며 각각에 대한 설계가 진행되는 것이 되므로 이 단계에 대한 상기 ①에서 ④까지의 대응에 기인하여 각 시설이나 건축물의 설계에 대해 바람직한 방법과 요청사항 등을 정리하는 과정이다.

이 중에서 ①은 토지이용과 건물건설계획, 랜드스케이프 디자인적인 측면에서의 기반시설 계획에 대한 행위이며 ②는 이와 반대로 기반시설계획, 랜드스케이프 계획적 측면에서의 토지이용, 건물건설에 대한 행위이다. 즉 이들 과정은 토지이용과 건물건설계획, 랜드스케이프 디자인, 그리고 기반시설계획을 상호간에 관계를 맺으면서 바람직한 공간을 구성해가는 과정이다. 그리고 이들 관계를 지탱하고 성립시키며 바람직한 공간을 만들어가기 위해 ③의 사업수법을 구사하는 과정이 있으며 이것을 병행하여 진행할 필요가 있다.

즉 ①, ②, ③은 도시디자인에 있어서 공간구성에 관련된 과정을 보다 확실한 것으로 하기 위해 각각 상호작용하고, 받아들이면서 삼위일체로 각각의 과정을 진행하는 관계에 있다. 이것은 공간구성에 관련된 과정의 포인트이며 도시디자인 과정에서 가장 중요한 절차이다. 즉 도시디자인 전개의 전수라고 할 수 있는 절차이며 이와 같은 과정을 거치기 때문에 기본계획단계는 도시디자인을 전개해가는데 있어서 가장 중요한 단계라고 할 수 있다.

검토 스케일은 개개의 시설이나 사업에 대한 기본계획입안이기 때문에 기반시설이나 토지이용계획에 대해서는 프로젝트지구의 범위에 관계 없이 대략 1/1,000 전후이며, 건축물에 대해서는 1/500 전후이다. 또한 이 단계에 있어서 지구 전체 혹은 지구별로 랜드스케이프 디자인에 대한 검토가 진행되는 경우 검토 스케일은 기본시설 등의 계획에 대한 경우와 마찬가지로 약 1/1,000이다.

3) 다음 단계에 대한 설계의 틀 정리

다음 단계의 각 기반시설과 건축물 등의 설계는 각각의 공사착수 시기에 맞추어 개별적으로 단계별로 진행되기 때문에 이 단계의 과정은 도시디자인과 관련하여 지구 전체를 대상으로 상호 조정을 도모하면서 계획을 책정하는 최후 단계가 된다.

따라서 이 단계에 대한 과정에서 명확해진 사고방식이나 방침의 정리는 지구 전체에 관련된 도시디자인 전개의 기본적인 방침과 틀을 나타내는 것으로 다음 단계에 대한 개개의 시설설계에 대한 지침과 틀이 되며 또한 동시에 계획자나 사업주체에 대해서는 이 단계에 대한 과정을 상호 확인하고 다음 단계에 대한 대응방향을 공유하는 기회가 된다. 이러한 의미에서 ⑤도 다음의 기본설계와 실시설계단계를 위해 중요한 과정이다.

이와 같은 이유에서 이 단계에 대한 과정은 나중에 계속 이어질 단계에서의 도시디자인에 관련된 마스터플랜과 가이드라인이라 일컬어지게 되는 것이다. 앞선 도시계획 결정이나 사업인가와 나란히 이 단계에 있어서 또 하나의 특색이다.

3 설계단계

이 단계에 있어서 프로젝트지구 내의 기반시설과 지구 내에 건설되는 건축물에 대해 기본설계, 실시설계가 진행된다. 대부분의 경우 시설 각각의 건설 시기에 맞추어 여기에 늦지 않게 공사 착수 2년 혹은 3년 전부터 이를 위한 작업이 개시된다. 또한 토지구획정리사업에 대해서는 사업인가 후의 실시계획 단계이며 주로 환지설계나 기반시설의 계획이 이루어진다.

각 시설의 설계 실시 기관은 말할 것도 없이 각 시설의 건설을 진행하는 건설주체이며 각각의 시설마다 앞서 언급한 바와 같이 전문디자이너, 전문컨설턴트가 참여하여 설계가 진행된다. 이 경우 사업주체와 설계자, 그리고 시설관리자 등이 참여한 협의의 장이 마련되어 시설 유지, 관리적인 측면까지 포함하여 협의가 이루어지게 된다.

더불어 해당 시설이 다른 시설이나 용지의 일부를 점용하여 건설되는 경우에는 이 점용을 허가하는 입장에 있는 기관도 협의의 장에 참여하게 된다.

이 단계의 기간을 프로젝트지구 전체에서 받아들인 경우 시설 각각의 건설 시기에 맞추어 설계작업이 진행되는 것이기 때문에 모든 시설에 대해서 설계가 완료되기까지의 시기는 공사기간과 거의 동일하다.

이에 대응하여 이 단계에서 이루어져야 할 도시디자인에 대한 주요한 과정은 다음과 같다.

1) 전문디자이너에 의한 시설설계

이 단계에 있어서 전 단계의 공간구성과 경관형성에 관련된 사고방식을 수용하여 개개의 시설에 대해서 전문디자이너, 전문 컨설턴트에 의한 설계가 진행된다. 그리고 도시디자인에 관련된 대응의 커다란 흐름 속에서는 주로 경관형성 단계에 들어가게 된다.

개별적인 기반시설에 대해서는 도시계획이나 이에 관련하여 결정된 시설 각각의 법선(계획구역선)의 범위 내에서 그 의장에 대한 검토가 진행되며 모든 시설에 대해서도 그 시설이 놓여 있는 공간에 적절한 맥락을 부여하는 것이 요구되기 때문에 앞선 단계의 최후에 정리된 지구 전체의 도시디자인의 틀을 전문디자이너에게 정확하게 전달하고 전문디자이너는 이것을 받아들이게 된다.

건축물은 기본적으로 입체이며 도시공간 구성상의 중요한 요소이기 때문에 이 단계에 있어서 그 설계 특히 기본설계에 대해 지구 전체의 도시디자인의 틀과의 관계에서 도시공간에 대한 건물의 구조와 그 의장 등에 대해서 도시디자인 측면에서 적극적으로 발언해 갈 필요가 있다.

다만, 이 단계에 있어서 기반시설의 설계와 건물의 설계가 같은 시기에 이루어지는 것은 그다지 많지 않으며 기반시설의 설계만이 선행하는 경우가 많다. 기반시설의 설계만이 선행하는 경우에는 나중에 건설되는 건물에 대해서 공간구성, 경관형성의 시점에서 바람직한 방법을 검토, 고찰하고 건물설계에 즈음한 요청사항으로 정리해 둘 필요가 있다. 또한 필요한 요건이 구비되었다면 가능한 경우에는 지구계획, 협정 등에 반영해가는 것이 바람직하다.

기반시설과 그에 인접한 건물설계가 동시에 진행되는 경우에는 다양한 국면에 있어서 기반시설의 디자인과 건물설계를 협조하여 진행하는 것이 지극히 중요하며, 이를 위해 양자의 사업주체간이나 전문디자이너 간의 협조를 적극적으로 진행할 필요가 있다.

2) 대응 내용과 스케일

이러한 이유에서 이 단계에 대한 도시디자인에 관련된 주요한 대응은 다음과 같다.

① 전 단계까지의 도시디자인에 관련된 방침과 사고방식을 각 시설이나 건축물의 설계를 진행하는 사업주체와 설계자에게 전달

② 전문디자이너에 의한 각 시설의 디자인 전개

③ 각 전문디자이너에 의한 디자인과 전 단계까지의 도시디자인에 관련된 방침과 사고방식의 조정 및 각 시설 간의 디자인 조정

④ 필요에 따라 조정 결과를 바탕으로 한 기반시설계획과 건물건설의 변경, 또한 이들에 대응한 토지의 취급에 관련된 계획

⑤ 지구계획, 각종 협정안 검토

주요한 검토 스케일은 시설마다 기본설계 및 실시설계단계에서 다르지만 기본설계단계에 대해서는 약 1/500~1/200 정도 실시설계단계에 대해서는

1/200~실물 크기까지이다.

3) 코디네이터에 의한 설계 조정

각 시설의 설계는 위에 언급한 바와 같이 각 전문디자이너에 의해 진행되었지만 기본계획단계에 대한 도시디자인에 관련된 계획의도와 이들 전문디자이너에 의한 시설설계에 대한 사고방식을 조정하기 위해 전 단계까지의 계획 및 공간구성에 관여한 계획자가 설계에 관련된 코디네이터로서 관여하고, 또한 전 단계에 대한 계획의도에 입각하여 설계가 진행되도록 필요한 체제를 갖출 필요가 있었다.

코디네이터는 설계 진척에 맞추어 사업주체 및 관리주체와 전문디자이너 사이에 사업주체간, 전문디자이너 간에 발생하는 설계에 대한 생각의 차이를 조정하는 역할도 담당하게 된다. 이 조정은 이 단계에 있어서 특히 중요하다.

전문디자이너 각각의 시설설계에 관해서 중심적인 역할을 담당하게 되는데 이것을 지원하기 위해 교량이나 철도구조물에 대해서는 구조설계를 섭렵한 전문가, 하천에 대해서는 치수를 비롯하여 하천공학 전문가, 공원과 광장에 대해서는 식재 전문가 등 각각의 분야에 관계하는 디자이너와 이외의 전문가가 참여하게 된다. 그리고 코디네이터의 역할은 전문디자이너와 이들 전문가 간의 조정에도 영향을 미치게 된다.

코디네이터는 이와 같은 다양한 조정을 진행하게 되는데 각 시설의 설계에 대해서는 끊임없이 프로젝트지구 전체의 도시디자인의 사고방식으로 되돌아가 그 시점에서 설계를 조정하고 설계자에게도 조언을 하게 된다. 또한 전문디자이너 대부분이 시설설계에 너무 열심인 나머지 시설을 실현해 가는 제도에는 무관심하다거나 시설이 근거로 든 사회적인 맥락이나 가치와의 관계를 잃는 경우가 있기 때문에 이들에 대해서 설계자를 정확하게 지원해가는 것도 중요한 역할이 된다.

이러한 코디네이터의 존재는 도시개발프로젝트에 있어서 도시디자인을 전개해 가는데 가장 중요한 사항이며 건축군의 설계에 대해서는 이 점에 대한 인식이 높아지고 있는데[주1] 도시디자인의 전개에 있어서 코디네이터의 등용에 대해 미개척 분야라고 할 수 있으며 그 역할과 자질, 육성에 대해서도 정해진 방식은 지극히 일부를 제외하고[주2] 각 방면에 있어서 유지되고 있지 않은 상황이다.

4) 중요한 랜드스케이프 디자인

도시개발프로젝트에 있어서 랜드스케이프 디자인은 프로젝트지구 내의 도로나 광장, 공원 또한 건물 외부구조 등의 설계를 진행하는 것이 되지만 이들 공공시설은 지구 내의 광범위한 범위에 걸쳐 배치되며 건축물의 외부구조와 상호 관계성이 높기 때문에 도시디자인 전개상에서 하는 역할은 크다. 또한 이 단계에 있어서 혹은 전 단계 마지막에 지구 내의 주요한 공공시설을 대상으로 랜드스케이프 디자인에 대한 기본적인 방식을 랜드스케이프 디자인의 마스터 디자인으로 정리함으로써 지구 전체에 대해 정리와 아이덴티티가 있는 경관을 만들어내는 것이 가능해진다.

4 공사감리단계

이 단계는 문자 그대로 각종 시설의 공사가 진행되는 단계이며 구상, 계획 단계에서의 계획자 또한 설계단계의 전문디자이너 역할은 공사감리가 된다. 이 경우 계획자의 역할은 공사감리에 관련된 조정이며 설계자의 역할은 주로 설계감리이다.

앞서 언급한 바와 같이(제2장 1절) 건축물공사의 경우 공사감리가 설계자에게 위임되는 반면 도시 기반시설에 속하게 되는 대부분의 공공시설에 대해서는 공사감리 설계자에게 위임하지 않고 건설주체가 직접 이에 관여하는 경우가 많다. 그렇기 때문에 계획자와 설계자는 자체적으로 계획하고 설계한 시설에 대해서 스스로의 의도에 입각하여 공사를 진행하고 완성시키는 것에 관계없이 무상으로 이에 관여하는 경우가 많다.

시설의 안전성에 관여하지 않고 관리책임에 저촉하지 않는 범위에서 디자인적인 측면에 대한 감리를 관여하는 것, 즉 디자인감리는 가능하다.

이와 같은 제약과 가능성이 있는 가운데 이 단계에 대한 도시디자인에 관련된 주요한 대응은 다음과 같다.

1) 공사감리에 대한 조언

공사감리를 하는 건설주체의 담당자는 설계도서에 의한 설계의도의 전달에 한계가 있는 것도 있고 디자인적인 측면에서의 연구를 공사단계에 있어서 구체화시키는 것이 곤란한 경우가 많다. 따라서 계획자나 설계자는 공사감리에 대해 명확한 역할을 하고 있지 않더라도 적절한 시기에 현장에 나가서 필요한 조언을 건설주체의 공사감리와 공사를 청부했던 기업에 하게 된다. 이것은 여러 시설의 공사가 장기간에 걸친 계획 및 설계작업의 의도를 실체적으로 치환해가는 작업이기 때문에 도시디자인에 관련된 이 단계의 대응으로서 매우 중요하다.

2) 감리내용

이 단계에 대한 도시디자인에 관련된 주요한 대응은 사례 프로젝트에 대한 경우에 비추어보면, 다음과 같은 과정이 된다.

① 시공방법, 시공순서 등에 대한 공사감리자, 시공업자와의 조정
② 사양의 전달, 시공 승인도의 확인 및 시공 정밀도의 분산 방지
③ 포장재의 색감 및 식물 재료 등의 선정
④ 주요 공작물에 대해서 실제 크기의 모형작성 지시, 현장에서의 확인

3) 계획자, 설계자의 디자인감리에 대한 참여

이 단계에서 각 시설의 설계에 관련된 설계자가 공사감리에 연관되는 것은 당연한 일이지만 기본구상, 기본계획에 있어서 구상, 계획입안에 관여했던 계획자 또한 공사감리에 최대한 참여하는 것이 바람직하다.

이것은 기본구상, 기본계획 의도에 입각한 시설로서 그 시설을 완성시키려는 노력이 조기 단계에서 도시디자인에 관련된 사람으로서 다해야 할 역할이며 그에 따라 시설의 디자인적인 측면에서의 완성도가 보다 높아질 것이라는 기대에 기반을 두고 있다.

이 경우의 공사감리는 계획과 설계의도를 정확하게 실현해가기 위한 설계 감리이며 말하자면 공사감리 중에 실시되는 디자인감리라고 해도 무방할 것이다.

주

1) 타마뉴타운 15주구(약 66ha)에 있어서 우치이쇼우리(内井昭蔵)을 마스터 아키텍트로 하고, 마스터 아키텍트로 하며 마스터 아키텍트에 의해 코디네이션의 모토로 7인의 건축가가 각각 담당하는 주구에 있어서 집합주택(합계 약 1,500호)을 설계한 벨코리느(南大沢)의 대응이나, 마쿠하리 베이타운에서 각 가구에 계획설계조정자를 설치하여 이 코디네이션에 6인의 건축가가 집합주택(각 110호 전후)의 설계를 진행한 파티오스 1~6번가의 대응 등
2) 요코하마시 도시디자인실, 고베시 어반 디자인실 등

참고문헌

• 주택 · 도시정비공단 미나미타마개발국, 「타마뉴타운 사업개요」, 1997.
• 다무라 아키라(田村朋), 「아름다운 경관을 만드는 어반 · 디자인」, 「아사히 선서」, No. 573, 아사히신문사, 1997.

Chapter 5

도시디자인의 기법과 실현을 위한 방안

5장에서는 본 서의 목표, 목적 중 하나인 도시디자인 전개의 각 단계에 대한 주요한 과정에 대해서 그 기법과 실현을 위한 방안을 정리하고자 한다.

이 경우 사례 프로젝트의 각 단계에 대한 과정을 횡단적으로 다루고 거기에서 객관적으로 도출되는 대응 경향과 특색에 기인하여 각 단계에 대한 대응을 유형화, 체계화하고 각각의 대응에 대해서 그 기법과 실현을 위한 방안을 분명히 밝히고자 한다.

5 | 1

기본구상단계

1 도시디자인에 관련된 전체적인 대응

기본구상에 대한 도시디자인의 대응은 사례 프로젝트에 있어서 나타낸 바와 같이 다양한 측면에 걸쳐 있으며, 이들에 대하여 대응의 대상이나 목적에 주목하면 그 전체 모습은 그림 5.1과 같이 정리 · 체계화할 수 있다.

이 체계가 의미하는 바는 다음과 같다.

기본구상단계에 대한 도시디자인에 관련된 대응은 우선 기반시설에 대한 대응(그림 5.1의 체계 [1], 이하 같음)과 토지이용, 건물건설에 관련된 대응([2]) 그리고 이들을 상호 대응시키면서 지구 전체 혹은 지구 내 각 부에 어울리는 공간을 구성하는 대응([3]) 이들 3가지의 대응을 구체화시키기 위한 대응([4]) 등 이와 같이 4가지로 정리하는 것이 적절하다. 다만, 여기에서는 다양한 대응을 유형화하는데 있어서 체계화하기 위해 4가지 대응으로 나누

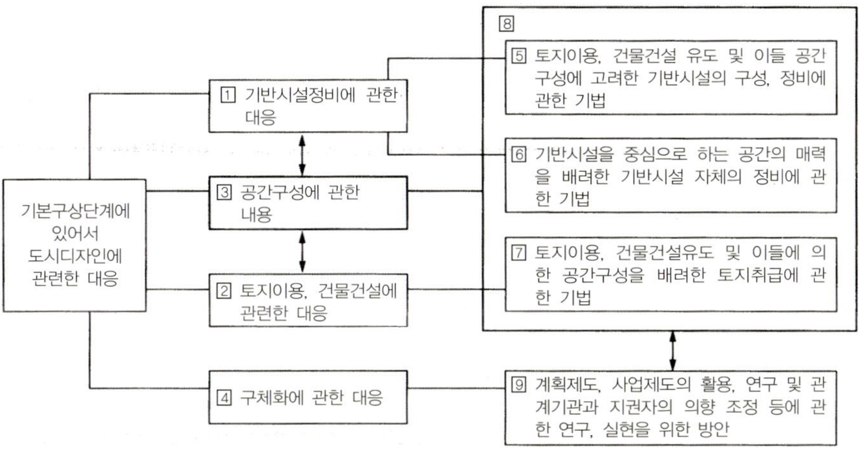

그림 5.1 | 기본구상 단계에 대한 도시디자인의 기법과 실현을 위한 방향

어 받아들이고 있는데, 실제 상황에서의 도시디자인에 관련된 대응은 대부분이 동시 병행적으로 4가지 대응 사이에서 조정하면서 혹은 하나의 대응에 대한 검토를 진행하고 있는 경우에는 다른 3자의 대응을 배려하면서 진행하게 된다. 이러한 것이 실무상 중요한 점이다.

공간구성에 관련된 대응은 의도하지 않아도 기반시설에 대한 대응과 토지이용, 건물건설에 대한 대응과 동시에 진행되기 때문에 이들 대응의 일부로서 받아들여지는 것도 가능하다. 그러나 공간구성에 관련된 대응 대부분은 기반시설과 토지이용이나 건물과의 상호관계에 관련된 과정이며, 이 점을 강하게 의식하여 독립적인 대응으로 받아들여야 하고 그림에 나타낸 바와 같이 [1]과 [2] 중간에 위치하며 양자와의 피드백(체계의 화살표)이 끊임없이 요구되는 것으로 받아들이는 것이 적절하다.

다음으로 기반시설에 관련된 대응은 토지이용, 건물건설 유도나 이들과의 관계로 만들어내는 공간을 의미 있게 구성해가는 기법([5])과 이들의 관계성을 강력하게 요구하지 않고 기반시설 자체의 공간적인 매력을 부여하는 기법([6])으로 분리된다. 다만 기본구상단계에 있어서 기반시설에 대한 계획이 뒤에 언급한 바와 같이 상세한 수준에까지 도달하지 못했기 때문에 기반시설의 도시디자인에 관련된 이들 두 가지 기법 가운데 전자에 대한 대응이 대세를 이루는 것이 일반적이다.

토지이용에 관련된 기법은 프로젝트의 목적과 계획 의도에 따른 토지이용과 건물건설 유도, 이에 의한 공간구성을 배려한 토지의 취급과 또한 특정 부지에 대한 이용의 상정이며, 토지소유나 이용상황, 지권자의 토지이용 의향에 착안한 토지의 배치와 부지 이용에 관련된 기법([7])이다.

그리고 공간구성에 관련된 대응([3])은 이들 3가지 대응([5], [6], [7]) 모두에 있어서 배려해야 하는 과정이며, 이러한 의미에서 이들을 모두 아우르는 8의 위치에 있다고 받아들이는 것이 적절하다.

또한 구체화에 관련된 대응은 이들 3가지 대응을 실현하기 위한 수법이며 그 내용은 계획제도나 사업제도의 적절한 활용과 지구로의 도입에 관련된 연구, 프로젝트에 관계하는 기관과 지권자의 의향 조정 등에 관련된 과정([9])이다. 따라서 이 과정 또한 상기 3가지 대응을 모두 아우르는 과정([8])과 대치하는 위치에 두는 것이 적절하다. 또한 [5]에서 [7]의 3가지 대응은 이 수법에 비추어보면 실현성을 판단하면서 진행할 필요가 있으며 3가지 대응과는 상호 피드백이 요구되는 관계에 있다.

기본구상에 대한 도시디자인에 관련된 대응은 이와 같이 정리, 체계화하는데 [5], [6], [7]의 대응이 이 단계에 대한 대응의 실질적인 기법이며 [9]의 대응은 이들 3가지 대응과 직접적으로 관계하고 있는 방안이기 때문에 우선 다음의 2항에 있어서 상기 [5], [6], [7]의 과정으로 나누어 각각에 관련된 기법을 나타냄과 동시에 각각의 기법마다 [9]의 과정인 이들을 실현해가는 방안을 나타내었다. 또한 이들 기법과 실현을 위한 방안이 도시개발프로젝트에 있어서 실제로 이루어질지 여부는 사업의 실시 주체가 되는 계획주체나 이들을 지원하는 계획자의 자질과 관심, 경험에 의한 면이 크며 3항으로서 이 단계의 대응을 위해 계획주체와 계획자에게 요구되는 사항을 병행하여 나타내고자 했다.

2 도시디자인의 기법과 실현을 위한 방안

1) 토지이용의 유도 및 이들과의 공간구성을 배려한 기반시설의 구성 (체계의 [5], 이하 같음)

(1) 프로젝트지구 내의 토지이용 유도와 건물건설을 배려한 지구 주변의 간선도로와 주요 보행자로의 지구 내에서 인식

〈도시디자인의 기법〉

프로젝트지구 주변의 간선도로나 주요 보행자 도로의 지구 안으로의 도입 방식에 대한 검토이며, 지구를 포함한 근방 시가지 전체에 대한 도로, 보행자 공간망의 체계나 지구에 도입하게 되는 도로, 보행공간의 기능, 성격 등을 받아들여 지구 안을 포함하여 이들을 체계화, 구조화하는 것이다.

이에 따라 지구 내의 토지이용 유도와 건물건설 가능성이 크게 변화하기 때문에 지구 내 각 부분에 있어서 유도하고자 하는 토지이용과 건물의 입지에 유용하도록 지구 주변의 간선도로와 주요한 보행자로에 대해서 지구 내에서의 선형이나 망구성을 결정해가는 것이 포인트가 된다.

이 경우 토지이용의 유도방식에 맞추어 그에 적당한 건물규모나 형상 혹은 택지로의 자동차 접근, 각 택지에 대한 주차장정비 방식 등을 고려하여 해당 도로 연도의 가구나 건물 부지의 규모와 안길이를 상정하면서 이 작업을 진행해가는 것이 중요하다.

그림 5.2(좌) | 성 안토니오의 하천을 따라 형성된 호텔
하천도 도로와 마찬가지로 기반시설 중 하나이며, 성 안토니오에는 하천에 유도되어 호텔이 입지하고 있다. 또한 호텔은 하천에 면해 있는 것을 활용하여 1층에 테라스(옥외)와 레스토랑(실내)을 만들었다.

그림 5.3(우) | 유레히트의 운하를 따라 형성된 점포와 창고
유레히트에는 중심시가지 내의 운하를 따라서 점포가 나란히 서 있다. 기반시설로서의 운하가 점포의 입지를 유도한 예이며 점포지하층의 창고는 운하와 같은 높이로 운하에서 물품이 납입된다. 기반시설에 건축이 강하게 대응한 예이다.

교통계획에 관련된 시점을 우선시하여 이들 간선도로의 지구 내에서의 위치와 선형을 결정하는 것이 바람직한 경우도 있으며, 이와 같은 경우에 있어서 반대로 지구 내에서 인식하는 간선도로의 기능이나 성격의 차이에 의해 야기되는 토지이용 유도력의 차이에 착안하여 그 연결선상에서의 토지이용과 건물건설 방향을 결정하고 지구 전체의 토지이용 구상을 정합시켜가는 것도 필요하다.

〈실현을 위한 방안〉

지구에 있어서 인식되는 간선도로와 보행자로는 간선이기 때문에 도시계획 도로인 경우가 많으며 이와 같은 경우에는 지구 안에 있어서 도시계획 도로에 어울리는 망이 구성되는 것을 배려할 필요가 있다.

지구 내에서 받아들인 도로를 도시계획 도로로서 기능하도록 하는 경우 보조 대상 도로로서 지장을 주는 물건 즉 보상을 배려함과 동시에 토지구획 정리사업을 기간사업으로 하고 있는 경우에는 같은 사업의 기본사업비[주1)]의 많고 적음을 고려할 필요가 있다. 이 경우 반드시 바람직한 것은 아니지만 프로젝트의 사업 규모에 비해 기본사업비가 적은 경우에 있어서 필요성을 충분히 인식하면서 지장을 주는 물건의 수를 늘려서 기본사업비를 증가시킴으로써 선형을 설정하는 것도 가능하다.

한편, 프로젝트지구의 개발에 맞추어 지구 주변에 있어서 새로운 도로의 정비와 기존 도로의 확장이 필요하게 된 경우에는 관계하는 권리자의 혼란을 초래시키기 때문에 지구 내의 도로정비에 관련된 수법과 최대한 동일한 수법에 의해 정비를 진행하는 것이 바람직하다. 따라서 토지구획정리사업을 비롯하여 면적인 시가지개발사업을 기간사업으로 삼고 있는 경우에는 그 사업구역을 기간시설정비의 필요성에 맞추어 설정해가는 것이 바람직하다.

또한 지구 주변의 간선도로 가운데 광역성이 높은 것에 대해서는 그 중 몇몇은 국도나 지방도인 경우가 많다. 이에 대해서는 지구 및 주변의 망구성을 검토하는데 있어서 국도와 지방도의 연장 구간과 기능도 배려하여 도로의 선형을 설정하고 국가나 현에 의한 정비 혹은 이들 기관에서의 토지구획정리사업에 대한 공공시설 관리자 부담금[주2)]의 기부를 요구하는 것에 대해서 배려할 필요가 있다.

(2) 토지이용의 유도와 건물건설 가능성 또한 지구의 활성화와 공간적인 매력을 높이기 위한 프로젝트지구 안의 도로망과 오픈 스페이스 구성

〈도시디자인의 기법〉

프로젝트지구 안의 간선도로에서 구획도로, 보행자로, 광장과 공원, 녹지 등의 배치와 구성을 지구 내 토지이용의 유도와 건물건설 가능성을 높이는 것을 배려하여 진행해가는 기법이다.

도로에 대해서는 구체적으로 망구조와 망밀도, 기능, 성격, 폭원을 유도하고자 하는 토지이용과 건물에 맞추어 또한 가구와 택지의 위치와 규모, 형상을 고려하면서 설정해 가게 된다. 특히 보행자로에 대해서는 광장과 공원 등과의 체계화를 배려함과 동시에 지구에 사람의 흐름을 만들어내어 활성화를 유발해가는 것이나 보행공간으로서의 매력과 안전성을 배려하면서 위치와 폭을 설정해가는 것이 중요하다.

이 경우 기본구상에 있어서 모든 구획도로와 보행자로(보행자 전용도로도 포함)의 위치와 선형 등을 결정할 필요성은 희박하며 한편으로는 다음 기본계획단계에 대한 보다 상세한 검토를 거쳐 결정해가는 것이 바람직한 경우도 많기 때문에 이들에 대한 검토는 다음 단계로 이양해도 된다. 다만, 다음 단계로 검토를 미루는 경우에는 그에 대비하여 구획도로를 설정하는 것에 따라 혹은 설정하지 않는 경우에 있어서 각 구역이나 택지로의 접근을 확보할 수 있는지 토지이용에 맞추어 건물을 건설해가는데 있어서 구역이나 택지의 규모가 적절한지를 이 단계에서 미리 전망해 볼 필요가 있다.

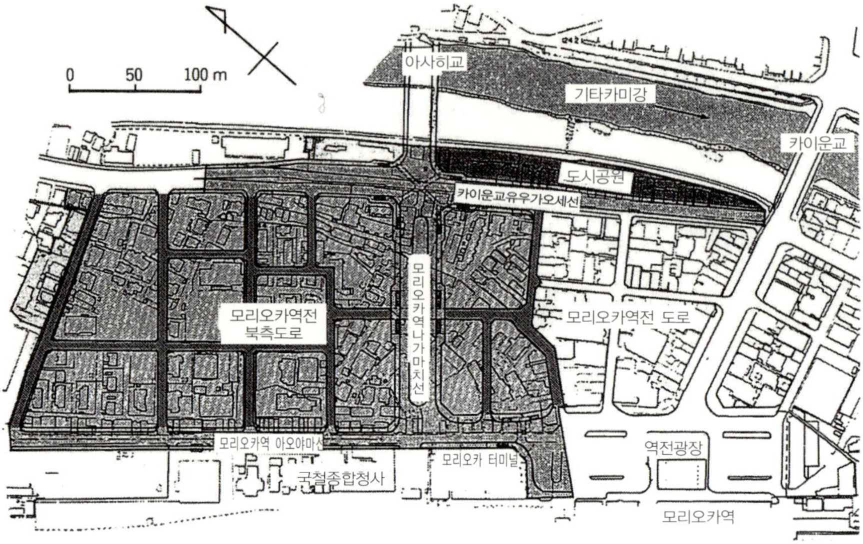

그림 5.4 | 모리오카시(盛岡市) 모리오카 역전 북지구에 대한 대응
모리오카역 부근의 역전 북지구에 있어서 그림에 나타낸 바와 같이 4m, 6m, 8m의 구획도로가 크랭크 모양의 구성으로 배치되어 역전 간선도로에서 한 겹 안쪽에 위치하는 경우도 있으며 음식점(야간 음식점)의 입지가 진행되고 있다. 음식점가에 어울리는 구획도로의 구성이 지구의 토지이용을 유도하고 여기에 어울리는 매력적인 도시공간 형성을 촉진하고 있는 예이다.

광장과 공원, 녹지에 대해서는 이 단계에 있어서 우선 지구 전체의 공간구성의 시점에서 검토하는 것이 중요하다. 예를 들면 이들 오픈 스페이스를 지구 전체에 분산적으로 배치할지 혹은 보행자로나 건물의 외부구조체 공간과 체계를 이루면서 지구 전체에 걸쳐 명쾌한 구조를 갖추도록 배치할지에 대한 검토이다.

또한, 지구 전체의 배치에 대한 검토와 병행하여 이들에 접하는 혹은 이들을 둘러싸게 되는 건물이나 그 외부구조체를 끊임없이 이미지화하면서 그 기능과 위치, 규모, 형상을 설정해가는 것도 중요하다. 포장되고 도시적인 견고한 광장인지, 잔디나 수목이 가득한 여유로운 공간인지, 이들에 접하는 택지의 토지이용이나 건물에 있어서 어울리는 공간으로 하기 위해서는…… 더불어 건물 외부구조체와의 일체적인 공간조성이 가능한지 등에 대해 생각하면서 광장이나 공원의 위치와 규모, 형상을 결정해가는 작업이다.

〈실현을 위한 방안〉

프로젝트를 실현해가는 기간사업이 전면매수방식인 경우에는 도로나 오픈 스페이스 이외의 택지 총면적과 도로와 오픈 스페이스의 배치방식에 의한 각 지구나 택지처분 가격의 차이 등이 사업수지와 직결되기 때문에 이것을 배려하면서 작업에 임한다.

토지구획정리사업에 의한 경우에 있어서 상기의 연구와 동시 병행하여 다음의 여러 가지 사항에 대해서 정확하게 전망해가는 것이 요구된다.

- 사업에 맞추어 새롭게 용지를 취득했던 주체나 지권자의 종전 토지의 환지 규모, 환지처, 보류지의 규모 및 배치처
- 보류지도 포함하여 각 택지에 대한 접근성
- 공공용지율과 공공감보의 규모
- 기본사업비의 규모 및 토지구획정리사업의 개략적인 수지

위 중에서 환지나 보류지의 배치에 대해 나중의 기본계획단계나 설계단계에서 서서히 상세한 검토가 이루어지기 때문에 이 단계에서는 도로나 광장, 공원 등을 그리면서 각 지권자의 토지가 대략 어디에 배치되게 되는지 선매지나 보류지를 배치해야 하는 장소에 대해서 기반시설의 성격이나 위치가 적절한지 등에 대해 대강의 예측을 해보는 것이다.

또한 공공용지율과 공공감보, 기본사업비의 규모에 대해서는 이 단계에 있어서 위와 같이 기반시설에 대한 검토가 대강의 위치나 폭원, 규모를 상정하는 것에 머무르고 있기 때문에 5, 6, 7의 작업을 상호 피드백시켜 가면서 이들의 지표가 어느 정도될지 대강의 목표를 가늠해보는 것으로 충분하다.

다만 도시디자인의 전개 시점에서 예를 들면 상징도로나 커뮤니티 도로의 도입을 지향한 폭원 증가 및 토지이용과 건물건설 유도를 겨냥한 특정 광장의 설치 등 일반적으로 요구되는 수준에 비해 높은 공공용지율을 설정하게 되는 경우도 있으며, 이와 같은 경우에는 도시디자인 전개의 시점에 기인하여 이들의 지표 증가분에 대해 사업주체와 함께 고민하며 이해, 합의를 얻는 것이 중요하다.

토지구획정리사업의 개략적인 수지에 대해서도 이 단계에 있어서 대강의 전망을 할 수 있으며 보행자 전용도로도 포함하여 도시계획 도로가 되는 도로의 규모에 따라 수지의 구조나 사업주체의 부담이 바뀌기 때문에 도시계획 도로로 만드는데 있어서 필요한 요건을 만족시키고자 망구성 등을 검토해 둘 필요가 있다. 특히 보행자로에 대해서는 보행자 전용도로로서 이것이 보조대상 도로가 되는 경우에는 수지를 개선하는 일이 되므로 일반적인 구상입안으로서 이루어지는 망구성과 더불어 보행자로를 중심으로 한 공간이 매력적인 공간이 되도록 도시디자인 시점에서 연구를 집중시키는 것이 중요하다.

(3) 인접지의 토지이용과 건물건설 유도, 또한 보행자 공간의 연속성을 배려한 철도고가 위치와 역위치의 설정

〈도시디자인의 기법〉

도시개발프로젝트를 구성하는 사업에 철도의 고가화사업이 더해져 있는 경우에는 고가구조물의 위치(철도선로의 선형)나 역의 위치를 그 인접지의 기반시설 토지이용과 건물건설 유도를 배려하면서 설정해가는 과정이다. 철도의 선로나 역사도 도시기반시설의 하나로 받아들여지며 따라서 이 기법은 앞선 간선도로의 지구 안에서 수용법과 비슷한 기법이라고 생각할 수 있다.

철도의 고가화사업은 연결선의 토지이용이나 공간구성에 커다란 효과와 영향을 미치는 사업이지만 그 중에는 역의 위치는 프로젝트지구나 그 주변에 대한 상업시설을 비롯하여 다양한 시설의 입지 가능성을 크게 좌우하기 때문에 충분한 검토가 필요하다.

구체적으로는 철도의 고가화에 맞추어 고도이용이 가능하게 되는 택지의 위치나 규모, 형상을 역주변에 최근 형성된 지구에 도입하고자 하는 시설의 입지에 어울리는 것이 되도록 도로망구성방식이나 역전광장의 형상 등과 동시 병행으로 검토하고 고가구조물과 역의 위치를 설정해 가게 된다. 또한 이것은 철도의 고가화에 동반한 철도횡단도로의 교통 기능이 높고 역 부분에 있어서 자유 통로가 지표 레벨로 설치되기 때문에 이들의 위치 및 프로젝트지구 내의 보행자로와의 체계화를 상정하면서 작업하게 된다.

철도의 고가화에 대해서는 일반적인 경우, 고가화 구간이나 위치, 고가 뒤 역의 위치, 고가화방식에 대해서 검토가 우선적으로 이루어지고 토지이용이나 건물 유도, 역전광장의 형상 등에 대한 검토가 동반되지 않는 경우

그림 5.5 | 오비히로역 주변지구에 대한 니시2쵸도로(왼쪽)와 공원대로(오른쪽)
오비히로역 고가 밑의 자유통로는 역 북쪽의 니시2쵸도로(오비히로시를 대표하는 상점가)와 역 남쪽의 공원대로(시가지 내의 대규모 공원에 이르는 주요 도로)를 연결하는 위치에 광범위하게 정비되어 고가역의 플랫폼에서 보면 역사가 이 간선보행자 공간의 맨 위에 정비된 것이 긍정적으로 받아들여지고 있다.

가 많다. 따라서 이들 시점이나 역전광장의 공간구성 시점에서 보면 철도의 선형이나 역사의 위치 설정에 대해 적극적으로 발언해가는 것이 필요하다.

〈실현을 위한 방안〉

철도의 고가화사업 기회를 받아들여 인접지의 토지이용을 유도해가고자 하는 경우 인접지의 종전 토지이용이나 소유상황, 토지소유자의 사업 후 토지이용 전환의 가능성 등을 절충하면서 고가화의 위치나 역위치를 결정해가는 것이 포인트가 된다. 이 경우 고가 뒤의 철도나 역의 위치는 인접지의 토지나 건물 소유자 또는 사업소 등의 중대한 관심사이며 시행 전후에 대한 토지이용과 택지 평가액의 변화와 이것에 대한 대응 등을 상정하면서 작업하게 된다.

예를 들면, 철도의 이설에 필요한 용지의 취득비를 시행 후에 발생하는 종전의 선로부지를 처분하여 마련하기 위해서는 택지 가격이 싼 쪽에 철도를 이설하는 것이 기본이지만 이와 같은 방식을 철도의 안과 밖, 역전광장에서의 거리 등을 감안하여 토지소유자의 의향이나 토지이용 유도방식과 조정해 가게 된다.

지구 전체에서 받아들이는 경우 고가구조물의 위치에 따라 철도의 겉과 안의 토지 면적이 달라지기 때문에 사업 후 연결구간의 택지 가격 총액이 변화하게 된다.

이와 같은 이유에서 철도의 고가화사업과 동시적으로 연결 구간 시가지에 있어서 토지구획정리사업을 진행하는 경우 시행 후의 택지 총 가격이 증대하는 방향으로 철도의 이설을 진행하며 토지구획정리사업의 수지를 호전시키는 것으로 연결하고 호전된 증가분을 지권자의 의향이나 토지이용 유도방식과의 조정에 활용해가는 것이 기본이 된다.

2) 기반시설이 만든 공간의 매력 부여를 위한 기반시설 자체의 정비(6)

(1) 명쾌한 공간구조나 경관구조의 형성을 목적으로 한 기반시설의 위치, 규모, 형상 등의 연구

〈도시디자인의 기법〉

프로젝트지구의 개발정비에 맞추어 지구 주변도 감안하면서 시가지의 공간구조나 경관구조를 명쾌하고 매력적으로 만들어가기 위해 기반시설을 구상해가는 과정이다.

대부분의 경우 상기의 5에 해당하는 토지이용이나 건물건설 유도를 의도한 기반시설에 관련된 대응에 비해 도시 기반시설 자체에 의해 크게 주목받았으며 도로나 공원, 광장 등이 가진 공간구성이나 경관형성에 미치는 힘을 끌어내는 방향으로 이들의 위치나 형상, 규모 등을 설정해가기 위한 기법이다.

구체적으로는 오비히로역 주변지구에 있어서 나타낸 바와 같이 지구정비에 맞추어 역주변 도로망의 패턴을 최대한 격자 모양으로 되돌려 보다 쉽게 접근할 수 있는 공간구조를 만들려는 대응이나 마루카메역 주변지구에 있어서 남쪽 입구 역전광장으로 향하는 진입로를 광장 남쪽의 도로에 맞추어 설치하고 교차점의 수를 줄임으로써 역전광장 주변의 공간구조를 보다 단순하고 이해하기 쉽게 만들고자 했던 대응 등이다.

또한 사례 프로젝트로서 언급한 바 없지만 그림 5.6에 나타낸 이시카리시(石狩市)의 '이미지 조성 지구'에 있어서 공원을 지구 중심을 횡단하는 몰적 공간으로 정비하고 공원에 이와 같은 힘을 부여하고자 했던 대응도 같은 기법의 예로서 들 수 있다. 이 과정은 토지구획정리사업이 사업중인 지구에 있어서 시책 시행에 맞추어 시의 이미지를 만드는 시의 방침에 따라 또한 장래의 궤도계 교통기관의 도입이나 새로운 도서관 건설계획의 부상 등에 대응하여 지구 내 중앙에 종전부터 계획되고 있었던 시제기념공원(市制記念公園)을 지구 동측의 하천공간에 직접 연결되는 형태로 축상으로 정비하고자 했던 것이다.

중앙의 공원이 만드는 공산축 위에 궤도계(신교통시스템) 역을 설치하고 또한 그 연장선상에 강을 수용하여 이 공원을 사이에 두고 시의 공익적 시설을 배치하여 이들과 일체로 몰을 형성하도록 한 대응은 공원 자체의 공간적인 매력을 향상시킴과 동시에 지구의 공간, 경관구조를 명쾌한 것으로 만들고자 한 대응이다.

〈실현을 위한 방안〉

이와 같은 대응을 실현하기 위해서는 위의 사례에 나타낸 바와 같이 기반시설이 가진 공간구성력에 착안하여 명쾌한 공간을 구성하고자 한 강력한 의욕과 이것을 실현하기 위한 다양한 수법에 대한 지식이 사업주체나 계획자에게 있는 것이 커다란 힘이 된다.

공간을 구성해가는 경우 오비히로역 주변지구의 경우에는 종전의 시가지에 대한 개수, 마루카메 역전광장 주변지구의 경우에는 종전의 계획 변경, 이

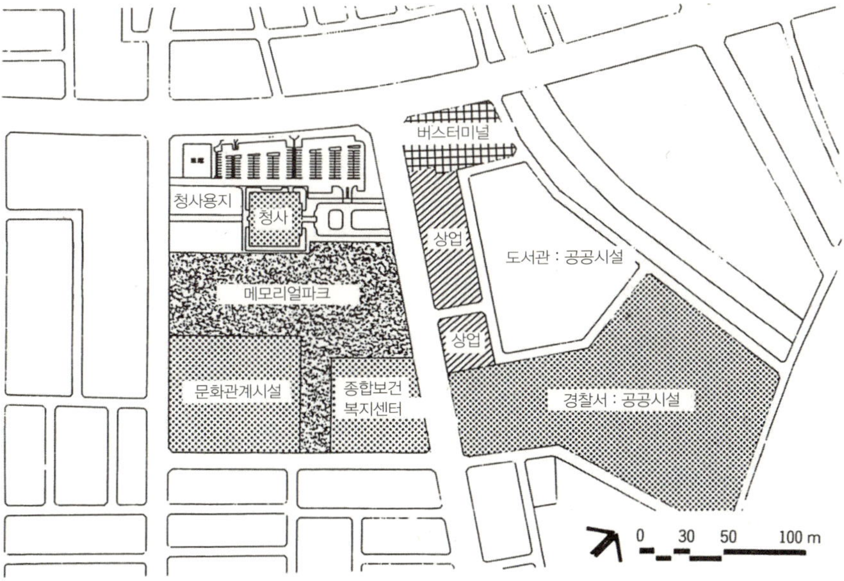

① 종전의 계획

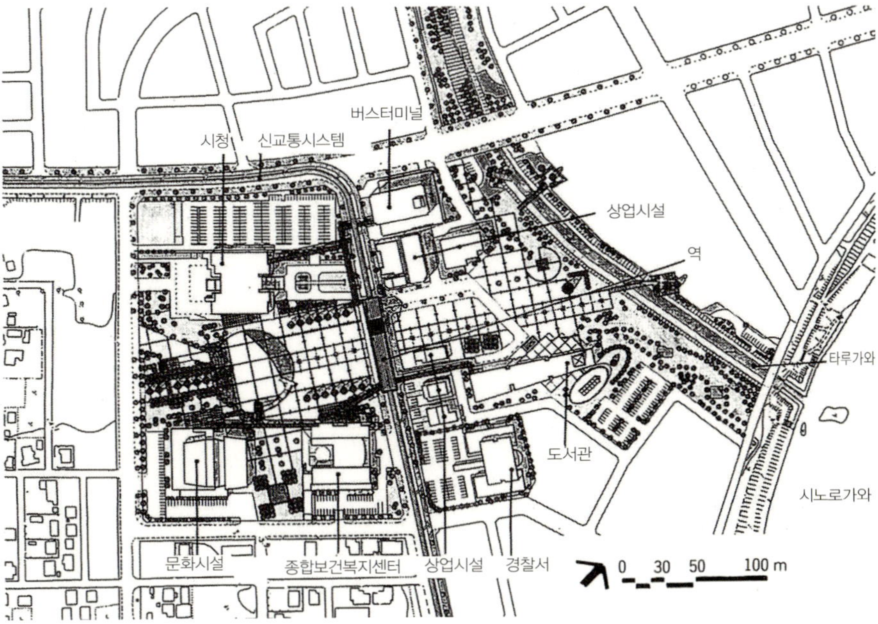

② 공원을 중심으로 한 강력한 공간의 도입에 의한 지구 전체를 지배하는 명쾌한 공간구성

그림 5.6 | 이시카리시 '이미지 조성' 지구에 대한 공간구성

시카리시(石狩市)의 '이미지 조성 지구'의 경우에는 토지구획정리사업의 사업 계획과 환지계획의 변경이라고 하듯이 종전의 시가지구조나 그 이전에 정리된 계획의 변경을 동반하는 경우가 많으며, 계획주체나 관계기관 또한 무엇보다 지구 내의 지권자 등과의 많은 조정을 야기하게 된다. 따라서 계획자에게는 매력적인 공간을 만들어내야 하는 강력한 의지와 더불어 공간이 가진 의미나 가치를 계획주체에게 전달하고 계획을 실현해가기 위한 사업상의 대응과 방향을 찾아내고 또한 다양한 조정을 진행해가는 능력이 요구된다.

한편, 이와 같은 경우 계획주체는 종전의 시가지구조의 개수나 기존 계획의 변경이 곤란한 점, 사업비의 증가와 관계기관과의 조정 등을 우려하고 지권자의 의향을 지나치게 많이 알고 있기 때문에 계획자에 의한 제안이 바람직하다는 것을 이해하고 있으면서도 그것을 부여하는 것을 주저하게 되는 경우가 많다. 그러나 마루카메역 주변지구에 대해서는 당시 조력자의 결단과 지도력, 이시카리시(石狩市) '이미지 조성' 지구에 대해서는 시장의 이해와 결단이 구상을 실현해 가는데 있어서 커다란 힘이 되었다. 이와 같은 이해와 결단을 촉진하기 위해서는 계획자가 사업화하기 위한 수법상의 통로를 만들고 구상이 계획주체나 관계기관을 끌어들이는 디자인상의 힘을 갖추고 있는 것이 포인트이며, 계획자의 조정력이 요구된다.

(2) 활성화 유발과 공간적인 매력을 높이는 것을 목표로 한 광장, 공원의 기능, 규모, 형상에 대한 구상

〈도시디자인의 기법〉

광장이나 공원을 어떻게 성격이나 기능을 갖추도록 할 것인지, 이를 위해서는 어떠한 공간이어야 하는지 등에 대해서 일정한 이미지를 가지고 그에 어울리는 위치나 규모를 구상도에 넣어 두는 것이다. 그렇게 함으로써 다음 기본계획 단계에 있어서 각각의 공간에 대해 계획의 방향이 명시되며 계획 입안의 근거가 부여되게 된다.

구체적으로는 우선 지구에 대한 해당 공간이 수행해야 할 역할, 거기에서 전개되는 혹은 유발해야 할 활동과 생활을 상정하고 이에 부합되는 공간으로 예를 들면 위요성과 안정감이 있는 공간으로 할지 혹은 다양한 이벤트나 사람들의 집산의 장으로 이용되는 활기 있는 공간으로 할지, 수경적인 성격이 강한 상징적인 공간으로 할지, 식재나 물이 도입된 자연환경이 풍부한 공간으로 할지 등 광장이나 공원의 성격과 기능을 명확하게 하는 것이다. 그리고 다음으로 이에 대응하여 지구 안의 여러 현황이나 토지이용에 대한 사고방식 또한 무엇보다도 지구 전체의 공간구성에 대한 사고방식 등과 맥락을 같이 하면서 이와 어울리는 위치나 규모 형상 등을 부여해가는 것이다.

해당 광장이나 공원에 이르는 보행자의 네트워크에 대해서도 그 시퀀스를 상상하여 그리면서 이들을 체계화하여 구상도에 그려 두는 것도 필요하다.

〈실현을 위한 방안〉

프로젝트를 구체화하는 기간사업이 토지구획정리사업인 경우에는 앞선 1)의 (2)(p.235)에 있어서 실현을 위한 방안으로 제시한 공공용지율이나 공공감보의 규모와 토지구획정리사업의 수지, 환지 전망 등과의 대응을 적절하게 정하는 것이 요구된다. 또한 종합설계제도나 특정가구에 의한 공개공지의 정비에 있어서 용적률의 할증 효과를 배려하면서도 공개공지로서의 이용성과 매력 부여를 중시하고 더불어 건물과의 공간적인 관계를 정해 두는 것이 필요하게 된다.

한편, 이와 같은 일정의 목적을 가진 광장과 공원, 공지를 만들어내고자

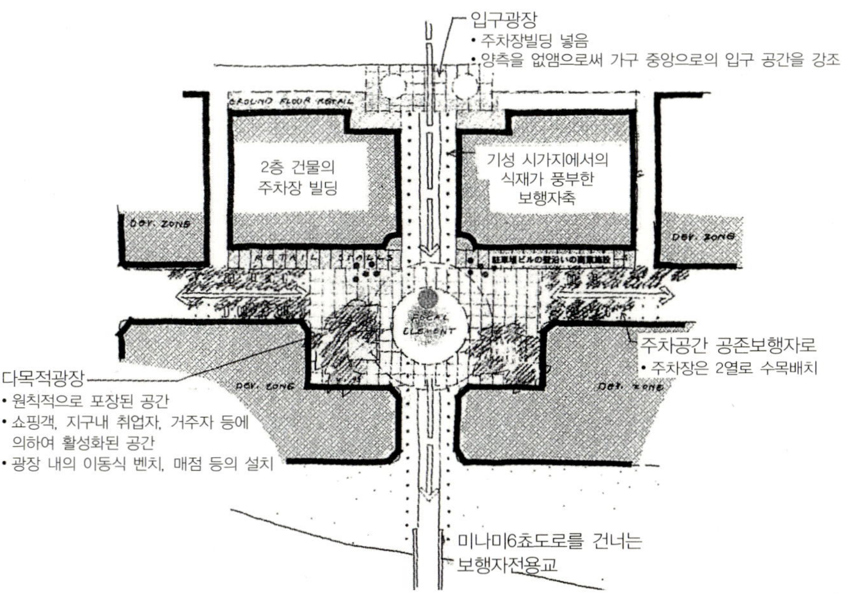

그림 5.7 | 기본구상 단계에 대한 아사히가와시 도시거점지구Ⅰ블록의 광장 이미지
원칙적으로 포장된 광장, 활기 있는 광장, 초점이 되는 시설의 배치, 이동식 매점 · 벤치의 배치 등을 이미지화 하고 있다.

하는 경우 기본구상단계에 있어서 이들의 사업상 대상과 해당 공간의 가치가 높은 것이 우선적으로 요구된다.

이와 같은 가치는 해당 공간의 기능과 역할이 프로젝트지구가 목적으로 하고 있는 방향과 시대적인 추세, 사람들의 가치관과 변화 등의 사회적인 맥락에 대응하고 있는 것에 의해 만들어지는 가치이며 디자인 이전의 사회적인 가치이다. 그리고 해당 공간이 이와 같은 가치를 갖춘 공간인 점이 계획주체나 관계기관 등의 인지를 얻어 실현으로 연결되게 된다.

많은 사람들이 이용하는 활기 있는 광장과 공원 등은 공간적인 매력과 더불어 이와 같은 사회적 의미와 가치가 발견되는 것이며 이 단계에 있어서도 광장이나 공원에 이와 같은 사회적인 의미와 가치를 부여하는 것이 해당 공간을 실현해 가는데 있어서 결정적인 요건이 된다.

(3) 토지조성을 활용한 토지에 의한 공간구성 및 기반시설의 구상

〈도시디자인의 기법〉

토지조성은 토지에 의한 공간구성을 가능하게 함으로써 도시디자인의 대응에 다양한 기회를 부여해 주는 것이다. 프로젝트지구의 원지형이 복잡하다거나 경사가 급한 경우에는 택지 레벨과 도로 레벨의 대치 및 도로경사, 운토량 등에 대한 배려를 우선적으로 고려하여 조성의 방향이 결정되며 이에 맞추어 토지에 의해 공간을 구성해가는 것에 적극적일 필요가 있다.

위와 같은 점을 배려하면서 조성에 의해 만들어내는 지구 전체의 공간구조나 도로를 따라 법면이 만들어내는 공간, 그 시퀀스 등을 이미지화하면서 공간구성의 시점에서 도로의 선형이나 레벨에 대한 사고방식을 도로망의 구상에 반영해가는 것이 맨 처음 기법이 된다.

광장과 공원 등의 면적인 시설에 대해서는 레벨차를 활용하여 평탄한 경우와는 다른 매력적인 공간을 만드는 것을 기대할 수 있으며 이에 따른 공간조성을 위한 생각을 조성에 관련된 사고방식에 가미해가는 것도 중요하다.

더불어 조정지의 수나 위치, 조정지와 주변 토지이용과의 관계 및 조정지 자체의 복합적인 이용 등에 대해서 지구의 공간적인 매력을 만드는 시점에서 조성에 대한 사고방식을 분명히 해두는 것도 필요하다.

법면은 일반적으로 토지이용 효율을 낮추기 때문에 환영할 수 없으며 옹벽이 도입되는 경우가 많다. 그러나 이것은 공간의 연속성을 끊고 또한 인간의 스케일을 초월한 공간과 자연환경성이 낮은 공간을 만드는 것으로 연결되며, 공간적으로 경관적으로 바람직한 것은 아니다. 공간구성의 시점에서 검토하여 토지조성을 매력적인 공간조성의 기회로 활용하고 그러한 관점에서 발언해가는 것이 이 단계에 대한 도시디자인에 관련된 기법으로서 중요하다.

〈실현을 위한 방안〉

조성계획은 토지이용의 효율과 건설비의 압축 등 사업효율을 우선시하여 진행하는 경우가 많으며, 토지조성을 공간구성에 활용해가기 위해서는 사업

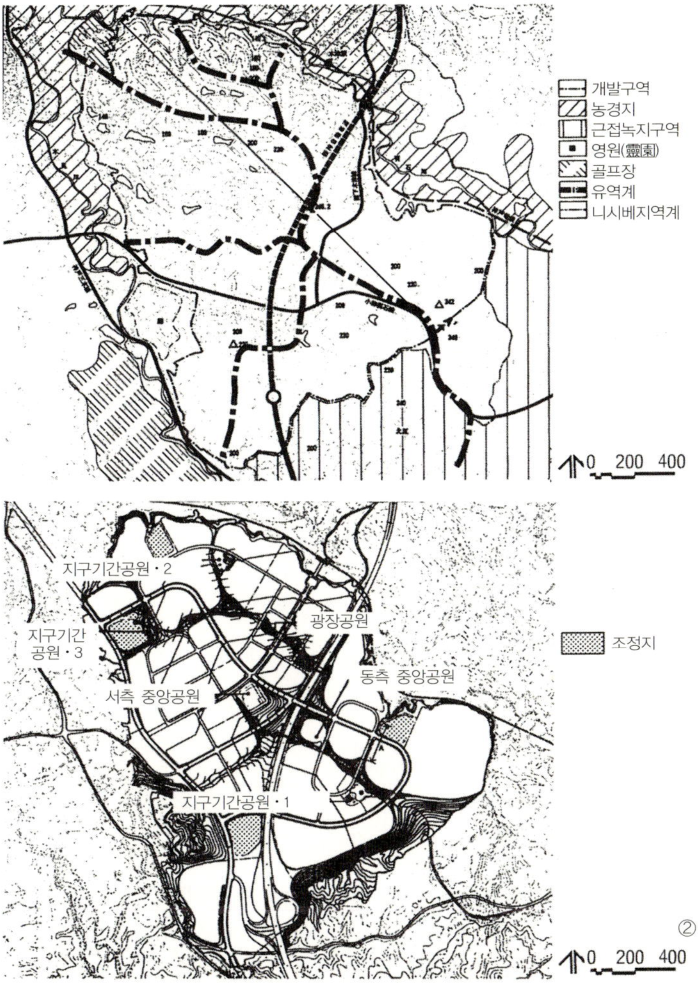

① 종전의 유역계

② 공원 · 녹지의 정비계획

그림 5.8 | 고베시 복합산업단지에 대한 유역계(流域界) 재현에 의한 공원 · 녹지 조성
고베시 복합산업단지는 복잡한 지형의 구릉지를 전면매수방식으로 정비한 대규모적인(면적 약 250ha) 공업 · 유통업무단지이며 주변의 농지에 종전과 마찬가지로 용수를 확보하는 것도 배려했으며 유역계에 위치하는 구릉의 능선(①)을 거의 종전의 지형과 같이 조성한 후에 평지로 재현. 그것을 따라서 공원과 녹지를 배치했다(②).

성과 공간성 양쪽 측면을 고려하여 예를 들면, 운토량이나 흙의 지역 외 반출량에도 의미를 부여하는 등, 조성비용의 저감화를 도모함과 동시에 택지이용이 가능한 완만한 구배의 조성으로 하는 혹은 가구 내의 부지경계에서 레벨차를 흡수하는 등, 사업성을 높이는 방향으로 조성에 대한 구상을 정리하는 것이 중요하다.

조정지는 지구의 매력을 조성하는데 있어서 다양한 가능성을 가지고 있으며, 이것을 적극적으로 활용해갈 필요가 있는데, 이 단계에서 택지조성 기술자의 참여를 얻는 것도 중요하다.

또한 조성에 의해 만들어지는 지형의 공간적, 경관적인 가치나 이에 의해 기대할 수 있는 지가상승 등에 대해서 상기의 (2)와 마찬가지로 계획주체 등의 충분한 이해를 얻는 것도 중요하다.

3) 토지이용, 건물건설 유도 및 공간구성을 위한 토지의 취급 연구(7)

(1) 토지이용의 유도방식과 종전의 토지이용, 지권자의 토지이용 의향 등을 배려한 토지배치의 전망

〈도시디자인의 기법〉

기본구상단계에 대한 토지이용 구상은 우선 프로젝트지구의 사업목적이나 그에 입각한 컨셉, 희망하거나 기대할만한 토지이용 유도방향 등에 대응하여 그린다. 이에 반해 이루어져야 할 도시디자인과 관련된 기법은 기반시설과 함께 해당 토지의 이용과 건축물이 만들어내는 공간을 바람직한 것으로 만들기 위해 토지의 배치에 대한 연구에 몰두하는 것이다. 이것은 구체적으로 공적 기관이 소유하는 토지의 이용방식이나 상정된 토지의 피처분자 혹은 종전 토지소유자의 토지이용 의향 등을 파악, 전망하면서 토지이용 방향과 공간구성에 대한 사고방식에 대응한 위치에 개개의 토지배치를 상정해 가는 작업이다.

토지구획정리사업에 의한 경우는 프로젝트지구 내의 토지이용과 건물건설의 유도에 대한 사고방식이나 지권자의 토지이용 의향 등과의 대응을 상정하면서 각 지권자의 환지나 사업주체 등의 선매지, 사업에 의해 만들어지는 보류지의 배치를 상정해가게 된다.

또한 전면매수방식에 의한 경우 지권자는 사업주체자 한 사람이며 사업

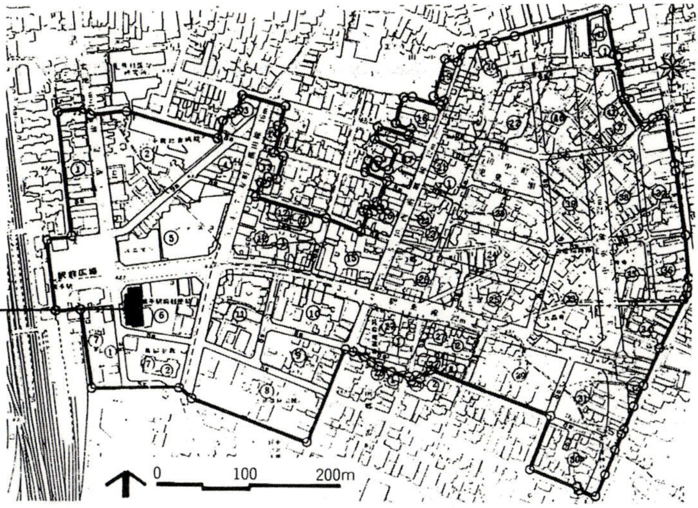

요코테역전 토지구획정리사업지구와 시티호텔의 위치(上)와 완성된 시티호텔(下)

그림 5.9 | 아키타현 요코테시 역전지구에 대한 토지 취급상의 연구
요코테시 역전지구에 대한 토지구획정리사업지구 내 5인의 역전여관주가 함께 제안한 역전광장 인접 지구에 집합환지를 받아들여 시티호텔을 건설했다. 많은 고통을 감수하면서도 시티호텔 건설을 위해 뛰는 환지에 의해 용지를 정리한 토지 취급상의 좋은 예이다.

주체의 토지이용 유도나 건물건설에 대한 사고방식에 입각하여 각각의 토지가 상정되고 있는 이용 방향과 건물건설에 어울리는 구획 형질이 되도록 기반시설의 배치와 조성 방향을 조정해가는 것이 필요하다.

〈실현을 위한 방안〉

여기에서 상정한 토지이용이나 건물건설의 구체화, 계획주체나 계획자의 토지이용에 관련된 의향의 실현은 이에 어울리는 토지이용 주체나 건물건설 주체가 발견할지 여부에 달려 있으며 토지취급에 관련된 여기에서의 기법에 대해서도 이 점을 배려하는 것이 기본이 된다.

토지구획정리사업에 의한 경우는 다수의 지권자의 토지이용 의향은 기본구상단계에 있어서 프로젝트의 수행이 확실하지 않은 경우가 많기 때문에 사업 전의 토지이용 및 일정한 가능성을 전망할 수 있는 토지이용에 대해 각각의 배치를 상정하게 된다. 한편 사업에 맞추어 토지를 취득한 권리자의 선매지에 대해서는 그 대부분이 토지이용 목적이 있어서 선매한 것이기 때문에 최대한 해당 목적에 어울리는 위치에 환지를 상정해 두는 것이 필요하다. 또한 보류지에 대해서는 프로젝트 실시의 목적과 지구의 개발정비 컨셉 등에 따라서 토지이용을 유도해가기 위해 어울리는 위치나 처분이 쉬운 위치 혹은 인접한 지권자의 환지와 일체적인 건물건설을 기대할 수 있는 위치 등을 고려하면서 배치를 상정해 간다.

전면매수방식에 의한 경우는 우선 사업주체 스스로 혹은 각 택지의 피처분자의 토지취득이나 토지이용의 가능성을 근거로 하여 각각의 사업력과 시설에 합당한 규모의 토지 배치를 상정한다. 또한 그 외의 토지에 대해서는 이와 같은 근거가 없기 때문에 프로젝트지구에 인접한 지구의 토지이용이나 프로젝트지구 내 도로 등의 기반시설의 토지이용 유도력 등을 근거로 토지를 배치해 가게 된다.

(2) 프로젝트지구 내의 토지이용과 건물건설 유도를 배려한 선행입지시설의 배치와 그를 위한 토지의 상정

〈도시디자인의 기법〉

행정에 의한 공익시설, 기업과 일반적인 지권자에 의한 프로젝트지구의 핵심이 되는 시설의 조기 단계에서 건설은 프로젝트를 추진하는데 있어서 커다란 힘이 된다. 특히 행정에 의한 공익시설의 선행적인 건설은 도시개발프로젝트에 행정이 보다 확실하게 반응하는 경우도 있으며 지구 내의 일반적인 지권자나 사업에 맞추어 토지를 취득한 새로운 지권자 등에 대해서 안정감을 부여함과 동시에 사업 의욕을 향상시키는 것에도 연결된다. 또한 보류지에 대해서는 그 처분을 쉽게 하고 지구 내의 토지이용이나 건물건설을 유도해가는데 있어서 커다란 힘이 됨과 동시에 프로젝트 자체의 사업성을 향상시키는 일이 된다.

이러한 이유에서 선행입지시설을 위한 토지를 구상에서 그린 토지이용이나 그 후에 지속될 건물건설 등을 유도해가는 것을 배려하여 여기에 어울리는 위치에 배치해가는 것이 여기에서의 기법이 된다.

구체적으로는 토지이용 유도방향에 대해 이를 선도하는데 있어서 전략적인 위치에의 배치, 또한 이것과는 반대로 토지이용의 구체화에 대한 가능성

① 개별 협조건설 ② 공동건설

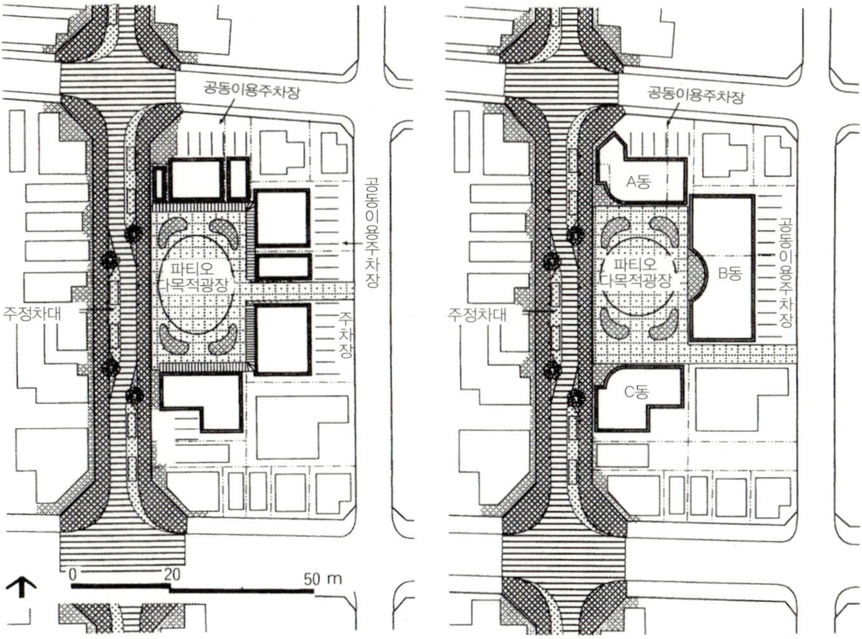

그림 5.10 | 군마현 이세사키 역전지구에 대한 파티오 정비구상
이세사키 역전지구에 있어서 토지구획정리사업 후에 상업시설의 입지를 선도해야 하므로 사업 후 상업축이 되는 도로를 따라서 파티오를 정비하고 그 주위에 그러한 뜻에 찬동하는 상점주(지권자)의 토지를 배치하는 방향으로 토지 취급 계획이 이루어졌다.

이 당초보다 높다고 생각되는 위치에 이것을 현재화시키는데 있어 앞서는 것을 목적으로 하여 배치를 상정해가는 등의 방법이 있다.

토지이용의 유도를 보다 확실히 하기 위해 공공 및 민간에 의한 선행입지 시설의 토지를 인접시키고 근방에 건물건설 의향이 높은 지권자의 토지나 보류지를 상정해가는 것도 생각할 수 있다. 이와 같은 경우에는 이들의 토지에 대한 건물군이나 그 외부구조 등을 구체적으로 이미지화하여 복수의 건물에 의해 만드는 공간을 생각하여 그려 두는 것이 도시디자인의 전개상 중요하다.

〈실현을 위한 방안〉

행정에 의한 공익시설의 건설은 도시개발프로젝트의 추진에 앞서 시설 건설의 계획을 숙지하고 있거나 자치단체의 기본구상 등에 나타나 있는 시설의 건설계획과 일치하고 있는 것이 우선 조건이 된다. 그러나 이러한 상황에 있는 경우는 많지 않으며, 자치단체에 의한 신규의 공익시설의 건설 수요 개발이나 기존 시설의 확충 이전, 통합에 대한 가능성을 찾는 것이 필요하다.

공익시설의 건설, 배치는 주민이나 의회의 관심이 높다. 따라서 정치성이 높은 사항이며 필요로 하는 조정에 행정이 하는 역할은 크다. 그러므로 계획자는 프로젝트에 의해 만들어지는 길이 매력적이 되도록 이 조정에 대해서 사업주체에 조언하는 등, 적극적으로 관여하는 것이 바람직하다. 이 기회는 계획자에게 있어서 행정 프로젝트에 대한 반응 정도를 아는 절호의 기회이기도 하며 이 단계 이후의 계획입안, 사업 추진에 관련된 판단 재료를 얻는 것과도 연결된다.

공익시설의 건설은 광범위하게 해당 행정구역 내로의 균등배치방식과 저렴한 지가 등을 배경으로 하여 본래 중심시가지 안에 입지하는 것이 어울리는 시설일지라도 교외부에 건설되어 중심시가지의 공동화를 초래하는 예도 많다. 따라서 프로젝트지구가 중심시가지에 위치하고 있는 경우에 있어서 이와 같은 행정을 중심으로 하는 조정의 기회를 받아들여 중심시가지를 복권해가는 시점에서 행정을 비롯한 관계자를 설득해가는 것이 중요하다.

한편, 공익시설과 그 외의 주체에 의한 핵심시설의 선행입지를 위해서는 프로젝트지구 안에 용지를 소유하고 있는 것이 전제가 되어야 한다. 따라서 토지소유자의 건물건설 가능성을 찾음과 동시에 사업에 맞춘 용지 취득의 가능성이 있는 주체 및 용지를 취득한 주체에 의한 건물건설을 정확하게 전망할 필요가 있다.

이들의 다양한 방법에 의해 선행하여 건설되는 시설을 발견하고 이들이 건설되는 도지를 프로젝트지구에 대한 다른 건물건설 촉진을 목석으로 하여 지구 내의 적소에 배치하는 것이 포인트이다.

(3) 프로젝트지구 주변 시가지의 토지이용, 시설 입지와의 연계를 배려한 토지의 배치

〈도시디자인의 기법〉

이 단계의 토지이용 구상은 대부분의 경우 인접지구의 토지이용과 시설 입지 상황을 배려하여 이들과 적절한 연계를 맺도록 구상하는 것이 요구된다.

예를 들면 프로젝트지구가 중심시가지의 일각에 위치하고 있는 경우에는 기존 상업 중심과의 연계를 배려하고 한편으로는 경합을 회피하는 것에 유의하여 토지이용을 구상해가게 된다.

구체적으로는 종래의 상업 중심지 사이를 걸으며 즐길 수 있는 보행자 공간을 구상하고 그 연결도로에는 양 지구 사이 사람들의 왕래를 유발할 수 있는 토지이용을 구상함으로써 프로젝트지구로 들어오는 사람이 종전의 중심시가지나 또한 야간에는 번화가로도 흘러가 결국 중심시가지의 상업, 서비스시설의 활성화와도 연결되도록 토지이용을 구상해가는 것이다.[주3] 또한 이것을 토지소유자의 속성 및 그 토지이용 의향이나 건물건설 시기 등에 대한 정보와 가능성과 결부하면서 진행해가는 것이다.

〈실현을 위한 방안〉

프로젝트지구 주변의 상업, 서비스업자 등에게 프로젝트의 내용과 주변지구와의 연계방식에 대해 조기 단계에서 알려주는 것이 위의 대응이나 기법을 구체적으로 만들어가기 위해 필요하다.

이를 위해서는 원지역의 상공회의소를 비롯한 경제계나 상점가 등을 대상으로 설명회 개최 및 광범위하게 시민을 대상으로 한 심포지엄 등의 개최가 효과적인 방향이 된다.

또한, 프로젝트지구의 개발구상에 맞추어 주변지구의 활성화를 위한 사고방식을 같이 검토하는 것도 효과적인 방향이 된다. 예를 들면 프로젝트지구에 인접하는 중심상업지구에 대해서 주요 도로의 경관형성에 관련된 구상과 공한지를 이용한 주차장 배치 구상 등을 도출하여 인접지구의 활성화도 포함한 프로젝트임을 시민과 지권자에게 침투시키고, 그 후 프로젝트지구 내의 토지이용에 대해서 지권자 등이 생각하고 또한 구체화시켜갈 의욕을 향상시켜가는 것이다. 이 경우 인접지구의 활성화를 위한 구상에 대해서도 실현을 위한 수법을 이 단계에서 상정하여 프로젝트지구의 사업 진척에 맞추어 구체화시켜가는 것이 요구는 되는 것은 당연한 일이다. 오비히로역 주변지구에 있어서 프로젝트 인접지구 내의 주요 도로를 상징도로정비사업과 정주 거점 프롬나드 정비사업에 결부시켜 가는 것과 같은 진행 방식이 하나의 예이다.

3 계획주체와 계획자에게 요구되는 자질과 경험

도시개발프로젝트에 대한 도시디자인의 전개는 프로젝트지구의 공간적인 매력을 다양한 연구에 의해 향상시켜 가기 위한 과정인 만큼 기본구상단계에서 공사감리단계에 이르는 모든 단계에 있어서 일반적인 토지이용과 기반시설정비에 관련된 구상이나 계획입안과 더불어 그들과 관련된 자질이나 경험이 계획주체나 계획자에게 요구된다. 또한 이들 자질이나 경험은 지금까지 보아 왔듯이 도시개발프로젝트의 구상, 계획입안 각 단계에 있어서 도시디자인에 관련된 대응이 다르기 때문에 각각의 단계에서 더러는 달라진다.

기본구상에 있어서 계획주체나 계획자에게 요구되는 자질이나 경험은 다음과 같다.

1) 시대나 사회적인 추세에 대한 감수성과 미래를 정확하게 전망하는 시대감각

기본구상단계에 있어서 도시디자인에 관련된 주요한 대응은 프로젝트지구의 공간구성이다. 이것에 정확하게 대응해 나가기 위해서는 다수의 지역이나 프로젝트를 찾아가 이용하는 사람들의 생활과 영위, 기호 등에 대해서 끊임없이 관심을 가지고 그 행동의 특색과 심리적인 반응을 읽어 내는 부드러운 감수성과 호기심이 필요하다.

더불어 사람들의 의식이나 라이프스타일이 변화하여 생활의 폭이 점점 확대되어 가고, 다양화되어 가고 있는 현대 사회에 있어서 이들의 미래를 정확하게 전망하는 훌륭한 시대감각도 필요하게 된다.

계획주체나 계획자는 기반시설과 토지이용과 사람의 행동과의 관계, 도시공간과 인간의 행동이나 심리와의 관계에 대한 원리, 원칙을 지식으로서 가지고 다양한 기회를 통해 이들에 대해서 관찰하고 연령이나 성별, 지역이나 국가 등에 따른 차이를 스스로가 발견해가는 것이 필요하게 된다.

2) 프로젝트의 실현에 관련된 계획제도와 사업제도에 관련된 지식과 사회적인 구조에 대한 이해

도시개발프로젝트의 구상, 계획입안은 당연히 모든 단계에 있어서 적용, 도입하는 계획제도나 사업제도 등 구상, 계획을 실현해가는 방향과 결부하여 진행해가는 작업이 된다. 특히, 기본구상단계에 있어서 앞서 언급한 바와 같이 프로젝트를 추진해가는 기간사업에 관련하여 도입하는 사업과 각각의 사업주체를 분명하게 하는 것이 되기 때문에 이들은 도시디자인의 전개 특히 도시공간의 구성면에서도 강하게 관계하게 된다.

이와 같은 이유에서 이 단계에 있어서 구상의 구체화를 위해 적용, 도입하는 계획제도나 사업제도를 도시디자인 전개의 시점에서 교묘하게 활용하는 것이 중요하게 된다.

계획제도나 사업 수법을 근거로 계획주체나 관계기관 등의 프로젝트에 대한 생각이나 의의, 이해득실을 고려하면서 도시디자인 전개의 시점에 입각하여 대응하고 이것을 실현해가기 위한 대응이나 비용 부담에 대해서 각각이 받아들일 수 있는 사업 구조를 구축해가는 것이 중요하게 된다.

계획주체나 계획자는 계획제도나 사업제도, 관계 각 주체의 행동 규범 또한 주민, 기업 등의 가치관과 수용 가능성 등 사회 구조에 대해서도 충분한 지식을 가지고 있어야 하고 그러한 관점에서 다양한 연구를 심화할 수 있는 힘을 갖추고 있는 것이 요구된다.

3) 공간을 이미지화하고 구성할 수 있는 능력

이 단계의 구상입안은 대부분의 경우 1/5,000에서 1/2,500 정도의 축척으로 검토가 진행되며, 기반시설과 토지이용에 대한 생각은 다양한 선과 면으로 묘사된다. 구상도는 결코 3차원적인 것이 될 수는 없다. 그러나 만들고자 하는 공간이 묘사된 선이나 면으로 충분히 이미지화할 수 있는 것일 필요가 있으며 이를 위해서는 구상입안에 있어서 평면적으로 선이나 면을 그리면서도 끊임없이 공간을 이미지화할 수 있는 힘을 갖추고 또한 공간을 구성하는 힘을 갖추고 있을 필요가 있다. 즉 선이나 면을 그리는 것만으로도 공간을 보여줄 수 있는 자질을 말하는 것이다.

최근에는 만들고자 하는 공간에 대해서 계획주체나 관계자의 이해를 얻기 위해 유사한 도시공간이나 도시개발프로젝트의 사진이나 계획도 등을 사례로서 보여주는 경우가 많은데 이를 위해서는 우선 선이나 면을 그리면서 공간을 이미지화 하고 2차원으로도 그것을 충분히 전달할 수 있는 그림을 작성한 후 그것을 보조하는 것으로서 사례를 보여주는 것이 적절하다.

계획주체 특히 계획자는 이와 같은 레벨에 도달해 있을 필요가 있는데 이를 위해서는 도시공간뿐만 아니라 건축 공간도 포함하여 도면과 실제 공간과의 대응, 다양한 토지이용이 갖추고 있는 공간적인 특성, 기반시설과 건축물 등이 만들어내는 공간 등에 대해서 실제 체험을 통해 학습해 두는 것이 필요하다.

4) 관계기관 조정을 위한 균형감각과 조정책의 제시력

기본구상단계의 목표 중 한 가지는 도시개발프로젝트를 실현해가기 위해 사업성을 고려하여 사업구조와 더불어 구성해가는 것이다. 이것은 프로젝트에 관계하는 다양한 주체 간의 역할 분담을 상정해가는 것이다. 이를 위해서는 각각의 사업주체의 사업에 대한 위치나 사회적인 입장을 고려하면서 사업에 참여하는 것의 이해득실, 부담 등을 분명히 함과 동시에 각각의 주체가 그 입장이나 위치에서 납득할 수 있는 역할을 보여주는 것이 필요하다.

계획자에게는 이것에 따라가는 것이 요구되며 이를 위해서는 우선 계획주체와 협의하면서 관계하는 주체의 역할 분담을 구분하여 여기에 관계하는 주체에 제시해 가게 된다. 이 경우 보조나 개발이익도 상정한 후 이해득실 등을 파악하여 이들의 균형을 유지하면서 개개의 주체에 있어서 납득하기 쉬운 조정안을 정리할 수 있게 된다.

따라서 계획자는 관계 주체의 생각을 통찰하는 힘과 사업 구조를 구성하는 힘 더불어 그것을 거울삼아 적절한 균형을 바탕으로 구상을 통합화, 체계화하는 힘이 요구된다. 이를 위해 계획자는 강한 신념으로 자유주의적인 성향이 강하므로 프로젝트를 추진하고 매력적인 도시공간을 만들어 가는 열의와 탁월한 균형 감각을 갖추는 것이 필요하다.

주

1) 토지구획정리사업구역에 있어서 정비되는 도로 가운데 국고보조 대상이 되는 도로를 용지매수방식으로 정비한 경우의 사업비 합계에서 보류지처분금이나 사업주체 단독비의 차이로 남는 것으로 토지구획정리사업을 진행해가고 있는 기본이 되는 사업비.

2) 토지구획정리사업구역 내에 당해 사업의 사업주체 이외의 주체가 관리하는 공공시설이며 이 시설의 정비를 토지구획정리사업에 의하여 행하는 경우 이것에 요하는 비용을 해당 시설의 관리자가 토지구획정리사업으로 적출하는 부담금.

3) 하나마키 주변지구의 프로젝트에 있어서 인접하는 중심시가지에 이르는 보행자로를 정비하는 것으로 프로젝트지구로의 방문객이 종전부터 중심시가지로 혹은 야간에는 번화가에도 흘러들어 결과적으로 중심시가지의 상업, 서비스시설의 활기가 증가하고 있다. 또한 후쿠오카시 하카다역 근처 캐널시티의 개발로 인해 이것에 인접한 오래된 하천변 상점가의 활기를 되돌리는 경우 등의 예들도 많다.

5 | 2

기본계획단계

1 도시디자인에 관련된 대응의 전체 모습

기본구상단계가 주로 지구 전체를 대상으로 한 구상입안이었던 것에 반해 이 단계에 대한 계획입안은 기본구상을 수용하여 주로 개개의 기반시설가구, 택지를 대상으로 하여 기본구상단계에서 그 정비를 담당하는 역할을 맡은 주체가 보다 상세한 검토를 진행, 총체적으로 지구 전체의 개발정비, 도시디자인 전개방식에 대해서 구체성을 향상시켜 가는 것을 가리킨다. 따라서 도시디자인에 관련된 대응도 또한 개개의 계획대상에 중점을 두고 검토가 진행되는 상황이 필연적으로 많게 된다.

다만, 이 단계에 있어서 기반시설의 계획과 토지이용이나 건물건설에 관련된 계획이 적절한 연계를 바탕으로 진행될 필요성이 높은 것은 당연한 일이며 따라서 사례 프로젝트에 나타낸 다양하게 걸친 대응을 체계화시키고자 하는 경우 그 골격은 기본구상과도 유사하며 기반시설계획에 관련된 대응, 토지이용, 건물건설계획에 관련된 대응, 양자의 상호연계에 의한 공간구성과 경관형성에 대한 대응 그리고 이들을 실현해가기 위한 수법에 대한 대응이라고 할 수 있게 유형화되었다. 이것을 그림으로 나타낸 것이 그림 5.11인데 이 체계가 의미하는 바는 다음과 같다.

우선 앞서 표 4.2에 나타낸 바와 같이 기반시설의 계획(체계의 [1], 이하 같음)이나 토지이용, 건물건설계획([3])에 대해서 도시디자인에 관련된 대응이 전단계에 비해서 급격히 많아졌으며 검토 스케일도 커지게 되는 것이 이 단계의 특색이다.

또한, 기본구상단계에 있어서 주로 공간구성에 관련된 대응이 이루어지며, 경관형성에 관련된 대응은 대부분이 이루어지지 않는 것이 일반적이지만, 이 단계에 있어서 개개의 시설에 대해 그 의장과 경관형성 요소의 도입 방향 등에 대해서도 기본적인 검토가 이루어져 공간구성과 경관형성 양면에 대한 대응이 이루지게 된다(2).

이와 같이 도시디자인에 관련된 대응이 보다 많아져 또한 그것이 경관형성 면에까지 미치는 경우도 있어 이 단계에 대한 공간구성, 경관형성에 관련된 대응은 하나의 독립적인 검토 분야로서 그 위치를 향상시키고 취급해 가는 것이 적절하다. 따라서 기본구상단계에 있어서 그림 5.1의 8에 나타낸 바와 같이 공간구성에 관련된 대응을 토지의 조작에 대한 전망도 포함하여 기반시설에 관련된 구상과 토지이용, 건물건설에 관련된 구상의 전반에 걸쳐서 배려되어야 하는 항목으로서 이들을 어우르는 위치에 놓여 있던 것에 반해 이 단계에 있어서 그림 5.11에 나타낸 바와 같이 기반시설의 설계나 토지이용에 관련된 계획과 같은 레벨의 위치에 있어서 이들과 적극적으로 관계해 가는 기법으로서 그 위치를 향상시켜 간다는 체계를 부여하는 것이 적절하다(6). 따라서 그 결과 6과의 강한 피드백 관계를 유지하면서 (체계 속의 ↔), 기반시설과 토지이용, 건물건설과 관련된 5, 7의 대응이 검토되게 된다.

또한, 기반시설에 관한 계획에 대해서는 도로 주변이나 광장 주위의 건물에 대한 초벌설계나 외부구조에 대한 구상과의 대응을 바탕으로 계획을 확정해 가게 되며(5) 동시에 기반시설의 정비에 관련된 기간사업의 사업계획과의 피드백도 이루어지게 된다(8).

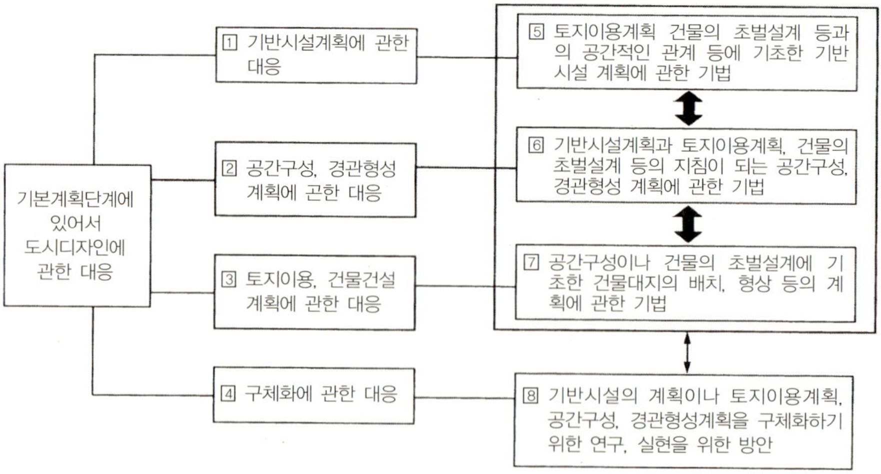

그림 5.11 기본계획 단계에 대한 도시디자인의 기법과 실현을 위한 방안

한편, 토지이용계획과 건물건설에 관련해서는 건물에 대한 기본구상과 지권자의 토지이용 의향 등을 바탕으로 초벌설계를 하는 것이 바람직하다. 이것이 불가능한 것에 대해서는 건물과 외부구조에 대해서 거의 대부분에 걸쳐 상정하여 이들에 정확하게 대응할 수 있도록 각각의 토지, 즉 건축부지를 배치해 가게 되며(7) 이것을 실현해가기 위한 방향과의 피드백을 동시 병행적으로 진행하게 된다(8).

이와 같은 이유에서 5, 6, 7의 대응은 이들 대응을 실현해가기 위한 연구나 수법, 즉 8의 대응과 강한 피드백 관계를 가지게 된다. 그리고 이들 대응에 의해 도시디자인에 관련된 검토 과제도 반영되는 형태로 이 단계를 구분짓는 여러 도시시설과 도시개발프로젝트지구 등에 관련된 도시계획 결정과 기간사업에 대한 사업인가가 이루어지게 되며, 한편으로는 그 성과가 나중의 설계단계에 대한 공간구성, 경관형성에 관련된 지침으로서 정리되게 된다.

2 도시디자인 기법과 실현을 위한 방안

상기와 같은 이 단계에 대한 도시디자인에 관련된 대응체계에 대응하여 구체적으로 이루어져야 할 개개의 대응과 그 기법 및 실현을 위한 방안은 다음과 같다.

1) 토지이용계획이나 건물건설 등에 맥락을 둔 기반시설계획(5)

(1) 지구에 대한 공간구성과 활성화 양성 등을 배려한 기반시설의 계획

〈도시디자인의 기법〉

지구 전체의 공간구성, 지구 내 각 가구나 택지의 토지이용, 건물건설에 관련된 계획, 해당 기반시설의 이용이나 거기에 대한 활동 등에 대응하여 도시디자인의 시점에서 기반시설의 계획을 진행하는 것이며 도시디자인에 관련된 이 단계의 대응 속에서 가장 기본적이고 중요한 대응이다.

이 단계에 있어서 기반시설의 계획은 일반적으로 예를 들면 도로에 대해서는 기본구상 단계에 대한 구상을 받아들여 평면, 종단 선형이나 횡단면구성 등 소위 교통계획에 중점을 두고 계획이 진행된다. 이에 관련된 디자인 전개 면에서의 기법은 연결선상의 토지이용, 도로에 대한 건물의 구조, 도로상의 여러 활동 등을 고려하면서 도로의 공간 기능에도 착안하여 이들의 관점에서 바람직한 도로의 폭과 단면구성 등을 검토해가는 것이다. 공원과 광장에 대해서도 마찬가지로 이들에 접하는 혹은 이들을 둘러싼 토지이용과 건물건설 등과의 대응이나 공원과 광장 이용과의 대응이 적절한 것이 되도록 그 위치와 규모 형상 등을 보다 상세하게 계획해 가는 것이다.

일반적으로 도시개발프로젝트의 이 단계에 대한 계획입안은 크게 토지이용계획과 기반시설의 계획으로 나누어 진행되며 상호간에 피드백이 이루어지면서 진행된다. 그러나 정리된 토지이용계획에 있어서 기반시설은 토지이용계획을 표현하는 도색에 대해서 아직 칠하지 않는 곳이 부분적으로 남아있는 백지(白地)로서 표현된다. 또한 도로계획도에 있어서 교통 처리상 적절한 도로의 밀도와 폭원 등이 계획되며 도로구조령 등에 기인하여 종횡단계획이 표시되지만 택지에 대해서는 백지인 것이 많다. 더불어 공원과 광장에 대해서는 이용권이나 공공용지로서 확보할 수 있는 면적에 대응하여 그 위치나 면적이 표시되고 있는 것에 지나지 않는 경우가 많다. 그러나 기반시설을 중심으로 한 공간은 도시 내의 오픈 스페이스로서 도시공간의 표정을 만들고 질을 좌우하는 지극히 중요한 공간이며 여기에서의 기법은 이것을 보다 적극적으로 포장, 즉 계획대상으로서 인식하는 기반시설을 둘러싼 건물도 시야에 넣어 이것과 일체적으로 그 공간조성에 대응해 가고자 하는 것이다. 이것은 또한 본 서에 있어서 공간구성이라 칭하고 있는 대응의 중요한 과정 중 하나이다.

기반시설과 그것에 접하는 토지이용이나 건물건설 등과의 대응에 바탕을 둔 계획과 기반시설 그 자체를 대상으로 한 대응 두 가지로 나누어진다. 어쨌든 그 대응은 다양하며 도시디자인 전개의 관점에서 가능한 한 이들에 적극적으로 대응함으로써 특색 있는 도시공간이 만들어지게 된다. 두 가지의 대응과 그 예는 다음과 같다.

- 기반시설의 연장선상 혹은 주변과의 관계에 바탕을 둔 대응
  - ◇ 연장선상의 조성계획과의 대응을 활용하여 도로 공간을 만들어 내야 하는 계획과 광장 주변 건물과의 일체적 이용이나 특색 있는 공간조성을 배려한 계획
  - ◇ 보행자 공간과 건물이 만들어내는 보행자로의 시퀀스를 배려한 광장 혹은 보행자로의 계획

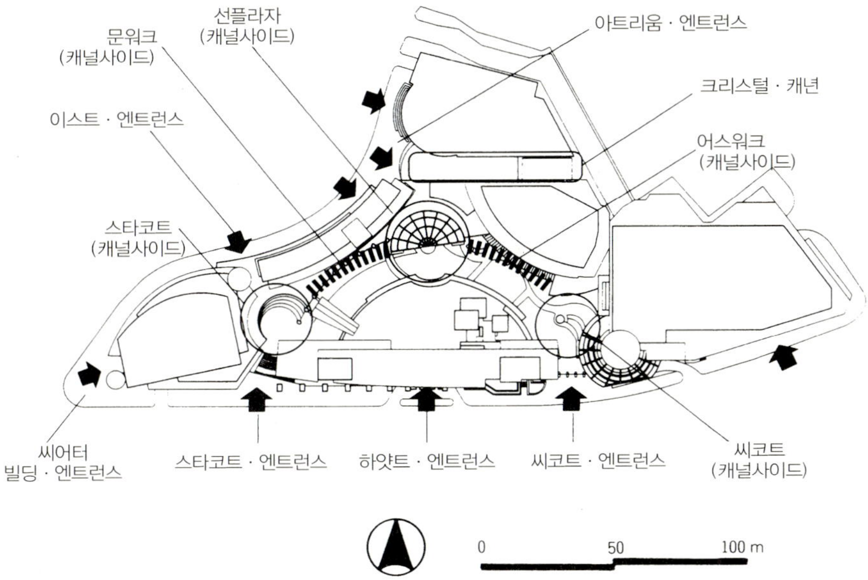

그림 5.12 | 외부공간을 구체적으로 받아들인 캐널시티(하카다)
캐널시티는 지구내 중앙 외부공간을 축으로 설계를 진행하였고, 이 축으로 기하학형태로 혹은 그 공간을 매력적으로 보이게 하는 주변의 건물이 첨가되고 있다. 즉 외부공간을 포치로 하여 건물을 "종"으로 늘린 공간의 조성방식이다. (출전 : 에후제이도시개발발행 "CANAL CITY HAKATA CONCEPT BOOK")

• 기반시설 그 자체를 대상으로 하는 대응

◇ 광장의 이용이나 거기에 대한 활동을 상정하여 거기에 대응한 광장의 규모나 형상에 대해서 계획

◇ 보행자의 안전성과 거기에서 전개될 회합 등을 배려한 역전광장으로 향하는 자동차 동선과 보행자 동선에 관련된 계획

〈실현을 위한 방안〉

이와 같은 계획에 대해서 도로나 광장의 정비 수준이 점점 높아지게 되는 것은 어쩔 수 없지만 이 점에 대해서 계획주체의 이해를 얻는 것이 매력적인 도시공간을 만들어 가는데 있어서 중요하다. 이것이 곤란한 경우에는 지구계획이나 협정을 바탕으로 필요한 공간을 확보해가는 것도 이를 위한 수법이 된다.

도시디자인의 시점을 반영시켜 기반시설의 계획을 진행하는 경우 도로구조령이나 계획 표준을 멀리하고 그 폭원이나 단면구성을 계획해가는 것이 필요하게 되는 경우가 많다. 도로구조령이나 계획 표준을 원칙으로 하면서도 이것에 얽매이지 않고 탄력적으로 계획에 대응하는 것이 필요하게 된다.

이 단계에 있어서 도시계획결정안이나 사업계획안을 정리하기 위해 보행자 전용도로, 광장 등의 계획도 확정하게 되는데 토지구획정리사업에 대한 경우에는 이들을 선행하여 확정을 결정하는 것은 나중 단계에 있어서 환지계획이나 각 택지의 규모 설정 등의 탄력성을 상실하게 된다. 따라서 이들 도시계획 결정에 대해서는 가능한 한 다음 설계단계에 대한 환지계획과 건물의 초벌설계와 동시에 진행해가는 것이 바람직하다. 즉 이 단계의 마지막에 있어서 우선 기간적인 기반시설과 사업구역에 대한 도시계획 결정을 진행하여 보행자 전용도로나 광장에 대한 도시계획 결정은 각종 설계작업과 병행하여 이루어진다는 것이다. 이와 같이 도시계획 결정을 단계적으로 진행하는 것이 이와 같은 대응을 실현해 가는데 있어서 중요한 수법이 된다.

연결선상의 토지이용이나 건물건설과의 대응을 확인하면서 구획도로의 계획을 진행하는 것도 이와 같은 대응을 실현해 가는데 있어서 효과적이다. 필요에 따라서 이것도 다음 단계로 넘겨도 되지만 그 경우에는 당연히 사업계획의 변경을 동반하게 된다. 이것을 엄수하여 진행해가는 것이 이와 같은 대응을 실현하는데 있어서 중요하다.

(2) 기반시설에 관련된 경관형성을 배려한 계획과 지침 입안

〈도시디자인의 기법〉

기반시설 자체를 대상으로 경관적인 가치와 의미를 향상시키는 것에 초점을 맞추어 그 방법을 검토하고 기반시설의 계획에 결부해가는 기법으로 다음 설계 단계에 대한 기반시설의 설계에 관련된 경관형성에 관련된 지침을 정리해가는 과정이다. 이 기법에 있어서 상기 (1)의 대응에 비해서 기반시설을 둘러싼 토지이용이나 건물과의 관계에 대한 배려보다는 기반시설상에서 전개되는 활동에도 대응시키면서 기반시설에 관련된 경관적, 시각적인 연출에 대한 배려가 중시된다,

구체적으로 상징성이 높은 도로공간조성을 목적으로 하여 충분한 폭의 식재 띠나 광폭원의 보도를 확보하기 위해 교통계획상 필요하게 되는 폭원을 넘어 광폭원의 도로를 설정하는 계획이나 퍼블릭 아트 설치를 목적으로 하여 적절한 형상, 규모의 공간을 기반시설안에 확보하는 계획 등이다. 또한, 다음 설계단계에 있어서 이루어져야 할 검토 사항과 전문디자이너에 의해 위임해야 할 대응에 대해서 경관형성에 관련된 기본적인 방향을 보여주

는 과정이다.

이들 과정은 다음 설계단계에 있어서 기반시설의 경관 설계에 대해서 구체적인 틀 혹은 설계방침을 나타내고자 하는 것인데 모든 프로젝트지구 전체를 아우르면서 지구 내에 여러 시설의 경관에 일정한 관계성을 부여하기 위한 기법이다.

다음 설계단계에 있어서 지금까지의 사례 프로젝트에서 소개한 바와 같이 개개의 시설은 각각의 시설공사시기에 맞추어 순차적으로 설계가 진행되기 때문에 이와 같은 틀이나 방침을 보여주지 않는 경우에는 각 시설의 경관 설계가 제각각 진행되게 된다. 또한 지구 전체를 대상으로 한 계획입안은 이 단계가 마지막으로 다음 설계단계에 있어서 지구 전체를 대상으로 한 계획입안으로는 더 이상 되돌릴 수 없다. 이와 같은 이유에서 이 단계에 있어서 지구 전체를 대상으로 경관형성에 관련된 기본적인 틀이나 방침을 보여주는 것은 프로젝트지구의 경관형성상 지극히 중요한 과정이다.

이 단계에 대한 지침의 제시는 다음 설계단계에 대한 다양한 시설의 설계를 일정한 틀에 집어넣는 형국이 되기 때문에 다음 단계에 대한 설계의 자유도를 적절하게 확보하고 또한 설계자의 능력과 잠재력을 끌어내는 것을 충분히 배려하여 적절한 레벨에 머무르게 하는 것이 요구된다. 바꾸어 말하면 지침의 내용과 레벨이 나중의 각 시설의 설계에 있어서 충분하게 견뎌낼 수 없는 경우에는 지구 전체의 경관형성에 혼란을 초래한다거나 각 시설의 설계자에게 불만이나 불편을 주게 된다는 것이다.

〈실현을 위한 방안〉

이와 같은 기반시설 그 자체를 대상으로 한 경관형성에 대한 계획을 실현해가는 방법으로서 상징도로정비사업과 고향의 이미지 조성 모델 토지구획정비사업 등을 들 수 있는데 이들 사업 수법에 세련된 계획 내용이 되도록 배려하는 것이 중요하다. 구체적으로 예를 들면 전자에 대해서는 지구 내나 행정구역에 있어서 중요한 도로인 점, 또한 일정 폭 이상의 도로로 도시계획 도로로서 광폭을 동반한 것 등이 요건이며 후자에 대해서는 대상으로 하는 공공시설의 정비 수준을 경관형성을 위해 높여가는 것에 대한 필요성을 우선 분명히 밝히는 것 등이다.

이 과정의 경우 기반시설의 레이아웃이 예를 들면 교통시설계획으로서 정확한지 아닌지가 계획이 실현될지 여부의 결정적인 요건이며 그 후에 경관형성에 관련된 대응이 교통시설계획으로 받아들여지는 것이 포인트라고 할 수 있다.

다음 설계단계를 위한 지침의 정리에 대해서는 이 단계에 있어서 보여준 지침이 해당 기반시설의 가치를 높이고 다음 설계 단계에 대한 전개를 필요 이상으로 속박하는 것이 되어서는 안 된다.

(3) 보행자 공간에 대한 대응과 고가 밑 공간의 이용을 배려한 역 부분의 자유 통로 계획

〈도시디자인의 기법〉

철도의 고가화사업에 동반하여 정비되는 고가 밑 역 부분의 자유 통로라는 특수한 도시디자인에 관련된 대응으로 프로젝트지구나 인접 시가지의 기간적인 보행자 공간과의 연속성이나 고가 밑 공간의 이용을 배려하면서 역 부분에 대한 자유 통로를 계획해가는 대응이다.

자유 통로의 위치나 폭원의 설정에 대해서 시가지정비적인 측면에서 역 이용자나 철도를 횡단하는 보행자의 편리성, 지구 내외 상업 활동의 활발화 등의 시점에서는 역 주변에 최근에 형성된 지구의 보행자 공간과의 연속성을 확보하고 또한 충분한 폭원으로 계획해가는 것을 요구하는 것이다. 이에 비해서 철도정비적인 측면에서는 개찰구의 위치와 개찰구 통과 전후의 콩코스나 길이, 이들에 연동하여 거의 결정되는 플랫폼으로 향하는 계단의 위치, 플랫폼 자체의 위지 능 철도사업에 관련된 시점을 우선시하여 계획되는 것이 일반적이다. 이와 같이 양자의 관심은 전혀 다른 부분에 있으며 따라서 양자에게 있어서 자유 통로의 위치는 지극히 중요한 조정 사항이 된다.

자유 통로의 천정 높이에 대해서도 시가지정비 측은 최대한 평온한 공간을 원하며 높게 하는 것을 희망하는데 비해서 철도정비 측은 고가화 구간 단부의 구배를 완만하게 하고 철도정비측은 고가화 구간 끝단부의 구배를 완화하면서 플랫폼으로 향하는 계단의 길이를 짧게 할 필요가 있는 것 등을 이유로 궤도면의 레벨을 낮게 하고 따라서 자유 통로의 천장높이를 낮게 억제하는 것을 희망하는 것이며, 이 점에 대해서도 양자의 관심을 두고 있는 부분이 다르다.

기본구상단계에 있어서 합의된 고가화의 위치나 구간 등을 받아들여 이 단계에 있어서 최대한 빠른 단계부터 시가지정비, 철도정비 쌍방의 관점에

그림 5.13 |
아사히가와 역사(驛舍) 계획/고가 밑 공간의 시각투과성의 비교

아사히가와 역사에 대해서는 기본계획 단계에 다양한 검토가 이루어졌으며 그 중 하나로서 자유통로에서 츄베츠가와를 따라 형성된 자연경관이 보이는 방향에 대해서 기둥의 위치에 의한 차이를 검토하고 있다.

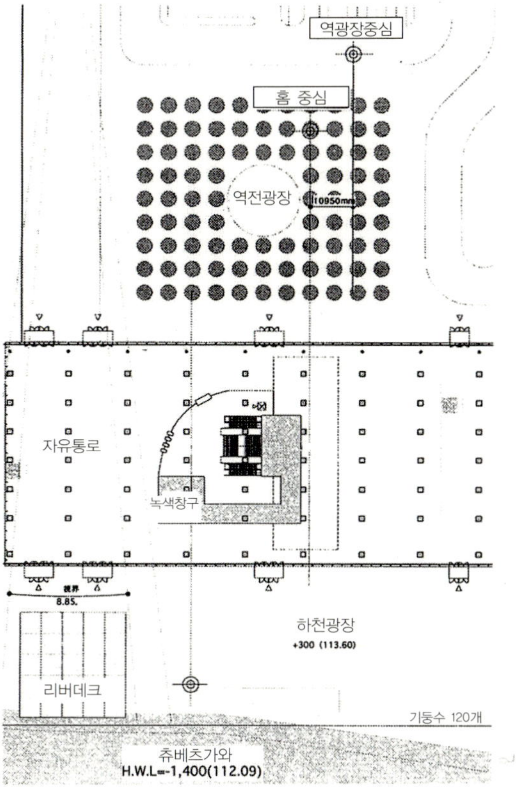

① 평면도

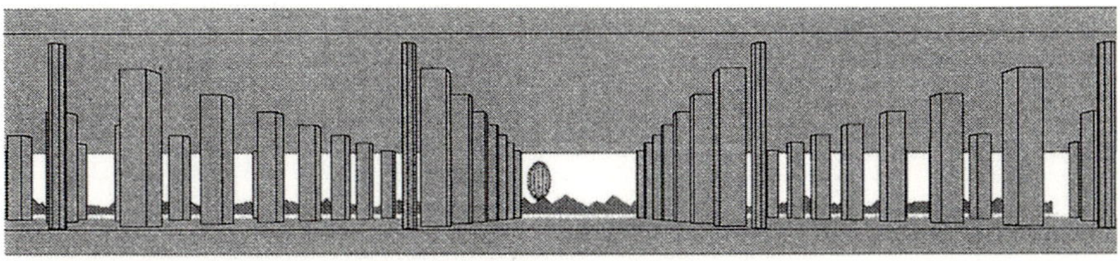

(A) 자유통로 중앙에 기둥간격의 중심을 배치한 경우

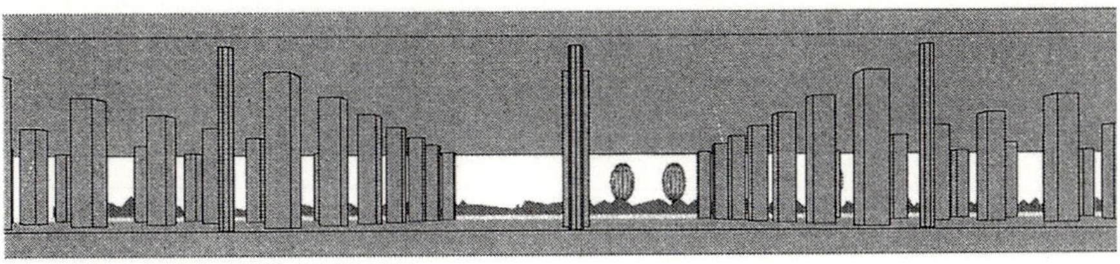

(B) 자유통로 중앙에 기둥을 배치한 경우

② 고가 밑 공간의 시각투과성 비교

따른 계획을 타진하고 양자를 조정하여 쌍방이 납득할 수 있도록 자유 통로의 위치와 폭, 높이를 결정해갈 필요가 있다.

그리고 계획자는 도시설계, 건축설계 쌍방의 시점에서 검토를 진행함과 동시에 철도사업에 관련된 여러 사항에 대해서도 충분한 이해를 가지고 계획안을 정리해가는 것이 요구된다. 이 경우 철도사업에 관련된 사항은 열차의 운행이나 그것에 관련된 선로의 배치나 신호계통의 계획 등 지극히 전문성이 높은 사항이 많으며 이들에 대해서도 일정한 지식을 가질 필요가 있다.

〈실현을 위한 방안〉

철도사업자는 철도사업이 공공성이 높은 사업이며 이들을 이유로 스스로의 사정을 우선시 하여 다양한 사업을 진행해 온 오랜 전통이 있는 등의 이유로 일반적으로 시가지정비 측에 대한 이해가 부족한 경향이 있다. 또한 철도의 고가화사업은 대부분의 경우 건널목 해소에 의한 철도 횡단 교통의 원활화, 연결선상의 주택 고도이용 등 시가지정비측의 필요성을 인센티브로서 진행시키는 사례가 많으며 따라서 시가지정비가 "원하는" 부분으로서 대접받을 수 없는 구도가 만들어지는 경우가 많다.

시가지정비측의 입장이 필연적으로 약하게 되는데 한편으로는 고가 시설이나 역 부분의 계획입안을 위한 비용과 사업비 대부분은 고가화사업의 사업주체가 되는 시가지정비 측이 부담하고 이것을 철도사업자에게 위탁하여 계획입안을 진행하는 것이 일반적이며 여기에 시가지정비 측이 자체의 입장을 철도사업자와 같은 레벨에 두고자 하는 배경이 있다.

이와 같이 양자가 같은 레벨의 입장을 확보하는데 있어서 일반적인 경우 계획자 내용이나 비용 부담에 대해서 합의를 형성하기 위해 양자 간의 협의회가 마련되는 경우가 일반적이지만 그 협의회는 계획입안 비용을 부담하고 있는 입장에 있는 시가지정비 설치 주체가 되는 것이 대부분이다.

이와 같은 환경 속에서 계획자는 계획안을 작성하여 협의회에게 보여주는 것이 되는데 이 경우 탁월한 계획안을 보여주는 것 이외에 다음과 같은 수법이 양자의 합의를 형성해 가는데 있어서 효과적이다.

- 고가 밑 공간에 대해서는 그 대부분을 철도사업자가 소유하고 있기 때문에 그 위치에 대해서는 철도사업자가 높은 관심을 보여주게 된다. 따라서 이 측면에 있어서 철도사업자 측에게 양도하고 자유 통로의 위치나 폭원을 비롯하여 다른 측면에 있어서 시가지정비 측의 주장을 실현

해 간다.

- 비용부담면에 대해서는 철도사업자는 고가화사업이 시가지정비사업 측 인센티브로 시작된 것인 점을 방패삼아 적극적이지 않은 것이 일반적이며 따라서 이것에 대해서는 시가지정비사업 측이 양도하고 대신 연결선상 지구의 시가지개발사업을 통해 철도사업자가 소유한 토지를 다양한 형태로 시가지개발사업에 활용해간다. 구체적으로는 시가지정비측에 의한 철도사업자 소유지의 사업전 취득이나 토지구획정리사업에 대한 경우의 공공감보나 보류지 감보에 대한 부담 등이다.

이와 같은 조정을 하더라도 시가지정비 측과 철도사업자 간의 조정은 곤란한 경우가 많으며 계획자는 양자가 납득할 수 있는 조정안을 보여주는 탁월한 균형 감각을 갖추고 있어야 한다.

(4) 건물건설계획 등과의 조정에 바탕을 둔 기반시설의 계획

〈도시디자인의 기법〉

이 기법 가운데 하나는 프로젝트지구 내의 건물건설과의 조정을 바탕으로 기반시설을 계획해가는 과정이며 또 하나는 기반시설의 공간을 점용하여 정비되는 지하주차장, 교량 등의 시설과 조정하면서 기반시설을 계획해가는 과정이다.

전자는 지구 내에 건설되는 건물의 규모, 내용, 건설 스케줄 등이 이 단계에 있어서 대부분 명확해지며 또한 건물설계에 대해서 기본계획과 기본설계가 진행되고 있는 경우에 해당 건물건설과 조정하면서 기반시설의 계획을 진행해가는 과정이다. 일반적으로 도시개발프로젝트의 기본계획단계에 있어서 건물의 기본계획과 기본설계가 진행되고 있는 경우는 많지 않으며 건물건설이 다급한 경우에는 이와 같은 대응이 가능한 경우는 드물지 않다.

이 조정은 대부분 밝혀진 바와 같이 건물건설에 대응하여 그것에 근간을 둔 요청을 기반시설계획에 반영시켜 가는 절차와 이것과는 반대로 기반시설계획 측면에서 건물의 계획, 설계에 요구되는 사항을 반영시켜가는 절차 쌍방에 대해서 이루어지게 된다. 구체적으로는 건물의 계획, 설계의 측면에서는 전면도로의 평면 · 종단 선형이나 단면구성, 광장이나 공원의 형상 등

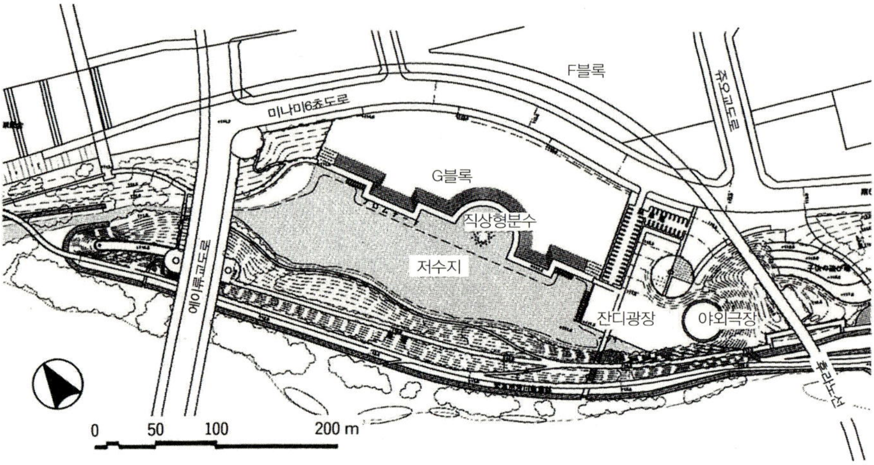

그림 5.14 | 하천 조정지를 활용한 아사히가와시 도시거점지구에 대한 저수지 계획
아사히가와시 도시거점지구에 있어서 츄베츠가와의 조정지를 저수지로서 정비해야만 하는 하천관리자(국가)와 조정을 하면서 기본계획이 책정되고 있다.

이며, 기반시설의 측면에서는 건물 부지에 대한 자동차의 접근 위치, 광장과 공원에 대한 건물에 접하는 방법 등에 대해서이며 매력적으로 의미 있는 도시공간을 만들어내기 위해서 쌍방의 관계성을 조정해가게 된다.

또 하나는 대부분의 경우 지하주차장이나 교량, 하천부지 위의 공원 등 기반시설의 지하나 지상 혹은 상공을 점용하여 정비되는 기설과 조정하면서 기반시설의 계획을 진행해가는 과정이다.

예를 들면 지하주차장에 대해서는 지상에 드러난 주차장으로 향하는 출입구와의 조정이며 교량에 대해서는 교각에 대한 조정으로 대부분의 경우 기반시설 위에 정비되는 구조물의 위치와 규모, 형상 등에 대해서 쌍방에 지장을 주지 않도록 조정해가는 것이 기본이 된다. 또한, 하천부지를 이용하여 정비되는 공원에 대해서는 치수나 수리 등, 하천으로서의 기능을 잃지 않도록 하는 것이 기본이며 공원으로서의 편리성이나 규모, 형상 등을 배려하여 쌍방의 접점을 찾아내 가는 것이다.

〈실현을 위한 방안〉

이 과정에 있어서 어떤 경우에 있어서든 조정 대상이 되는 시설의 계획이나 설계가 일정 수준 진행되어 있는 가운데에서의 조정으로 해당 시설의 계획이나 설계에 대해서 변경을 요구하게 되며 때로는 건설비의 증가를 초래하는 것이 되기도 한다.

이와 같은 계획의 실현은 계획자의 조정 능력에 부담시키는 바가 지극히 크다. 이 경우 계획자에게는 구체적으로 다음과 같은 여러 요건에 관련된 역량이 필요하다.

- 탁월한 계획안의 제시
  우선 지구의 공간적인 매력 부여나 이용자에게 있어서의 장점, 계획의 변경에 동반한 사업비의 규모 등 다양한 관점에서 보아 탁월한 계획으로 약간의 곤란한 점을 동반하더라도 변경 안에 대응하고자 하는 의욕을 계획주체에게 관철시킬 수 있도록 계획을 제시할 수 있는 능력이다.
- 계획주체에 대한 장점 제시
  계획주체나 설계에 관계하고 있는 컨설턴트나 디자이너에게 계획의 변경에 의해서 얻어지는 장점을 정확하게 보여주는 것도 중요하다. 일반적으로 설계자는 일정 정도 설계가 진행된 후의 변경은 쉽게는 수용할 수 없는 일이며 이를 위해 계획주체는 우선 설득하는 것이 중요하며 계획주체에게 장점을 보여주는 것이 효과적이다.
- 사업수법에 관련된 지식
  이를 위해서는 계획주체에게 다양한 부담이 생기지 않도록 하는 것이 기본이며 새로운 부담이 발생하지 않도록 사업상의 연구를 집중적으로 할 수 있는 점과 이를 위해 필요한 계획제도나 사업제도에 대해서 충분한 지식을 갖추고 있는 것이 더불어 필요하다.

이와 같은 조정을 적절하게 진행하기 위해서는 조정 상대가 되는 건물이나 기반시설의 계획주체 및 설계자와의 적절한 조정의 장을 마련하는 것이 중요하다.

구체적으로는 이들 계획주체나 설계자의 협동작업의 장을 마련하는 것이며, 이러한 사례에 대한 대응을 실현해가는데 있어서 중요한 방향이 된다. 협동에 대해서는 나중에 자세히 설명하겠지만 협동작업자의 이해나 계획주체의 이해가 기본이 된다.

2) 기반시설계획이나 토지이용계획, 건물의 초벌설계의 지침이 되는 공간구성, 경관형성에 관련된 계획(6)

(1) 지구 전체의 공간구성과 지구 내 각 구역마다의 공간구성

〈도시디자인의 기법〉

기본계획단계에 있어서 앞선 기본구상단계에 비해서 공간구성과 경관형성에 관련된 대응이 급격히 증가하고 하나의 독립된 분야로서 공간구성과 경관형성에 관련된 대응을 진행하는 것이 적절하다. 이 기법도 그중 하나인데 프로젝트지구 전체를 대상으로 혹은 몇 개의 구역으로 나누어 공간을 구성해가는 과정이다.

아사히가와시 도시 거점지구에 대한 경우와 같이 매트릭스라는 하나의 개념으로 지구 전체의 공간구성을 체계화시키는 것은 지구 전체에 걸쳐서 공간구성면에서 강력한 컨셉을 부여하는 것이 되며 이 단계의 다른 계획이나 나중 단계의 여러 시설설계에 대해서 탁월한 근거를 제공하게 된다. 따라서 가능한 한 하나의 개념을 근간으로 지구 전체의 공간구성을 체계화시켜 가는 것이 여기에서의 기법으로서 바람직하며 그것은 대부분의 경우 프로젝트지구가 다음과 같은 상황에 있는 경우에 가능하다.

- 지구의 토지 대부분이 한정된 수의 지권자에 의해서 소유되고 있으며 토지소유자의 의향을 반영하여 이것을 활용하면서 지구 내 각 부의 토지이용계획에 대응시키고 각 지권자의 토지를 배치하는 것으로 일정한 가능성을 선방할 수 있는 것.
- 프로젝트지구 안이나 지구에 인접하여 강이 흐르고 있는 혹은 산이나 주요한 건물 등을 조망할 수 있는 명확하고 강한 공간 특성을 갖추고 있는 것. 한편 존으로 공간구성을 표시해가는 것이 적절한 프로젝트지구도 많다. 이 다양한 경우의 공간구성에 맞는 곳은 다음과 같다.
- 프로젝트 인접지구에 있어서 토지이용이 다양하고 이들과 개별적으로 대응한 인접지구의 공간특성을 지구 내로 도입해갈 필요성이 높은 것
- 프로젝트지구 내 각 구역에 대한 토지이용이나 지권자의 토지이용 의향이 구역마다 다른 방향으로 전망된 것
- 철도나 도로 등의 기반시설이 가진 토지이용, 공간 유도력에 비교적 커다란 차이가 있는 점

〈실현을 위한 방안〉

이 기법에 있어서 다양한 계획제도나 지구에 도입하는 사업 수법, 지권자의 토지 소유상황이나 토지이용 의향 등 사업화에 관련성이 높은 사항에 대한 배려, 각각의 사항에 관련된 연구나 활용이 실현 방안이 된다.

이와 같은 방안에 대한 검토는 공간구성에 관련된 계획이 정리된 후에 진행되는 것이 아니라 그 과정에 있어서 끊임없이 동시 병행적으로 이들과의 대응을 확인하고 만들고자 하는 공간에 대한 실현성을 타진해 두는 것이 필요하다. 배려해야 할 사항은 구체적으로 다음과 같다.

- 프로젝트지구에 도입하는 시가지개발사업과의 대응
- 마을만들기 종합지원사업 시빅 코어 지구 정비 제도 등 프로젝트지구의 건물건설 등에 관련된 사업과의 대응
- 철도역에서의 거리나 도로망 구성, 도로의 기능, 성격과 건물 부지와의 관계, 상정되는 부지 이용, 외부구조체의 양태
- 지권자의 토지 소유상황이나 사업 후의 토지이용 의향
- 조기 단계에 있어서 건설이 전망되는 시설의 기능, 이와 같은 초기 사업화 시설이 갖춘 토지이용 유도력
- 용도 지역이나 용적률, 건폐율과의 대응
- 지구계획제도나 협정의 활용에 대한 전망

(2) 지권자의 토지이용 의향과 도로의 기능, 성격 등에 대응한 가구 단위의 공간구성

〈도시디자인의 기법〉

상기의 지구 전체 혹은 지구 내 각 구역마다의 공간구성을 바탕으로 또한 이들에 대한 구체성을 보다 높이기 위해 가구마다의 공간구성을 검토해가는 기법이다. 따라서 이 과정에 대한 근거는 프로젝트지구 주변의 토지이용과 공간적인 특질 등 프로젝트지구를 둘러싼 상황보다도 각 가구에 관련된 다음과 같은 여러 가지 사항이 된다.

- 상기 (1)에 정리한 지구 전체 혹은 지구 내 각 구역마다의 공간구성
- 가구 상호간의 공간구성 상의 연계
- 전면도로를 비롯하여 가구를 둘러싼 도로의 기능이나 성격
- 광장과 보행자 전용도로 등 가구 안에 정비되는 기반시설

• 가구에 대한 지권자의 토지이용 의향

〈실현을 위한 방안〉

가구에 대한 공간구성이며 해당 가구에 대한 지권자의 토지 소유상황과 토지이용 의향에 대한 정확한 대응이 구성하고자 하는 공간을 현실화시켜 가는데 있어서 기본이 된다. 따라서 토지구획정리사업에 의한 경우에 있어서 구성하고자 하는 공간에 대응할 수 있는 지권자의 토지를 배치할 수 있는지 여부를 확인하는 것이 중요하다. 그것이 불가능한 경우에는 반대로 지권자의 토지 위치와 지권자의 토지이용 의향에 대응해가는 것을 우선시하여 공간을 구성해가는 것이다.

또한, 해당 토지에 대해서 소유자가 전망되고 있더라도 토지이용 의향이 명확하지 않은 경우나 타인에게 양도할 가능성이 전망되는 경우 등 토지소유자와의 관계에 있어서 토지이용이나 건물건설 방향이 확인되지 않는 경우도 많다. 이와 같은 경우에는 기본구상단계에 대한 토지이용구상에 정합하는 건물건설이 진행된다고 가정하여 이들이 구체화되는 경우의 건설주체나 건설 단위, 사업채산성 등에 대한 실현성을 끊임없이 고려하면서 작업을 진행해 가는 것이 실현 방향이 된다.

(3) 기반시설과 그것에 인접한 건물 등이 만들어내는 공간의 구성

〈도시디자인의 기법〉

상기의 기법이 가구 단위의 공간구성인 것에 반해 이 기법은 기반시설을 중심으로 하여 그 연결선상이나 주위의 건물을 중심으로 그들이 만들어내는 공간을 매력적인 것으로 만들어 가고자 하는 과정이다. 또한 앞서 1)의 (1)에서 언급한 바와 같은 대응이 마찬가지로 기반시설을 둘러싼 토지이용이나 건물건설을 배려하면서 기반시설 그 자체를 대상으로 하여 이것을 매력적인 것으로 만들어 가고자 하는 과정이었던 것에 반해 이 기법은 그 연결선상이나 주위의 건물 등을 중심으로 매력적인 공간을 만들어내어 가는 과정이다.

사례 프로젝트에 대한 과정에서는 마루카메 역전광장 주변지구의 마루카메 하라다선 양측의 역전광장과 미술관에 초점을 맞추어 동일 도로를 중심으로 하여 광장과 그것에 대치하는 무대에 의해 상호 높은 연계성을 부여하는 대응이나 하나마키역 주변지구의 노선 상점가 형성 등이다. 이 기법은 공간구성에 관련된 대응 가운데 가장 중요하며 광범위하게 이루어지는 것이기 때문에 사례 프로젝트에 있어서 상기 이외에도 다양한 대응이 이루어지고 있다.

이 기법은 대부분은 기반시설과 건물이 만들어내는 공간을 대상으로 하고 있지만 마루카메 역전광장 주변지구에 있어서 남쪽 입구 역전광장의 활성화를 향상시키기 위해 그에 인접하는 JR용지를 매각하여 다양하게 이용할 수 있는 토지로 만든 과정에서 알 수 있듯이 건물에 연연하지 않고 기반시설과 거기에 인접하는 토지 사이에 전개되어도 된다. 건물의 외부구조부와 기반시설간에도 마찬가지이다.

이용상의 자유도가 높은 토지를 광장에 인접하여 배치하는 것에 의해 광장의 활기를 상승시킨다거나 도로나 광장을 중심으로 하는 공간구성을 보다 좋게 만들고자 하는 대응은 포장면의 의장에 대한 계획, 즉 기반시설의 경관형성에 관련된 대응이 적극적으로 이루어지게 되어 가고 있는 상황과 비교하면 아직 시기상조이다. 그러나 이 과정은 앞서 언급한 바와 같이 중요한 과정일 뿐만 아니라 도시공간의 매력을 보다 강하게 또한 직접적으로 호소하는 것이 되기 때문에 적극적으로 수용할 필요성이 있다.

〈실현을 위한 방안〉

마루카메 역전광장 주변지구의 미술관에 대한 경우와 같이 이 단계에 있어서 이미 건물의 설계가 진행되어 있는 경우에 있어서 건물건설주체나 설계자에게 적극적으로 반응함과 동시에 설계자와의 협동을 진행해가는 것이 중요하며 또한 확실한 방향이다. 이 경우의 협동은 계획자가 건물설계자와 함께 건물설계를 진행하는 것은 상관 없으며 설계 배경이나 근거가 되는 사회, 경제적인 맥락이나 기반시설과 건물이 만들어내는 공간에 대한 사람들의 활동과 공간에 대한 심리적인 반응 등에 따라 건물설계에 대한 주문을 전달하고 이해를 구해 가는 것이다. 건물설계자는 일반적으로 이와 같은 사회, 경제적인 맥락이나 도시공간 속에서 해당 건물이 수행해야 할 공간적인 역할 등에 충분히 의미를 부여하지 않는 경우가 많으며 이와 같은 맥락에 대해서 배려한 건물건설 가치나 중요성을 설명해가는 것이다.

설계자의 이해를 얻기 위해서는 건설주체의 이해가 중요하다. 일반적으로는 이들 사회, 경제적인 맥락은 시민의 이용이나 건설비 등에 관련된 사항이 많은 점과 이들에 관한 사항은 설계자보다도 건물건설 주체측이 이해하기 쉽기 때문에 건물건설도 포함한 협의의 장을 마련하는 것이 효과적이다.

3) 공간구성과 건물의 초벌설계에 근거한 건물 부지 배치, 형상 등의 계획(7)

(1) 핵심적 시설의 초벌설계와 건설부지의 규모나 위치, 형상에 대한 계획

〈도시디자인의 기법〉

프로젝트지구의 공간구성상 중요한 지구나 건물건설 구상이 내포하고 있는 부지를 대상으로 상기까지의 공간구성에 관한 개념을 건물설계에 있어서 받아들이고 그것에 입각하여 부지 이용과 건물건설 방향을 분명히 해가는 기법이다. 상기 1)이나 2)의 대응에 의해서 구성하고자 하는 공간을 구체화시켜 가는 기법이며 이 단계에 있어서 가장 구체적이고 심도가 높고 또한 중요한 대응이다.

구체적으로는 이 단계에 있어서 명확히 밝히고 있는 건물건설 구상 등에 입각하여 건물 초벌설계를 행하는 부지 이용 개념이나 기반시설에 대한 건물

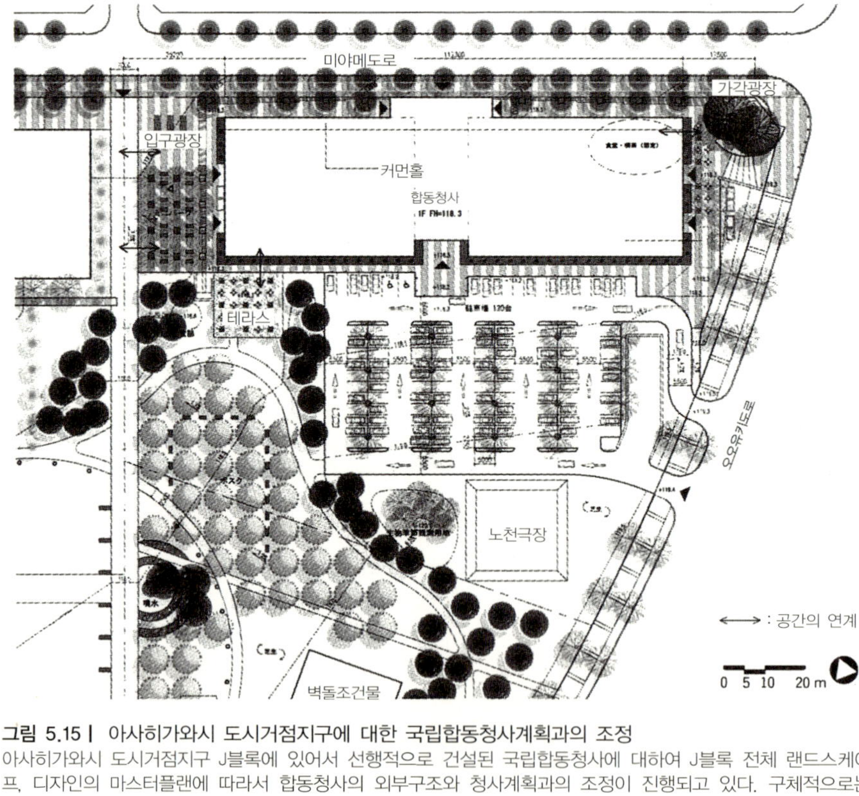

그림 5.15 | 아사히가와시 도시거점지구에 대한 국립합동청사계획과의 조정
아사히가와시 도시거점지구 J블록에 있어서 선행적으로 건설된 국립합동청사에 대하여 J블록 전체 랜드스케이프, 디자인의 마스터플랜에 따라서 합동청사의 외부구조와 청사계획과의 조정이 진행되고 있다. 구체적으로는 청사동, 서측의 가각광장과 입구광장의 배치, 청사남서각의 테라스 배치 및 이들과의 건물 연계 또는 인접대지와의 보도로의 조정 등이다.

의 구조와 건물로 향하는 사람, 자동차의 접근 동선 등에 대해서 대략의 방향을 결정하고 그것에 따라 건물 부지 위치나 형상을 분명히 하는 기법이다.

대응의 성과는 이 단계에서 이루어지는 기반시설의 배치나 형상, 다음 설계단계에서 이루어지는 각 건설부지의 배치 및 토지구획정리사업에 대한 경우에는 환지설계에 반영되게 된다. 즉 이 단계에서 각 건물의 건설 부지가 그 건물을 건설하는데 있어서 어울리는 위치인지 적절한 규모와 형상의 부지인지 등을 파악하여 다음 단계에서 각 건물 부지 구획과 형질을 결정해가는 것과 연결해가는 과정이다.

이 기법에 있어서 각각의 목표를 가지고 정비하는 것으로 도로, 공원, 광장이나 가구 안의 오픈 스페이스에 대해서 그것과 어울리는 공간을 구성해 가고자 건물과 그 부지, 외부구조를 계획해 가는 것이 중요하다.

〈실현을 위한 방안〉

여기에서 이루어지는 건물 초벌설계의 심도는 당연히 이 단계에 대한 건물건설계획의 성숙도에 따라 달라지고 다음 설계단계에 있어서 실제 설계에 대한 정확도도 다르게 된다. 그러나 여기에서의 대응 목적이 매력적인 도시공간을 만들어가는데 있어서 바람직한 건물 부지 규모나 위치, 형상을 분명히 밝혀 가는 것이나, 그에 따라서 면적 시가지정비사업과 조정해 가는 것에 있기 때문에 다음 단계의 설계와 커다란 차이가 발생하지 않는다고 전망되는 레벨에 머물러도 충분하다. 요컨대 조정 레벨은 토지구획정리사업에 대한 경우에는 환지계획 대응을 확인하는 것이므로 시가지 재개발사업에 의한 경우는 사업구역의 크기나 시행 전후의 권리변환계획과의 대응을 확인하는 것이다.

이와 같은 이유에서 이 과정의 경우 토지의 조작이나 기반시설의 정비계획 및 사업계획 등에 끊임없이 피드백하면서 작업을 진행하는 것이 오히려 중요하며 그것이 대응 실현을 위한 방안이다.

(2) 활성화 양성이나 매력적인 공간구성을 위한 건물건설 등의 전망 정리

〈도시디자인의 기법〉

상기의 대응이나 앞서 2)의 (3)의 기반시설과 그 연결선상 등에 대한 건물에 의한 공간구성에 관련된 내용 등에 대응하여 기반시설을 중심으로 하는 공간구성에 건축물이 기여하도록 다음 설계단계에 대한 건축과 외부구조부의 설계에 대한 요청사항을 정리하는 과정이다.

이 기법에 있어서 건축물의 설계에 무리를 주는 것은 빼야 하며 요구하고자 하는 요망을 건축설계적인 측면에서 받아들일지 여부를 우선 판단할 필요가 있다. 한편 모든 건물에 대해서 초벌설계를 하는 것은 시간적, 자금적인 이유에서 곤란하며 이와 같은 경우에는 지극히 거친 작업이라도 건물에 대해서 설계를 시도하여 건축설계에 대해서 한정된 사항이라도 일정한 요망을 정리하는 하는 것이 바람직하다.

이와 같은 작업은 만들고자 하는 도시공간에 대해서 보다 구체적인 이미지를 내포하는 것을 가능하게 하고 기본설계단계에 대한 공간구성을 보다 확실한 것으로 만들어 가게 된다.

〈실현을 위한 방안〉

초벌설계에 있어서 대상으로 하는 건물의 전체적인 규모나 제실의 면적을 확정해 가는 것은 많지 않다. 이와 같은 경우 일정한 상정을 하면서 작업하게 되는데 작업 결과 발견되는 요망 사항이 건물의 규모가 실제 설계단계에 있어서 달라지는 경우에도 통용되는 것인 점이 중요하다. 따라서 최대한 기본적인 사항에 대해서 바람직한 방향을 분명히 밝혀 가는 것이 요망에 입각하여 건설 설계가 진행되며 목표로 한 도시공간이 실현되는데 있어서 중요한 방향이 된다.

건축설계의 경우 실제 설계를 진행하는 건축가는 입찰과 경쟁 설계 등에 의해서 결정되며 초벌설계를 담당한 건축가가 실제 설계를 담당하게 되는 경우는 지극히 희박하며 따라서 초벌설계를 통해 발견되는 건축설계에 대한 요망은 어떠한 건축가가 어떠한 설계를 진행하게 될지를 매듭짓는 요건이 되기도 한다.

3 계획주체와 계획자에게 요구되는 자질과 경험

기본계획단계에 있어서 도시개발프로젝트의 도시디자인에 관련된 기본적인 개념, 즉 프로젝트지구의 공간구성의 방향과 경관형성에 관련된 방침 대부분이 도출되기 때문에 일련의 도시디자인에 관련된 대응 과정에서 이 단계가 가장 중요하다.

이 단계에 있어서 충분한 검토가 이루어지는 경우에는 다음 설계단계에 있어서 다양한 시설의 설계에 대해서 배려해야 할 사항을 정확히 명시할 수 있으며 더불어 설계를 담당하게 되는 다양한 전문디자이너에 대해서 설계에 있어서의 근거를 제시할 수 있게 된다.

이와 같은 이유에서 이 단계에 대한 계획주체나 계획자는 도시디자인에 관련된 자질이나 경험을 다른 단계에 대한 경우 이상으로 요구하게 된다. 구체적으로는 다음과 같은 여러 측면에 대한 역량과 이를 위한 노력이다.

1) 공간이 내포한 의미를 이해하는 공간감각과 공간 인식력

도시디자인에 관련된 기법 대다수는 공간구성에 관련된 기법이며 따라서 계획주체나 계획자는 만들고자 하는 공간의 실체적인 크기나 시퀀스를 느끼고 인식하는 것에 민감해야 한다. 계획하고자 하는 공간에 대해서 그 규모나 공간적인 특질을 정확하게 받아들이는 힘이나 공간 안을 이동하는 것에 의한 공간의 변화, 리듬을 이미지화하고 느낄 수 있는 힘이다.

공간에 있어서 전개되는 사람들의 다양한 움직임이나 공간에 대한 사람들의 반응을 상상, 통찰하는 힘, 즉 공간이 사람에게 부여하는 힘이나 의미를 이해하고 그것과의 관련성을 바탕으로 공간의 특성을 인식하는 힘을 갖추고 있어야 한다.

이러한 이미지력이나 이해력은 탁월한 도시공간을 다수 둘러보고 공간의 특질이나 그 공간이 내포하고 있는 의미를 생각하는 행위에 의해서 배가되는 것이다. 또한 이것은 특색이 있는 혹은 매력적인 도시공간에 공통하는 공간적인 원칙을 아는 것이나 건물의 용도와 규모, 형태와 기반시설과의 관계가 만들어내는 공간의 질적 차이 등을 스스로 경험함으로써 풍부해지는 것이다.

이와 같은 공간이 내포하고 있는 원칙이나 의미를 이해하는 것은 실제적으로 도시디자인을 진행해 가는데 있어서 계획주체나 관계하는 다른 분야의 디자이너 등에게 해당하는 장(場)이 갖추고 있어야 할 공간의 질에 대해서 정확하게 설명할 수 있는 것과 연결되며 다음 항의 공간구성력을 갖추는 것으로 이어지게 된다.

2) 공간구성과 경관형성에 관련된 계획의 역량

앞서 기본구상에 대한 도시디자인 전개를 위한 자질로서 언급한 선적, 면적인 표현을 이용하면서도 공간을 이미지화하고 구성하는 능력과 통하는 것인데 이 단계에 있어서 도시디자인에 관련된 대응이 3차원적으로 검토되게 되어 당연히 공간을 구성하는 힘은 기본구상단계 이상으로 요구되게 된다.

이 단계에서 프로젝트를 추진하는 기간사업에 대한 계획입안이 구체적으로 진행되며 도로, 공원, 광장, 철도, 하천 등의 기반시설에 관련된 계획이 전문 컨설턴트에 의해 진행되게 된다. 따라서 사업이나 기반시설에 관련된 공간의 구성이나 경관형성에 대한 개념을 정리하고 그것을 이들 컨설턴트에게 정확하게 전달함과 동시에 협의에 있어서 일정한 방향을 제시하고 계획입안을 이끌어가는 것이 요구된다.

3) 전문 디자인에 관련된 지식과 전문디자이너의 협동에 대한 자질

도시디자인 전개의 방향이 거의 확정되기 때문에 건축가나 랜드스케이프 아키텍트 등의 전문디자이너의 참가를 요구하게 된다. 따라서 이들 전문가가 스스로의 역량을 정확하게 발휘하기 위해 계획자는 이들 분야의 설계, 디자인에 대한 일정한 지식을 갖추고 있음과 동시에 이들 디자이너와의 협동을 정확하게 진행하고 스스로의 분야를 더하여 분야 상호간의 코디네이션을 진행하는 능력을 갖추고 있어야 할 필요가 있다.

더불어 다양한 이유에서 이 단계에 있어서 건축가나 랜드스케이프 아키텍트 등의 참여가 불가능한 경우도 있으며 이와 같은 경우에는 충분하다고 말할 수 없더라도 계획자 스스로가 이들 계획에 대응할 줄 알아야 한다.

4) 계획 실현을 위한 방안을 구축하는 능력과 조정력

상기와 같은 도시디자인에 관련된 다양한 대응은 도시개발프로젝트를 추진하는 주체나 정비되는 기반시설을 관리하게 되는 주체와 그 정비내용에 대해서 합의에 도달하여 처음으로 실현되게 된다.

이를 위해 계획자는 도시디자인에 관련된 상기와 같은 자질과 경험뿐만 아니라 이들 주체와 협의하여 합의를 구성해 가기 위한 조정 능력을 갖추고 있는 것도 더불어 요구된다. 이와 같은 이유에서 계획자는 도시개발프로젝트의 실현을 추진해 가는데 있어서 관계하는 계획제도나 사업제도에 대한 지식을 내포하고 공간구성을 비롯하여 도시디자인 전개를 위해 이들을 효과적으로 활용해 가기 위한 다양한 연구에 몰두할 수 있어야 한다. 탁월한 연구가 관계하는 주체의 생각을 조정하고 합의를 형성하는 것과 연결된다는 것을 이해할 필요가 있다.

5 | 3

설계단계

1 도시디자인에 관련된 대응의 전체 모습

이 단계는 도시개발프로젝트를 구성하는 다양한 건물과 기반시설의 설계에 대응하는 단계이다. 또한 이 단계의 대응은 일반적으로 다음 2가지 단계로 나누어진다.

하나는 일반적으로 시설의 설계에 대해서 다양한 설계 여건에 기인하여 다양한 가능성과 마땅히 그러해야 할 방향성을 요구하여 그 형태나 의장 등에 대한 틀을 확정하는 기본설계단계이며 또 하나는 기본설계에 기인하여 시설 시공에 필요하게 되는 각 부의 상세한 설계와 공사비의 적산 등을 진행하는 실시설계단계다.

실제 설계작업은 프로젝트 전체의 사업 스케줄에 근거하여 설정되고 있는 각 시설의 건설 스케줄에 맞추어 건설 시기가 가까운 것부터 각각 순차적으로 진행하고 설계가 완료된 것부터 순차적으로 공사에 착수된다. 따라서 이 설계단계는 프로젝트를 구성하는 모든 시설을 대상으로 하여 받아들이는 경우 프로젝트가 완성되기 직전까지 계속함과 동시에 다른 시설의 공사단계와 동시 병행적으로 진행하게 된다.

이 단계의 대응 실제는 (1) 그 이전 단계에 대한 검토 등에 근거하여 분명하게 밝혀진 설계의 방침과 틀이 바탕이 되는 기반시설의 설계와 (2) 그것에 관련되어 이루어지는 각 시설의 건설주체간 혹은 전문디자이너 간의 조정을 진행하는 과정이다.

그리고 이들 대응에 있어서 기본구상, 기본계획단계의 계획자가 설계에 관련되어 코디네이터로서 다양한 시설의 설계에 대해서 횡단적으로 조정을 진행하고 제1장에서 언급한 바와 같이 도시설계가, 즉 어번 디자이너로서의

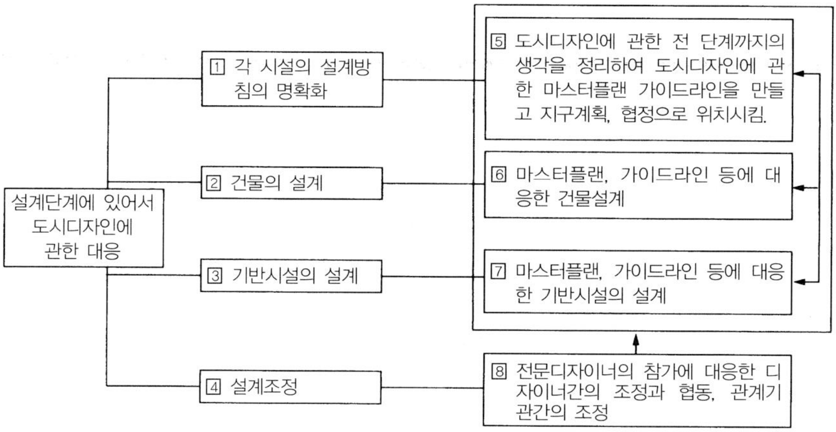

그림 5.16 | 설계단계에 대한 도시디자인의 기법과 실현을 위한 방안

역할을 다해가는 것이 필요하게 된다. 또한, 이 도시설계가로서의 역할은 기본구상, 기본계획단계에 있어서 계획자는 일관되게 담당하고 있는 상황이며, 이 단계에 있어서 만들어내는 시설이나 공간의 형태와 의장이 실체로서 결정되어 버리기 때문에 이 역할이 보다 강하게 요구된다.

이와 같이 도시설계가로서의 역할이 보다 강하게 요구되는 가운데 이 단계의 대응을 그림에 나타낸 것이 그림 5.16이며, 각각의 대응에 있어서 구체적인 내용은 다음과 같다.

- 이 단계에 있어서 각 시설의 설계가 각각 진행되기 때문에 각각의 시설 설계가 다른 시설과 일정한 관계성과 조화를 이루어 진행될 수 있도록 기본계획단계까지의 도시디자인에 관련된 개념을 바탕으로 각 시설의 설계에 있어서 확실하게 실체화해가는 것이 바람직한 사항을 지구계획과 각종 협정에 따라 가이드라인으로서 정리하는 것이 우선 필요하게 된다. 프로젝트지구의 도시디자인을 지배하는 중요한 지구에 대해서는 도시디자인에 관련된 마스터플랜을 책정하는 것이 바람직하다. 이것은 그 이전에 있어서 프로젝트지구를 구성하는 다양한 시설 상호간의 실체로서 관계성에 대해서 충분한 검토가 이루어지고 있지 않은 것이 일반적인 것에 원인이 있으며 이 마스터플랜의 성과도 지구계획이나 협정 등으로서 정리해가게 된다.

  이들 대응은 당연히 이 단계의 처음에 이루어져야 한다(그림 속의 1, 5).

• 이와 같은 단계를 거쳐 각 건물 각 기반시설의 설계가 이루어지게 되는데 이 단계의 도시디자인에 관련된 과정은 주로 건물에 관련된 설계(2, 6)와 기반시설에 관련된 설계(3, 7)이다. 다만, 상호간의 관계성이 높은 경우에는 당연히 건물간, 기반시설간 혹은 건물과 기반시설간에 이어서 일체적으로 설계를 진행하는 것이 바람직하다.

또한, 건물과 기반시설의 설계가 급한 경우에는 거기까지의 단계에 대한 도시디자인에 관련된 개념에 입각하여 1, 5의 과정을 기다리지 않고 설계가 시작되게 된다. 이 경우에는 다음 단계에서 정해지는 지구계획보다도 높은 레벨에서 설계가 이루어지는 경우 이외에는 지구계획에 대한 대응이 이루어지게 된다. 당연히 이와 같은 진행개념은 바람직하지 않다.

• 마스터플랜이나 가이드라인에 바탕을 둔 지구계획과 협정이 정리되는 경우에는 이것에 입각하여 설계를 진행하는 것이기 때문에 지구계획이나 협정 등을 정리하는 것 자체가 설계를 실현해 가는 수법으로서 기능하게 된다.

지구계획과 협정 등이 정리되지 않은 경우나 정해진 경우라도 보다 높은 레벨에서 설계를 진행하는 경우에는 시설설계에 관련된 조정을 정확하게 진행하는 것이 실현을 위한 방안이 된다(4, 8).

• 이 단계의 특색으로서 다양한 분야의 전문디자이너가 참여하는 것을 들 수 있다. 따라서 기본계획까지의 단계에 있어서 지구의 구상, 계획입안에 관계해 온 계획자 즉 도시설계가는 이들 전문디자이너에 내해서 거기까지의 단계에 대한 도시디자인에 관련된 개념을 전달함과 동시에 설계에 대해서도 이들 개념에 근간을 두고 다양하게 조정을 진행하는 것이다. 또한 하나의 시설에 관련된 전문디자이너와의 조정뿐만 아니라 다른 시설의 설계를 진행하는 복수의 전문디자이너와의 조정도 이루어지게 된다.

또한 여기에서 도시설계가가 거기까지의 단계에서 정리된 개념에 입각하여 전문디자이너와의 조정을 일방적으로 진행해가지 않고 거기까지의 개념을 더욱 심도 높은 것으로 만듦과 동시에 보다 좋은 시설의 건설을 목적으로 하여 전문디자이너의 생각을 받아들이게 된다. 또한 필요에 따라서 이들 전문디자이너와 협동작업을 진행하는 경우도 많다. 한편, 이들 각 전문디자이너와 도시설계가와의 조정이나 협동, 전문디자이너와의 조정이나 협동은 지구 내의 여러 시설에 대해서 광범위한 의미에서의 관계성을 부여하기 위한 설계과정이기 때문에 각 시설의 계획 · 건설주체간의 조정이기도 하다.

- 이와 같은 이유에서 이 단계에 있어서 도시디자인에 관련된 과정의 실현을 위한 방향은 시설 상호간 혹은 관계기관 간의 조정이며 그림 5.16의 [8]에 나타낸 바와 같이 상기까지의 [5]~[7]의 과정 전체에 관련된 위치에 놓이게 된다.

2 도시디자인의 기법과 실현을 위한 방향

1) 건물이나 기반시설설계방침의 명확화([5])

이 단계에 대한 건물이나 기반시설의 설계에 앞서 각각의 시설이 놓인 도시공간과의 관계에 관련하여 도시디자인의 시점에서 요구되는 설계에 대한 방침과 조건을 명확하게 해가는 과정이다.

건물에 관련된 방침과 조건이 벽면선의 위치나 건물의 높이, 건물에 대한 사람과 자동차의 접근방법이나 부지내 주차장의 위치 등 입체적, 평면적인 것이 되는데 비해서 기반시설에 관련된 방침이나 조건은 공공시설이기 때문에 안전성이나 경제성 혹은 유지관리의 용이함 등을 우선시하는 와중에 표층의 의장에 관련된 조건이 주체가 된다. 즉 양자에게는 차이가 있다는 것인데 이 차이가 나중에 언급하겠지만 조정내용이나 체제가 양자 간에 다른 것으로 연결되어 가게 된다.

이 과정에 의해서 정리된 각 시설의 설계방침이나 조건은 실제로 설계를 진행하는데 있어서 설계의 자유도를 가능한 한 보장하는 것일 필요가 있으며 이 점에도 충분히 유의할 필요가 있다.

이 과정은 구체적으로 다음과 같다.

(1) 기본계획단계까지 도시디자인 시점에서 검토한 시설의 설계에 관련된 개념 정리

〈도시디자인의 기법〉

건물과 기본시설의 설계에 관련된 기본계획단계까지 검토한 도시디자인에 관련된 개념을 이들 시설의 설계에 관련된 도시디자인 시점에서의 지침과 요청사항으로서 정리하는 과정이다.

이 과정은 프로젝트지구의 면적이 작아서 조정 대상이 작고 설계에 관련된 구체적인 조정 상황에서 설계자와 밀접하게 협의하는 것이 가능한 경우에 이루어지는 것이 적절한 기법이다. 프로젝트지구가 크고 그 안에서 특정 지구에 대해서 중점적으로 도시디자인을 전개하고자 하는 경우에는 다음 항에 나타낸 바와 같이 다시 도시디자인과 랜드스케이프 디자인에 관련된 마스터플랜 입안을 거쳐 지침과 요청사항을 정리하는 것이 바람직하다.

이와 같은 이유에서 이 과정은 기본계획단계까지의 도시디자인에 관련된 검토결과의 요점을 분명히 해가는 과정으로, 이 경우에 정리해 두어야 할 주요한 사항은 다음과 같다.

① 기반시설에 대한 건물의 공간적인 관계, 구조에 관한 개념

② 기반시설에 면한 건물의 파사드 의장에 관한 개념

③ 건물로 향하는 사람, 자동차의 접근에 대한 개념

④ 건물건설에 관련된 건물 상호간의 관계성 부여 개념

⑤ 해당 기반시설에 대한 활동과 이용 개념 및 이러한 것들에 바탕을 둔 기반시설의 설계에 관련된 기본적인 개념

⑥ 기반시설의 의장과 가구(街具), 퍼블릭 아트 등의 도입에 대한 개념

⑦ 기반시설 관리에 대한 개념과 그 대응 방향

〈실현을 위한 방안〉

각 시설의 사업주체나 관계기관과 계획자와의 사이에서 충분한 협의와 합의가 필요하다. 또한 사업주체가 자치단체인 경우에는 자치단체 안에서 관계하는 부국과의 협의 및 조정이 충분히 이루어질 필요가 있다. 이 경우 시설이 완성된 후에 시설의 유지 및 관리가 적절히 이루어질 필요가 있으며 또한 통상의 수준을 넘어서 비용이 높은 재료가 이용된다거나 복잡한 설계인 경우 등에는 유지 및 관리가 쉽지 않기 때문에 관리를 담당하는 부국의 참여가 특히 중요하다.

정리 결과가 각 시설의 설계에 있어서 일종의 가이드라인으로서 기능하는 것이 되는 한편 기반시설에 대해서 관계하는 사업수단 대부분이 정비 수준의 향상에 관련된 점이며 건설, 관리 양면에 있어서 사업주체 스스로의 비용 부담 증가와도 관련된 사항이기 때문이다.

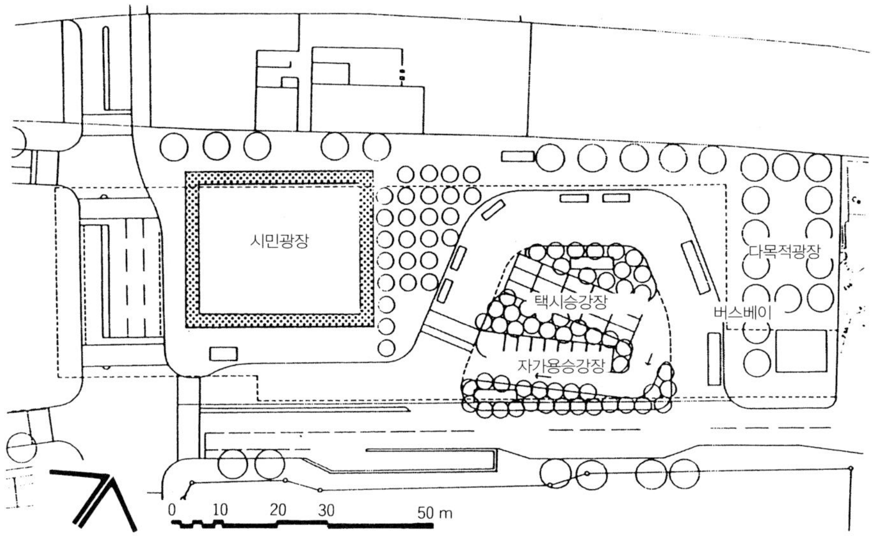

그림 5.17 | 마루카메 역전광장 주변지구에 대한 기본계획의 정리
마루카메 역전광장 주변지구에 있어서 남쪽입구 역전광장에 대한 기본계획으로서 차도의 법선, 시민을 위한 광장, 차도주변의 식재, 택시 · 자가용 승강장, 버스베이, JR대지를 매수하여 정비한 다목적광장 등이 계획되어 이들 랜드스케이프 아키텍트에게 전달되었다.

정리된 지침이나 요청사항이 정비수준의 향상에 관련된 경우, 도입된 사업 수법은 대부분의 경우 기간사업과 중복하여 도입되는 수법이며, 다음과 같은 사업이 관계하게 된다.[주1)]

- 고향의 이미지 조성 모델 토지구획정리사업
- 마을만들기 종합지원사업
- 상징도로정비사업
- 캡시스템 정비사업
- 고향마을의 하천 정비사업
- 공익시설 건설사업(국가, 현, 지자체의 행정, 교육, 문화, 복지 등에 관련된 건축물)

민간 건축물에 대해서는 정리한 결과가 건설주체에 대해서 비용면을 비롯하여 불필요한 부담을 발생시키지 않도록 관리함과 동시에 건설주체가 명확한 경우에는 해당 민간 주체나 설계자와 협의하여 타진해 두는 것이 이 기법을 실현해 가는데 있어서 효과적인 방향이 된다.

(2) 특정지구를 대상으로 한 도시디자인에 관련된 마스터플랜 책정과 가이드라인 정리

〈도시디자인의 기법〉

프로젝트지구의 면적이 광범위한 경우나 프로젝트를 실현해가기 위한 사업이 여러 종류의 사례에 이르는 경우에 있어서 기본계획단계까지 도시디자인에 관련된 과정을 상세하게 진행하는 것은 곤란하며 설계단계를 비롯하여 프로젝트지구 내의 특정지구를 대상으로 하여 도시디자인에 관련된 마스터플랜을 책정하는 것이 바람직하다.

도시개발프로젝트에 관련된 도시계획 결정은 앞서 언급한 바와 같이 기본계획단계에 대한 검토를 거쳐 이루어지는데 도시계획 결정은 그 단계에서 이것을 필요로 하는 모든 것에 대해서 반드시 할 필요는 없다. 광장이나 공원, 보행자 전용도로 등은 도시디자인을 전개해 가는데 있어서 중요한 계획대상이지만 기본계획단계에 있어서 이들 계획입안이 충분히 심도 있지 않고 또한 도시디자인에 관련된 검토도 충분히 이루어지지 않는 경우가 일반적이며 이들에 대해서는 검토가 심도 있게 이루어진 후에 도시계획 결정을 하는 것이 바람직하다.

특정지구를 대상으로 하여 도시디자인에 관련된 마스터플랜을 책정하는 과정은 도시계획 결정과의 대응에 있어서 도시계획 결정을 하는 프로세스의 일부라는 것이기도 하다. 이와 같은 진행 개념에 의해 도시계획 결정이 도시디자인 시점에서의 검토를 충분히 거쳐서 이루어짐과 동시에 부적절한 도시계획 결정을 피할 수 있다.

이 과정에 있어서 특정지구라는 것은 프로젝트지구 중에서 중요한 지구나 선행적으로 사업에 착수하는 지구이며 사례 프로젝트 중에서는 예를 들면 오비히로역 주변지구의 남북 역전광장을 중심으로 만들어지는 대형 오픈스페이스가 전자에 해당하며 아사히가와시 도시 거점의 J블록(그림 C.38 참조)이 후자에 해당한다. 전자는 오픈 스페이스 때문에 주로 기반시설의 경관형성에 관련된 마스터플랜이며 후자는 복수의 건물과 그것을 둘러싼 녹지공간 및 그들이 만들어내는 공간을 대상으로 한 공간구성, 경관형성에 관련된 마스터플랜이다.

기반시설의 경관형성에 관련된 마스터플랜 입안에 참여하는 디자이너는 기본계획단계까지의 계획입안에 참여한 계획자 이외에 랜드스케이프 아키

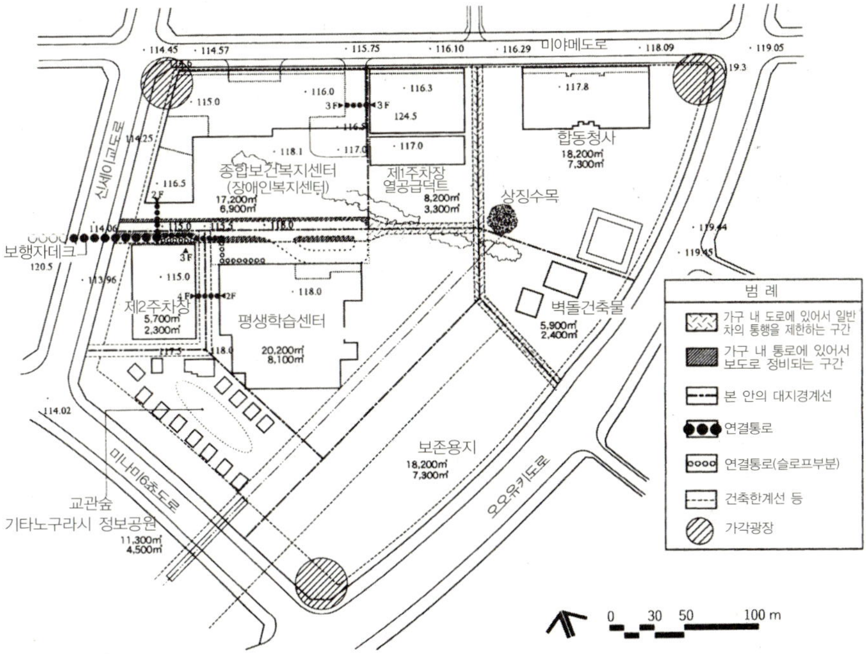

그림 5.18 | 아사히가와시 도시거점지구 J블록에 대한 건축설계상의 요청사항
아사히가와시 거점지구 J블록에 있어서는 각 건물건설 주체도 참가한 시빅코어지구정비추진협의회에 있어서 J블록 각부의 계획이 검토되어 각각의 건물설계에 우선하고 대지레벨, 경계, 가구 내 통로의 위치 · 복원 · 건물의 벽면선 위치, 가각광장 위치 등을 건물건설시 약속한 것으로 정리되었다. 기타 지구계획 협정원안도 정리되었다.

텍트, 조명 디자이너, 가구(街具)나 사인에 관련된 디자이너 등이며 이들 전문디자이너 등과 대상이 되는 각 기반시설의 건설주체에 의한 협의를 통해 마스터플랜이 정리되는 것이다.

아사히가와시 도시 거점지구의 J블록에 대한 경우와 같이 이 마스터플랜 입안이 기반시설 이외에 건물이나 건물 외부구조 등을 대상으로 하여 건물과 외부 공간과의 관계나 이들을 바탕으로 한 랜드스케이프 디자인의 초벌설계와 정리된 결과를 실현해 가는 수법에 대한 검토에까지 미치는 경우도 있다.

이것은 상기 기반시설의 경관형성에 관련된 마스터플랜 입안에 비해 보다 종합성이 높은 과정이며 기본계획단계까지의 계획입안을 담당한 계획자 외에 건축가, 랜드스케이프 아키텍트가 참여하는 것이 일반적이다.

또한 모든 과정 모두 기본계획단계까지의 계획입안에 대응했던 계획자가 코디네이터가 되며 사업주체를 비롯하여 관계 주체와 함께 전문디자이너에 의한 설계를 조정하면서 마스터플랜으로서 정리하고 이것을 바탕으로 대상으로 한 각 시설의 설계에 관련된 가이드라인을 정리해가게 된다.

〈실현을 위한 방안〉

이와 같은 과정을 원활하게 진행하기 위해서는 다음과 같은 관계 주체의 참여가 반드시 필요하다. 이것은 정리된 결과에 따라 시설설계가 진행되는 것을 확실히해가는 방향이기도 하며 이들 관계 주체의 참여는 중요하다.

- 도시디자인 전개를 위한 기간사업에 합병하여 도입되는 각종 사업 (1)의 (1)에 해당하는 안의 실현을 위한 방안으로서 나타낸 사업)을 담당하는 주체
- 지구 내에 건설되는 건설주체
- 용도 · 용적에 관련된 계획과 지구계획 등 도시계획 가이드라인을 정하는 것을 담당하는 부서
- 완성된 시설을 관리하는 주체

이들 시설의 건설주체 혹은 관리 주체가 국가, 도도부현, 자치단체 모두에 있어서 이들 틀을 초월하여 한 곳에 모일 수 있는 장을 마련하는 것이 이 과정의 결과를 실현해가는데 있어서 전제 조건이 된다.

다양한 분야의 전문디자이너의 참여에 의해서 설계작업이 진행되는 것이기 때문에 이들 디자이너 간의 조정을 정확하게 진행하는 것이 중요하다. 이 경우 각 전문디자이너의 조정 상대가 되는 디자인 분야의 가치나 디자이너의 생각을 상호 이해하고 그것을 설계에 반영시켜가는 자세를 부여하는 것이 중요하다. 또한 이들 전문디자이너 조정에 임하는 계획자는 만들고자 하는 공간에 대한 개개의 시설설계 및 공간과의 관계성, 이들에 동반되는 비용 등에 대해서 정확한 균형 감각을 갖추고 있는 것이 요건이 된다.

이 단계에서 참여하는 전문디자이너는 기본계획단계와는 달리 시설 각각의 기본설계 혹은 실시설계를 위임받은 전문디자이너인 것이 바람직하며 이것이 가이드라인의 실현을 확실한 것으로 만들어가는 수법이기도 하다.

대상으로 하는 시설이 기반시설에 한정되어 있는 경우 랜드스케이프 아키텍트 이외에 조명이나 가구(街具), 사인 등에 관련된 전문디자이너를 참여시켜 보다 구체적인 가이드라인을 정리해가는 것이 바람직하다. 그러나 기반시설 이외에 건축물이나 그것을 포함한 공간에 대한 마스터플랜 입안, 이

것에 기인한 가이드라인의 정리가 대상인 경우에는 이 단계의 작업내용이 공간구성에 대한 초벌설계에 머무르기 때문에 참여하는 전문디자이너는 건축가와 랜드스케이프 아키텍트로 충분하다. 이 경우 건축가도 실제 설계를 위임받고 있는 것이 바람직한데 건축가에 대해서는 일정한 규칙을 바탕으로 선정하는 것이 일반적이기 때문에 이 단계에만 참여하는 것을 양해받은 후에 참여하게 되는 경우가 많다.

(3) 도시디자인에 관련된 개념과 가이드라인에 바탕을 둔 지구계획, 협정 등의 정리

〈도시디자인의 기법〉

상기 (1)에 나타낸 바와 같은 기본계획단계까지의 도시디자인에 관련된 개념 정리나 (2)에 나타낸 바와 같은 단계에 있어서 특정지구를 대상으로 한 도시디자인에 관련된 마스터플랜과 가이드라인을 받아들여 이들을 지구계획이나 협정으로 정리하는 과정이다. 또한 이들과 가까운 수준에서 여러 시설의 설계에 관련된 개념을 분명히 하는 "고향마을의 이미지 조성 모델 토지구획정리사업"에 관련된 계획서를 정리하는 작업도 이것에 해당된다.

지구계획이나 협정으로서 정리되는 경우는 이들이 내포하고 있는 규제, 유도력이 강하기 때문에 각 시설의 설계에 대한 자유도를 잃지 않도록 충분히 유의할 필요가 있다. 실제 설계에 있어서 시설의 건설주체 및 설계자와 지구 전체의 사업주체나 계획자와의 협의에 의해 쌍방이 충분히 납득하면서 설계가 이루어지도록, 즉 협의형 설계의 전개가 가능한 환경을 조성하는 것이다.

다만, 프로젝트지구 전체 혹은 지구 내 특정지구의 공간을 구성하고 경관을 형성해 가는데 있어서 기본이 되는 사항에 대해서는 지구계획이나 협정에 힘을 실어 진행하는 것에 적극적일 필요가 있다는 것은 당연한 사실이다.

〈실현을 위한 방안〉

지구계획이나 협정은 대상이 되는 여러 시설의 설계가 구체적으로 개시되기 이전에 정해져 있을 필요가 있기 때문에 이들 설계가 개시되는 시기 예를 들면 토지구획정리사업에 대한 경우에는 가환지 지정 시기가 늦지 않도록 토지구획정리사업의 사업주체와 도시계획에 관련된 부서가 참여하는 장을 마련하여 협의해가는 것이 기본이 된다.

프로젝트지구의 크기가 크고 가구마다 토지이용이나 공간구성의 개념 등에 특색이 있는 경우에는 프로젝트지구 전체를 대상으로 하여 하나의 지구계획에 의한 개별 설계방향을 결정하는 것은 무리가 있기 때문에 지구 전체에 대해서는 기본적인 개념을 분명히 하고 가구마다 지구정비계획과 협정을 정해가는 것이 바람직하다.

지구계획과 협정은 본래 대상이 되는 지구 안에 다양한 권리를 가진 사람이나 건물건설을 진행하는 사람과 거주자 등의 발의가 있어서 이들 관계자의 합의를 얻어 정해지는 것이기 때문에 이들 관계자의 발의를 촉진함과 동시에 계획주체가 선도하는 경우에 있어서 이들 관계자의 의견이나 생각을 충분히 파악하는 것이 필요하다.

2) 건물설계방침과 도시디자인의 마스터플랜 등에 대응한 건물설계(⑥)

다음 항 3)의 기반시설설계와 함께 설계단계에 있어서 가장 중요한 과정이며 이 단계에 이르기까지 기본구상이나 기본계획단계에 있어서 다양하게 검토해 왔던 프로젝트지구의 도시디자인에 관련된 개념을 건물설계나 기본시설의 설계를 통해서 점점 현실화시켜가는 과정이다.

구체적으로는 그 이전에 정리된 도시디자인의 관점에서 바람직하다고 생각되는 다양한 개념과 가이드라인, 협정 등에 따라서 설계가 진행되도록 건물건설주체나 설계자에게 요청하고, 이와 더불어 연구 · 조정해가는 과정이다. 대부분의 경우 다음과 같은 대응이 이 과정의 주요한 대상이나 장면이 된다.

① 건물 내부나 제실에 대한 외부 공간의 수습법

② 외부 공간에 서로 마주보는 건물의 경계 부분 설계

③ 외부 공간에 대한 건물의 전체적인 형상

④ 보행자, 자동차 등의 건물로의 접근에 대한 개념

건물건설에 관련된 과정은 건축설계와 적극적으로 조정해가는 과정과 요청사항에 대한 대응이 이루어지는 것을 전제로 하여 건축설계에 위임하는 과정 2가지로 나누어 다루는 것이 적절하다. 이것은 다음과 같은 이유에 따른 것이다.

• 대상으로 하는 건물의 건설주체가 공적 기관인 경우 프로젝트를 추진하

고 있는 사업주체 혹은 그 관계 부국이 건설주체인 경우와 그 이외의 기관, 조직이 건설주체인 경우 중에는 당연히 전자의 경우가 조정이 심도를 높이는 것이 가능하다. 다만, 후자의 경우라도 건설주체나 설계자와 직접적인 조정을 진행할 필요성이 높은 것은 당연한 사실이다.

- 프로젝트지구가 큰 경우나 다수의 건물이 지구 안에 건설되는 경우 그 전체에 대해서 설계조정을 직접적으로 진행해가는 것은 쉽지 않으며 그 필요성은 반드시 높다고는 말하기 어렵다. 또한 이와 같은 경우 때문에 지구계획이나 건축협정 등의 다른 수법이 필요한 것이다.

이와 같은 두 가지의 종류별로 다른 설정은 기법이나 실현을 위한 방안이 그 수준에 따라서 자체적으로 달라지는 것에 그 이유가 있다.

이 단계에 있어서 도시디자인 시점에서의 건축설계에 대한 과정을 이와 같이 종류별로 두 가지로 나누어 다음과 같이 다루고 있다.

(1) 건축가와의 협동이나 설계조정에 의한 건물설계

〈도시디자인의 기법〉

상기 두 가지 레벨 가운데 보다 적극성이 높은 수준의 과정이다. 즉 프로젝트지구 내의 주요한 건물설계에 있어서 앞서 언급한 바 있는 ①~④(p.280)와 같은 대상이나 장면에 대한 건물과 외부 공간의 관계에 대해서 바람직한 방향을 실현해가기 위해 요청 · 조정하고 연구해가는 과정이다. 이 경우 이들을 요구하는 주체는 앞서 언급한 바와 같이 도시개발프로젝트를 추진하는 입장에 있는 사업주체와 계획에 관계해 왔던 도시설계가이다.

사례 프로젝트에 대한 대응에서 다음 세 가지를 대표적인 사례로서 들 수 있는데 앞서 언급한 바와 같은 대상과 장면에서 이들 건물의 설계에 대한 대응을 앞서 언급한 요청 및 조정의 대상(상기 ①~④)이나 장면의 번호에 대응시켜서 나타내면 다음과 같다.

- 하나마키역 주변지구 정주교류센터
  ① 건물 내에 다목적광장측에 면하여 이것과 일체적으로 이용할 수 있는 다목적홀을 배치
  ② 이것에 맞추어 다목적홀의 다목적광장측 출입구의 완전 개방을 마련
  ③ 다목적광장 한 면의 길이와 일치시킨 다목적광장측의 건물 벽면 길이

④ 다목적광장에 대해서 건물의 반대측에서의 보행자나 자동차의 접근

• 마루카메 역전광장 주변지구에 대한 미술관 · 도서관

① 미술관 · 도서관의 일부로서 그 전면에 남쪽 입구 역전광장에 대해서 무대가 되는 기단의 설치

② 그 하부로의 자전거 주차장 설치

③ 남쪽 입구 역전광장에 대해서 인접한 위치로의 건물 본체의 벽면선 설치

④ 남쪽 입구 역전광장에 면한 측을 정면으로 하여 정면측으로의 미술관 출입구, 옆쪽으로 도서관 내관자 및 서비스용 자동차의 출입구 등 설치

• 오비히로역 주변지구에 대한 정주교류센터

① 대형 오픈 스페이스나 남쪽공원에 면한 측으로의 투명성 높은 아트리움 설치, 외부 공간과의 융합

② 남쪽공원에 면한 측, 1층의 다실 코너, 2층의 다목적홀 호이에 배치, 더불어 1층 다실 코너에 연속하여 남쪽공원 측으로의 옥외 테라스 설치

③ 대형 오픈 스페이스 안에 있어서 주위 건물에 대하여 독립성 높은 건물의 외형

④ 공원 대로에 면한 측으로의 주출입구 설치, 옆이나 안쪽에 위치하는 측으로의 서비스용 출입구 설치

이와 같이 각각의 건물에 대해서 이것을 둘러싼 외부 공간과 바람직한 관계를 만들어내도록 건물설계와 조정하지만 대부분의 경우 건물건설주체나 설계자의 이해를 최종적으로 얻어 어떤 경우라도 외부 공간에 대해서 적극

그림 5.19 | 건축가와의 협동 결과가 반영된 오비히로시 정주교류센터
오비히로시 정주교류센터에 대해서는 건축가와의 협의 결과 기본계획단계까지 도시설계에 관하여 요청사항이 받아들여지지 않아 남측공원, 즉 1층에 다실코어를, 2층에는 다목적홀 호이메가 배치되었다. 또한 투명성 높은 아트리움이나 원형의 형상으로 커다란 오픈스페이스를 중앙으로 상징성을 갖게 하였다.

적인 관계성을 가지는 건물로서 완성하는 것이 가능하다. 이것은 건축가 스스로가 설계한 건물의 도시공간에 관련된 수습에 관심을 가지고 도시공간의 가치를 높이는 것에 적극적일 때 가능한 일이다.

다만, 이 단계에 대한 설계조정이 항상 이와 같이 만족할 수 있는 결과로 마무리된다고는 할 수 없으며 조정 상대가 되는 건축가의 역량이 다양한 요청을 정확하게 받아들이는 것이 가능하지 않은 수준이거나 유명 건축가의 경우에는 스스로의 설계에 자신감이 있기 때문에 조정이 불완전하게 끝나 버리는 경우도 많다.

〈실현을 위한 방안〉

위와 같은 이유에서 이러한 대응을 정확하게 실천해가는 우선 요건은 도시공간에 대한 건축의 수습에 대해서 충분한 관심을 가지고 일정한 역량을 갖춘 건축가를 찾아내는 것이라 할 수 있다.

이를 위해 이러한 과정에 있어서 코디네이터를 맡게 된 계획자는 건축가 선정 프로세스에 참가하는 것도 바람직하다. 앞서 소개했던 이시카리시(石狩市)의 이미지 조성 지구에 있어서 새롭게 건설되는 시의 도서관 건축가 선정이, 계획안 설계경기를 실시하여 필자는 이전 단계의 계획자로서 심사에 참여했다.

조정을 진행하는 방법 자체가 이 과정을 실현해가는 중요한 방향이 된다. 대표적인 진행방식은 다음과 같다. 어떠한 경우라도 기본설계단계에 대한 조정이 보다 중요하며 실시설계단계에 대한 조정은 지극히 적은 것이 일반적이다.

- 건축설계사무소, 건물건설 주체 및 도시설계가가 참여했던 조정의 장 설치
- 건축가와 도시설계가에 의한 협동
- 학식 경험자 및 기본계획단계까지 지구의 프로젝트에 일관되게 관계해 왔던 도시설계가에 의한 설계 조정 설치, 이 회의의 담당건축설계사무소의 참여

(2) 기본계획단계에 대한 건물설계에 관련된 개념에 대한 대응이 이루어지는 것을 전재로 한 건물설계

〈도시디자인의 기법〉

이 단계에 대한 건물설계와의 조정에 관련하여 앞서 언급한 두 번째 과정이며 계획자가 직접적으로 조정에 관여하지 않고 기본계획단계까지의 건물

건설에 대한 개념 등을 바탕으로 정리된 가이드라인이나 지구계획, 건축협정에 입각하여 건물건설이 이루어지는 것을 전제로 하는 과정이다.

사례 프로젝트에 있어서 이와 같은 과정에 의해서 설계가 이루어지고 건물이 건설된 예는 오비히로역 남쪽 입구 역전광장 인접지에 건설된 호텔이나 하나마키역 주변지구의 노선 남쪽 상점가에 대한 개개의 점포를 들 수 있다. 전자에 대해서는 가이드라인에 의해 대형 오픈 스페이스를 만들어내고 있어서 바람직하다고 판단되는 벽면선의 위치에 입각하여 건물이 건설되는 것으로 후자에 대해서는 지구계획에 따라 1m 세트백과 1층 처마 높이의 통일이 도모되는 것이다.

이들은 건물건설주체와 건축가의 양식이 효과적으로 작용한 예이지만, 정리된 가이드라인이나 지구계획이 건설주체나 건축가에게 있어서 충분히 납득이 가는 것인 점과 이들에 의한 요청이 비교적 융통성 있는 것인 점에 따르고 있다. 요청에 대한 대응이 이루어지는 것을 전제로 하여 건물설계를 진행하는 과정의 경우 이와 같이 요청 내용에 설득력이 있으며 탄력적인 것이 중요하다.

〈실현을 위한 방안〉

더불어 이와 같은 방법에 의해 건물설계를 진행하는 경우 건물설계가 이들에 입각해서 이루어지고 있는지 여부를 판단하는 기구를 설치하는 것이 이 기법에 따라서 바람직한 건물을 실현해가는데 있어서 중요한 기법이다.

사례 프로젝트로서는 언급한 바 없지만, 고베시에 있어서 저자도 참여하고 진행했던 동부신도심지구[주2)]에 있어서 지구의 도시디자인에 관련된 개념을 정리한 "거리계획"에 대한 개개의 건물설계의 대응을 판단하기 위한 기구로서 계획조정위원회를 설치한 예를 들 수 있다. 이것은 그림 5.21에 나타낸 바와 같이 경관 조례에 바탕을 둔 신고나 건축 확인 신청에 앞서 이 위원회에 대한 협의를 의무화하고 위원회로부터의 의견 등에 대한 대응도 포

그림 5.20 | 오비히로역 남쪽입구 역전광장에 요각과 위요성을 만들어내는 JR호텔

지구계획에 따라 건설된 JR호텔은 역사에 인접하여 광장으로 들어가는 요각을 조성하여 광장 전체의 위요성을 높이게 되었다.

동부신도심지구에 있어서 건축물의 건축 등의 사업을 수행하는 경우 해당 사업이 가로형성 가이드라인의 내용에 따른 것인가를 검토하기 위하여 기본계획 수준의 가능성으로 빠른 단계에 검토자료를 작성하고 좌측 그림에 표시단계를 이행하는 것이다.

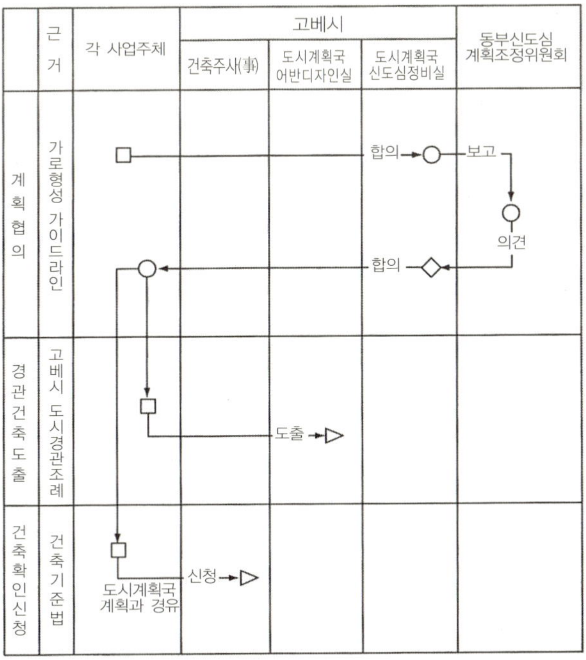

그림 5.21 | 가이드라인 등에 입각한 건물을 실현하기 위한 수법(고베시 동부신도심지구에 대한 대응)

함하여 위원회와 건물건설주체와의 사이에서 설계에 대한 협의를 진행하고 합의를 얻는 것으로 했다.

이 위원회는 지구 전체의 "거리계획"을 정리한 학식 경험자나 사업주체인 고베시의 관계자들에 의한 위원회가 그대로 계획조정위원회로 이행했던 것이다. 따라서 "거리계획"에 대한 개개의 건물건설 적부를 보다 정확하게 판단할 수 있을 것으로 기대되는 조직으로 되어 있다.

이와 같은 위원회의 설치는 도시디자인에 관련된 개념에 대한 대응이 건물건설주체나 건축가에게 위임되는 기법에 있어서 기본계획에 이르기까지 다양하게 검토한 도시디자인에 관련된 개념을 실현해가는데 있어서 효과적인 수법이다.

3) 설계방침과 도시디자인의 마스터플랜 등을 바탕으로 한 기반시설의 설계(7)

(1) 도시설계가, 전문디자이너의 협동에 의한 도로, 광장, 공원 등의 설계

〈도시디자인의 기법〉

전단계까지 정리된 랜드스케이프 디자인의 마스터플랜이나 기반시설의 설계에 관련된 가이드라인에 대응하여 프로젝트지구 내의 주요한 도로나 광장, 공원 등의 설계를 진행하는 과정이다. 주요한 설계작업은 각 전문디자이너에 의해서 진행되는데 전단계까지의 계획입안에 참여해 온 도시설계가와 더불어 전문디자이너의 협동에 의해 이것을 진행하는 것이 바람직하다.

이 협동은 시설 각각의 건설주체가 사무국이 되어 설치되는 도시설계가, 전문디자이너도 참여하는 협의의 장에 있어서 설계 및 건설비, 유지, 관리에 관련된 사항 등에 대해서 필요한 조정이 이루어지는 가운데 진행된다. 따라서 시설관리 주체, 즉 완성한 시설의 관리를 담당하게 되는 관계 부서도 이 조정의 장에 참여하는 것이 바람직하다.

협동의 장에 있어서 도시설계가는 기본계획단계까지의 계획입안이나 특정지구의 도시디자인에 관련된 마스터플랜 입안에 참여해왔던 입장에서 코디네이터의 역할을 다하게 되는데 그 주요한 임무는 다음과 같다.

- 전단계까지 정리된 지구의 공간구성이나 경관형성에 관련된 개념이나 방침 등의 전문디자이너에 대한 전달, 이것에 기인한 전문디자이너의 설계에 대한 코멘트, 이들을 보다 확실히 하기 위한 전문디자이너와의 협동
- 시설의 건설주체나 관리주체와 전문디자이너 사이에 있어서 설계에 관련된 양자 간의 조정과 정리

코디네이션이나 협동에 있어서 코디네이터의 입장이 되는 도시설계가는 전문디자이너의 미의식이나 감성에 맡겨져야 할 주관적인 사항에 대해서는 최대한 전문디자이너에 위임하여 해당 시설에 대한 활동이나 이용형태, 제도 및 자금 도입과의 대응 등 디자인이 배경이 되는 사회·경제적인 사유나 객관적으로 설명할 수 있는 사항에 기인하여 조정해가게 된다.

이와 반대로 전문디자이너는 기반시설을 중심으로 하는 공간은 도시 안에서 지극히 공공성, 사회성이 높은 공간이며 따라서 디자이너의 기호나 감성을 강하게 전면에 드러내어 설계를 진행하는 것은 삼가해야 할 시설임을 이해하고 설계 주체나 코디네이터와 협력해가는 자세가 요구된다. 또한 협동에 있어서 다른 전문디자이너나 코디네이터 등에 대해서 상호 이해하고 공명하여 해당 시설에 새로운 가치를 부가해가는 것도 요구된다.

〈실현을 위한 방안〉

코디네이터의 역할을 하게 되는 도시설계가의 이러한 과정에 대한 위치

는 그 역할상 건설주체와의 계약관계에 있어서 전문디자이너로부터 독립되어 있는 것이 바람직하다. 따라서 건설주체는 코디네이터에게 적절한 입장을 부여하고 또한 비용을 지원할 필요가 있는데 건설주체가 공적 기관인 경우 그 발주 관행에 따라 이와 같은 입장과 비용을 보증하는 것은 쉽지 않다. 사례 프로젝트에 있어서 다음과 같은 다양한 연구가 강구되어 최대한 독립성 높은 입장이 확보되었다.

- 오비히로역 주변지구 : 코디네이터의 역할에 대한 의뢰가 있어 일반적인 적산 근거로 계산된 시설의 설계비 일부를 코디네이션 비용으로서 배분
- 하나마키역 주변지구 : 시설의 설계비는 모두 전문디자이너, 코디네이터의 역할은 자원봉사
- 마루카메 역전광장 주변지구 : 시에서 도시디자인 고문으로서 위촉되어 코디네이션에 관련된 비용은 독립하여 계산
- 아사히가와시 도시 거점지구 : 코디네이터의 역할 및 이에 관련된 비용의 필요성이 인식되며 코디네이션비는 계획책정비에 가산하여 계산

앞서 언급한 바와 같이 시설 관리 주체가 조정의 장에 참여하는 것이 바람직한데 관리하는 입장에서는 최대한 관리하기 쉽고, 표준적인 설계를 요구하게 되며 참여하기 어렵기 때문에 관리 주체를 제외하고 조정이 진행되는 경우가 많다. 이와 같은 경우, 건설주체와 관리주체와의 조정의 장이 별도로 설치되거나 설계가 대략 완료된 단계에서 관리주체의 의견을 듣는 등의 방법이 취해지는데 설계변경이 요구된다거나 저자가 관련된 다른 프로젝트에 대한 경우와 같이 완성된 시설의 관리를 건설주체가 그대로 담당하게 되는 사태도 발생하게 된다.

건설비에 비해서 시설관리를 위한 예산이 충분히 확보되기 어려운 상황도 배경 중 하나가 되고 있는데 조정의 장으로 관리 주체의 출석을 요구하고 관리주체가 출석하기 쉽게 협의를 진행하는 것이 여기에서의 대응을 실현해 가는데 있어서 중요하다.

(2) 도시디자인과의 조정도 포함한 철도고가구조물과 교량 등의 설계

〈도시디자인의 기법〉

도시디자인에 관련된 개념과 협의를 조정하면서 철도나 교량의 설계를 진

행해가는 과정이다. 다른 기반시설에 비해서 규모가 클 뿐만 아니라 입체적인 시설이라는 것만으로 공간구성과 경관형성 양면에서 중요한 디자인 대상이며 설계에 적극적이고 의욕적으로 대응하는 것이 필요하게 된다. 또한 당연히 사업비도 크고 장기에 걸쳐 존속하는 시설인 점에서도 그 필요성은 높다.

철도고가구조물 가운데 역부의 설계에 대해서는 앞서 언급한 바와 같이 일반부의 구조물에 대해서도 다음과 같은 도시디자인의 관점에서 적극적으로 발언하고 조정을 진행해갈 필요가 있다.

- 구조형식의 선택 및 그 표현
- 특히 스케일의 분절화와 외관 부분의 세분화
- 고가 밑 횡단도로에 대한 압박감 완화
- 연결선상의 토지이용이나 그것을 확보하는 것을 배려한 고가 밑 토지이용
- 고가 밑의 토지이용이나 그것에 접근하는 통로 등을 배려한 기둥 분할 또는 하천 교량에 대해서는 다음과 같은 관점에서의 조정 요구
- 하천공간 내에서의 수습 특히 하천단면 내에서의 수습
- 물의 흐름이나 양쪽 강가 건축물의 스케일, 자연환경성 등에 대한 배려
- 교량 밑 공간에 대한 압박감의 완화
- 구조형식의 선택 및 그 표현
- 구조물의 경관, 특히 스케일의 분절화나 적절한 표현, 외관 부분의 세분화
- 재료, 색채

이들 시설 설계를 전문으로 하는 디자이너는 거의 없으며, 최근에는 프로덕트 디자인이나 다른 분야의 디자이너가 이들 시설의 전문디자이너로서 활약하는 경우가 증가하고 있으나 탁월한 디자이너를 찾아내는 것이 우선 필요하다. 또한 그 디자인은 건축설계에 비해서 구조설계에 지배되는 비율이 높으며 구조설계에 관련된 전문가의 역량에 따라서 그 아름다움이나 디자인으로서의 완성도가 좌우되는 것이다. 따라서 탁월한 구조 설계가를 디자인팀과 더불어 하는 것도 중요하다. 또한 일본에 있어서 역사상 의장적으로 탁월한 수많은 토목시설의 설계가 건축가와의 협동에 의해서 이루어져왔던 사실에서 보더라도 건축가를 등용하는 것도 여기에서의 대응 과정 중 하나의 기법이 된다.

또한, 이들 시설의 디자인에 코디네이터로서 참여하는 도시설계가는 다른 기반시설 건축물의 설계에 대한 경우와 마찬가지로 기본계획단계까지 이들

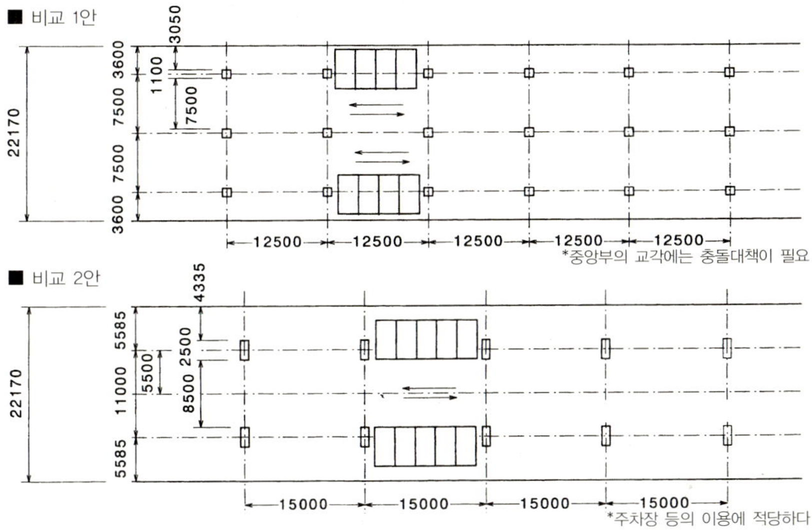

그림 5.22 | 고가 밑 공간을 주차장으로 이용하는 것을 배려한 기둥 분할 검토
아사히가와시 거점지구의 고가 밑 일반부(역부 이외 구간)의 일부구간에 대해서는 주차장을 이용하는 것으로도 배려한 고가구조물의 기둥분할이 검토되었다.

시설의 설계에 관련된 개념이나 도시공간에 대한 수습 등의 시점에서 필요한 조정을 진행해가게 된다.

〈실현을 위한 방안〉

철도의 고가구조물이나 교량은 대부분의 경우 다음과 같은 특성을 가지고 있다.

- 도시개발프로젝트지구에 대한 철도의 고가구조물은 대부분의 경우 도시시설 중 하나인 도시 고속철도로서 도시계획이 결정되며 교량은 하천교량으로 가도교(架道橋)이며 교량이 가설되는 도로는 그 도시 안이나 프로젝트지구 내에 있어서 중요한 도로일 뿐만 아니라 대부분의 경우 이것도 도시계획을 결정하게 된다.
- 시설이 큰 만큼 건설비도 고액이 되며 대부분의 경우 국가의 보조를 얻어 도도부현이 사업주체가 되어 사업이 이루어지는데 시설이 건설되는 자치단체에도 일정한 부담이 요구된다.
- 철도의 고가구조물에 대해서는 철도사업자도 포함하여 건설비의 부담에 대한 조정이 이루어진다.
- 다른 기반시설의 상부에 걸쳐 있는 것에 대하여 이들 기반시설의 관리주체와의 조정이 요구된다.

이와 같은 이유에서 코디네이터 역할을 하는 도시설계는 당연히 이러한 국면에 관련된 지식을 갖추고 있음과 동시에 관계기관의 비용 부담 등의 원리를 충분히 이해하고 있을 필요가 있다. 그리고 코디네이터는 시설을 설계하는 전문디자이너에게 이러한 상황에 관련하여 요구되는 설계상의 유의사항을 전달함과 동시에 이들에 유래하는 설계방향에 대해서 정확한 판단을 내리게 된다.

이들 시설의 설계는 상기와 같이 도시계획 결정, 관리자와의 조정, 국가의 보조, 건설비 부담 등이 관계하기 때문에 설계에 관련된 행정기관이나 철도사업자의 지극히 사무적인 조정을 동반하게 된다. 따라서 이들 시설의 설계에 관련된 조정은 전문가나 코디네이터, 전문디자이너 등이 참여한 디자인 조정의 장과는 별도로 관계하는 기관만으로 구성된 조정의 장이 마련되는 경우가 많다. 그리고 이와 같은 조정의 장에서 합의가 공식적인 합의가 되기 때문에 이들과의 연계를 적극적으로 도모함과 동시에 이에 앞서 디자인 조정의 장에 있어서 적절한 디자인, 조정방향을 정리해가는 것이 이들 시설의 설계에 도시디자인의 시점에서의 개념을 반영해가는 방향이 된다.

한편 이들 시설은 도도부현이 사업주체가 되어 건설되는 경우가 많으며 시설이 건설되는 해당 자치단체의 생각과 설계에 대한 반영은 간접적으로 이루어지지 않을 수 없으며 해당 자치단체에 있어서 사업주체가 만들어준다는 의식에서 걱정하게 되는 경우가 많다.

따라서 이들 시설은 해당 자치단체의 수민이 매일 사용하고 보게 되는 대규모 시설이며 조정의 장에 있어서 자치단체가 적극적으로 발언해 가는 것이 스스로의 의도나 생각을 표현해가는데 있어서 중요하다.

(3) 관계성이 있는 공간조성과 경관형성을 위한 복수시설의 일체적 설계

〈도시디자인의 기법〉

이 기법은 복수의 기반시설과 여기에 인접한 건물의 외부구조 등을 하나의 시설의 건설주체가 일체적으로 설계해가는 과정이다. 복수의 시설이 상호 인접해 있으면서 다른 건설주체에 의해서 설계가 진행되는 경우 상호 공간적인 관계성이 희박하게 되며 경관이 혼란스러워지는 것을 피하기 위해 진행되는 대응이다. 또한 공사시기가 다른 경우에도 이와 같은 혼란이 발생하기 쉽기 때문에 최초로 설계되는 시설에 맞추어 동시에 일체적으로 다른 시설의 설계도 진행하는 과정이다. 어떠한 경우에서든 하나의 건설주체가 다른 시설에 대해서도 일체적으로 설계를 진행해가게 된다.

사례 프로젝트에서는 마루카메 역전광장 주변지구에 대한 남쪽 입구 역전광장과 인접한 미술관·도서관 외부구조와의 일체적인 설계, 오비히로역 주변지구에 대한 역 남쪽공원과 인접한 정주교류센터의 외부구조 및 주변 도로와의 일체적인 설계 등의 과정을 들 수 있다.

오비히로역 주변지구에 있어서 시에 의해 선행적으로 진행되고 있던 프로젝트지구의 도로설계에 맞추어 여기에 연속하는 도로의 설계를 도로가 상징도로정비사업에 의해서 진행되는 과정도 상기 두 가지 과정과 유사한 과정이다. 이 경우 도로에 의한 상징도로의 설계가 약 1년 늦게 진행되었지만 도로는 시의 방침에 맞추어 설계를 진행하기로 하여 그 설계를 시의 시설과 마찬가지로 저자의 디자인 팀에 위탁하기로 했다. 결과적으로 하나의 도로로서 일체성, 관계성이 발생하게 되었다. 시와 프로젝트나 도시디자인의 전개에 대한 도로의 이해가 가져온 결과인 것이다.

이들 과정의 경우 다음과 같은 여러 가지 사항이 도시디자인 관점에서의 기법으로서 중요하다.

- 대부분의 경우 지구의 경관을 형성하는 모든 요소에 대해서 동일시한다거나 관계성을 요구할 필요는 없다. 지나치면 건설주체나 설계자의 "힘"이 느껴져 이용자에게 있어서 반드시 마음에 드는 공간이 되지는 않는다.
- 한정된 요소, 예를 들면 앞선 두 가지의 사례 지구에 나타난 바와 같이 포장의 재질이나 보더, 식재, 조명기구 등에 대해서 시설 상호간의 동일성 혹은 관계성을 만들어내는 것이 적절하다.
- 자연석이나 수목 등 자연소재에 대해서 공사년도가 다른 경우에는 같은

그림 5.23 | 다른 주체, 수법에 의해 정비된 오비히로시 니시2쵸도로
오비히로시 니시2쵸도로는 토지구획정리사업의 내외에 걸쳐진 도로로서 토지구획정리사업구역 내는 오비히로시에 의하여 구역되는 홋카이도에 의하여 심벌로드정비사업으로 정비되었다. 다른 주체, 수법에 의해 1노선의 정비였으며 저자일행이 동일한 디자인 팀에게 설계를 위탁하였다.

것을 갖추는 것은 쉽지 않기 때문에 이들을 공통 요소로 하는 것에는 충분한 주의와 판단이 필요하다.

〈실현을 위한 방안〉

이 과정을 실현해가기 위해서는 다음 여러 가지 요건에 대한 이해가 요건이 된다.

① 우선 건설주체간의 동시 일체적으로 설계를 진행하는 것에 합의한다.
② 다음으로 어떤 설계 주체에게 다른 시설의 건설주체가 설계를 위임한다.
③ 설계는 동일 설계자에게 위탁한다.
④ 그 후 관계하는 건설주체가 한 곳에 모이는 설계 조정의 장을 마련한다.
⑤ 가능한 경우에는 설계자에게 공사감리도 위임하거나 적어도 디자인감리를 위임한다.

상기 각 항목에 대해서 각각의 가능성은 관계하는 시설의 건설주체가 자치단체로 대표되도록 하나의 기관 내의 다른 부과에 의한 경우와 이 틀을 넘어서 국가나 현 혹은 민간 등의 다른 복수기관에 걸쳐 있는 경우와 다르다는 것은 당연한 일이다. 이들 두 가지의 경우에 대해서 각 항목의 가능성을 정리한 것이 표 5.1이다.

이 표에 나타난 바와 같이 동시 일체설계, 일체공사의 가능성은 하나의 기관내 복수의 부과에 의한 경우에는 당연히 그 가능성은 높고 다른 기관에 걸쳐진 경우에는 곤란하거나 거의 불가능하다. 다만 최근 들어서는 보다 매력적인 도시공간을 만들어내는 것에 대한 이해가 각 기관에서 높아지고 있으며 이와 같은 과정이 실현될 것이라는 기대로 좋은 상황에 처해 있다. 따라서 이와 같은 과정이 적극적으로 진행되는 것이 바람직하지만 이것은 우선 프로젝트 추진에 가장 중심적인 역할을 담당하는 기관이나 코디네이터의 열의와 노력에 힘입은 면이 크다.

이들 항목 가운데 복수의 시설설계를 하나의 건설주체와 동일 설계자에게 위임하는 것에 대해서 표에서 보듯이 동일 기관 내에 대해서는 비교적 용이하지만 하나의 주체에 위임하는 것에 대해서는 예산 계상의 단계에 있어서 하나의 주체에 의한 일괄 계산 혹은 예산 획득 후의 예산 이동 변화에 따라서 가능하다. 그러나 동일 설계자에 대한 위탁에 대해서는 발주의 공평성 유지의 원칙에 따라 그리 쉽지 않으며 발주자 입장에서의 다양한 연구에 의해 이것이 실현되게 된다. 또한 다른 복수의 기관에 걸쳐 있는 경우 예를 들면 국가에서 자치단체로의 설계 위탁 혹은 국가, 현, 자치단체에서 동일 설계조직으로의 위탁은 당연히 지극히 곤란하며 이와 같은 경우에는 설계조정의 장을 설치하여 조정을 적극적으로 진행해가게 된다.

표 5.1 | 일체설계, 일체공사의 가능성

	하나의 기관 내 복수의 담당과에 의한 경우	다른 복수의 기관에 의한 경우
① 동시 일체적 설계에 관한 합의	용이	비교적 용이
② 하나의 건설주체로의 설계 의뢰	비교적 용이	곤란
③ 동일 설계자료의 설계 위탁	비교적 용이	곤란
④ 설계조정의 장 설치	용이	비교적 용이
⑤ 하나의 주체에 의한 공사	비교적 용이	극히 곤란

(4) 중층 관계에 있는 시설의 설계 조정에 의한 도시디자인의 전개

〈도시디자인의 기법〉

이 과정은 철도고가시설과 이와 교차하는 도로의 철도고가시설 바로 하부의 구간이나 기반시설과 그 지하주차장 또한 하천개수사업과 하천환경정비사업 등에 나타난 바와 같은 다른 두 가지의 시설이나 사업이 상하로 중첩되고 있는 경우에 각 시설의 설계나 공사를 상호 조정하여 도시디자인을 진행하는 과정이다.

이와 같은 경우 다음과 같은 상황에 있어서 중층 시설 간의 설계와 공사상의 조정이 발생한다.

- 철도고가시설과 교차하는 도로에 대해서는 제도에 입각하여 철도고가시설 바로 밑의 구간은 철도고가시설의 사업주체가 담당하고, 그 전후 구간을 도로정비 주체가 담당하게 되기 때문에 양자 간의 도로포장이나 조명기구 등의 디자인 조정, 시공이 다른 시기, 다른 기업에 의해서 이루어지는 것 때문에 이에 관련된 조정
- 기반시설과 그 지하주차장의 경우 주차장 입출로의 배치나 구배에 관련된 조정과 쌍방의 조명기구나 사인 조정, 지하주차장의 공사와 그 완성 후에 이루어지는 기반시설의 공사와의 조정 등
- 하천부지 공원에 대해서는 치수, 이수(하천개수사업 국가)와 하천부지의

이용(하천환경정비사업, 시)에 관련된 정비, 공사시기의 전후 관계에 기인한 공사상의 조정 등

이와 같은 중층 관계에 있는 시설의 설계나 공사에 대한 도시디자인의 시점에서의 조정은 도시공간의 표층에 의해 많이 나타나게 되는 시설의 건설 주체가 솔선하여 조정을 진행하는 것이 바람직하며 이 점이 특히 중요하다. 즉 철도고가시설에 교차하는 도로에 대해서는 도로정비 주체, 기반시설과 지하주차장에 대해서는 기반시설의 정비 주체, 하천부지 공원에 대해서는 공원정비 주체이다.

〈실현을 위한 방안〉

철도고가시설은 도시시설 중 하나이며 도시 고속철도로서 도시계획이 결정된다. 따라서 이에 교차하는 도로에 대해서도 그 바로 밑 구간은 도시 고속철도의 용지 및 부대시설로서 도시계획이 결정되고 철도고가화사업의 사업주체에 의해서 설계되고 시행되며 다른 구간은 해당 도로의 관리자에 의해서 설계되고 시행되는 상황이 발생한다. 또한 하천부지 공원의 경우 하천관리자가 주로 치수나 이수의 관점에서 개수사업을 실시하고 하천부지를 점용하여 공원적인 이용을 진행하는 주체가 하천환경정비사업을 실시하는 상

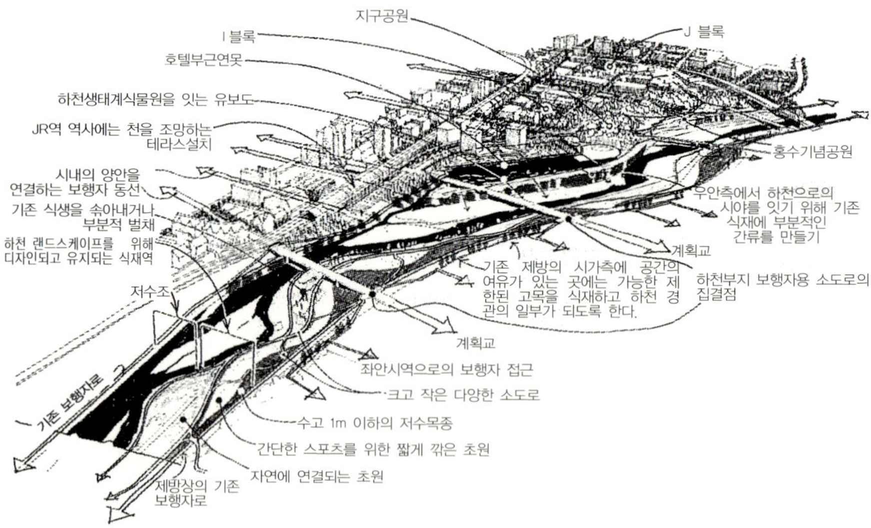

그림 5.24 | 아사하가와시 츄베츠가와 하천공간의 랜드스케이프 디자인(츄베츠가와 하천공간 랜드스케이프 계획 개념 종합도)

아사히가와시 도시거점지구에 인접한 츄베츠가와에 있어서 하천의 개수사업과 조정을 하여 고수대의 이용이 검토된다.

황이 발생한다. 이들 가운데 전자의 경우에 있어서 철도고가시설 바로 밑 구간에 대해서는 도로관리자에게 설계, 공사를 위임하는 것이 바람직하지만 제도상의 제약이나 관행상 곤란하게 되고 또한 후자에 대해서는 점용자가 하천 관리자에게 하천 환경정리사업을 위임하는 것이 바람직하지만 제도상의 제약이나 또한 점용자의 뜻에 맞는 하천부지 공원의 정비를 목표로 하여 점용자 스스로가 정비하는 것을 바라기 때문에 대부분의 경우에 곤란하다.

또한, 기반시설과 지하주차장의 정비는 대부분의 경우 동일 기관 내의 다른 과에 의한 설계와 공사가 되지만 국가에서의 보조 등을 배경으로 하는 양자 간의 회계를 엄격히 나누어야 하는 필요성 때문에 하나의 주체에 의한 설계 공사는 쉽지 않다.

이와 같이 중층 관계에 있는 시설의 설계나 공사를 진행하는 경우 어떤 사례에 대해서나 계획과 사업에 관련된 제도가 이들 시설의 설계나 공사를 하나의 주체에 의해서 진행하는 것을 곤란하게 하고 있다. 그러나 기관 내의 다른 주체가 설계 · 건설하는 시설인 경우에는 내부조정을 확실하게 진행해가는 것이 중층 관계에 있는 시설을 일체적으로 설계 · 공사해가기 위한 실현수법이 된다.

3 사업주체와 계획자에게 요구되는 자질

1) 설계 체제 입안의 역량과 인적 네트워크

설계단계에 있어서 앞서 언급한 바와 같이 다양한 분야의 전문디자이너의 참여가 필요하게 된다. 이들 전문디자이너는 건축가, 랜드스케이프 아키텍트, 조명 디자이너, 가구나 사인 설계를 담당하는 프로덕트 디자이너, 토목시설 디자이너(시빅 디자인[주3] 전문가), 조각가, 색채 디자이너, 음향 디자이너 등 다양하다. 또한 전문디자이너는 분야별로 다양하다. 예를 들면, 랜드스케이프 아키텍트의 경우 조경, 산림학, 건축 등 스스로 자발적으로 디자인 분야에 참여하고 부득이한 상황 외에는 시빅 디자인에 관계하여 구조설계가의 서포트가 필요하게 되듯이 때에 따라서 다른 분야의 전문가의 참여가 필요하게 되는 등 분야마다 전문디자이너가 다양하다.

적절한 전문디자이너를 찾아내기 위해 고려해야 할 점이 필연적으로 많아지게 되고 디자인 각 분야에 대해서 상당수의 디자이너 중에서 정확한 인재를 찾아내는 것이 요구된다. 따라서 이 단계에 있어서 도시개발프로젝트의 계획주체나 계획자, 즉 도시설계가는 각각의 디자인 분야에 대해서 상당수의 디자이너를 알고 있어야 한다. 즉 이들 분야에 대해서 인적 네트워크를 가지고 있는 것이 중요하게 된다.

이 단계에 대한 각 시설의 디자인에 대해서는 대부분의 경우 디자인을 파악하기 위한 협의의 장이 마련되는 경우가 많으며 이와 같은 장은 앞서 언급한 바와 같이 건설주체뿐만 아니라 시설 운영 주체나 관리 주체 또한 시설 건설비 일부를 보조하고 있는 주체나 인접하는 시설의 건설주체, 학식 경험자 등 중에서 디자인 대상이 되고 있는 시설의 성격이나 특성 등에 대응하여 구성된다.

따라서 이 단계에 대한 계획주체나 도시설계가는 이와 같은 가운데 필요하다고 생각되는 관계 주체나 전문가를 정확하게 찾아내어 디자인에 대해서 적절한 협의를 진행할 수 있는 체제를 갖출 수 있는 힘을 적절히 갖고 있는 것도 요구된다.

2) 디자인에 관련된 감각과 조정력

상기와 같은 체제가 갖추어진 후 시설설계를 담당하는 전문디자이너의 설계안이 이와 같은 장에 나타나게 되지만 여기에서는 비용적인 면, 운영면, 관리면 등 디자인을 둘러싼 다양한 각도에서 다양한 의견이 나오게 된다.

이것에 대해서 계획주체나 도시설계가는 기본계획단계까지 정리해왔던 시설의 설계에 대한 개념을 정확하게 전달함과 동시에 이들 개념이나 디자인을 둘러싼 상기와 같은 다양한 측면이나 관계자의 입장과 무엇보다 전문디자이너의 개념을 적절하게 배려하여 진행해야 하는 설계방향을 정리해가게 된다.

이러한 배려나 판단은 시대나 사회가 요구하는 가치나 사람들의 라이프스타일에 대응한 해당 시설의 이용 등에 비추어 이루어질 필요가 있으며, 이를 위해 계획주체나 도시설계가는 시대 및 사회에 대한 탁월한 감각과 가치관을 갖추고 있음과 동시에 이들도 포함하여 다양한 개념에 적절하게 대응하여 이들을 조정하는 균형감각과 조정력을 갖추고 있는 것이 요구된다.

3) 다양한 디자인 분야에 관련된 지식과 디자이너와의 협동에 관련된 역량

디자인이 진행해야 할 방향을 정확하게 정리해가는 상기와 같은 균형감각과 조정력은 다양한 시설의 디자인, 즉 다양한 디자인 분야에 걸쳐서 요구되기 때문에 계획주체나 도시설계가는 다양한 디자인 분야에 대해서 폭넓은 지식과 경험을 갖추고 있는 것이 요구된다. 또한 필요에 따라 전문디자이너와 협동하여 설계를 진행하는 것도 필요하게 되기 때문에 전문디자이너의 협동을 진행하는 힘을 갖추고 있는 것도 요구된다.

각종 시설의 디자인에 관련된 이와 같은 폭넓은 경험이나 지식, 전문디자이너의 협동에 관련된 역량은 다수의 도시개발프로젝트에 관계하는 것에 의해서 점차 갖추어져 가는 것이다.

도시개발프로젝트의 계획주체는 예를 들면 자치단체인 경우에는 스스로가 추진하는 도시개발프로젝트의 수에는 한계가 있는 경우가 많아 계획주체에 대한 경험에는 스스로도 한계가 있다. 따라서 계획주체에 대한 시설을 디자인에 관련된 경험이나 지식, 디자이너와의 협동력에도 일정한 한계가 있기 때문에 도시설계가는 이것을 보좌하는 입장으로서 그 경험과 지식 등을 한층 더 따지게 된다.

주

1) 건설성에 의해 주로 기반시설의 경관형성에 관한 주요한 사업(2000년 4월 현재)
2) 고베시 중앙구 임해부의 공장적지를 중심으로 한 약 120ha의 지구에 있어서 토지구획정리사업을 기간적인 사업으로 고베시가 사업주체가 되어 진행하고 있는 도시개발프로젝트. 고베시의 새로운 도심을 만드는 것과 함께 한신담로 대지진에 의한 피해자를 위한 다수의 집합주택을 건설하는 것을 목적으로 하고 있다.
3) 시빅 디자인도입수법연구회(1991). 「CIVIC DESIGN REPORT "CRONOS"」vol.4 1991년 9월호 지역의 역사, 문화와 생태를 배려한, 사용하기 쉽고 아름다운 공공토목시설의 계획·설계로 정의되어 대상으로 하는 공공토목시설에 관련한 디자인으로서 ①토목시설 단체 디자인, ②토목시설 상호 디자인, ③토목시설을 포함한 지역의 환경디자인이 거론되었다.

5 | 4

공사감리단계

1 도시디자인에 관련된 대응의 골격

이 단계에 대한 대응은 앞선 설계단계에 있어서 정리된 여러 시설의 설계 가운데 도시디자인에 관련된 설계에 착안하여 이것에 입각하여 공사를 진행하도록 공사를 감리해 가는 과정이다. 그러나 공사감리에 관련된 전문디자이너나 도시설계가의 관여는 일본에 있어서의 관행도 있고 시설에 따라서 다르며, 도시디자인의 관점에서 감리도 시설에 따라 스스로 다른 것이 되고 있다. 이 점에 착안하여 이 단계에 대한 도시디자인에 관련된 대응의 체계를 그림으로서 나타낸 것이 그림 5.25이며 구체적으로는 다음과 같다.

- 설계단계까지의 과정에 있어서 도시디자인의 관점에서 본 개념이나 설계는 도시개발프로젝트를 구성하는 모든 시설을 대상으로 하고 있으나 공사감리단계에 대한 과정은 건축물이나 기반시설과는 크게 다르며 건축물의 공사감리가 설계자나 공사감리를 전문으로 하는 조직에 위임하는 것(그림의 체계 중 [2], [6], 이하 동일)에 반해 기반시설에 대한 공사감리는 시설설계를 담당한 전문디자이너나 구상에서 설계까지의 각 단계에 있어서 도시디자인에 관련된 과정을 진행해 온 도시설계가에게 위임되지 않고 건설주체 스스로 실시하는 것이 관행이 되고 있다([1], [4], [3], [7]).

이것은 기반시설이 공적 기관이 관리하는 공공시설인 것이 이유이며 이용형태에 대해서도 공공성이 높기 때문에 그 안전성에 대한 책임을 공적 기관에 거듭 묻는 것이 주요한 배경이 되고 있다. 따라서 일반적으로는 기반시설에 관련된 공사감리는 의장이나 디자인에 대한 공사감리도 포함하여 설계를 담당한 전문디자이너에게 위임하는 것이 아니므로 도시디자인에 관련된 과정을 정확하게 실체화시켜가는 것을 반드시 보증할 수는 없는 상황에 있다.

그러나 나중에 언급하겠지만 기반시설의 설계도서의 경우 의장이나 디자인에 관련된 지시가 건축물의 설계도서에 비해 적은 점과 기반시설의 공사감리를 담당하는 건설주체에 있어서 공사감리 특히 디자인적인 측면에서의 감리에 관련된 경험이나 지식이 부족한 점 등이 관행이나 체제에 유래하는 과제가 있다. 또한 공사를 청부하는 기업측에 있어서 건축공사에 관련된 경우에 비해 의장을 배려하여 재료를 나누고 또한 수습을 배려하여 공사를 진행하는 경우가 적기 때문에 이러한 측면에서의 경험이나 센스가 부족한 경우가 많다. 한편, 설계단계에 있어서 시설설계를 담당한 전문디자이너나 기본구상단계에서 장기간 프로젝트 수행에 관여해 왔던 도시설계가는 스스로의 설계를 설계의도에 따라 실체화시켜가는 것을 바라며 공사감리에 참여하는 것을 강력하게 희망하는 것이 일반적이다.

건설주체, 공사청부기업, 전문디자이너 등 각각에 대한 과제나 욕구가 배경이 되어 건설주체에게 있어서 전문디자이너 등에 의한 공사감리, 디자인적인 측면에서의 감리의 필요성을 인식하여 전문디자이너나 도시설계가의 디자인적인 측면에서의 공사감리에 대한 참여를 요청하는 경우가 증가하고 있다.

- 철도고가구조물이나 하천 교량 등의 대규모 토목시설에 관련된 공사감리는 도로나 공원, 광장 등에 관련된 공사감리에 비해서 건설주체만에 의한 공사감리 관행이 보다 일반적이며 실태로서도 공사감리 전체 가운데 디자인적인 측면에서의 감리가 차지하는 비율은 다른 기반시설이나 건축물에 비해서 상대적으로 작다. 이러한 이유에서 이 단계에 대한 도

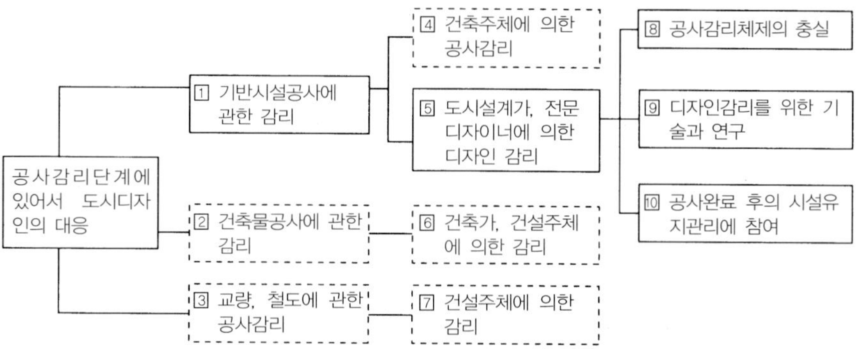

그림 5.25 | 공사감리단계에 대한 도시디자인의 기법과 실현을 위한 방향(전문디자이너, 도시설계가에 의한 공사감리 범위과 개선 방향)

시디자인에 관련된 대응은 주로 도로, 공원, 광장 등 친근한 기반시설을 대상으로 하는 디자인감리에 한정된다(1, 5).

- 이와 같은 상황 속에서 도시설계가는 전문디자이너와 함께 여러 시설의 공사감리에 참여하게 되는데 그 역할은 전문디자이너에 의한 디자인감리를 도시디자인에 관련된 보다 광범위한 시점에 비추어 지원하고 또한 건설주체나 공사를 청부한 기업과의 사이에 서서 적절한 균형감각을 바탕으로 공사수행에 대해서 다양하게 조언하고 조정을 도모해가게 된다.
  이와 같이 도시설계가는 기본구상, 기본계획단계에서 설계단계를 거쳐 공사감리단계까지 프로젝트의 수행에 관계하게 된다.
  따라서 도시설계가도 여러 시설의 공사 및 그 감리에 대해 일정한 지식과 경험을 갖추고 있는 것이 요구된다.

이상과 같은 이유에서 공사감리단계에 대한 도시디자인에 관련된 과정의 기법과 실현을 위한 방향에 대한 다음과 같은 고찰은 주로 그림 5.25에 있어서 실선으로 표시되어 있는 1, 5 및 8, 9, 10의 흐름으로 받아들이는 도로, 공원, 광장 등의 기반시설에 관련된 디자인감리에 초점을 맞추고자 한다.

2 도시디자인의 기법과 실현을 위한 방안

공사감리단계에 있어서 상기와 같이 우선 디자인적인 측면에서의 감리에 관련된 건설주체나 전문디자이너 등의 관여 방식이나 그 체제를 충실히 만들어가는 것이 필요하며, 그 기술에 대해서도 다양한 연구를 필요로 하는 상황에 있다. 더불어 기반시설이 공공시설이라는 이유로 완성한 후의 관리방식도 이 단계에 대한 도시디자인에 관련된 과정 중 하나로서 중요하다.

이와 같은 이유에서 다음에 있어서 이 단계에 대한 도시디자인에 관련된 기법과 실현을 위한 방향을 공사감리방식이나 체제의 충실(그림 중의 8), 디자인감리를 정확하게 진행하기 위한 연구(그림 중의 9), 공사완료 후의 시설관리방식(그림 중의 10) 3가지 측면에서 받아들이기로 했다.

1) 공사감리를 위한 효과적인 체제 입안(8)

(1) 공사감리와 디자인감리의 정확한 역할 분담

〈도시디자인의 기법〉

기반시설의 공사감리 담당자는 자치단체 직원의 경우 도로, 하천, 하수도, 시가지개발 등 담당하는 분야가 넓고 건축감리담당자가 장기간 건축담당과나 이에 관련된 과에 적을 두고 일관되게 건축물 건설과 공사감리 등에 대해서 경험을 쌓아 오고 있는 것에 비해 공사감리에 대해서 반드시 충분한 경험을 쌓아 왔다고 말하기 어려운 직원이 많다.

더불어 디자인적 측면에 관련된 공사감리는 최근 점차적으로 그 필요성이 인식되기 시작한 단계에 있으며 그 경험 또한 충분하다고는 말하기 어려운 상황에 있다. 또한 이들 직원은 단기간 동안에 이동하는 경우도 있으며 도시개발프로젝트에 관련된 공사가 장기간에 걸쳐 진행되는 것이 일반적이며 하나의 시설공사에 일관적으로 관여하는 것이 어려운 경우가 많다.

건설주체측에 대한 다양한 측면에서의 공사감리에 관련된 여의치 않은 형편이 기반시설의 공사가 건설주체만에 의해 이루어진다는 관행에도 불구하고 정확한 공사감리를 곤란하게 하고 있는 경우가 많은 것이 일반적이다.

이들 기반시설의 공사감리, 특히 디자인적인 측면에서의 감리는 기본구상단계에서 설계단계에 이르는 과정에서 이루어져왔던 도시디자인에 대한 과정, 말하자면 마지막 단계의 "마무리"로서 또한 도시공간의 질이나 매력은 그 표층의 "마무리"에 의해 크게 좌우되기 때문에 이중적인 의미에서의 "마무리"를 정확히 진행해가기 위해 지극히 중요한 과정이다. 이와 같은 이유에서 기반시설의 공사감리를 건설주체만으로 진행한다는 관행을 개선하여 전문디자이너 등이 이에 참여하여 디자인적인 측면의 감리를 담당하는 것, 더불어 건설주체측에 있어서 최대한 경험이 풍부한 직원을 담당자로 하는 것이 이 단계에 대한 도시디자인 전개기법의 기본이 된다.

우선 전문디자이너 등의 공사감리에 대한 참여에 대해서는 공사감리를 시공이나 안전성, 비용 등의 측면에 관련하여 소위 공사감리와 의장이나 수습 등에 관련된 감리, 즉 디자인감리로 나누어 받아들이고 전자에 대해서는 건설주체에 의한 감리, 후자에 대해서는 전문디자이너 등에 의한 감리와 각각의 역할을 명확히 하여 양자가 협력하여 공사감리에 임하는 구도나 체제를 마련하는 것이 중요하다.

전문디자이너나 도시설계가에 의한 의장, 디자인적인 측면의 감리는 구체적으로는 다음과 같은 측면에 관한 감리이다.

- 공사단계에서 발생하는 의장상의 연구
- 설계단계에서 지정한 재료의 성능과 색, 마감방법 등의 확인
- 포장이나 가구(街具), 사인 등 각 부분의 수습과 대응
- 식재공법의 지시, 확인, 필요에 따라서 묘포 등에 대한 수목의 선정, 확보
- 조명기구나 조명 기둥, 가구 등에 관련된 시공도의 확인, 필요에 따른 공장 등에 대한 제작 감리

〈실현을 위한 방안〉

전문디자이너와 도시설계가의 디자인감리에 대한 참여에 대해서는 그 필요성이나 지금까지의 관행을 고치는 것에 대해서 건설주체가 이해하는 것이 첫 번째 요건이다. 그리고 이를 위해 필요로 하는 비용을 예산화해가는 것이 이것을 확실히 해가는 방향이 된다.

이와 같은 예산화가 불가능하고 또한 다음에 공사에 착수하는 시설의 설계를 동일 전문디자이너가 진행하고 있는 경우에는 반드시 바람직한 방향이라고는 말하기 어렵지만 그 설계과정에 있어서 전문디자이너 말하자면 "하는 김에" 또한 자체적으로 디자인감리를 실시하도록 변경안을 찾아보는 것도 생각할 수 있다.

건설주체에 의한 공사감리에 대해서는 담당자의 공사감리에 관련된 경험이나 지식 축적과 동일 담당자에 의한 공사감리의 필요성을 이해하는 것이 우선 첫 번째이다. 그렇기 때문에 하나의 시설에 대해서 설계에 참여한 담당자가 필요한 기간감리에 관여할 수 있도록 또한 감리단계에서 참여한 담

그림 5.26 | 도카치평야 안에서 찾아낸 오비히로역 남쪽입구 역전광장의 심벌 트리
오비히로역 남쪽입구 역전광장의 심벌수목은 광장의 설계를 담당한 랜드스케이프, 아키텍트가 공사감리의 일환으로 오비히로역 중앙을 달려 돌아오면서 발견한 도카치 평야에 많이 번성하는 향나무

당자가 해당 시설의 공사기간 중 계속하여 감리를 할 수 있도록 인사에 대해서 배려해가는 것이 요구된다.

(2) 기반시설의 공사청부기업에 대한 건축공사 담당직원의 참여

〈도시디자인의 기법〉

일반적으로 기반시설의 공사는 토목시설공사를 전문으로 하는 기업과 대기업에 있어서 토목공사 담당 부문이 청부하는 경우가 많지만 이들 기업이나 부문은 건축공사를 전문으로 하는 기업과 부문에 비해 기반시설공사와 관련하여 건축물공사에 대한 경우와 같은 센스나 정밀도를 가지고 있는 것이 적으며 시공에 있어서 디자인적 측면에 관련된 배려가 결핍되어 있는 경우가 많다.

구체적으로 예를 들면 광장이나 보도 등의 공사에 있어서 자연석이나 타일계 재료를 이용하는 경우 맞춤새 분할에 대해서 해당 재료로 포장하는 범위 전체의 맞춤새 비율을 우선 생각하여 전체가 아름답게 수습되도록 배려하여 공사를 진행하는 것이 기본임에도 불구하고 끝에서부터 순서대로 공사를 진행하여 마지막에 불규칙한 맞춤새가 들어가게 되는 등 건축공사는 일반적으로 일어날 수 없는 사태가 발생하는 경우가 많다.

사태의 발생은 토목공사를 전문으로 하는 기업에 있어서 광장이나 보도를 자연석인 타일계 재료를 이용하여 공사를 하는 것에 대한 경험이 지금까지 적었던 점이나 건축공사에 있어서와 같은 섬세함이 지극히 부족한 것 등이 배경이 되고 있다.

마루카메 역전광장 주변지구에 있어서 미술관 · 도서관의 외부구조에 대해서는 당연한 것이지만 미술관 · 도서관공사를 청부한 기업의 건축공사부문이 담당한 것도 있으며 상기와 같은 사태가 발생하기에 이르지는 않았다. 이 예에 나타난 바와 같이 상기와 같은 사태의 발생을 막고 설계단계에 있어서 구성한 도시디자인의 관점에서 설계를 정확하게 구체적으로 만들어가기 위해서는 공사청부기업에 있어서 건축공사 경험자를 공사감리 담당자에 포함시키는 것이 효과적인 해결책이 되는 것이 이해된다.

〈실현을 위한 방안〉

기반시설의 공사에 대해서 공사를 청부한 기업 내에 있어서 건축공사 경험자를 충원하는 것은 기업의 내부적인 문제이지만 위와 같은 실태나 마루카메에 대한 경험에서 비추어보면 건설주체측에서 이와 같은 대응을 요구하는 것은 당연한 일이며 공사청부기업에 적극적으로 대응할 필요성이 높다고 할 수 있다.

이것을 구체화시켜가기 위해서는 다양한 수법을 생각할 수 있지만 공사시방서에 그 뜻을 명시하는 것이 가장 적절하다.

마루카메 역전광장 주변지구에 있어서와 같이 건축공사에 부수하여 그 외부구조 공사를 일체적으로 발주하여 건축공사 경험자가 기반시설의 공사감리도 담당하는 것을 필연적으로 수용하는 방법도 하나의 변경안으로 생각할 수 있다.

(3) 복수의 시설공사감리 조정의 장 설치와 감리체제의 충실

〈도시디자인의 기법〉

규모가 큰 도시개발프로젝트의 경우 같은 시기에 다른 건설주체가 담당하는 기반시설의 공사를 각각 진행하게 되는 경우가 많다. 이와 같은 경우 공사감리에 대해서도 건설주체간에 상호 정보를 교환하고 조정을 하면서 공사를 진행할 필요성이 필연적으로 높아진다. 특히 이들 시설의 설계가 일체적으로 이루어지는 경우에는 각 시설에 공통하여 동일 포장재나 수목 등을 이용하는 설계로 되어 있는 경우가 많고 그 필요성은 보다 한층 높아진다.

일반적으로 자연석과 같은 자연 소재에 대해서는 다른 기업이 청부한 경우 재료를 납입하는 기업이 다른 경우도 많으며 설계단계에서 동일 재료, 동일 색의 지정이 이루어져 있더라도 현장에 도착한 재료가 이 요건을 만족하고 있다고는 할 수 없으며 수목 등 식물 재료의 경우 시장 조건이 유동적인 것 등을 이유로 동일한 지정이 이루어진다 하더라도 지정한대로 재료를 얻을 수 있다고는 할 수 없다.

공공공사의 경우에는 매년마다 발주하지 않을 수 없는 수주기업도 필연적으로 매년마다 다르기 때문에 해가 지난 후 동일 재료를 확보하는 것은 지극히 곤란하다. 더불어 동일 재료가 확보되더라도 시설마다 공사감리 담당자가 다르며 또한 이동하는 경우도 있기 때문에 담당자 간의 현장에서 지시에 분산이 발생하는 것도 일반적인 일이다.

복수의 시설공사가 복수의 건설주체에 의해서 동시에 진행되고 또한 해를 넘어 공사가 진행되는 경우나 특히 시설 간에 동일 디자인 요소가 도입되고 동일 재료가 이용되는 경우에는 건설주체간에 밀접하게 연락을 취하면서 재료나 마무리에 공통성을 부여하는 노력이 필요하다. 이를 위해서는 정상적인 정보교환이나 시공에 대한 조정을 도모하는 장을 마련하는 것이 적절하다. 이것도 공사감리에 대한 도시디자인에 관련된 기법으로서 중요하다.

〈실현을 위한 방안〉

복수의 시설공사가 복수의 건설주체에 의해서 동시에 하나의 지구 내에서 진행되는 것이 도시개발프로젝트 공사의 특색인데 이와 같은 경험을 가지고 있는 자치단체는 거의 없으며 따라서 위와 같은 공사감리 조정의 장을 처음부터 마련하는 것에 의미를 부여하지 않는 것이 일반적이다.

자치단체에 있어서 국가나 도도부현이 건설주체인 공사에 대해서는 “해준다”라는 의식이 강하고 이들 주체에 이와 같은 장의 설치를 건의하는 것에는 주저한다거나 또한 이들 주체에 의한 공사는 이들 주체가 “목적한대로 해 줄 것이다”라는 의식도 있으며 쉽사리 실현에는 이르지 못한다.

이와 같은 상황에 있기 때문에 그 설치작업을 하여 계기를 만드는 역할은 프로젝트 추진을 위한 기간사업을 담당하고 있는 주체와 함께 프로젝트에 일관되게 관계해 온 도시설계가가 담당하는 것이 하나의 방법이다.

구체적인 조정에 대해서도 도시개발프로젝트의 경우 사업이 장기간에 걸쳐 순차적으로 다양한 시설공사가 진행되기 때문에 도시설계가와 함께 도시개발프로젝트의 기간사업을 담당하는 부서가 이 역할을 담당하는 것이 적절하다. 오비히로역 주변지구의 경우 지구의 기간사업인 토지구획정리사업을 담당한 역주변 구획정리과가 이 역할을 담당하게 되며 현재에도 그 역할을 수행하고 있다.

그림 5.27 | 다른 사업간의 조정이 이루어져 정비된 오비히로시 공원대로
오비히로역 주변지구의 공원대로는 구획정리사업과 정주거점 프롬나드에 의하여 각각의 구간공사가 이루어지고 당연히 다른 담당과와 공사수주기업에 의하여 진행되었다. 양공사구간 간의 조정이 정확하게 된 결과 공사구분은 모두 판단되지 않았다.

2) 디자인감리를 정확하게 진행하기 위한 기술과 연구(⑨)

공공기관에 의한 도시개발프로젝트의 경우 공사단계에 있어서 공공공사 특유의 발주시스템이 초래하는 곤란한 요건이 다양하게 발생한다. 이들은 위의 내용도 포함하며, 구체적으로는 다음과 같다.

- 발주가 건설주체마다 이루어지는 점, 감리담당자가 이동하는 점, 따라서 동일 설계사양이라도 현장에서의 지시는 감리담당자간에 분산이 발생하기 쉬운 점
- 매년마다 발생하기 때문에 청부기업이 매년마다 다르며 또한 청부기업간에 기술적인 격차가 있는 점
- 재료가 매년마다 조달되며 자연소재의 경우 지난해에 이용된 재료와 같은 재료를 조달하는 것이 곤란한 경우가 있는 점

기반시설의 공사에 관련해서는 건축공사와 달리 다양하게 다른 기존 공작물이나 지하매몰물 등 토지, 지표공작물 등과의 대응에서 현장에서의 지시나 조정을 필요로 하는 정도가 높고 공사감리담당자와 시공업자의 경험이 반드시 풍부하지 않는 경우도 있으므로 시공수준을 향상시키는 것은 건축공사에 대한 경우에 비해 쉽지는 않다.

공사감리단계에 있어서 이들 폐해와 곤란한 사항에 적절하게 대처해가기 위한 기술과 연구가 요구되는데 특히 디자인감리에 대해서 이 필요성은 보다 한층 크다. 다음에 언급한 사례 프로젝트를 교훈삼아 이 단계에 대한 도시디자인 관점에서의 기법으로서 이들 기술과 연구에 대해서 정리해보고자 한다.

(1) 상세한 도면의 작성과 설계도서를 통한 정확한 지시

〈도시디자인의 기법〉

상기와 같은 공공공사의 단연도 발주 시스템에 의한 폐해나 디자인감리에 대한 경험 부족을 보완하기 위한 제일 유효한 방향은 설계도서를 충실히 하는 것이다.

기반시설, 즉 토목시설의 공사는 건축공사와 달리 현장의 상황에 맞추어 공사를 진행하는 경우도 많고 이들에 대해서는 도면상에서 지시하지 않는 경우가 많다. 구체적으로는 다음과 같다.

- 기반시설의 공사는 다른 시설과의 합치에 의한 경우가 많다. 예를 들면, 도로에 인접하여 건축물의 외부구조가 있거나 도로 안에는 공작물이 있는 외에 때로는 철거가 곤란한 불법 점유물도 있다. 또한 인접하여 다른 시설공사가 진행되고 있는 경우에는 이들 공사와의 조정이 필요하다. 그러나 이들과의 대응에 대한 조정은 현장에서 이루어지는 것이 관행으로 또한 그 방향이 효율적이기 때문에 도면상에서는 상세하게 지시하지 않는다.
- 건축공사는 수평, 수직면에서 대부분의 공사가 이루어지는데 반해 기반시설의 공사는 지형과의 대응이 있어 구배에 대한 상세한 수습에 대해서 연구하는 것이 필요하게 된다. 이것도 현장에서 이루어지기 때문에 도면에서는 지시하지 않는다.
- 토목시설의 설계도서는 강도나 성능에 관련된 도서나 단면도가 중심이며, 디자인에 관련된 도면은 요구되지 않는다.

최근에는 시빅 디자인 분야가 확립되고 있으며 토목시설의 경관형성에 관련된 대응이 일반적으로 이루어지기 시작하여 위와 같은 지금까지의 상황에 개선점이 보인다. 따라서 이들 여러 가지 사항은 설계도서를 충실하게 만들고자 하는 의욕이 있다면 도면상에 표시하는 것은 적어도 곤란한 일은 아니다.

마루카메 역전광장 주변지구의 경우 랜드스케이프 아키텍트에 의한 설계도서는 외국의 사무소였던 점도 이유가 되지만 설계내용을 공사청부기업 등에게 정확하게 전달하는 것에 의미를 두고 도면 매수는 많고 도면상에서의 기록은 풍부했다. 그 결과 다른 시설과의 합치나 현장에서의 미묘한 구배와의 대응에 대해서 설계도서를 기본으로 하여 디자인감리를 진행하는 것이 가능했다.

이와 같은 실태에서 볼 때 기반시설의 시공수준, 특히 디자인에 관련된 요청에 대한 시공수준을 높이기 위해 설계단계에 있어서 설계도서를 충실하게 만드는 것에 대한 필요성이 높으며 공공공사의 단연도 발주시스템에 의한 폐해나 공사감리 및 시공업자의 경험 부족에 따른 혼란을 피하는데 있어서 그 효과가 크다.

〈실현을 위한 방안〉

설계도서를 충실하게 만들기 위해서는 우선 건설주체측에 있어서 설계자에게 디자인에 관련된 설계도서의 작성을 정확하게 요구하는 것을 관행으로 하는 것이 필요하게 된다. 이를 위해서는 우선 건설주체측에 있어서 현장경험이 풍부한 직원이 설계도서를 파악하고 확인해가는 것이 필요하며, 또한 설계에 필요한 비용과 시간을 설계자에게 보증하는 것도 관행으로 하는 것이 요구된다.

기반시설의 공사에 관련하여 종종 발생하는 다른 시설과의 합치나 미묘한 구배에 대한 대응 등을 위해 건설주체는 앞서 언급한 바와 같이 다른 시설의 건설주체와의 사이에서 조정을 진행함과 동시에 필요한 정보를 설계자에게 제공하는 것이 요구된다.

(2) 실물 모형(목업) 제작이나 시험 시공의 관행화

〈도시디자인의 기법〉

기반시설에 관련된 경관형성의 과정을 활발하게 진행하는 것에 동반하여 최근에는 가구(街具)나 조명기구, 분수 등의 공작물이 기반시설 상에 설치되는 경우가 많아지고 있으며 이들에 대해서 프로젝트지구 고유의 디자인이 지향되는 사례가 많다.

가구(街具)에 대해서는 안전성, 조명기구에 대해서는 조도나 글레어(glare), 분수에 대해서는 물의 분출형태 등 공작물을 실제로 설치하기 이전에 충분히 검토해 둘 필요성이 높은 사항이 많다. 그것을 확실히 하기 위해서는 현장이나 공장에 있어서 실물 크기의 모형(목업)을 제작하여 위와 같은 체크 사항에 대해서 검토하고 점검하는 것이 효과적이다.

시공방법이 확립되고, 특히 세부에 걸친 지시를 필요로 하지 않는 자연석이나 타일류에 의한 포장에 대해서조차도 맞춤새의 색이나 깊이 등, 상세한 부분에 대해서는 현장에서 확인하면서 확정해가는 것이 적절하며, 이를 위해서는 현장에서 동일한 재료를 이용하여 적절한 면적의 시험 시공을 하여 확신을 얻은 후에 공사에 착수하는 것이 필요하다.

마루카메 역전광장 주변지구에 있어서 현장에서 분수의 부분 모형을 실물 크기로 제작하여 물이 떨어지는 방향이나 노즐 사양을 확인했다. 또한 역전광장 등의 포장에 대해서는 사용하는 재료의 취합이나 재료의 수습 등에 대해서 설계도서에 의한 지시를 확인하기 위해 필요한 범위의 시험 시공을 하여 설계자가 확인하고 필요한 지시를 한 후에 공사를 진행했다. 또한 오비히로역 주변지구에 대한 도로공사에 관련해서는 로드 히팅도 포함하여 시험적인 시공을 실시하여 적설시에 대한 융설상황이나 우천 시의 미끄러짐에 대한 안전성 등을 확인했다.

공사청부기업과 설계자, 건설주체측의 공사감리 담당자가 실물로 제작이나 시공에 관련된 요점을 확인하고 맞춰보는 것은 지극히 효과적이다.

〈실현을 위한 방안〉

당연히 상기와 같은 실물 크기의 모형제작이나 시험시공에 대해서 우선 설계도서 안에 이것을 요구하는 것을 잊지 않고 기재해 두는 것이 필요하다.

다만, 공사청부기업은 공사비 적산시 이들을 위한 비용을 포함시키기 때문에 설계도서에 기재할 때에는 모형제작이나 시험시공에 대한 요령을 명확히 함과 동시에 이들에 동반되는 공사비 증가를 계산해 둘 필요가 있다.

3) 공사완료 후 시설의 유지, 관리(⑩)

이와 같은 방법으로 기반시설이 완성되면 다음은 완성된 시설의 유지, 관리가 과제가 된다. 유지, 관리 또한 도시공간이 계획인 설계의도에 기인하여 적절하게 지속적으로 존재하기 위해 도시디자인에 관련된 대응 중 하나로서 중요하다.

(1) 완성 후 시설의 유지, 관리, 이용에 관련된 규칙 입안

〈도시디자인의 기법〉

기반시설이 완성되면 혹은 완성에 가까워지면 계획, 설계단계에 있어서 전혀 설치를 예정하고 있지 않았던 공작물을 설치하고 싶다거나 혹은 디자인적인 요소를 부가하고 싶다는 의향이 각 방면에서 나타나게 되는 경우가 많다. 이들 시설의 설치에 대해서는 무조건 아니라고 할 수는 없지만 다음과 같은 이유에서 적어도 바람직하지 않은 경우가 많다.

- 완성된 기반시설은 계획이나 설계단계에 대한 장기간에 걸친 검토나 다수의 관계자 간의 조정을 바탕으로 설계된 것이며 새로운 아트나 시설은 그 과정에 있어서 대상으로서 취급되지 않는다.

• 기반시설을 중심으로 한 도시공간으로서의 높은 완성도를 무너뜨린다거나 공간의 질을 바꿔버리는 것에 대한 걱정
• 시설을 설치하기 위해서 물건을 올려놓는 곳이나 뒷면을 정리할 필요가 생기며 이들이 일정 공간을 점유함과 동시에 만들어내는 도시공간에 대한 적합성이 결여되어 있는 경우가 많다.

새로운 시설의 설치 이외에도 일상적인 간판류의 설치나 이벤트시의 일루미네이션이나 장식류 설치 등 시설관리나 이용에 관련하여 다양한 사태가 발생한다. 도시설계가나 전문디자이너는 설계자로서 이들 사태에 건설주체와 함께 적절하게 대응해가는 것이 요구되는데 이것도 이 단계에 대한 도시디자인에 관련된 대응 중 하나이다.

마루카메 역전광장 주변지구에 대한 경우와 마찬가지로 설계에 관여해 온 사람측에서 시설의 유지, 관리, 이용 등에 관련된 규칙을 제시해가는 것이 이를 위한 하나의 방향이 된다. 완성된 시설이 계획이나 설계의도에 기인하여 적절하게 이용되고 만들어내는 공간을 당초의 공간구성에 대한 개념에 입각하여 유지하고 관리해가는 것은 도시설계가 혹은 전문디자이너로서의 책임을 다하는 것이기도 하며 설계자로서 희열을 느낄 수 있는 일이기도 하기 때문에 도시디자인에 관련된 최후의 대응으로서 적극적일 필요가 있다.

〈실현을 위한 방안〉

완성된 시설의 유지, 관리, 이용에 관한 위와 같은 규칙 입안은 우선 설계주체측이 그 필요성을 인식하는 계기가 되는 것이 바람직하며, 이를 위해서는 만들어낸 공간이 탁월하고 가치 있는 것이라는 생각이 건설주체측에게 양성되고 내포되는 것이 기본이 된다.

구상에서 계획, 설계의 과정에 있어서 건설주체측의 담당자 등이 스스로의 작품이라고 생각할 수 있는 수준으로 프로젝트에 깊이 참여하고 있는 것, 완성한 공간이나 시설의 완성도가 높고 가치 있는 것이라고 인식할 수 있는 수준에 이르는 것 등이 중요하다. 즉 이와 같은 규칙 입안에는 시설 완성 후보다도 과정에 대한 건설주체측의 적극적인 참여나 대응법이 중요하다.

도시설계가는 여기까지의 단계에 대한 코디네이터로서 역할의 연장선상에서 이들 규칙 입안에 있어서 그 역할을 다하는 것이 그것을 구체화시켜가는 방향 중 하나가 된다.

(2) 디자인에 관한 시민의 평가나 요망에 대한 대응

〈도시디자인의 기법〉

기반시설이 완성된 후 대부분의 도시개발프로젝트지구에서 공통으로 발생하는 문제로서 소위 "녹음"의 양이 적은 점, 조명이 어두운 점이 시민이나 의회로부터 지적을 받는 것을 들 수 있다. 전자는 식재된 많은 식물재료가 완성 될 때에는 아직 충분히 자라지 않은 상태인 점, 후자에 대해서는 조명디자이너 대부분이 빛에 의한 연출을 목적으로 바탕이 되는 조명의 조도를 떨어뜨린다거나 또한 색온도에 대해서 콘트라스트가 있는 설계를 하는 점 혹은 기반시설에 접하는 건축물이 완성되어 있지 않기 때문에 건축물로부터 빛을 충분히 얻을 수 없는 점 등이 이유이다.

마루카메 역전광장 주변지구에 대해서는 조명이 어두운 점, 오비히로역 주변지구에 대해서는 "녹음"이 적은 점과 조명이 어두운 점, 모두가 지적되었다.

마루카메 역전광장 주변지구에 있어서 남쪽 입구 역전광장측의 시가지 재개발사업이 늦어지고 있는 점 때문에 시에서는 잠시 모습을 보여주는 것에 지나지 않지만 잠정적으로 조명 폴을 설치하기로 했다.

오비히로역 주변지구에 있어서 "녹음"이 적은 점에 대해서는 의회로부터의 지적도 있었기 때문에 시는 항의하지 않고 설계의도와 완성된 공간을 손상시키지 않는 범위 내에서 약간의 지피식물을 추가하고 조명이 어두운 부분에 대해서는 조명기구를 개량하는 것으로 대응했다.

〈실현을 위한 방안〉

이와 같은 문제의 대응에 있어서 건설주체측에 원설계나 완성시의 모습에 대한 자신이 있다는 것이 중요하다. 이것은 앞서 언급한 시설의 유지, 관리, 이용에 관련된 규칙 입안의 경우와 마찬가지로 구상단계에서 설계, 공사감리에 이르기까지의 건설주체측의 프로젝트에 대한 참여 정도나 참여방식에 따른 면이 크다. 또한 이것은 프로젝트에 일관되게 코디네이터 역할을 하는 도시설계가의 이들 단계에 대한 리드나 코디네이트방식에 따른 면도 크다.

랜드스케이프 디자인이나 조명에 관련된 전문디자이너는 전문가로서 스스로의 디자인에 대해서 충분한 자신을 가지고 "녹음"은 키우는 것에 의의가 있다거나 혹은 일본의 거리는 지나치게 밝다는 등의 사고방식에서 완성

시에도 일정한 수준에 이르는 것을 배려하지 않고 설계를 진행하는 경우가 많다. 더불어 위와 같은 지적을 받은 후에도 잠정적 혹은 경미한 개량에 대해서도 받아들이는 것에 소극적인 것이 일반적이다. 따라서 여기에 있어서 도시설계는 코디네이터로서의 역할에서 시민, 건설주체, 전문디자이너 간에 있어서 적절하게 조정을 진행하는 것이 요구된다. 이것은 앞서 언급한 사례도 포함하여 도시개발프로젝트에 있어서 코디네이터는 프로젝트 처음부터 완성 후까지 필요한 존재인 점과 적절한 균형감각을 바탕으로 조정 능력이 필요하다는 사실을 여실히 보여주고 있다고 할 수 있다.

3 사업주체와 계획자에게 요구되는 자질

도시개발프로젝트는 기간사업의 사업주체를 비롯하여 이것에 관련된 다양한 사업의 사업주체나 전문가 등, 다수의 사람들의 예지와 노력을 결집하여 실현하는 것이며 이것은 공사단계에 있어서 마찬가지이다. 이러한 가운데 건설주체에 있어서 기반시설의 질이나 가치를 높이기 위해 종래에도 중시한 디자인적 측면의 감리에도 의미를 부여하면서 공사감리를 진행해갈 필요성이 있다. 또한, 도시설계가는 이 단계에 있어서 상기와 같이 디자인감리에 대한 참여, 복수의 공사간 조정이나 공사완료 후의 유지, 감리, 이용에 관련된 조정 등에 관여해 가는 것이 바람직하다.

건설주체와 도시설계가 각각이 공사감리에 관련하여 갖추어야 할 자질은 다음과 같다.

1) 디자인감리에 대한 건설주체의 이해와 지식

기반시설의 공사에 관련된 감리는 소위 공사감리와 디자인감리로 나누어지며, 전자는 건설주체에게 후자는 설계를 담당하는 전문디자이너 및 도시설계가에게 위임하는 것이 앞으로 바람직한 방향이라고 생각하며 이와 같은 역할 분담이 실현된 경우에 있어서 건설주체에 대한 디자인감리에 관련된 이해와 지식은 필요하다.

이것은 이와 같은 역할 분담의 바탕으로 공사감리가 진행되는 경우에는 양자가 협동할 필요성이 높아지고 이 협동을 위해서는 쌍방이 상호간에 상대를 충분히 이해시키는 것이 필요하고 디자인적 측면을 배려하고자 한 경우 공공시설로서의 비용이나 안전성 등과의 정확한 균형을 바탕으로 건설주체로서 판단을 요구하는 것 등에 따르고 있다.

기반시설이든 아니든 상관없이 건축공사에 있어서 마찬가지이지만 공사가 진행되고 시설이 실체로서 눈에 보이기 시작하면 "일억 총 디자이너"의 현상이 발생하고 공사감리 담당자는 스스로의 디자인 의도를 건물에 반영하고 싶어지는 욕구가 강해지게 되고 건설주체측의 상층부에서는 디자인에 강력하게 관여하는 의견이나 요청이 나오게 되는 경우가 많다.

유지, 관리 등에 영향을 주는 요청도 나온다. 이와 같은 요청은 엄격하게 억제해야 하며 이것을 전문디자이너와 상담하면서 진행하는 경우에 있어서 디자인에 관련된 이해나 지식이 요구되며 시민이나 단체 상층부에 대해서 그 뜻을 관철시키고 설득하기 위한 디자인에 관련된 지식을 갖추고 있을 필요가 있다.

2) 공사감리에 관련된 경험과 지식

위와는 반대로 도시설계가도 공사감리에 관련된 경험이나 지식을 갖추고 있는 것이 요구된다.

기반시설에 관련된 공사감리 특히 디자인감리가 외부에 위탁되는 경우에는 설계를 담당한 전문디자이너에 의해서 이루어지게 되는데, 도시설계가도 프로젝트지구 전체에 걸친 도시디자인의 관점에서 또한 공사에 관련된 다양한 조정을 위해 디자인감리를 지원해갈 필요가 있다.

도시설계가는 도시개발프로젝트에 기본구상단계부터 스스로 만들어야 했던 공간을 실체화시켜 완성하는 것에 강한 관심을 가지거나 가질 필요가 있으며, 이를 위해서는 자체적으로도 감리에 일정한 수준에서 참여해가는 것이 바람직하다. 이와 같은 이유에서 도시설계가 또한 공사에 관련된 다양한 지식과 경험을 가지고 있는 것이 그 자질로서 요구되며 이것을 갖추고 공사감리 특히 디자인감리에 적극적으로 참여해가는 것은 도시설계가의 종합성을 보다 높이고 직분을 보다 명확하게 함과 동시에 그 존재를 가치 있게 만드는 것과 연결된다. 말하자면 건축설계에 있어서 건축가와 닮아 있으며 도시설계에 있어서 도시설계가로서 그 직분을 형성해가는 것이다.

3) 공사감리에 관련된 조정 능력

공사감리에 있어서 도시설계가는 복수의 건설주체간의 조정이나 공사청부기업과의 조정, 공사완료 후에 있어서 시설의 유지, 관리나 이용에 관련된 규칙 입안, 시민 등으로부터 요청되는 시설에 대한 불만에 대한 대응 등 다양한 상황에서 조정 능력을 발휘해가는 것이 요구된다.

이들 조정에 있어서 그 대상은 건설주체간, 건설주체와 공사청부기업, 건설주체와 전문디자이너, 전문디자이너와 공사청부기업, 건설주체와 시민이나 의회, 건설주체의 담당부서와 수장 등의 상층부 등등, 천차만별이며, 이 가운데 프로젝트지구 전체에 대한 도시디자인에 관련된 사고방식을 실현해 가는 것에 연연해하면서 한정된 공사기간 안에서 조정을 진행해가는 것이다.

이들 조정을 대상으로 하는 주체는 각각 다른 사정과 가치관을 가지고 있기 때문에 도시설계가는 이들을 고려하면서 적절하게 조정을 진행할 수 있는 정확한 균형감각과 인내력을 갖추고 있을 필요가 있다.

또한 이러한 의미에서 이 단계의 조정능력은 기본구상단계에 있어서 중요한 사업주체를 명확히 해가는 과정이며 기본계획단계에 있어서 도시계획 결정과 사업인가를 위한 과정 등에 관련된 조정 능력과 크게 달라 이 단계에 관련된 지식이나 경험도 요구되는 것이다.

다시 말하면, 도시설계가는 하나의 도시개발프로젝트 전 과정에 관련된 것이 마땅히 취해야 할 자세로서 바람직하고 이것을 완벽하게 실현하기 위해서는 모는 단계에 관련된 지식과 균형감각을 갖추고 있는 것이 필요하며 또한 그것에 바탕을 둔 조정능력을 타진해 봐야 하는 것이다.

참고문헌

- 蓑原敬他, 「주택으로 도시를 만든다」, 「에스프라덕트」, 1995년 7월호
- 花輪恒, 「도시경관 디자인」, 가고시마 출판회, 1989.

Chapter 6

앞으로의 도시디자인 전개를 충실히 하기 위한 방향

도시디자인에 관련된 대응은 이미 밝힌 바와 같이 다양한 방면에 걸쳐 있다. 한편 일본에 있어서 도시공간을 매력적인 것으로 만들어가기 위해서는 각 방면에 있어서 많은 노력이 필요한 상황에 처해 있다.

저자는 제1장에서 일본의 도시디자인에 관련된 대응이 다양한 프로젝트에 있어서 지금까지 이상으로 정확하게 이루어지기를 바라는 것이며 이를 위해 불충분한 점이 많다는 것을 충분히 통감한 후 도시개발프로젝트에 대한 도시디자인의 기법과 실현을 위한 방향에 초점을 맞추어 본 서를 써내려갔다. 다음에서는 이들을 되돌아보고 또한 일본에 있어서 도시디자인에 관련된 대응이 보다 한층 충실하게 전개되어가기를 기대하면서 앞으로 나아가야 할 방향을 제시함으로써 본 서를 정리하고자 한다.

다음은 일본의 도시디자인에 관련된 대응의 현 상황에 비추어 중점적으로 대응할 필요성이 높다고 저자가 인식하고 있는 사항이며, 그 대부분은 도시개발프로젝트의 범주를 넘어서 보다 광범위하고 다양한 도시디자인에 관련된 대응에 부연하는 것이 바람직한 상황이다. 도시개발에 관련된 다양한 프로젝트나 사업에 있어서 그들에 대한 대응을 수행하며 경험을 다양하게 축적하고 폭넓게 정착해가기를 기대하는 바이다.

이하에 대해서는 각각의 구체적인 내용과 구도를 앞으로 분명히 하고 또한 체계나 효과 등에 대해서 연구를 심화해갈 필요성이 높다고 인식하고 있는 사항이기도 하다. 그런 의미에서 저자 스스로에게 주어진 앞으로의 과제이기도 하다.

1 도시디자인 전개의 체계 확립과 공유

도시개발프로젝트에 대한 도시디자인의 단계적 전개의 바람직한 방식에 대해서는 제4장 2절에서 정리했다. 또한 이미 제2장 1절에서 지적한 바와 같이 일본의 대부분 도시개발프로젝트에 있어서 도시디자인의 전개와 관련하여 이와 같은 체계적인 대응이 이루어지고 있는 경우가 적으며, 따라서 대부분의 도시개발프로젝트에 있어서 도시디자인에 관련된 다양한 대응이 이와 같이 체계적으로 이루어지는 것이 바람직하다.

도시개발프로젝트에 대한 도시디자인의 전개는 공간구성단계에 대한 대응이 중요하며 이를 위해 기본구상, 기본계획단계에 대한 적극적인 대응이 요구된다. 그리고 이에 호응하기 위해서는 우선 그 필요성이 각 방면에서 인식되는 것이 당면과제인데 이를 위해서는 도시디자인 체계가 확립되고 그것이 다수의 계획, 사업주체 등에 있어서 공유되는 것이 필요하다.

각 도시개발프로젝트에 관계하는 다양한 사업주체 또한 이것을 지원해 가는 컨설턴트 등에 있어서 구상, 계획입안에서 설계, 그리고 공사감리 각 단계에 있어서 도시디자인의 전개에 관련하여 각각 무엇을 이룰 수 있는가가 공통의 과제가 되고 있는 상황을 만들어내는 것이다.

본 서에서 앞서 제시했던 단계적 전개체계는 이를 위한 시론이라고도 할 수 있는 것이며 앞으로 더욱 내용을 충실히 함과 동시에 보다 정밀도를 높이고 또한 한편으로는 도시디자인에 관련된 보다 다양한 사업에 부연할 수 있도록 하고 싶다고 생각한다.

2 조정의 장(場) 설치

도시개발프로젝트에 있어서 도시디자인을 전개해가는 경우 프로젝트를 구성하는 다양한 사업과 시설에 대해서 상호간에 충분히 조정하면서 그것을 진행하는 것이 필요하게 된다. 이것은 도시개발프로젝트가 도로나 공원 혹은 건축물 등의 단독시설 건설에 관련된 계획이나 설계, 혹은 사업 등과는 달라서 다수의 사업이나 시설에 의해서 구성되며 따라서 이들이 관계기관 간의 적절한 사업 구분이나 부담 구분을 바탕으로 수행함과 동시에 그 계획이나 설계, 공사감리에 대해서 상호간의 관계성과 조화가 요구되기 때문이다.

사업 혹은 시설 상호간의 조정을 위해서는 제4장 2절에서 나타낸 바와 같이 도시개발프로젝트의 각 단계에 있어서 프로젝트에 관계하는 다양한 주체가 참여하는 조정의 장을 마련하는 것이 필요하다.

도시개발프로젝트에 대한 도시디자인 전개를 위한 이와 같은 조정의 장의 필요성은 최근 각 방면에 있어서 인식되어 오고 있지만 관계기관 행정상 상하관계나 자체적인 계획 및 설계에 대해서 자체적인 논리나 형편에 따라서 대응하고 싶다고 하는 모든 주체의 공통적인 성향 때문에 이와 같은 조정의 장이 마련되지 않은 채 사업이 진행된다거나 조정의 장이 마련되었다 하더라도 조정이 원활하게 이루어지지 않는 등의 사례는 의외로 많다.

이와 같은 사태를 초래하지 않기 위해 또한 이와 같은 조정은 관계기관 간의 협의를 바탕으로 소위 "협의형"으로 진행하는 것이 바람직하기 때문에 구상입안에서 공사감리단계에 이르기까지 철저한 조정을 진행하는 것이 중요하다. 도시디자인은 한편으로는 조정의 디자인이다.

3 다양한 전문 분야의 참여와 협동(Collaboration)

도시개발프로젝트에 있어서 이것을 구성하는 개개의 시설 디자인 수준을 높이고 또한 상호간에 일정한 관계성을 가지면서 총체적으로 매력이 풍부한 도시공간을 구성하고자 하는 경우 다양한 분야의 전문디자이너의 참여가 필요하게 된다. 이것은 도시디자인에 관련된 분야가 오늘날과 같이 세분화되고 각각에 그 분야를 전문으로 하는 디자이너가 육성되고 있는 상황에서는 특히 바람직하며 필요성이 높다.

그리고 이에 발맞추어 이들 전문디자이너간의 협동작업, 즉 콜러보레이션(Collaboration)이 필요하게 된다. 콜러보레이션은 당연히 하나의 목적을 달성하기 위해 이에 관계하는 각 파트나 멤버가 상호 보완하고 서로 협력하는 것이며 도시개발프로젝트에 있어서 이에 참여하는 다양한 분야의 전문디자이너가 다른 분야의 전문성을 상호 이해하고 서로 존중하며 상호 디자인에 대해서 자극을 교환하면서 그것을 받아들이고 그것에 의해 새로운 가치를 발견하며 그것을 도시공간에 부여해가는 것이다.

구체적으로 예를 들면 사회, 경제적인 맥락에서 도시디자인의 의미 부여를 중요시하는 도시설계가와 의장과 예술성의 관점에서 각 시설의 설계를 진행하는 각 전문디자이너와의 협동이며 건축가와 랜드스케이프 아키텍트 간 혹은 랜드스케이프 아키텍트와 조명, 가구(街具) 디자이너 간의 협동이자, 이들 전체의 협동이다.

전문디자이너 대부분의 경우 도시개발프로젝트의 구상, 계획입안 단계보다도 설계단계에 있어서 참여를 요구하는 사례가 일반적이며 설계단계 이후의 참여로 충분한 경우도 많지만 대부분의 경우 최대한 이른 단계에서 이들 전문디자이너의 참여를 요구하는 것이 바람직하다. 구상, 계획입안의 단계에 있어서 전문디자이너가 가진 지혜를 투입해감으로써 보다 뛰어난 도시디자인의 전개가 가능해지며 완성된 것이 도시디자인으로서 보다 높은 가치를 획득하게 된다.

4 코디네이터의 등용

도시개발프로젝트에 있어서 도시디자인에 관련된 대응을 적극적으로 정확하게 진행하고자 하는 경우 관계기관의 조정 또는 전문디자이너의 협동을 원활하게 진행하는 것이 필요하다. 이를 위해 이들 기관과 디자이너 사이에서 제3자적인 위치나 입장에 설 수 있는 사람의 참여와 존재가 필요하다.

이 역할을 맡을 사람은 그 입장에서 조정을 진행하는 기관간 혹은 협동을 진행하는 전문디자이너 간에 있어서 불편한 점은 무엇보다도 프로젝트의 수행에 관련된 제도나 수법에 관련된 폭넓은 지식과 더불어 정확한 균형감각과 디자인에 관련된 감성을 갖추고 이들에 근거하여 적절하게 조정자 역할을 할 수 있는 것이 요구된다. 따라서 이러한 조정자 역할은 스스로는 프로젝트에 관계하는 특정의 기관에 속하지 않고 특정 분야를 전문으로 하는 디자이너는 아니며 무엇보다 해당 도시개발프로젝트에 관련된 특정의 시설 디자인을 담당하고 있는 디자이너가 아닌 것이 바람직하다. 이와 같은 조정자 역할이 코디네이터이다.

이 코디네이터는 제4장 2절에 정리되어 있는 바와 같이 도시개발프로젝트의 구상, 계획입안 단계에서 설계, 공사감리단계까지, 그리고 필요에 따라 사업완료 후도 포함하여 모든 단계에서 프로젝트의 수행에 참여하는 것이 바람직하다. 구상, 계획입안의 단계에서 정리된 도시디자인에 관련된 기본적인 사고방식과 방침을 실체화시켜가는 것을 위해 끊임 없이 노력함과 동시에 각 단계에 있어서 관계기관과 전문디자이너가 제시되는 새로운 방식을 적절히 받아들여 디자인의 수준을 향상시켜가는 것이 요구된다.

도시개발프로젝트는 다양한 사업에 의해 구성되며 그 실현을 위해서는 긴 시간을 필요로 하기 때문에 그 과정에 있어서 프로젝트의 수행에 관련된 조건이 바뀌고 혹은 예기치 못한 문제가 발생하는 경우가 많으며 이들에 대해서 관계기관이나 전문디자이너 모두가 정확하게 대응함과 동시에 조정을 이끌어가는 것도 요구된다.

도시개발프로젝트에 있어서 도시디자인을 전개해가기 위해서는 지금까지의 고찰로 밝혀진 바와 같이 지극히 폭넓은 개념이므로 코디네이터의 임무를 맡는 사람은 프로젝트의 수행과 도시디자인의 전개에 대해서 앞서 언급한 바와 같이 풍부한 지식이나 경험을 갖추고 있는 것이 필요하게 된다. 따라서 이와 같은 조건에 맞는 전문가로서는 각 시설의 설계를 담당하는 전문디자이너나 건물설계를 진행하는 건축가, 토지이용계획과 교통계획 전문가도 아닌 도시설계를 전문으로 하는 도시설계가가 이러한 임무를 맡는 것이 바람직하다.

5 제도의 충실, 관행의 개선

일본에서 도시디자인을 적극적으로 진행하기 위해서는 이들에 관련된 제도를 충실히 함과 동시에 바람직하지 않은 관행을 개선해가는 것도 필요하다. 구체적으로 다음과 같다.

① 조기 단계부터 도시디자인에 대한 대응 요청 : 도시디자인에 대한 대응은 도시개발프로젝트의 구상, 계획입안의 조기단계부터 이루어지는 것이 바람직하며 토지구획정리사업을 비롯한 시가지개발사업이나 개개의 시설 건설에 관련된 사업제도에 이 점을 도입하는 것이 필요하다.

② 건물에 대한 조성 : 기반시설의 정비에 관련된 조성은 이미 어느 정도 정리되어 있지만 기반시설을 둘러싼 도시공간을 매력 넘치는 공간으

로 만들어가기 위해서는 이들에 접하여 건설되는 건물, 특히 해당 도시공간의 직접적인 구성요소가 되는 파사드에 대한 조성의 길을 열어 둘 필요가 있다.

③ 설계자에 의한 디자인감리 : 이미 제5장 4절에서 언급한 바와 같이, 공사감리단계에 있어서 해당 시설의 공사에 관련된 디자인적 측면의 감리를, 설계를 담당한 자에게 위임하는 것이 특히 필요하다.

④ 도시디자인에 관련된 비용의 확보, 재정적 환경의 정비 : 도시디자인은 넓게 기능면에 대해서 정비 수준을 높여가는 것에도 의미를 부여하면서 도시공간의 말하자면 문화적인 가치를 높여가는 과정이다. 그런 의미에서 도시디자인에 관련된 비용은 문화에도 공통으로 해당되며 한편으로는 여유와 유희에 대한 비용이다. 탁월한 도시공간의 창조나 경관형성을 위해서는 비용이 드는 것을 이해하고 필요한 재정적 환경을 갖추는 것이 요구된다.

6 인재 양성

도시디자인에 관련된 인재는 행정에 있어서 이것을 지원하는 컨설턴트에게 있어서 결정적으로 부족하다. 도시디자인을 이해하고 추진할 인재가 사업주체에게 없는 경우에는 도시디자인에 대한 과정에 있어서 많은 문제를 동반하게 되기 때문에 특히 행정에 있어서 인재를 양성할 필요성이 높다.

컨설턴트에 대해서는 각종 전문디자이너는 충실히 해오고 있다고 말하지만 도시개발프로젝트에 있어서 토지구획정리사업을 비롯한 시가지개발사업이 프로젝트를 추진하는 기간사업이 되는 경우가 많고 또한 공간구성에 관련된 대응이 주로 이들 사업을 통해 이루어지기 때문에 특히 시가지개발사업과 관련된 컨설턴트에 있어서 도시디자인에 관련된 뛰어난 지식과 경험을 갖추고 또한 도시디자인에 의욕적으로 대응하는 인재를 육성할 필요성이 높다.

도시개발프로젝트에 있어서 코디네이터 역할을 할 수 있는 전문가는 풍부한 경험과 지식, 정확한 균형 감각이나 디자인 감각을 필요로 하기 때문에 그 역할을 수행할 수 있는 인재는 결정적으로 부족하다고 본다.

각종 연수회나 실무에 관련된 강습회 참여, 상당 기간에 걸친 실무 경험이나 도시디자인에 관련된 포스트에 일정기간 머무르는 것 등에 의해 인재가 충실해져 가기를 기대한다.

7 공민 의식의 양성과 주민 참여

제1장이나 4장에 있어서 "사용되는" 공간 혹은 거기에서 생활하는 것에 대한 기쁨을 느낄 수 있는 "생동감 넘치는" 공간조성을 목표로 하는 것이 도시디자인의 대응에 있어서 중요하다는 점을 지적하고 있는데 이용자나 생활자가 진정 필요하다고 하는 가치 있는 도시공간을 만들기 위해서는 사람들과의 대화 계획입안에 대한 사람들의 참여가 필요하다.

도시디자인과 마을만들기뿐만 아니라 최근 다양한 사회적인 상황은 앞으로의 시대에 있어서 이와 같은 대응이 보다 한층 활발하게 이루어질 것을 시사하고 있다. 더불어 이와 같은 상황은 계획단계에 대한 참여에 머무르지 않고 완성된 시설이나 공간의 이용과 운영에 생활자 및 지역이 스스로 관여해가는 수준으로까지 높아질 것으로 전망된다.

이를 위해서는 계획입안과 이용에 있어서 이용자 및 생활자 측면에서 스스로가 공민임에 대한 의식 양성과 그것에 바탕을 둔 새로운 사회시스템의 구축이 요구됨과 동시에 이를 정확하게 받아들이기 위한 도시디자인 전개 시스템 구축도 필요하다.

생활자나 지역은 스스로 계획입안에 관여함으로써 완성된 시설에 애착을 가지는 것이며 이에 따라 자주 "사용되는" 또한 사용하는 것에 기쁨을 느끼는 "생동감 넘치는" 공간이 완성되게 된다. 앞으로 도시디자인 대응에 있어서 이것을 가능하게 하는 시스템의 구축이 시급하다.

8 도시디자인의 평론 전개

건축평론이나 미술평론 등이 오래 전부터 활발했던 것에 반해 도시디자인에 관련된 평론에 접하는 경우는 지극히 드물다. 이것은 도시디자인에 관련된 사례가 이들 분야에 비해 적은 점과 도시디자인이 지극히 많은 관계자가 참여한 성과물인 점도 이유가 된다.

일본에서 도시디자인의 전개를 보다 충실한 것으로 만들어가기 위해서는 완성된 도시공간의 시비에 대한 적극적인 평가가 필요하며 해당 공간에 관련된 도시디자인에 대한 평론이 많은 사람에 의해서 이루어지고 그것을 양분삼아 보다 더욱 적극적인 대응이 이루어지게 되는 구도를 만들어내는 것이 필요하다.

이를 위해서는 우선 건축이나 랜드스케이프 디자인에 관련된 미디어에 있어서 도시디자인에 관련된 대응이 한층 활발해지고 거기에 대한 평가나 평론이 이루어지기를 기대한다.

우선 해당 도시공간의 디자인에 관련된 자의 입장에서 도시디자인에 관련하여 의도한 것이 실현되었는지 관계기관 조정이나 전문디자이너와의 협동이 어떻게 이루어졌는지 등 도시디자인에 관련된 대응의 실태를 분명히 밝히는 것이 필요하다. 본 서의 일부는 사례 프로젝트에 대해서는 이들을 분명히 밝히는 것에 할애하고 있는데 사례 프로젝트에 대해서는 다양한 평가나 평론이 이루어지는 계기가 되기를 바라는 바이다.

후 기

본 서는 1998년 6월에 동경대학에 박사논문으로서 제출했던 「도시개발 프로젝트에 있어서 도시디자인 기법과 실현수법」을 보다 간략히 정리한 것이다.

저자가 대학원에서 공부하던 1960년대 중반은 일본에 있어서 도시 디자인의 여명기였다고 할 수 있다. 영국을 비롯하여 유럽에 있어서 다수의 뉴타운 프로젝트와 미국 하버드대학에 있어서의 어반디자인학과, 캘리포니아대학 버클리교에 있어서 환경디자인학과의 창설 등 구미에서 보여지는 도시계획과 건축의 새로운 과도기가 다양한 문헌을 통해 일본에 소개되었다. 당시 필자가 재직한 단게겐조(舟下)연구실의 선배, 이소자키 아라타(磯崎新), 와타나베 사다오(渡辺定夫), 또한 인근의 다카야마(高山)연구실의 선배인 가와가미 히데미츠(川上秀光), 모리무라 도미(森村道美), 츠치다 아사히(土田旭) 등의 여러 제형, 동년배가 함께한 어반디자인이 무엇인가를 생각해보고, 어반디자인은 건축과 도시계획에서 독립된 새로운 영역을 구축할 수 있을지, 또한 그 영역은 어반디자인이 직능이 될 수 있을까에 이르기까지 논의했던 것을 잘 기억하고 있다.

이 시기에 있어서 필자는 도시개발 사업수법의 차이가 초래한 도시공간의 차이에 대해서 흥미를 가지고 충분히 소화하지 못한 채, 관련된 문헌이나 스스로의 생각을 기록으로 남기기 위해 파일을 특별히 준비하곤 했다. 돌이켜보면 저자에게 본 서의 주제는 이 시기의 어렴풋한 관심으로 거슬러 올라가게 한다.

이후 저자는 도시공간을 구성해가는 것과 실현해가는 것에 관심을 가지고 하버드대학 디자인계 대학원에서 공부하던 시기와 그 후 미국에서의 실무경험을 쌓고 귀국 후 단게겐조 선생이 주도하는 도시·건축설계연구소에 있으면서 내외의 도시개발 프로젝트에 참여할 수 있는 기회를 통해 도시디자인에 대해서 연구하고 또한 실천해 왔다. 그 사이, 단게겐조 선생이나 오오타니(大谷) 선생, 하버드대학의 솔탄 교수, 그리고 여러 선후배, 동료들로부터 도시디자인에 대해서 다양한 가르침을 받았다.

그 후, 1973년에 (주)일본도시종합연구소를 설립하여 현재에 이르고 있으며 실무를 통해서 도시계획이나 지역계획, 도시개발사업에 관련된 일본의 여러 제도에 대해서 다양한 공부를 할 수 있었고, 본 서에서 언급한 도시개발 프로젝트를 비롯하여 도시디자인에 관련된 업무에 다수 대응할 기회를 얻었다.

본 서는 이러한 경험과 실천을 통해서 얻은 저자의 생각을 정리한 것이며 그 계기는 가와가미 히데미츠(川上秀光) 대학교수(당시)가 시작한 「고도성장기 도시계획연구회」이고 그 후, 약 4년 정도 전에 건설성의 「도시디자인을 위한 인재양성에 관한 연구회」를 통해 도시개발 프로젝트에 있어서 도시디자인에 대한 대응이 시기적절하게, 정확하게 이루어지고 있지 않은 점, 또 그것은 도시개발 프로젝트에 대한 도시디자인 전개체계와 기법, 실현수법을 지식, 경험으로 충분히 충족되고 있지 않는 점이 원인이라는 것을 다시 인식하기에 이르렀던 것이다. 그리고 이러한 상황에 대해 필자의 지금까지의 경험과 지식을 체계적으로 대응 정리한 것은 도시디자인에 관계하는 사람들과 후배에게 어떤 지식과 방향을 제시하는 일이 아닐까라는 생각에 도달했으며, 그것이 커다란 인센티브가 되었다.

이러한 문제의식에서 본 서 또한 도시디자인 전개체계를 분명히 하고, 각 단계에 대한 도시디자인의 대응기법과 실현수법에 대하여 설명하고 있으며, 앞에서 언급한 인식에서부터 이들에 대해 우선 그 골격을 분명히 하는 것에 주안점을 두고자 했다. 따라서 그 세부사항은 앞으로 발생할 상황에 따라 제6장에 언급한 바와 같이 앞으로 전개될 연구 테마 또한 많아진다.

본 서를 취합 · 정리할 수 있었던 것은 앞에서 언급한 많은 선생님과 여러 선후배, 동기들로부터 여러 해에 걸쳐 다양한 가르침을 받았기 때문이며, 다수의 도시개발 프로젝트에 있어서 도시디자인에 몰두할 수 있는 기회를 얻은 덕분이었다. 이 자리를 빌어 이들 여러 선후배나 동기들에게 감사를 전함과 동시에 다양한 도시개발 프로젝트에 있어서 도시디자인의 전개에 함께 대응해준 위탁기관 및 관계기관 여러분, 더불어 계획, 설계안 정리에 함께 노력을 아끼지 않았던 필자의 사무소 스탭, 많은 협력을 주신 다른 사무소 여러분들에게도 감사의 마음을 전하는 바이다.

또한 학예(學藝)출판사의 마에다 유시(前田裕資) 씨께서는 본 서의 구성에 대하여 많은 아이디어를 주었고, 시간관리에도 신경을 써 주셨다. 그리고 학예출판사의 미하라 키요미(三原紀代美) 씨께서는 정성들여 도판 체크를 해주셨다. 모두에게 진심으로 감사드리는 바이다.

가토 겐(加藤 源)

저자프로필

가토 겐(加藤 源)

1940년 生
1964년 동경대학 공학부 건축학과 졸업
1967년 하버드대학 디자인계열 대학원 수사과정 졸업
1967~1969년 미국 RTKL 도시계획건축사무소
1969~1973년 단게 겐죠(舟下)+도시건축설계연구소
1973년 (주)일본도시종합연구소 설립
현 재 (주)일본도시종합연구소 대표
츠쿠바대학 사회공학계강사
공학박사, 기술사, 1급건축사

저 서 「현대대도시론」(번역, 가고시마 출판회)
「도시와 디자인」(공저, 전통출판사)
「동경대도시전~지역구조, 계획의 걸음마 · 장래전망~」(공저, 창국사)

주요수상 하나마키역 주변지구의 도시설계에서 (주)일본도시계획학회 계획설계상

역 자

김 기 수(金基洙, KIM GI-SOO)

1989 충북대학교 건축공학과
1992 서울대학교 환경대학원
2000 고려대학교 건축공학과 건축계획 및 설계전공 (공학박사)
1995~2002 대한주택공사 주택도시연구원 선임연구원
2002~현재 국립 충주대학교 건축학과 교수(gskim@cjnu.ac.kr)

김 영 훈

한양대학교 건축공학과
한양대학교 환경대학원 도시 및 지역계획
중앙대학교 건축학과 박사과정
(주)무영 종합건축사사무소
(주)종합건축사사무소 원형
(주)신한 종합건축사 사무소
(주)하우드 엔지니어링 종합건축사 사무소
(주)인토 엔지니어링 도시건축사 사무소 대표이사
(주)위더스 앤 대표이사

역 서 「도시계획의 조류」

도시재생의 도시디자인

2009년 9월 5일 1판 1쇄 인쇄
2009년 9월 10일 1판 1쇄 발행

저　　자　가토 겐
역　　자　김기수 · 김영훈
발 행 인　강 해 작
발 행 처　기 문 당
주　　소　서울시 성동구 공명길 39(왕십리2동 966-22)
전　　화　02)2295-6171(代)~5
팩　　스　02)2296-8188
출판등록　1976. 10. 7(1976-2)
홈페이지　http://기문당
　　　　　http://www.kimoondang.com
I S B N　978-89-6225-074-9　93540
정　　가　**20,000원**

도시 및 단지재생 도서

근간

영국의 거버넌스형 마을 만들기 -사회적 기업에 의한 도시재생-

김 영 훈 외 공역

도심 주변지구에서부터 도시빈곤층을 대상으로 마을만들기 사업체를 조직 · 운영하여 물적 환경정비, 사회서비스제공, 고용창출 등의 사업을 독자적으로 전개해나가는 것을 조명해 볼 수 있다.

근간

건축 도시만들기의 꿈을 실현하는 힘

김 영 하 역

건축이 이룬 문화와 사회에 미친 영향, 앞으로 사회활동을 고려한 인간과 환경 본연의 모습을 제안하고 사회와의 관계를 연계하여 발전가능성을 제시한다.

근간

밀집시가지의 마을 만들기

조 필 규 역

주택의 노후화, 위험성, 지역활력의 쇠퇴에 대한 자율적 재생을 향한 방책이 무엇인가 제시해주고 있다.

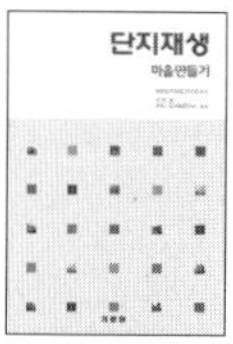

단지재생 마을만들기 구 자 훈 · 하우드도시재생연구소 역/ 200쪽/ 신국판/ 18,000원

헐고 짓는 재건축이 아닌 단지재생에 의한 마을 만들기에 있어서 유럽의 선진 사례를 통해 다양한 각도로 적용 가능성을 도모하고, 단지재생의 단서를 단지재생 프로젝트에 활용해 가는 전체 이미지와 연계하면서, 단계적으로 따르면서 개괄하였다. 주거생활 환경과 커뮤니티가 싹트기를 기대하는 바이며, 우리나라의 단지재생에 시사하는 바가 크다.

지역만들기의 신조류 온 영 태 · 염 철 호 역/ 200쪽/ A5/ 12,000원

대안적 개념으로 관심을 모으고 있는 콤팩트 시티, 뉴어바니즘, 어반빌리지를 중심으로 한 도시공간 만들기의 동향을 전달하고 있고, 도시와 도시 사이에 있는 공간에 초점을 맞춰 소외되고 낙후되다가 황폐되어 가는 농 · 어촌 및 산촌, 대도시 주변부 지역의 공간 만들기이다. 지방과 대도시 사이의 지역격차 해소에 관한 새로운 처방전을 제시함과 동시에 살기 좋은 지역, 마을 만들기의 새로운 방향성을 제시한다.

도시공간계획사 김 철 수 저/ 420쪽/ B5/ 25,000원

이 책은 지역을 한국 · 동양 · 서양으로 구분하여 각 시대에 걸친 도시의 공간구성의 원리와 설계기법을 도시의 입지와 규모 · 평면 · 형태와 주요시설의 배치, 가구 및 획지의 구성 등을 통해 살펴보았고, 아울러 도시계획의 발전과정을 건축 · 도시계획 관련제도와 도시개발 사례 등을 통해 고찰하였다. 그리고 20세기 도시계획사조의 흐름, 미래 도시공간의 비전, 최근의 도시계획 동향에 대해 살펴보았다.

도시계획의 조류 김 영 훈 역/ 396쪽/ A5/ 18,000원

현재 우리나라는 도시재생에 대한 탐구와 고찰을 위한 시동을 걸고 있다. 대학 교수 및 연구원들, 공공기관 및 민간단체의 도시재생에 관한 연구 논문 및 세미나가 다양하게 이루어지고 있으며 2006년 건설교통부 R&D 혁신 로드맵에 의하여 미래 가치 창출이란 슬로건 아래 도시재생사업단이 출범하게 된 계기가 되었다. 따라서 본 서는 도시계획에 관심 있거나 참여하고 있는 실무자 및 관계 공무원, 학생들에게도 좋은 참고서가 될 것이다.

환경건축 · 환경도시 박 헌 주 역/ 284쪽/ A5/ 15,000원

이 책은 환경건축, 환경도시를 만들기 위한 주제어 중심으로 엮어져 있기 때문에 관심 분야 중심으로 내용을 쉽게 찾아 살필 수 있고, 환경건축과 환경도시에 관한 사전으로도 활용할 수 있을 것이다. 그리고 각 주제어에 관해 기초적인 이론과 함께 실제 적용 사례도 제시하고 있기 때문에 실용화된 연구개발 내용도 파악할 수 있어 환경건축과 환경도시 조성에 나타날 시행착오를 크게 줄일 수 있을 것이다.